A Series of Food Science & Technogy Textbooks

食品科技系列

普通高等教育"十三五"规划教材

U0267675

果酒加工工艺学

张秀玲　谢凤英　主编

化学工业出版社

·北京·

本书主要介绍了果酒加工现状及发展趋势，葡萄栽培和葡萄酒酿造的主要品种，葡萄汁的制备，葡萄酒酿造工艺流程，葡萄酒的包装，葡萄酒的病害及防治措施，葡萄酒的检验，葡萄酒的品尝，葡萄酒的再加工，苹果酒、梨酒、黑加仑酒、猕猴桃酒等果酒的加工工艺及其加工副产物的综合利用等内容。

　　本书适合作为食品、园艺等本科、研究生专业教材，也可以作为果酒加工企业、农户的参考书。

图书在版编目（CIP）数据

果酒加工工艺学/张秀玲，谢凤英主编. —北京：化学工业出版社，2015.8（2024.1重印）
普通高等教育"十三五"规划教材
ISBN 978-7-122-24576-2

Ⅰ.①果… Ⅱ.①张… ②谢… Ⅲ.①果酒-酿酒-高等学校-教材 Ⅳ.①TS262.7

中国版本图书馆 CIP 数据核字（2015）第 152415 号

责任编辑：赵玉清　　　　　　　　　文字编辑：孙凤英
责任校对：蒋　宇　　　　　　　　　装帧设计：尹琳琳

出版发行：化学工业出版社（北京市东城区青年湖南街 13 号　邮政编码 100011）
印　　装：涿州市般润文化传播有限公司
787mm×1092mm　1/16　印张 19　字数 467 千字　2024 年 1 月北京第 1 版第 6 次印刷

购书咨询：010-64518888　　　　　　　售后服务：010-64518899
网　　址：http://www.cip.com.cn
凡购买本书，如有缺损质量问题，本社销售中心负责调换。

定　价：58.00 元

编写人员名单

主　编　张秀玲　谢凤英

副主编　许　慧　李铁柱　王　辉　岳　强

编写人员　（按拼音排列）

程　雪　东北农业大学

李铁柱　吉林省农业科学院

李倬林　吉林省农业科学院

刘茜茜　东北农业大学

孙瑞瑞　东北农业大学

王　辉　国家知识产权局专利局专利审查协作北京中心

校颜玲　东北农业大学

谢凤英　东北农业大学

许　慧　东北农业大学国家大豆工程技术研究中心

岳　强　黑龙江广播电视大学

张　杰　吉林省农业科学院

张秀玲　东北农业大学

前　言

果酒加工工艺学是一门应用性较强的学科。它是以化学、生物化学、微生物学、果蔬贮藏加工学等学科为基础，研究葡萄原料的选择，葡萄品质的改良，葡萄酒的酿造原理与加工工艺，苹果酒、梨酒、蓝莓酒、黑加仑酒等果酒的加工工艺，葡萄及苹果、梨、蓝莓、黑加仑等加工副产物的综合利用，以此来调节果品淡季、旺季供应矛盾，延长果品的保质期，满足人们不断增长的文化生活需要。

近年来，随着农业生产的发展和科学技术的进步，果酒的产量逐年增加。果酒在人民生活中的地位日益提高，果酒在增加农民收入、出口创汇等方面起到了十分重要的作用。更重要的是果酒对人体健康十分有益。例如，常饮葡萄酒可以开胃健脾，帮助蛋白质的消化和吸收，可以增加胃肠道对食物的消化；可防治心血管病，减轻动脉粥样硬化和预防心脏病；具有防癌作用，可抑制病菌繁殖；常饮葡萄酒还可以养颜益寿，可以使粗糙的皮肤变得光洁而富有弹性等。

本书主要介绍的是果酒加工现状及发展趋势，葡萄栽培和葡萄酒酿造的主要品种，葡萄汁的制备，葡萄酒酿造工艺流程，葡萄酒的包装，葡萄酒的病害及防治措施，葡萄酒的检验，葡萄酒的品尝，葡萄酒的再加工，苹果酒、梨酒、黑加仑酒、猕猴桃酒等果酒的加工工艺及其加工副产物的综合利用等内容。

本书的第一章、第二章由李铁柱编写，第三章和第八章第一节、第六节、第七节由许慧编写，第四章第三节至第六节由张秀玲编写，第四章第一节、第二节和第九章由岳强编写，第五章和第六章第三节由王辉编写，第六章第一节、第二节和第七章由谢凤英编写，第八章第二节至第五节及第八节由张杰编写。吉林省农业科学院的李倬林，东北农业大学的程雪、刘茜茜、校颜玲和孙瑞瑞等对本书资料整理、排版付出劳动。

本书是在总结果品、蔬菜以及粮食加工技术经验的基础上，广泛搜集国内外有关资料编写而成的，同时根据生产、教学、科研实际情况进行了修改、补充，内容丰富，技术实用。本书实践性较强，适合于食品、园艺等本科、研究生专业学生作为指导教材，同时也可以作为果酒加工企业、农户的参考书。

希望本书的内容能够给从事果酒加工的同类研究提供一些参考和帮助，但由于笔者编写时间仓促，书中不妥之处，敬请广大读者批评指正。

张秀玲

2015 年 4 月于东北农业大学

目 录

第一章 概　论

果酒是世界上最早的饮料酒之一，其产量在世界饮料酒中列第二位，仅次于啤酒，是最健康、最卫生的饮料，也一直是饮料酒中优先发展的品种之一，它在世界各类酒中占据着十分重要、显赫的位置。人们把以果品为原料经发酵酿制而成的酒统称为果酒。它以各种人工种植的果品或野生的果实如苹果、梨、山楂、猕猴桃等为原料，经过破碎、压榨取汁、发酵或者浸泡等工艺精心调配酿制而成。果酒的酒精度低，酒质温润爽口，果香浓郁，营养价值极高，可基本保持水果中的天然营养成分，并且富含人体所需的多种氨基酸、维生素及矿物质，被专家们认为是所有酒品中具有发展前景的酒种之一。

果酒起源很早，根据相关专家考证，最原始的果酒是野果自然发酵而成的，并不是由人工酿造而成的。当时的山林中遍布果实，猿猴们将吃剩的果实、果皮等扔进岩洞，果实、果皮上的野生酵母菌使果实中的糖分发酵，变成酒浆，即形成了天然的果酒。直到后来，人类发现了这种天然形成的果酒。因此，当人类还居住在洞穴中时，就知道采集野果、自然发酵、酝酿出酒，进而创造酿制果酒的人类文明。

中国的果酒以悠久的历史及较高的营养价值而独树一帜。"八五"期间，国家提出酿酒行业四个转变之一的"粮食酒向果露酒转变"，使得人们将注意力逐渐转向果酒的开发。20世纪80年代以来，果酒有了很大发展，通过工艺技术改革，使其在产量和质量上也有了很大发展。近年来，随着我国人民生活水平的不断提高，人们对饮用酒的习惯和要求发生了改变，果酒以其低酒度、高营养越来越受到消费者的青睐。我国果品资源丰富，种类繁多，具有果酒业发展的先决条件，苹果酒、石榴酒、杨梅酒、金橘酒、橄榄酒等果酒不断地丰富着我国的果酒市场。现在果酒正在向营养保健型、品种多样化方向发展。

在我国，果酒的命名方法习惯上用其原料名称来命名，例如葡萄酒、苹果酒、山楂酒、猕猴桃酒、梨酒等等。而在国外，多数人认为只有葡萄榨汁发酵以后的溶液，才能称作酒，其他果实发酵，名称各异。众所周知，世界上果实品种最多的要算是葡萄，有近8000种。葡萄可以生食，也可以酿酒，加工成葡萄干、葡萄汁、果酱、罐头等，加工食用方法种类繁多。葡萄果树栽培的面积最广，产量也最多，其中约有80%被用来酿酒。因而，葡萄酒为果酒类中最主要的品种，属于国际性饮料酒，而其他果酒的风味虽各有不同，但其酿造工艺大体上与葡萄酒酿造工艺相似，可以以葡萄酒的酿造工艺为典范，因地制宜生产各种特色的果酒。

第一节　葡萄酒的生产历史与发展

一、世界葡萄酒的起源与发展

（一）世界各地葡萄酒的起源

葡萄酒的起源追溯起来大概是在一万年前，已远至历史无法记载。众所周知，葡萄酒是自然发酵的产物。在葡萄果粒成熟后落到地上，果皮破裂，渗出的果汁与空气中的酵母菌接触后不久，真正意义上的葡萄酒就产生了。

据考古资料显示，最早栽培葡萄的地区是小亚细亚地区里海和黑海之间及其南岸地区。大约在7000年以前，南高加索、中亚细亚、叙利亚、伊拉克等地区也开始了葡萄的栽培。在这些地区，葡萄栽培经历了三个阶段，即采集野生葡萄果实阶段、野生葡萄的驯化阶段以及葡萄栽培随着旅行者和移民传入埃及等其他地区阶段。

考古学家曾在伊朗北部扎格罗斯山脉的一个石器时代晚期的村庄里，挖出一个罐子，证明人类在距今7000多年前就已经开始饮用葡萄酒。因此，多数历史学家认为伊朗是最早酿造葡萄酒的国家。在埃及的 Phtah. Hotep 古墓中所发现的大量珍贵文物也清楚地描绘了当时古埃及人栽培、采收葡萄和酿造葡萄酒的情景，距今已有6000年的历史。西方学者认为，这是葡萄酒业的开始。

希腊是欧洲最早开始种植葡萄并进行葡萄酒酿造的国家。一些旅行者和新的疆土征服者把葡萄栽培和酿造技术，从小亚细亚地区和埃及带到希腊的克里特岛，逐渐遍及希腊及其诸海岛。3000年前，希腊的葡萄种植已极为兴盛。

公元前6世纪，希腊人把小亚细亚地区原产的葡萄酒通过马赛港传入高卢（即现在的法国），并将葡萄栽培和葡萄酒酿造技术传给了高卢人。罗马人从希腊人那里学会葡萄栽培和葡萄酒酿造技术后，很快在意大利半岛全面推广。古罗马时代，葡萄种植已非常普遍，"罗马法"（颁布于公元前450年）规定若行窃于葡萄园中，将施以严厉惩罚。随着罗马帝国的扩张，葡萄栽培和葡萄酒酿造技术迅速传遍法国、西班牙、北非以及德国莱茵河流域地区，并形成很大的规模。直至今天，这些地区仍是重要的葡萄和葡萄酒产区。

15~16世纪，葡萄栽培和葡萄酒酿造技术传入南非、澳大利亚、新西兰、日本、朝鲜和美洲等地。19世纪中叶，是美国葡萄和葡萄酒生产的大发展时期。1861年从欧洲引入葡萄苗木20万株，在加利福尼亚建立了葡萄园，但由于根瘤蚜的危害，几乎全部被摧毁。后来，用美洲原生葡萄作为砧木嫁接欧洲种葡萄，防治了根瘤蚜，葡萄酒生产才又逐渐发展起来。

事实上，葡萄酒的历史几乎是和人类文化史一同开始的，世界古老的文明民族的神话传说中都流传着葡萄酒的故事。葡萄酒文化是全人类文化。

（二） 世界葡萄酒的发展现状

全世界葡萄栽培面积经过多年的持续上升至20世纪70年代末达到最高峰，约为1070万公顷。然后不断下降至1998年的772.1万公顷。从1999年开始，世界葡萄栽培面积缓慢回升，1999~2002年增长了17.9万公顷，2002年至今，世界葡萄栽培面积基本稳定在790万公顷水平上。

从产量来看，近20年来，全世界的葡萄酒产量在2500万~3600万吨。其中法国、意大利两国的产量占全世界总产量的40%以上。因受气候的影响，葡萄的收成有增有减，全世界葡萄酒产量也年年不同，其中意大利和法国产量最大，均在700万~800万吨。根据国际葡萄与葡萄酒组织（OIV）最新的数据表明，2013年，全球葡萄酒产量达到281亿升，回到了2006年时的水平。其中，西班牙的葡萄酒产量超过40亿升，创造了一个新的产量记录；意大利的葡萄酒产量为45亿升，相比2012年增长了2%；而法国（44亿升）和葡萄牙（6.7亿升）的葡萄酒产量于2012年同比增长了7%。此外，美国、智利（12.8亿升）和新西兰（2.5亿升）的葡萄酒产量均创造了新的纪录。

从消费量来看，20 世纪 70 年代末，世界葡萄酒消费量最大，达到 2860 万吨。80 年代中期到 90 年代中期消费量大幅下降（下降到 2240 万吨）。之后，出现小幅增长，90 年代末达到 2250 万吨。1996 年起至今，全球葡萄酒消费量呈缓慢增长的趋势。从近几年的情况来看，世界葡萄酒消费量基本维持在 2400 万吨左右。其中，2007 年世界葡萄酒消费量为 2442.94 万吨，2008 年为 2450.12 万吨，2009 年消费量为 2365 万吨。葡萄酒消费量较高的国家为：法国、意大利、阿根廷、西班牙、瑞士、奥地利等，其中法国、意大利两国年人均消费量超过 110L。2010 年全球人均葡萄酒消费量为 3.75L，法国人均葡萄酒消费量达到 45.7L。

二、中国葡萄酒的起源与发展

（一）中国葡萄酒的起源

我国最早的葡萄的文字记载见于《诗经》。《诗·豳风·七月》中"六月食郁及薁，七月亨葵及菽。八月剥枣，十月获稻，为此春酒，以介眉寿。"反映了殷商时代人们就已经知道采集并食用各种野葡萄了，并认为葡萄为延年益寿的珍品。

据《史记》记载，公元前 138～119 年，著名的大探险家、外交家张骞奉汉武帝之命出使西域，在今中亚地区的一个国家——大宛，见到了人们栽种、酿制葡萄酒的技术，他便将当地的葡萄品种和酿酒艺人一并带回中原。自此，国人开始了中国式葡萄酒之路。《史记·大宛列传》中"宛左右以蒲桃为酒，富人藏酒至万余石、久者数十年不败"。"汉使（指张骞）取其实来，于是天子始种苜蓿、蒲桃。"这是我国葡萄酒酿造业的开始，至今已有 2000 年。据《太平调览》，汉武帝时期，"离宫别观傍尽种葡萄"，可见汉武帝对此事的重视，并且葡萄的种植和葡萄酒的酿造都达到了一定的规模。到了东汉末年，由于战乱和国力衰微，葡萄种植业和葡萄酒业也极度困难，葡萄酒异常珍贵。《三国志·魏志·明帝纪》中，裴松子注引汉起歧《三辅决录》："（孟佗）他又以蒲桃酒一斛遗让，即拜凉州刺史。"孟佗是三国时期新城太守孟达的父亲，张让是汉灵帝时权重一时、善刮民财的大宦官。孟佗仕途不通，就倾其家财结交张让的家奴和身边的人，并直接送给张让一斛葡萄酒，以酒贿官，得凉州刺史之职。汉朝的一斛为十斗，一斗为十升，一升合现在的 200mL，故一斛葡萄酒就是 20L。也就是说，孟佗拿 26 瓶葡萄酒换得凉州刺史之职，后来苏东坡对这件事颇有感慨地说："将军百战竟不侯，伯良一斛得凉州"，可见当时葡萄酒身价之高。

我国葡萄酒酿造工艺在唐朝有了新的发展，出现了蒸馏酒。据李时珍《本草纲目》记载，魏文帝所说的葡萄酒是酿制而成的，而唐太宗破高昌国所得的葡萄酒制法，则是要发酵后，"取入甑蒸之，以器承其滴露"，这实际上是当今西方称之为"白兰地"（Brandy）的葡萄蒸馏酒。《太平御览》中说唐太宗参与酿制的葡萄酒"为凡有八色、芳辛酷烈"，显然是指蒸馏酒的风味，与李时珍所说互相印证。所以，我国在唐初就有了葡萄蒸馏酒——白兰地，并被接受和喜爱。也就是说，我国生产、饮用蒸馏葡萄酒已有一千多年了。

到了元代，葡萄酒的发展到达巅峰，葡萄种植面积之大、地域之广、酿酒数量之巨，都是前所未有的。据说，元朝统治者对葡萄酒非常喜爱，规定祭祀太庙必须用葡萄酒，并在山西太原、江苏南京开辟葡萄园。至元二十八年（1292 年），就连宫中也专门建造了葡萄酒室。当时环游中国的马可·波罗也对此盛况加以表述：在山西太原府，那里有许多好葡萄园，制造很多的葡萄酒，贩运到各地去销售，当地老百姓把种葡萄、酿造葡萄酒，看成是一件很自豪的事。同样，该番表述也得到了刘禹锡的印证"自言我晋人，种此如种玉。酿之成美酒，令人饮不足。"元朝的葡萄酒业的繁荣，还表现在葡萄酒品种和产地的多样化上，以及对葡萄酒的药理功能和保健功能的认识上。元代蒙古族营养学家忽思慧，在《饮膳正要》一书中认为，"葡萄酒有益气调中，耐饥强志"的功能，并认为"葡萄酒有数等，出哈喇火者最烈，西番者次之，平阳/太原者又次之。"忽思慧是掌管宫廷饮膳的，他对酒的评定分级，其权威和影响不低于今日国家有关部门举行的"国家名酒"的评比。"哈喇火"是维吾尔族语，即今吐鲁番；"西番"在宋代以后都用来泛称甘青一带各少数民族；"平阳"是指今山西临汾一带。所以，按照忽思慧的评定，在当时的各种葡萄酒中，吐鲁番产的酒为第一名，甘肃一带产的为第二名，山西临汾、太原产的酒为第三名。尽管太原是皇家的葡萄基地和官酿葡萄酒的产地，还只是评上第三等，可见忽思慧的评价是公正的。元朝是我国历史上蒸馏白酒真正兴起并盛行的朝代，那时，蒙古族人称蒸馏白酒为"阿剌吉酒"，并描述它"其清如水，味极浓烈"。所以忽思慧认为"哈喇火者最烈"，应该是蒸馏葡萄酒。周权《葡萄酒》诗所描述的也是地道的蒸馏葡萄酒。此外，马可·波罗在《马可·波罗游记》中还提到用葡萄汁同酒曲，如酿糯米酒法酿成的葡萄酒，马可·波罗说"这种酒，不被当地人所看重。"可见，在元朝，葡萄酒不仅产地多样化，而且在酿造工艺上，也是蒸馏、纯汁发酵、加曲与米混合酿制这三种方法并存，但主要是前两种方法。

明朝是酿酒业大发展的新时期，酒的品种、产量都大大超过前世。明朝虽也有过酒禁，但大致上是放任私酿私卖的，政府直接向酿酒户、酒铺征税。由于酿酒的普遍，不再设专门管酒务的机构，酒税并入商税。据《明史·食货志》，酒就按"凡商税，三十而取一"的标准征收。这样，极大地促进了蒸馏酒和绍兴酒的发展。而相比之下，葡萄酒则失去了优惠政策的扶持，不再有往日的风光。明朝人谢肇制撰写的《五杂俎》对明代政治、经济、社会、文化有较多的论述证辩，书中记载"北方有葡萄酒、梨酒、枣酒、马奶酒。南方有密酒、树汁酒、椰浆酒"。而明朝人顾起元所撰写的《客座右铭语》中则对明代的数种名酒进行了品评"计生平所尝，若大之内满面殿香，大官之内法酒，京师之黄米酒，绍兴之豆、苦蒿酒，高邮之五加皮酒，多色味冠绝者。"并说若山西之襄陵酒、河津酒、成都之郫靖，万历年间社会经济、民情风俗的变化尤为注意。顾起元所评价的数十种名酒都是经自己亲自尝过的，包括皇宫大内的酒都喝过了，可葡萄酒却没有尝过，可见当时葡萄酒并不怎么普及。而元朝的南京却是葡萄酒的产地之一。

清末至民国初年，颓败已久的葡萄酒业迎来了转折期。1871年的一个夏夜，在印度尼西亚雅加达法国领事举办的酒会上，当时的法国领事对爱国华侨张弼士讲述了自己的故事：咸丰年间，他曾随八国联军来到烟台，发现那里漫山遍野长满野葡萄，宿营期间士兵们采摘后私自酿成酒，口味不错。苦于征战的法国兵甚至有过梦想，战后留在这里开办公司，专做葡萄酒生意。

闻此消息，张弼士经过20年的准备，终于将国外完善、先进的葡萄酒酿造技术和设备引入中国，并于1892年在烟台创办了中国第一家由中国人经营的张裕酿酒公司。在张弼士的带动下，1910年，北京上义洋酒厂等酒厂相继成立，中国葡萄酒的工业化生产之路至此开启。1915年，张裕参加巴拿马太平洋万国博览会，其四种酒——白兰地（可雅）、红玫瑰葡萄酒、琼药浆和雷司令白葡萄酒，获金质奖章和最优等奖状，为中国现代葡萄酒正名。1949年烟台解放，濒临破产的张裕得以重生，中国葡萄酒业迈上了新的台阶。1954年周恩来用张裕金奖白兰地在日内瓦会议期间宴请与会代表，后来此举被称为"金奖白兰地外交"。

沧海桑田，漫步烟台这个三面环海、气候温和的沿海城市，已找不到那漫山遍野的野葡萄，取而代之的是成片的葡萄园。在沟壑纵横、和缓起伏的山丘上，林木葱茏，湿润的空气将果园洗得晶莹剔透，明媚如画。修筑于 1905 年的亚洲最大地下酒窖，展示着中国葡萄酒工业发展历程的张裕酒文化博物馆和现代的酿酒设备，在静默无声地讲述着中国葡萄酒的前世今生。

（二）我国葡萄酒的发展现状

我国是一个以白酒、啤酒消费为主的国家，葡萄酒的生产和消费一直处在很低的水平。新中国成立时，葡萄酒的年产量还不足 200t，直到 1966 年产量才超过 1 万吨，1980 年的年产量首次超过 5 万吨。在这之后，我国的葡萄酒工业进入相对较快的发展阶段，1981 年超过 10 万吨，1984 年超过 15 万吨。从 1985 年起到 1993 年的九年中葡萄酒的年产量均在 25 万吨左右（1988 年最高达到 30 万吨）。1994 年以后葡萄酒年产量有所下降，并保持在 20 万吨左右，但是含汁量 100% 和 50% 以上的优质葡萄酒数量有较大增长。我国葡萄酒业仍处于前期起步和成长阶段，在整个酿酒行业饮料酒总产量（约 3000 万吨）中，葡萄酒仅占到 1% 的份额，在世界葡萄酒总产量中也只占到 1.1%。

我国的葡萄酒产业近年有了长足的发展。目前，我国的酿酒葡萄种植大致分布在以下九个产区：东北产区、渤海湾产区、沙城产区、清徐产区、银川产区、吐鲁番盆地、黄河故道产区、云南高原产区和武威产区。2005 年，我国酿酒葡萄种植总面积为 72 万亩 $\left(1 \text{ 亩} = \frac{1}{15} \text{hm}^2\right)$，居世界第五，排在西班牙、法国、意大利、土耳其之后。我国的葡萄酒产量在逐年快速上升，2008 年产量为 69.8 万吨；2009 年为 96 万吨，增长 37.54%；2010 年我国葡萄酒产量为 108.88 万吨，增长 13.42%。2008 年 5 月 27 日，第 5 届亚太地区国际葡萄酒及烈酒商贸展（Vinexpo）发布的一项调查结果显示，中国葡萄酒消费总量亚洲第一，预计到 2011 年中国在全球消费量排名将由第 10 位升至第 8 位。2002～2011 年，亚洲地区葡萄酒总消耗量增长 79.3%，中国葡萄酒消费总量亚洲继续保持第一，是亚洲葡萄酒消费增长最快的市场之一。

我国政府一直鼓励葡萄酒业的发展，在 2002 年 12 月北京召开的"中国葡萄酒业前景研讨会"上，国家经济贸易委员会（简称经贸委）行业管理部门提出：重点发展葡萄酒、水果酒，积极发展黄酒，稳步发展啤酒，控制白酒总量，加快优质酿酒葡萄种植基地及啤酒大麦基地的建设。国家发展和改革委员会（简称发改委）和工业和信息化部（简称工信部）于 2011 年 12 月发布《食品工业"十二五"发展规划》，针对葡萄酒行业提出注重葡萄酒原料基地建设，逐步实现产品品种多样化，促进高档、中档葡萄酒和佐餐酒同步发展，到 2015 年，非粮原料（葡萄及其他水果）酒类产品比重将提高 1 倍以上。

现如今，我国葡萄酒生产企业有 600 家左右，绝大多数为中小型公司。从葡萄酒的行业结构看，企业小、生产分散是最突出的特点。全国葡萄酒企业的平均年生产能力还不足 2000t，年产量在 1000t 以下的占 80% 左右，1000～5000t 的企业约占 20%，5000t 以上的企业只有 10%。目前，产量过万吨的企业有张裕、长城、王朝、威龙、华夏、丰收、通化等 10 家。

随着人民生活水平的不断提高，饮食结构的改变以及对时尚的追求，国内葡萄酒消费量将会有大幅度增长，尤其是青年消费者的数量将不断攀升。随着国际市场需求量的增加，扩大葡萄酒的出口也是有前途的。尽管与国外发达国家相比，我国葡萄酒产业尚存在差距，但改革开放 30 年的蓬勃发展证明了我国葡萄酒产业发展的潜力巨大。

为此，就需要培养一批葡萄栽培和葡萄酒酿造的专业人才，加强科学研究，加速科技成果的转化，全面提高我国葡萄酒的质量，增强竞争力，消除国内、国际市场的各种障碍，在国家和社会的共同关注下，在企业自身的不断努力下，我们相信中国的葡萄酒事业一定会有更加辉煌的明天。

第二节　葡萄酒在国民经济中的地位与价值

一、葡萄酒在国民经济中的重要地位

（一）　葡萄酒产业的特点

葡萄通过酿造制成葡萄酒，可以增加产值，增加利税，为国家积累资金，支援经济建设，更重要的是它能丰富我们的酒类消费市场。同时，葡萄酒的品种繁多，能适应各种不同消费者的需要，并可调节市场，回笼货币。而且葡萄酒厂投资较少，建厂容易，它属于劳动力密集型的行业，需要劳动力较多，能为社会提供较多的就业岗位。优质的葡萄酒出口换回的外汇回报率极高，在国际市场上葡萄酒销售前景广阔，可以加快我国酿酒业与国际接轨的速度，是为国家积累外汇的一条较好的渠道，在国民经济中占有重要的地位。

葡萄与葡萄酒产业是复合型产业。它既是农业也是工业，更是包括饮食旅游、度假休闲于一体的服务业。葡萄和葡萄酒产业还是文化产业，它蕴含着一个国家民族浓郁的文化，从它身上也反映出这个国家和这个民族在世界上有没有话语权的问题，在当今的世界上很少有像葡萄和葡萄酒产业这样成为一个有世界性共同规则标准和认同感的产业。

（二）　葡萄酒产业对我国经济的特殊影响

葡萄与葡萄酒产业是解决中国"三农"问题和大西北问题的一把金钥匙。

通过对欧洲葡萄与葡萄酒产区考察发现，那里到处都是葡萄园，农民世世代代就靠这个产业生存，它体现了现代农业、生态农业和高附加值的绿色产业。我国人多地少，如何最大限度地提高土地的利用率和把贫瘠的土地变为优势资源这是一个很大的问题和学问。贫瘠的土地很难种出粮食，特别难种出高产的粮食，但贫瘠的土地恰恰是发展葡萄与葡萄酒产业最好的土地，发展葡萄与葡萄酒产业就能很好地解决丘陵沙岭地或者是从传统粮食生产中来看是贫瘠的土地问题。

我们国家也是个干旱少雨的国家，特别是中西部的广袤地区，在中西部发展其他粮食生产有诸多困难且旱作农业产生的收益率极低。中国拥有大量的戈壁滩，这些戈壁滩从传统农业角度上看它不是资源，非常荒凉，然而从葡萄种植的角度来看它又是富饶之地，就是在这样的戈壁沙滩区域里西北农林科技大学李华博士等一批专家创造性地走出了一条发展葡萄与葡萄酒产业的新路，逐渐使西北大戈壁实现了资源化。所以，葡萄与葡萄酒产业发展对解决党和国家与老百姓最关心的"三农"问题，解决中西部的发展问题是有一定意义的。

二、葡萄酒的营养价值和保健功能

（一）　葡萄酒的营养成分

葡萄酒是以葡萄为原料，经过酵母发酵而生成的酒精含量较低的饮料酒，故保留了绝大部分葡萄果实原有的营养成分，如糖、酒石酸、苹果酸、花色素、单宁、矿物质等，而且比葡萄中的大多数原有营养成分的含量也有了相应增加，同时在葡萄的酿制浸渍过程中，还生成了有别于葡萄的新成分，如乙醇、甘油、酯类等，形成了葡萄酒的独特风味和营养价值。

1. 糖

不同类型的葡萄酒，糖的含量不尽相同。葡萄酒中所含的糖类主要是易被人体所吸收利用的葡萄糖和果糖。每升葡萄酒含葡萄糖和果糖 40～220g，戊糖 0.5～1.5g，这些糖都能直接被人体吸收。其他如树胶质和黏液汁含 0.01～0.9g，也是人体所必需的，它们不但能为人体新陈代谢提供构成的物质和能量，而且可以帮助消化和调节机体内脂肪与蛋白质的新陈代谢。

2. 有机酸

葡萄酒中含有与人体密切相关的有机酸，每升葡萄酒含酒石酸 2～7g，苹果酸 0.5～0.8g，琥珀酸 0.2～0.9g，柠檬酸 0.1～0.75g，单宁酸 0.2～3.0g。这些有机酸对葡萄酒柔和爽口的风味形成具有重要的意义，并且葡萄酒的酸度很接近人的胃酸，可以开胃健脾助消化，促进人体的新陈代谢。

3. 氨基酸

氨基酸不仅能促进新组织的形成，维持机体内氮的平衡，而且具有重要的代谢调节功能，并且，当糖类和脂肪在其形成过程中能量消耗高时，氨基酸还可通过分解作用产生能量。葡萄酒在酿造过程中，由于酵母菌细胞的自溶现象，使葡萄酒中不但保留了原有葡萄原料中的氨基酸含量，并形成了新的氨基酸。葡萄酒中的氨基酸种类有 22～25 种之多。组成人体内蛋白质的氨基酸已发现的有 26 种，而体内只能合成一部分，有 8 种氨基酸是人体自身不能合成的，被称为人体"必需氨基酸"。无论在葡萄还是在葡萄酒中，都含有这 8 种"必需氨基酸"。这是其他水果和饮料都无法与之相比的，所以人们把葡萄酒称为"天然氨基酸食品"，并被联合国卫生食品组织批准为最健康、最卫生的食品。而且葡萄酒中必需氨基酸的含量与人体血液中这些氨基酸含量非常接近，也极易被人体所吸收利用。这对促进新组织的形成，维持机体内氮的平衡，调节机体代谢功能，预防和治疗人体因缺乏某种氨基酸而引起的疾病有重要作用。

4. 维生素

葡萄酒在其生产过程中，原料中的维生素不但得以大量保存，而且由于酵母的代谢及自溶作用，使得酒中维生素的种类及含量都得到了较大提高。

葡萄酒中含硫胺素 0.008～0.086g/L，它能预防脚气病，促进改变糖代谢，在机体代谢过程中起着重要作用，人体内缺少这种维生素就会害脚气病，还会影响到肾上腺的膨胀和引起甲状腺的萎缩。

核黄素含量为 0.18～0.45mg/L，是机体中许多重要辅酶的组成部分，能促进细胞增殖及人体的生长，防止口角炎、舌炎及皮脂溢性皮炎等。

维生素 B_5 含量为 0.98mg/L，可与草酰乙酸结合成柠檬酸，然后进入三羧酸循环。活性乙酸形成的是胆固醇合成的前体也是固醇激素的前体。当维生素 B_5 缺乏时，肾上腺的功能也就不足，就会觉得头痛、疲劳、感觉异常、肌肉痉挛及消化系统紊乱，有一些人甚至对心脏产生影响，如心搏过速和起立性血压过低，对内分泌影响表现于嗜伊红细胞缺乏症和胰岛素降血糖效应的敏感性增加。

葡萄酒中烟酸含量为 0.65～2.10mg/L，烟酸可维持皮肤和神经健康，防止糙皮病。

维生素 B_6 含量为 $0.6\sim0.8mg/L$，它与体内氨基酸代谢有关，使鱼肉类易消化，能促进生长，治疗湿疹和癫痫，防止肾结石。

叶酸含量为 $0.4\sim0.45\mu g/L$，为各种细胞生长所必需，刺激红细胞再生及白细胞和血小板的生成，可治疗恶性贫血，能预防、治疗巨红细胞性贫血。

葡萄酒中维生素 B_{12} 的含量为 $12\sim15\mu g/L$，它参加多种代谢，有治疗恶性贫血的作用。

维生素 C 含量为 $0.1\sim0.3mg/L$，它能增加机体免疫力和促进伤口愈合，防止坏血病。

5. 矿物质

葡萄含有较丰富的矿物质，总含量为 $0.3\%\sim0.5\%$。由于葡萄酒是全发酵，大部分营养成分可进入酒中，其中钙、钾、镁、磷、锌、硒等元素都可直接被人体吸收利用。

钾的含量为 $1015mg/L$。钾是人体内碳水化合物和蛋白质的代谢过程中所必需的，在维持神经和肌肉活动及肾上腺的功能方面，钾也起到重要作用。在调节心脏跳动和增强心跳活动方面则更需要钾。成人对钾摄入量为 $1875\sim5676mg/d$。

钠的含量为 $46mg/L$。钠是维持人体正常功能所必需的无机元素。它的作用包括：维持血液的体积，维持细胞渗透压和在神经冲动的传递中起作用。人体摄入量为 $1100\sim3300mg/d$ 时就足以保证健康而且安全。摄入量不宜过高，否则会导致高血压。

钙的含量为 $64mg/L$。钙是人体内含量最多的元素，占总体重的 $1.5\%\sim2\%$。99% 的钙集中在硬组织、骨骼和牙齿里，其余部分分布在血液、肌肉和细胞液中。根据联合国粮农和营养健康组织 1962 年的报告，成年人钙的摄入量应达到 $400\sim500mg/d$，老年人的钙的需求量应提高到 $800mg/d$。

镁的含量为 $117mg/L$。镁是一种参与生物体正常生命活动及新陈代谢过程必不可少的元素。镁影响细胞的多种生物功能：影响钾离子和钙离子的转运，调控信号的传递，参与能量代谢、蛋白质和核酸的合成；可以通过络合负电荷基团，尤其核苷酸中的磷酸基团来发挥维持物质的结构和功能的作用；催化酶的激活和抑制及对细胞周期、细胞增殖及细胞分化的调控；镁还参与维持基因组的稳定性，并且还与机体氧化应激和肿瘤发生有关。

铁的含量为 $24mg/L$。铁是维持机体特殊生理功能的某些功能物质的重要成分，体内缺铁可引起大脑供氧不足。人体对铁的摄入量，成年男子 $10mg/d$，成年女子 $15mg/d$。人体缺铁便会产生缺铁性贫血，最近医学研究又发现人体缺铁会影响听力，能引起耳蜗血管纹萎缩和听神经毛细血管损伤，最后可导致耳聋。

钴的含量为 $588mg/L$。钴是维生素 B_{12} 组成部分，反刍动物可以在肠道内将摄入的钴合成为维生素 B_{12}，而人类与单胃动物不能将钴在体内合成 B_{12}。

磷的含量为 $548mg/L$。磷和钙都是骨骼、牙齿的重要构成材料，是促成骨骼和牙齿的钙化不可缺少的营养素，同时还能保持体内 ATP（三磷酸腺苷）代谢的平衡。磷是组成遗传物质核苷酸的基本成分之一，而核苷酸是生命中传递信息和调控细胞代谢的重要物质——核糖核酸（RNA）和脱氧核糖核酸（DNA）的基本组成单位。它参与体内的酸碱平衡的调节，参与体内能量的代谢。人体中许多酶也都含有磷。碳水化合物、脂肪、蛋白质这 3 种含热能的营养素在氧化时会放出热能，但这种能量并不是一下子放出来的，这其中磷在贮存与转移能量的过程中扮演着重要角色。

锰的含量为 $0.04\sim0.08mg/L$。锰是几种酶系统包括锰特异性的糖基转移酶和磷酸烯醇丙酮酸羧激酶的一个成分，并为正常骨结构所必需。其摄入量差别很大，主要取决于是否食入锰含量丰富的食品，如非精制的谷类食物、绿叶蔬菜和茶。此微量元素的通常摄入量为每天 2～5mg，吸收率为 5%～10%。

硒含量为 0.08～0.20mg/L。硒是人体中谷胱甘肽过氧化酶的组成成分。该元素在维持体内血液正常机能和运转等方面有一定的作用。此外，硒能加强人体的免疫系统，是很好的抗氧化剂，是吞噬体内自由基最有效的物质，保护细胞膜不受自由基的破坏，保持细胞核和基因成分的完整性。硒在抑制由于多元不饱和脂肪在体内分解而引起的癌细胞生长方面有很好的效用。

这些矿物质在人体中起着很好的作用，而葡萄酒是这一些矿物质良好的补充渠道。

6. 酯类

在葡萄酒中发现的酯类由于醇及酸的多样性组合而种类很多，有 60 多种。仅就脂肪族来说，低级醇、高级醇与低级酸、高级酸相对应，就可以组成四套酯类。低级酸的酯中还有多羟基酸的酯类（丁二酸二乙酯、苹果酸二乙酯）。还发现了芳香族醇酯、芳香族酸酯（肉桂酸乙酯、水杨酸乙酯）。

7. 酵母自溶物

在葡萄酒的酿造过程中，酒精的产生是靠酵母的酒精发酵完成的，当酒精发酵结束后，原酒中尚有的大量的酵母菌体，随着时间的推移、环境条件的变化，大部分菌体会发生自溶现象。大量的营养物质进入酒中，这也是为什么葡萄酒中的维生素含量要比葡萄汁中维生素含量高的原因，同时也会提高葡萄酒中的蛋白质、氨基酸、矿物质的含量。

8. 其他成分

除上述各种成分外，葡萄酒中还含有单宁和色素，至于单宁和色素的含量与葡萄酒的品种有关。红葡萄酒中单宁与色素含量多一些，白葡萄酒则少一些。白葡萄酒含有单宁 0.05g/mL，而红葡萄酒含单宁 0.2～0.35g/mL，有促进食欲的作用。红葡萄酒含色素 0.04～0.11g/L。近年来研究发现，在葡萄酒中含有一种白黎芦醇，它是一种抗氧化物质，对人体健康具有诸多的积极作用，不仅可以降血脂、抗血栓、预防动脉硬化和冠心病，还有明显的预防或抑制癌症的作用及保护脑细胞免受老年痴呆疾病的侵害。现知含有白黎芦醇的 70 多种植物中葡萄皮中的含量最高，排在所有植物之首。

（二）葡萄酒的保健功能

葡萄酒中除了含有丰富的营养成分外，还含有大量的生物活性物质，具有明显的医疗保健功效，特别是在保护心血管、防癌、抗癌、抗氧化方面发挥着重要的作用。

1. 抗动脉粥样化形成

动脉粥样化形成是由脂肪过氧化诱导体内内皮细胞损伤引发的。这一损伤引起了单核白细胞/巨噬细胞移动到损伤处，渗到内皮细胞下面，分泌生长因子，吞噬富含胆固醇的低密度脂蛋白（LDL）颗粒。随着时间的推移，充满脂肪的细胞逐渐聚集，使相邻的平滑肌细胞增生，导致了损伤加剧并逐渐发展成阻碍血液流动的纤维状血小板。血液中的 LDL 浓度影响血小板的形成和发展，LDL 浓度高则动脉硬化的发病率增加。LDL 中脂肪氧化会加速泡沫细胞的生成和血小板的生长，形成动脉粥样化。Frankel 等发现，葡萄酒中酚类物质的抗氧化功能能降低人体 LDL 的氧化。

葡萄酒中的酚类可作为自由基的供氢体和供电子体，从而减少自由基反应的发生。研究证明，葡萄酒中的类黄酮物质能阻止氧化反应。葡萄酒中的酚类、黄酮醇、类黄酮和植物抗生素会相互作用，产生协同效应，因而，在低浓度下便能抑制脂肪氧化。葡萄酒中的类黄酮物质在低浓度下（$IC_{50}=1\sim5\mu mol/L$），对于抑制 LDL 的氧化和降解作用非常明显。De Whalley 报道，类黄酮类的物质是通过保护（或许是再生）初级抗氧化物质如维生素 E，直接抗氧化和清除自由基及过氧化自由基的，通过减少 LDL 的氧化和泡沫细胞的形成和积累，有效地延缓了动脉粥样化形成。白藜芦醇可因防止 LDL 氧化而防治动脉硬化。

2. 预防心血管病

葡萄酒中具有医疗保健功能的成分很多，目前研究较多的是具有抗氧化性的多酚类物质，如黄酮类、类黄酮类、白藜芦醇、原花色素等。这些多酚类物质具有明显的扩张血管、软化血管、增强血管通透性、降低血黏稠度和降血压的作用。现代医学指出，导致心血管病的罪魁祸首是血液中高含量的胆固醇和血脂。人体的高密度脂蛋白可把血管里的胆固醇运送到肝脏，再转变成对人体有用的激素，多余的部分就从大便中排出。适量饮用葡萄酒，特别是红葡萄酒可使高密度脂蛋白在体内增加和减低血液中的胆固醇和血脂的含量，因而能预防心血管疾病。

3. 防癌、抗癌作用

葡萄酒中多酚类物质，特别是其中的黄酮类、白藜芦醇、原花青素等可防止癌细胞扩散，或对癌细胞具有保护作用的蛋白质类起到抑制作用，对人体组织起到保护而降低癌症的发生。

葡萄酒中的黄酮类能显著抑制拓扑酶的活性，而这种酶是癌细胞扩散所必需的酶类。葡萄酒中白藜芦醇、槲皮苷也能抑制拓扑酶活性，但不如黄酮类作用大，几种多酚类物质的累加会加强对拓扑酶的抑制作用。

1993 年 Jayafilake 报道，白藜芦醇具有抗癌活性，其原因是它们可以抑制蛋白质-酪氨酸激酶的活性。1997 年 1 月《科学》杂志上发表了美国伊利诺伊大学 John Pezzufo 教授关于白藜芦醇抗癌效果的研究报告，报告显示白藜芦醇可显著抑制乳腺癌 MCF27 细胞生长，使细胞周期停滞于 S 期。白藜芦醇可使细胞周期阻滞在 G1 期或阻止细胞从 S 期向 G2 期转化。白藜芦醇在不同的人癌细胞株以剂量依赖性方式抑制细胞增殖，此种作用对恶性肿瘤细胞具有特异性。白藜芦醇的抗增殖作用可能是通过抑制鸟氨酸脱羧酶活性来抑制多胺生物合成的结果。同时，西班牙学者还发现，白藜芦醇因具有抑制人体环氧化酶的功能。环氧化酶代谢产生四烯酸而催化成前列腺素等前列腺炎症物质，激活致癌物质，刺激肿瘤细胞生长，并降低人体免疫系统功能。

国际葡萄酒组织《葡萄酒与健康》专家克梅纳·斯托克利指出，以喝葡萄酒为主的人群，其消化道得到保护。多酚类物质在消化道癌变的起始、增进、扩展的三个阶段都可起抑制作用。另有大量研究证明，多酚类物质中的原花青素对乳腺癌、皮肤癌有明显的抑制作用。

4. 预防肾结石

德国慕尼黑大学的医学家们最近指出，多饮用饮料可防止肾结石的传统说法不科学，也不全面，最重要的是要看饮用何种饮料。通过对 45 万健康人和患病者的临床观察，经常适量饮用葡萄酒者不易患肾结石。研究人员发现，适量饮用不同的饮料者，患肾结石的风险大小不同。每天饮用 1/4L 咖啡的人，患肾结石的风险要比无此习惯的人低 10%；常饮红茶的要低 14%；常饮啤酒的要低 21%；而饮葡萄酒的人得肾结石的概率最小，得病的风险要比无此习惯的人低 36%。相反，常饮苹果汁和橙汁的人得肾结石和尿石症的概率最高，要比其他人高 35％ 和 37％。

5. 美容养颜

人体的衰老就是一个不断过氧化的过程，而人们各种疾病的 89％ 的起因是由于对人体最具破坏性的活性氧自由基。研究人员发现红葡萄酒中含有较多的抗氧化剂，如原花青素、白藜芦醇、儿茶素、黄酮类、维生素 C 等。在所有的酒中，唯葡萄酒中含维生素 C 最丰富。现代科学证明，维生素 C 是强有力的抗衰老活性物质，具有清除自由基，维持细胞正常功能的作用。法国营养学家研究发现，搓碎的红葡萄里含有抗氧化的多酚（polyphenol）可使皮肤平滑、紧绷，防止皱纹。多酚抗皱纹的功效比含维生素 E 的面霜高 50 倍，比含维生素 C 的化妆品高 25 倍。它的抗氧化、防止皮肤松弛和衰老的功效特别明显。同时，原花青素、白藜芦醇涂于皮肤上，可使紫外线损伤皮肤细胞下降 85％，帮助皮肤伤口的愈合，也能间接地抑制黑斑的形成。

6. 抗病毒

葡萄酒中的酒精与天然酸、多酚类物质综合作用，具有杀菌作用。意大利研究人员发现，定期喝上一杯葡萄酒可预防蛀牙、牙龈疾病以及感冒、咽喉痛。意大利加扎尼研究小组从超市购得不同种类的葡萄酒，并将它们倒进盛放有含近 80 种微生物的碗里。经过一段时间后对杯中微生物进行分析，发现这些寄生于人类口腔、能导致龋齿等口腔疾病的细菌竟荡然无存。科学家们认为，葡萄酒含有抗菌成分，能杀死链球菌和葡萄球菌等威胁人类口腔健康的细菌，对护牙有奇效。Chan 也研究表明，白藜芦醇对人的皮肤真菌和皮肤细菌也有抑制作用。

7. 助消化

在胃中 60～100g 葡萄酒，可使正常胃液的分泌提高 120mL（包括 1g 游离盐酸）。红葡萄酒中的单宁，可增加肠道肌肉系统中的平滑肌纤维的收缩性，调节整结肠的功能，对结肠炎有一定疗效。白葡萄酒含有的山藜醇，有助于胆汁和胰腺的分泌，可以帮助消化，防止便秘。

8. 其他作用

葡萄酒对其他某些疾病也有预防和辅助治疗作用，如调节神经、抵御慢性支气管炎和肺气肿、可预防痴呆症、抑制流感、抗辐射、改善肾脏功能、减肥等。

三、葡萄酒加工副产物的利用

葡萄酒生产后的残渣中的葡萄籽是一种极为宝贵的东西，其中白藜芦醇的含量与葡萄品种有关。葡萄籽可以用来榨油，籽的含油量达 10％ 以上，这种油的营养价值高，可用于治疗血管硬化，为高空作业的专供食品，在机械工业上可代替润滑油使用。葡萄籽还含有单宁 10％ 左右，榨油后可提取单宁。葡萄皮渣所含蛋白质较多，是一种很好的饲料，也是一种很好的肥料。从酒脚中可提取酒石，从粗酒石中可进一步提取酒石酸氢钾、酒石酸钾钠和酒石酸。酒石酸氢钾在食品工业上可用来制成发酵粉代替酵母制造面包、蛋糕及点心；在医药方面用做利尿剂及泻剂。酒石酸钾钠是糖分析的重要药品，无线电工业作晶体用，晶体唱头或扩音器用它作为压电晶体。酒石酸用途更为广泛，如染料工业用做媒染剂；果酒工业用来调节果酒酸度以提高质量；医药工业用它制造医治血吸虫病的酒石酸锑钾等。

21 世纪，遗传工程、基因工程、发酵工程得到了较大程度的发展，这就预示了可以选出品质更优的葡萄品种、选育发酵性能更优的优良酵母。离子交换剂、新型过滤材料的应用为葡萄酒的生物稳定性与非生物稳定性提供了良好的保证，酶技术的应用使葡萄酒中的营养物质更加丰富，充分地利用现代科学技术会带来过去意想不到的收获，葡萄酒工业定会有广阔的发展前景。

第三节　葡萄酒的特点和分类

一、葡萄酒的特点

（一）　葡萄酒独特的优点

1. 营养价值高

葡萄酒是含有多种营养成分的饮料酒。其中糖类是人体热能的主要来源，可供应身体功能和肌肉活动，帮助消化和调节蛋白质、脂肪的代谢。葡萄酒的酸度大小接近人体胃酸的酸度（pH 值为 2～2.5），这种酸度是葡萄酒本身天然酸性物质，不是醋酸而是葡萄酒发酵产生的挥发酸，正好是蛋白质得到消化的适宜条件，所以，葡萄酒是最适宜的配合蛋白质一道进食的佐餐饮料，葡萄酒中含有一种白藜芦醇，它是一种抗氧化物质，对人身体健康具有诸多的积极作用，不仅可以降血脂、抗血栓、预防动脉硬化和冠心病，还有明显的预防、抑制癌症作用，还可以保护脑细胞免受老年痴呆疾病的侵害。酒中的多种氨基酸、维生素及矿物质，对维持和调节人体的生理机能，都起到良好的作用。

2. 酒精含量低

葡萄酒和其他果酒一样，酒精含量较低，刺激性小，宜酌量饮用。酒精可防止杂菌污染葡萄酒和果酒，但酒精含量也不能太低，否则就不能起到一定的保护作用。为此，我国一般葡萄酒和果酒的酒精含量都不低于 8％，也不超过 25％，大多数在 12％～18％。就世界各国而言，酒精含量超过 20％～22％的葡萄酒占总产量的比例是极小的，优质葡萄酒和果酒由于经过精心发酵和一定时期的贮存，其酒精含量不仅低而且完全与酒中其他成分相互融和，消费者往往觉察不到酒精的气味和不舒服的感觉，这种酒称得上酒体完备。

3. 饮用方法各异

葡萄酒饮用方法各异，既可作佐餐酒，也可作餐后酒或餐前酒。

餐前酒（鸡尾酒，香槟酒），餐前喝上一杯，可引起唾液和胃液的分泌，增进食欲，多用郁金香形酒杯，最佳饮用温度为 4℃，捏杯腿。

佐餐酒（白葡萄酒，红葡萄酒），顾名思义，是边吃边喝的葡萄酒。白葡萄酒配白肉，红葡萄酒配红肉。白葡萄酒的最佳饮用温度为 13℃，加冰块，标准拿法是拿杯腿。红葡萄酒的标准饮用温度为 18℃左右，标准拿法是拿杯身。

餐后酒（白兰地酒，威士忌酒），在宴会结束之前喝一杯，会使你回味不绝，心满意足。而在宴会高潮的时候，开一瓶香槟酒，还可增加宴会的热烈气氛。白兰地最佳饮用温度为 20℃以上，用大肚子杯、小口杯、矮腿杯，标准做法是用中指和无名指夹着杯腿，让整个酒杯坐在手掌之上，观其色，嗅其香，托几分钟，就是通过手掌心给杯里的酒加温了。

也可以因菜肴不同而饮用不同品种的酒，如食海味、鱼虾等，或清蒸、浅色、奶色、干烤等菜肴，可选择干白葡萄酒、半干白葡萄酒或其他干型果酒。如食红烧、煎、炸等类食物，可选饮干红葡萄酒、半干红葡萄酒或其他干红果酒。干酒、半干酒在一般接待客人座谈聊天时，饮用也比较多。

（二） 各国葡萄酒的特点

1. 法国葡萄酒

法国不但是全世界酿造最多种葡萄酒的国家，也是生产了无数闻名于世的高级葡萄酒的国家，其口味种类极富变化，被美誉为"葡萄酒王国"。法国生产的红酒有六大生产地，包括：波尔多（Bordeaux）、布跟地（Burgundy）、香槟（Champagne）以及阿尔萨斯（Alsace）、罗瓦河河谷（Loire Valley）、隆河谷地（Cotes du Phone）等，其中又以气候温和、土壤富含铁质的波尔多产地最具代表。法国葡萄酒的优异之处得益于他们多年的酿酒经验、得天独厚的气候以及精细的酿酒技术。

2. 西班牙葡萄酒

西班牙在欧洲是个温暖的国家，大部分产区都有不少出色的葡萄酒，主要以红葡萄酒为主，也有相当出色的白葡萄酒和汽泡酒，当然还有出名的雪莉酒。西班牙的葡萄酒产量居世界第三位，葡萄种植面积世界第一。

3. 澳大利亚葡萄酒

澳大利亚的葡萄农在酿酒时，普遍采用橡木桶贮存及低温发酵技术，制造出的葡萄酒以口感丰腴、并带有巧克力和水果香为其特色。酒质稳定是澳大利亚酒的一大优点。这里的酿酒方法有别于欧洲，如果说欧洲酿酒业属于农业范畴的话，澳大利亚的酿酒业则应称为工业。欧洲严格遵循的传统酿酒方式，酒质与气候密切相关，遇到不好的年份，酒的品质会受到很大的影响。澳大利亚则多为大型酒厂，采用先进的酿造工艺和现代化的酿酒设备，再加上澳大利亚稳定的气候条件，每年出产的葡萄酒的品质也相对稳定。所以在购买时不必像挑选欧洲酒那样过多地考虑年份问题。

4. 葡萄牙葡萄酒

葡萄牙是欧洲第四位的大型葡萄酒制造商，位列意大利、法国、西班牙之后。葡萄牙以出产品种繁多、风格各异的多样葡萄酒而著称：从口味清新如鸡尾酒般的 Vinho Verde 白葡萄酒，到酒体饱满、口感顺滑的红葡萄酒，或是劲道十足的 Douro 强化波特酒。尽管白葡萄酒也很有潜力，葡萄牙以强化酒和红葡萄酒为主打。在如南部 Setúbal 这样的地区，可以发现出色的甜味 Moscatels 葡萄酒。单宁和酸度的水平相对较高，但是葡萄酒依旧呈现令人心醉的水果风情。

5. 美国葡萄酒

法国葡萄酒由于来自气候凉爽的地区，因此其酒体较清、酒精含量较低，而酸度要高于美国的温暖气候条件下生产的葡萄酒，而美国葡萄酒几乎没有产自于这样的气候条件下的地区，如加利福尼亚葡萄酒。这些特点就使得美国的葡萄酒比法国的酒体丰满，而酒精含量高的葡萄酒更具有亲食物性。

二、葡萄酒的分类

根据 GB 15037—2006，葡萄酒（wines）的定义为以鲜葡萄或葡萄汁为原料，经全部或部分发酵酿制而成的，含有一定酒精度的发酵酒。葡萄酒的品种很多，因葡萄的栽培、葡萄酒生产工艺条件的不同，产品风格各不相同。一般按酒的颜色深浅、含糖多少、含不含二氧化碳及采用的酿造方法等来分类。

（一） 按酒的颜色分类

1. 红葡萄酒

选择用皮红肉白或皮肉皆红的酿酒葡萄，进行皮汁短时间混合发酵，然后进行分离纯酿而成的葡萄酒。这类酒的色泽呈自然深宝石红、宝石红、紫红或石榴红。

2. 白葡萄酒

选择用白葡萄或浅色果皮的葡萄，经过皮汁分离，取其果汁进行发酵酿制而成的葡萄酒。这类酒的色泽呈微黄带绿，近似无色或浅黄、禾秆黄、金黄。

3. 桃红葡萄酒

此酒是介于红、白葡萄酒之间。选用皮红肉白的酿酒葡萄，进行皮汁短时间混合发酵，达到色泽要求后进行分离皮渣、继续发酵、陈酿成为桃红葡萄酒。酒色为淡红、桃红、橘红或玫瑰色。具有新鲜感和明显的果香，含单宁不宜太高。

（二） 按酒中含糖量分类

1. 干葡萄酒

每升酒中含糖（葡萄糖）量低于或等于 4.0g，含酒精 9％～13％。因其酒色不同又分为干红葡萄酒、干白葡萄酒和干桃红葡萄酒，具有洁净、幽雅、香气和谐的果香和酒香。此类酒在饮用时感觉不出甜味，相对地讲其酸涩程度较为突出，因此也有人称之为"酸酒"。干酒由于糖分极少，所以葡萄品种风味体现最为充分，通过对干酒的品评是鉴定葡萄酿造品种优劣的主要依据，另外，由于干酒含糖量低，从而不会引起酵母的再发酵，也不易引起细菌的生长。

2. 半干葡萄酒

每升酒中含糖量在 4～12g，含酒精 10％～13％。微具甜感，酒的口味洁净、幽雅、味觉圆润，具有和谐愉悦的果香和酒香。同样，因其酒色不同分为半干红葡萄酒、半干白葡萄酒和半干桃红葡萄酒，欧洲与美洲消费较多。

3. 半甜葡萄酒

每升酒中含糖量在 12～50g，具有甘甜、爽顺、舒愉的果香和酒香。因其酒色不同分为半甜红葡萄酒、半甜白葡萄酒和半甜桃红葡萄酒，是日本和美国消费较多的品种。

4. 甜葡萄酒

每升酒中含糖量在 50g 以上，具有甘甜、醇厚、舒适、爽顺的口味，因其酒色不同分为甜红葡萄酒，甜白葡萄酒和甜桃红葡萄酒，具有和谐的果香和酒香。天然的半干、半甜葡萄酒是以含糖量较高的葡萄为原料，在主发酵尚未结束时即停止发酵，使糖分保留下来。也有采用在发酵结束后调配时补加转化糖提高含糖分的，甜葡萄酒多采用调配补加转化糖提高含糖量的方法。国外也有采用添加浓缩葡萄汁以提高含糖量的方法。中国和亚洲一些其他国家甜酒消费较多。

（三） 按是否含二氧化碳分类

1. 无气葡萄酒

也称静酒（包括加香葡萄酒），这种葡萄酒不含有自身发酵产生的二氧化碳或人工添加的二氧化碳。

2. 汽泡葡萄酒

这种葡萄酒中含的二氧化碳，是以葡萄酒加糖再发酵而产生的或用人工方法压入的，其酒中的二氧化碳含量在 20℃时保持压力 0.35MPa 以上，酒精度不低于 8％（体积分数）。在法国香槟地区生产的起泡酒叫香槟酒，在世界上享有盛名。其他地区生产的同类型产品按国际惯例不得叫香槟酒，一般叫起泡酒。

3. 葡萄汽酒

葡萄酒中含的二氧化碳是发酵而产生的或用人工方法压入的，其酒中的二氧化碳含量在 20℃时保持压力 0.051～0.025MPa，酒精度不低于 4％（体积分数）。因 CO_2 作用使酒更具有清新、愉快、爽怡的味感。

（四） 按酿造方法不同分类

1. 天然葡萄酒

葡萄原料在发酵中不添加糖或酒精，即完全用葡萄汁发酵酿成的葡萄酒称天然葡萄酒。

2. 特种葡萄酒

此类型酒是指用葡萄或葡萄汁在采摘或酿造工艺中使用特定方法酿成的葡萄酒。它包括利口葡萄酒、加香葡萄酒、起泡葡萄酒、冰葡萄酒、贵腐葡萄酒和产膜葡萄酒等。

（1）利口葡萄酒　是以葡萄酒作酒基，加入用葡萄白兰地、白兰地、食用精馏酒精或葡萄酒精提取的芳香植物、水果的调香料，或加入精制糖浆，配制而成的一种浓香、高酒度或高糖度的酒精性饮料。由于此类酒往往具有特殊的香味，一般不作为正餐酒，而作为餐前开胃酒或餐后助消化的餐后酒饮用，也可做鸡尾酒。

（2）起泡葡萄酒　葡萄原酒经密闭状态二次发酵后产生二氧化碳，当二氧化碳是全部或部分人工填充时，其压力大于或等于 0.35MPa。

（3）冰葡萄酒　将葡萄推迟采收，当气温降低于－7℃以下，使葡萄在树体上保持一定时间，结冰，然后采收、压榨，用此葡萄汁酿成的酒称为冰葡萄酒。此种酒的制造成本较高，所以价格昂贵。

（4）贵腐葡萄酒　在葡萄的成熟后期，葡萄果实感染了灰葡萄孢霉菌使果实的成分发生了明显的变化，用这种葡萄酿成的酒称为贵腐葡萄酒。

（5）产膜葡萄酒　葡萄汁经过完全酒精发酵，并在酒的自由表面产生一层典型的酵母膜后，加入葡萄白兰地、葡萄酒精或食用精馏酒精，所含酒度等于或高于 15％的葡萄酒。

（6）加香葡萄酒　也称开胃酒，是以葡萄原酒为酒基，经浸泡芳香植物或加入芳香植物的浸出液而制成的葡萄酒。多用于餐前。

3. 葡萄蒸馏酒

采用优良品种葡萄原酒蒸馏，或发酵后经压榨的葡萄皮渣蒸馏，或由葡萄浆经葡萄汁分离机分离得的皮渣加糖水发酵后蒸馏而得。一般再经细心调配的叫白兰地，不经调配的叫葡萄烧酒。

（五） 按葡萄生长来源不同分类

1. 山葡萄酒（野葡萄酒）

以野生葡萄为原料酿制而成的葡萄酒，称为山葡萄酒。

2. 家葡萄酒

以人工培植的酿酒品种葡萄为原料酿成的葡萄酒。国内葡萄酒生产厂家大都以生产家葡萄酒为主。

（六） 按葡萄酒中葡萄汁含量分类

1. 全汁葡萄酒

由 100％的葡萄汁酿制，不添加水或其他物质。

2. 半汁葡萄酒

半汁葡萄酒的葡萄汁含量从 50％～80％不等，多是由葡萄汁和添加剂、酒精和水勾兑而成。

（七） 按酒精浓度分类

1. 高度葡萄酒

酒精含量达 10％～18％或以上。

2. 低度葡萄酒

酒精含量只有 10％左右或以下。

（八） 按饮用习惯分类

1. 开胃葡萄酒

在餐前饮用，具有开胃作用。主要产品如具有酸败味的雪莉酒、马德拉酒、马尔沙拉酒，以及具有草药香和香料香的味美思酒和奎宁酒。

2. 佐餐葡萄酒

在进餐中饮用，大多采用干酒。

3. 起泡葡萄酒

多在宴会高潮时使用。正宗的香槟酒产地是在法国巴黎东北部的 Rheims 和 Epernay 两地。精美的法国香槟酒是用红、白两种葡萄混合制成，而粉红色香槟酒来自红葡萄皮中的红色或者加入一些红葡萄酒酿成。

4. 待散葡萄酒

又称餐末葡萄酒、餐后葡萄酒，在餐后散宴前饮用，多使用浓甜葡萄酒。其中最著名的有甜型雪莉酒和马德拉酒，此外尚有麝香型甜红酒、匈牙利的吐凯白葡萄酒等。

其他分类方法还有很多，例如按质量层次分类（法国标准）分为：原产地命名葡萄酒（AOC）、产区优质葡萄酒（VDQS）、产区普通葡萄酒（VINS DE PAYS）、混合葡萄酒（VINS DE COUPAYE）等。

第二章 葡萄酒酿造的主要品种

葡萄属于葡萄科（Vitaceae）葡萄属（*Vitis L.*）。葡萄科共有11个属，600余个种，葡萄属是经济价值最高的，它包含70多个种（我国约有35个种），主要分布于北纬52°到南纬43°的广大地区。按地理分布和生态特点，一般可以分为三个种群：东亚种群、欧亚种群和北美种群。

北美种群：28种，代表性的种有美洲葡萄（*V. labrusca* L.）、河岸葡萄（*V. riparia* Michx.）、沙地葡萄（*V. rupestris* Scheele.）等。东亚种群：40多种，起源于中国的有30多种，代表性的种有山葡萄（*V. amurensis* Rupr.）、毛葡萄（*V. quinquangularis* Rehd.）、刺葡萄（*V. davidii Roman.* Foex）等。欧亚种群：1种，即欧亚种葡萄（*V. vinifera* L.），日常接触的玫瑰香（Muscat Hamburg）、龙眼（Longyan）、赤霞珠（Cabernet Sauvignon）、霞多丽（Chardonnay）等均属于该种。这三个种群中以欧亚种群最具经济价值，因此，绝大多数栽培的种均属此种群。

葡萄可以生食，也可以加工成葡萄汁、葡萄干、罐头、果酱等，但其主要用途是酿制葡萄酒。世界葡萄总产量中的80%以上用于酿酒，15%左右用于鲜食，5%左右制成葡萄干等。

第一节 葡萄的构造及其组成成分

葡萄包括果梗与果实两个不同的部分，这两部分的质量分数如下：果梗4%～6%；果实94%～96%。两者的比例会因为品种不同、收获季节多雨或干燥有很大的不同。葡萄颗粒结构如图2-1所示。

一、果梗

果梗是果实的支持体，由木质素构成，含维束管，使营养流通，并将糖分输送到果实。果梗含大量水分、木质素、树脂、无机盐、单宁，和果实相反，只含少量糖和有机酸。在转色期，果梗达到最大体积。葡萄果梗成分一般组成为：水分75%～80%，木质素6%～7%，无机盐1.5%～2.5%，单宁1%～3%，树脂1%～2%，有机酸0.3%～1.2%，糖分0.3%～5%。此外，还含有一些影响葡萄酒风味的重要物质，其中酚类化合物和吡嗪类物质尤为重要。酚类化合物中酚酸、黄烷醇及黄烷酮醇含量较高。而果梗中的反式酒石咖啡酸、酒石咖啡酸和反式酒石香豆酸，已被证明是酿酒葡萄品种果皮及浆果的主要酚酸。吡嗪类化合物是一类具有特殊经济价

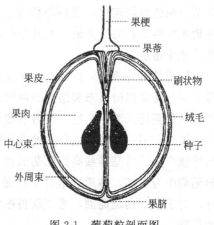

图2-1 葡萄粒剖面图

值的含氮杂环化合物，也是一类最重要的杂环香料。异丁基和异丙基甲氧基吡嗪具有青草气味，对葡萄酒的芳香特性具有重要作用。同时，异丁基甲氧基吡嗪可作为判断果实成熟度的指标。

用未进行去梗处理的葡萄酿造的葡萄酒比用去梗葡萄酿造的葡萄酒酚类物质含量高。葡萄梗中儿茶素和原花色素能大部分转移到葡萄酒中，其中：儿茶素转移率为 87.4%～90.5%，单聚体原花色素为 94.7%～95.3%，多聚体儿茶素为 91.1%～91.8%。葡萄果梗提供的单宁与果皮和种子的不同，其丰富了葡萄酒的收敛性和苦味。但是果梗的添加会导致大量的颜色损失，并使葡萄酒具有果梗味。所以在发酵前一般采用去梗工艺，但是在传统的酿造工艺中，对于单宁含量低的品种，例如黑比诺，有时也添加部分或全部的果梗。因此在酿造葡萄酒时，可通过改变除梗过程中去掉果梗的量来决定保留在葡萄汁中的单宁的含量。

二、葡萄果实

（一）果皮

果皮，顾名思义就是葡萄果实外面的一层皮。葡萄果实在生长发育时，果皮的重量几乎不增加，待果实长大后，果皮就变成了有弹性的薄膜。葡萄完全成熟时，果皮变得十分薄，这样才能使空气更好地渗入，从而保持果实的呼吸作用。天气炎热干燥时，果肉水分会通过果皮而蒸发；雾露或雨水时，果皮特别容易破裂。果皮由好几层细胞组成，表面有一层蜡质保护层，尤其附在果皮上的酵母菌，它能有效地阻止空气中的微生物侵入细胞。果皮的化学成分组成为：水分 72%～80%，纤维素 18%～20%，无机物 1.5%～2% 及少量有机酸。

关于葡萄果皮色素，一般认为其来源于果皮所含有的单宁物质。原因是当葡萄酒单宁溶液保存在自由的空气中或放置在潮湿状态下，经过若干时刻，会变成桃红色以至红棕色的物质，而这两种颜色的物质具有与红葡萄酒中花色苷相同或相似的性质，果皮花色苷的如下特性，对于酿酒实践具有重要的指导作用。

① 果皮中的色素在水与果汁中的溶解度是随温度升高而增加的。因此，对于红葡萄酒，在保证酵母菌正常活动的前提下，适当提高浸渍发酵的温度，可促进色素的溶解。

② 色素极易溶解于酒精化的溶液中。酸的存在会促进这种作用，当 pH 值为 3.2～3.5 时，酒色呈鲜艳的红色；pH 值为 3.8～4.0 时，酒色则较为暗淡。

③ 但凡改变酸度的因素均能够提高酒中的色素的溶出。酸类数量越多，性能越强，红葡萄酒颜色也就越强，色调越鲜艳。例如，利用 SO_2 处理葡萄酒，一方面可破坏细胞而促进物质的溶出；另一方面，尤其是后期由于其能增加酸度，故可改变初期对酒的漂白作用，使酒色变得更深。

葡萄的芳香成分，以果皮中含量最多，芳香物质是构成葡萄及葡萄酒品质的重要因素。芳香成分通常以游离态和结合态两种形式存在。游离态的芳香成分，可保持其原来的芳香性能，从葡萄传入酒中，这一类芳香成分一般是以炎热地区收获的成熟葡萄及富含糖分的果实中为最多。另一类芳香成分需要在发酵及陈酿以后才出现，即通过酶的作用，分解与转化之后才能产生，这是某些高级葡萄酒特有的芳香物质。该类芳香成分以比较寒冷地区收获的成熟葡萄中为最多，品质亦最佳。这是红葡萄酒香气比白葡萄酒香气浓郁而复杂的原因。另外，对于某些白葡萄酒，为了获得浓郁的香气，常采用低温短时间浸渍汁皮的方法获得较多的果香。

（二） 果核

一般葡萄含有 4 个果核，每一个子房有 2 个核。有些做葡萄干的品种，核已完全软化，如新疆无核葡萄。果核中主要化学成分为：水分 35%～40%，脂肪 6%～10%，单宁 3%～7%，挥发酸 0.5%～1%，无机盐 1%～2%，纤维素及其衍生物 44%～57%。果核中含有有害葡萄酒风味的物质，如脂肪、树脂、挥发酸等。这些东西如带入发酵液，会严重影响品质，所以，在葡萄破碎时，须尽量避免将核压破。

由于葡萄果核含油量较高，故发酵完毕，酒糟中的葡萄核可用来榨油。葡萄籽油与玉米胚芽油和大豆油相当，含多种人体需要的元素，如钾、钙等矿物质元素以及维生素 A、维生素 E 等，且有害元素低于法规标准。葡萄籽油具有一定的保健作用，可以降低血清、胆固醇，同时具有营养脑神经细胞、调节植物神经之功效。葡萄籽油不仅可作为医药，也是婴儿与老人的营养油，还是高空作业及飞行人员的保健油。因此，可用于食品、医药、化工、轻工、化妆品等工业，有着广阔的发展前景。

（三） 果肉和汁（葡萄浆）

成熟的葡萄，果肉约占果粒全部重量的 75%～85%，果肉的细胞较大，其组成成分中几乎全部为空胞汁，即葡萄汁，余下的固体部分，则由极薄的细胞膜和极细的纤维素导管所组成，含量极小，只有果肉重量的 0.5%，因此，通常将果肉与果汁的化学成分不加区分。葡萄浆是果肉与果汁的总称，其固形物主要有：

1. 糖分

葡萄浆中所含的糖分主要为葡萄糖及果糖（左旋糖），成熟浆果中二者的比值接近于 1，蔗糖的含量很少（1～3g/L），因为从叶片输送到果实的过程中，绝大部分已被水解，转化成了还原糖。五碳糖或戊糖是非发酵糖，葡萄浆中微量存在（0.3～18g/L），其中以阿拉伯糖占主要，另也有痕量木糖存在。

糖含量与糖酸比通常作为确定葡萄果实成熟的指标，并且其对酿造最佳品质的葡萄酒具有重要的意义。1L 葡萄汁中大约含有 200g 的糖，其中 47% 会被酵母转化为酒精，44% 转化为 CO_2，还有约 10% 合成了不同的化合物，形成葡萄酒特殊的香气。葡萄中的糖是葡萄酒精发酵的基质，它同时也是葡萄酒中重要的呈味物质；葡萄的生长条件对葡萄以及葡萄酒的品质都有着极其重要的影响。正因为如此，只有在一些特定的区域内种植葡萄才能生产出品质优良、独具风味的葡萄酒。

2. 有机酸

葡萄尤其是酿酒葡萄，是典型的酒石酸型水果。其果实中的有机酸主要为苹果酸（COOH—CH₂—CHOH—COOH），其次是酒石酸（COOH—CHOH—CHOH—COOH），两者占总酸量的 90% 以上，此外，还含有少量柠檬酸、琥珀酸。

（1）苹果酸 葡萄中存在的苹果酸为 L（—）型，由葡萄糖经糖酵解途径形成的丙酮酸转化而来。在葡萄浆果发育过程中，苹果酸含量逐渐降低，在着色之前的葡萄中其质量含量可以高达 25g/L；但转色期之后 2 周的苹果酸浓度会减少 50%，一方面是因为葡萄果实体积增大而对酸浓度起到了稀释作用，另一方面是由于三羧酸循环代谢消耗的结果所致。

（2）酒石酸 在未成熟葡萄中，酒石酸的质量含量可以高达 15g/L。酒石酸在葡萄盛花后 1 个月内大量积累，之后没有新的酒石酸合成，但随着果实的成熟，其质量含量呈现下降趋势，这主要是分解作用占优势以及与钾的成盐作用和果实体积膨大的稀释作用所致。在葡萄的成熟过程中，如遇到干旱季节，会降低酒石酸的含量，特别是在葡萄成熟度很好的时期，酒石酸会被葡萄果实含有的呼吸性酶所消耗。如果遇到阴雨季节，葡萄果实中酒石酸的含量就会增多。

（3）柠檬酸　柠檬酸是葡萄果实中的有机酸之一，具有可口的酸味。不论青葡萄还是成熟葡萄，都含有柠檬酸，但随着果实的成熟，柠檬酸含量会下降。所以，成熟果实中的柠檬酸含量很少。

上述 3 种酸是葡萄酸度的主要贡献者，除此之外，葡萄中还含有苯乙烯系列的酚酸（如香豆酸），它们常常与酒石酸的羟基酯化形成酯。

有机酸组分与含量的差异使不同类型果实各具独特的风味。但大多数果实通常以 1 种或 2 种有机酸为主，其他仅以少量或微量存在。酒石酸的酸味是柠檬酸的 1.3 倍，而葡萄汁的 pH 值则主要取决于浆果中酒石酸的含量；更为重要的是，对于酿酒葡萄而言，酒石酸含量在一定程度上决定了浆果的酿酒品质。与苹果酸和柠檬酸不同，酒石酸在葡萄酒发酵过程中一般不会被代谢，这是由于酒石酸的酸性相对较强所致。此外，它维持了葡萄酒的 pH 值在 3.0～3.5，从而决定了葡萄酒的颜色、氧化特性和微生物的稳定性，并影响了成品酒的感官品质和陈酿潜力。酒石酸被认为是构成葡萄酒酒体的重要成分，如果酒石酸被特定的细菌代谢，则会使葡萄酒酒体变得瘦弱、平淡，这种病害在葡萄酒化学中被称为"泛浑病"。

有研究表明，在世界气候较温暖的地区生产的酿酒葡萄，均有较高的糖度和较低的酸度，因此增加了葡萄酒氧化和被微生物破坏的危险性，甚至影响葡萄酒的感官品质，在葡萄酒生产中，酿酒师不得不通过添加酒石酸来调节酒的 pH 值。另外，葡萄中含有丰富的有机酸，有重要的保健功能。大量的研究表明，有机酸具有抑菌，抗病毒，增加冠脉流量，抑制脑组织脂质过氧化物生成，消炎，抗突变，抗癌，软化血管，促进钙、铁元素的吸收，帮助胃液消化脂肪和蛋白质等生理功能。

3. 含氮物

葡萄汁中的含氮物质总量为 0.3～lg/L，是由葡萄根系从土壤中吸取了硝酸盐类，先在叶片中制造成含氮化合物以后，再运到果实中去。可分为以氨态氮为代表的无机氮和以蛋白质、氨基酸类、酰胺类等为代表的有机氮。无机的氨态氮约占总氮量的 10％～20％，易被酵母同化；有机氮会在发酵时，在单宁与酒精的影响下，形成沉淀。

4. 果胶质

果胶质是一种多糖类的复杂化合物，因葡萄品种不同，含量也高低不等。酒中有少量的果胶存在，能起改善口感的作用，增加葡萄酒的柔和味，但如果酒中含有的果胶、树胶及多缩葡萄糖等超过一定的数量，会使酒出现永久性浑浊现象，对葡萄酒稳定性有影响。

5. 无机盐

无机盐主要来自土壤。根据土壤、气候、栽培方法、肥料种类的不同而有差异。主要有钾、钠、钙、铁、镁等，这些元素常与酒石酸及苹果酸形成各种盐类。为了有利于葡萄酒的稳定性，常采用自然澄清与人工冷冻逐步除去。

第二节　酿酒用葡萄的主要品种

不同类型的葡萄酒对葡萄特性的要求也不同。制佐餐红、白葡萄酒、香槟酒和白兰地的葡萄品种含糖量约为 15％～22％，含酸量 6.0～12g/L，出汁率高，有香味。对制红葡萄酒的品种则要求色泽浓艳。

一、酿造白葡萄酒的优良品种

1. 长相思（Sauvignon Blanc）（图 2-2）

别名：白索维浓、苏维浓、索味浓。原产自法国波尔多产区，适合温和的气候，特别喜欢生长在石灰质土上。主要用来制造多果味、早熟、简单易饮的干白葡萄酒，酸味重，香味非常浓，常有一股青草味。长相思（Sauvignon Blanc）适合采用低温浸皮法酿造。我国最早是 1892 年由西欧引入山东烟台的，20 世纪 80 年代又从法国引入北京、河北、山东等地区，目前山东烟台、陕西丹凤、北京等地有栽培。该品种是法国的古老酿酒品种之一，它常与赛美蓉、妙土克德里（Muscadelle）酿造著名的索德尔纳（Cotepha）干白葡萄酒。适时早采亦可作高质量的"香槟"（起泡酒）原料。

图 2-2　长相思

长相思是酿制干白葡萄酒的世界性优良品种，抗逆性强，较耐低温，适合在较冷凉的北方干旱、半干旱地区栽培。该品种树势强，结果枝占总芽眼数的 45.4％，每果枝结 2 穗果，果穗小，平均重 132g，长 11cm，宽 6.5cm，果粒着生紧密。果粒中等大，平均粒重 1.8g。含糖量 17.7％～18.9％，含酸 0.83％～0.94％，出汁率 69.5％，种子与果肉易分离。在山东烟台地区 4 月中旬萌芽，6 月上旬开花，9 月中旬成熟，生长期 141～145d，有效积温 3000～3400℃，属中晚熟品种。酿造酒的颜色呈浅黄色，清香爽口，回味延绵。

2. 龙眼（图 2-3）

别名：秋紫、猫眼、老虎眼、紫葡萄等。属欧亚种，原产中国，在我国具有悠久的历史，是我国古老的极晚熟良种。全国各地均有栽培，特别是河北昌黎、张家口，山东平度，山西徐清等地栽培较多。它的生长期为 160～180d，有效积温 3300～3600℃，为极晚熟品种。果浆含糖量为 120～180g/L，含酸量 8～9.8g/L，出汁率 75％～80％。它所酿之酒为淡黄色，酒香纯正，具果香，酒体细致，柔和爽口。

该品种适应性强，耐贮运，为我国古老的著名的晚熟鲜食、酿酒兼用品种，用它酿造的葡萄酒，其酒质极佳，我国著名的长城干白葡萄酒即以它为原料酿制而成，另外它也是起泡酒和甜葡萄酒的好品种。

3. 霞多丽（Chardonnay）（图 2-4）

别名：查当尼、莎当妮。原产自法国的勃艮第地区，是目前全世界最受欢迎的白葡萄品种。主要在法国、美国、澳大利亚等国家栽培。我国最早于 1979 年由法国引入河北沙城，以后又多次从法国、美国、澳大利亚引入。目前河北、山东、河南、陕西和新疆等地有栽培。该品种为法国白根地（Burgundy）地区的干白葡萄酒与香槟酒的良种，我国青岛、沙城均以它为酿造高档干白葡萄酒原料。

霞多丽风土适应性较强，适合各类型气候，耐冷，产量高且稳定，容易栽培，几乎已在全球各产酒区普遍种植。土质以带泥灰岩的石灰质土最佳，是酿制高档葡萄酒的优良品种。

图 2-3　龙眼

图 2-4　霞多丽

植株生长势旺，芽眼萌发力中等，每结果枝平均有花序 1.8 个，结果力强，易丰产。果穗中小，平均重 150g，带副穗和歧肩，果穗极紧密。果粒小，单粒重 1.38g，黄绿色，果皮薄，果肉多汁，味清香，含糖量 18%～20%，含酸量 0.75%，出汁率 72%左右。霞多丽在华北地区 4 月上旬萌芽，5 月下旬开花，9 月下旬果实成熟，从萌芽到成熟需 155d 左右，为中熟品种。该品种抗病性较弱，易感染白粉病、灰霉病、炭疽病及黄金叶病，管理上应予以重视，防治病害是霞多丽栽培成败的关键。

霞多丽的风格较为中性，常随产区环境以及酿酒法而改变风味特性。天气寒冷的石灰质土产区，如法国夏布利和香槟区，霞多丽酿成的酒酸度高，酒精淡，呈现出以青苹果等绿色水果香及柠檬、橙子等柑橘类水果的香气，尤其在夏布利产区，由于土壤中含有大量石灰石，可以赋予酒矿物的味道；在较温和产区，如美国加州的那帕谷和法国的马贡内，霞多丽酿成的酒口感较柔顺，变得圆润丰腴，会呈现有桃、梨、杏等核果类的香气；在炎热的地区，如阿根廷的门多萨和澳大利亚的巴罗莎谷，霞多丽酿成的酒则会表现出以热带水果如菠萝、芒果和哈密瓜等为主的成熟浓重香味。

由霞多丽所制的起泡酒以法国香槟区所产最佳，其中以白丘最为著名。霞多丽是其所制白酒最适合用橡木桶培养的品种，经久存可变得更丰富醇厚。霞多丽经过橡木桶中发酵和陈酿后，其酒会变得香味浓郁，口感圆润。

4. 贵人香（Italian Riesling）（图 2-5）

别名：意斯林、意大利里斯林。属欧亚种，原产法国南部，是古老的酿酒良种，广泛分布于欧洲中部。1892 年我国从西欧引入山东烟台，目前由山东半岛及黄河故道地区栽培较多，其他地方也有小量栽培。

贵人香是个适应性较强、抗病性较强的优良酿造品种，生长势中庸，易丰产。芽眼萌芽率高，结果枝占芽眼总数的 80%以上，每果枝平均 1.8 个果穗，果穗中等，果梗细长。平均穗重 135g，长 9.6cm，宽 6.6cm，果粒着生紧密。果粒小，平均粒重 1.28g，最大1.45g，果面上有多而显著的褐色斑点，果脐明显，果粉中等厚，皮薄，果肉多汁。它的生长期为 147～155d，有效积温 3400～3500℃。浆果含糖 170～200g/L，含酸量 6～8g/L，出汁率 80%。贵人香适宜在沙壤地和丘陵地栽培，但在雨水稍多的年份一定要加强对黑痘病、炭疽病害的防治。

该品种为世界酿酒良种之一，酒质浓厚，浅黄色，果香怡人，酒体丰满柔和，回味延

图 2-5　贵人香

图 2-6　赛美蓉

绵，是酿造高级白葡萄酒的良种。也可做甜酒、香槟与葡萄汁的原料，我国名牌干白葡萄酒均多以它为料。

5. 赛美蓉（Semillon）（图 2-6）

原产自法国波尔多的葡萄品种，栽培历史悠久，栽培面积居世界酿酒白葡萄品种第四位，世界各地均有较大面积栽培，但以智利种植面积最广，法国居次，最佳产地在法国和澳大利亚。属早熟品种，可以生长在不同土质的土地上，在石灰质黏土及石灰岩地土上生长较好，可产生较多的酸味。我国 20 世纪 80 年代初引进种植，主要分布在河北、山东等地。

赛美蓉适合温和型气候，产量大。果穗中等大，平均穗重 310g，圆锥形，有副穗。果粒着生紧密，平均粒重 2.08g，圆形，绿黄色，果皮薄，果肉多汁，具玫瑰香味，含糖量19.8%，含酸量 0.6%，出汁率 75%。生长势中庸或稍强，芽眼萌发力中等，结果枝平均1.7 个花序，植株进入结果期稍晚，较抗寒，抗病性差。山东烟台地区 4 月中旬萌芽，5 月下旬开花，9 月上中旬成熟，属中熟品种。

比起霞多丽，赛美蓉的酒体和酒精度比较高，但是赛美蓉所产干白酒品种特性不明显，酒香淡，口感厚实，酸度经常不足。由赛美蓉酿出的葡萄酒颜色金黄，酒精含量很高，酸度较低，果香并不很浓郁。新鲜的赛美蓉葡萄酒会散发出一种淡淡的柠檬和柑橘类香气，上等赛美蓉带有柠檬的清新活力。经过橡木桶陈酿后，会逐渐透出蜂蜜、蜂蜡、薰香与香草的芬芳，最后散发出甜蜜的香气，酒体丰腴细腻，余味悠长。赛美蓉也可与长相思混合酿制成绝妙佳酿，而进行延迟采收的果实可酿制甜美的冰酒。赛美蓉的葡萄皮薄，是对贵腐霉菌抵抗力最差的葡萄品种，常可用来酿制贵腐甜酒，品质上乘，而且具有优良的陈酿能力，可经数十年乃至上百年窖藏，充分发挥它圆润、丰满的醇香口感，甜而不腻，在白葡萄酒中少有。

6. 白诗南（Chenin Blanc）（图 2-7）

别名：百诗南、白肖楠、白比诺。原产法国，是法国卢瓦尔河中部地区的酿酒良种。1990 年前后曾多次从法国引进，目前河北沙城、昌黎，北京，山东青岛、蓬莱、龙口，新疆鄯善和陕西丹凤等地均有较多的栽培。该品种为法国著名的酿制甜白、干白、起泡和谐丽酒的良种。

白诗南植株生长势旺，进入结果期较晚，结果枝率 62%，生产性强。果穗中等大，平均穗重 315g，有歧肩、副穗。果粒小，着生紧密，单粒重 1.26g，黄绿色，果皮较厚，果肉多汁，含糖量 17%，含酸量 0.9%，出汁率 72%。在华北地区 4 月中旬萌芽，5 月下旬开

图 2-7 白诗南   图 2-8 雷司令

花，9 月上中旬成熟，属中熟品种。它的酸度高，可能是世界上面貌最多的葡萄品种了，从极细致高贵的甜白酒，到一般不甜的餐桌白酒，都可以由它酿造而成。在南非有人拿它来酿制气泡酒，也有人用它来做加烈酒，或蒸馏酒，所酿之酒，酒质佳，色浅黄，丰满的酸度和浓郁的蜂蜜果香，酒体完整。此品种酿制的酒很少使用橡木桶陈化。

7. 雷司令（Gray Riesling）（图 2-8）

别名：灰意斯林、里斯林、雷斯林。属欧亚种，原产德国，是世界著名品种。我国在 1892 年由张裕葡萄酒公司从西欧引入，在山东烟台和胶东地区栽培较多。在世界各地的种植相当普遍，以莱茵河谷所产最为著名，如德国的莱茵高和摩泽尔以及法国的阿尔萨斯。另外奥地利的品质也相当高。在东欧地区与乌克兰也有大面积种植。新世界产区以澳大利亚的克莱尔谷和新西兰南岛最为有名。

它的生长期为 144～147d，有效积温 3200～3500℃，为中熟品种。浆果含糖 170～210g/L，含酸量 5～7g/L，出汁率 68％～71％。该品种果实着生紧密，粒小，近圆形，黄褐色，单粒重 1.3～1.5g。该品种适应性强，较易栽培，但抗病性较差。雷司令酿出的酒酸度强，但常能与酒中的甘甜口感相平衡，丰富、细致、均衡而且耐久存。除了生产干白葡萄酒，雷司令也非常适合酿造贵腐甜白酒葡萄酒，甜美的蜂蜜、水蜜桃和杏子的香气，具有非常优异的品质，即使甜度高也能以高酸度保持平衡，最浓甜者可经数十年的陈放。在德国，为了和雷司令的高酸味均衡，除了干白葡萄酒，也常酿成带有甜味的半甜型白葡萄酒。所酿之酒，颜色呈浅禾黄色，香气完整、柔和，回味延绵，酿酒品质极佳，具有典型性。

8. 米勒-特劳高（Muller Thurgau）（图 2-9）

简称米勒，属欧亚种。原产德国，1822 年由瑞士育种专家米勒在德国杂交育成。我国 20 世纪 80 年代从德国引入。可在中国北部干旱或半干旱地区栽培，现在河北沙城、昌黎，北京等地有栽培。是现在德国种植最广的品种。

米勒葡萄果穗中等大，平均穗重 300g 左右，圆锥形，有的有副穗。果粒着生紧密，平均粒重 1.8～2.1g，椭圆形，黄绿色，有锈斑，出汁率 70％～75％，可溶性固形物含量 16％～20％，含酸量 0.65％～0.81％。果粒着生极紧，成熟一致，粒中，椭圆形，黄绿色带斑点。它的生长期为 127～150d，有效积温 2800～3100℃。在北京 8 月下旬、昌黎 9 月上旬、沙城 9 月中旬成熟，为中熟品种。由它酿成的酒，黄带微绿色，晶亮，有较浓郁悦人的果香，味醇和，回味好，酒质上等。

图 2-9　米勒-特劳高

图 2-10　巴娜蒂

9. 巴娜蒂 （Banati Riesling）（图 2-10）

别名：巴娜蒂霄司令、巴娜蒂里斯林。原产匈牙利，欧亚种。我国于 1955 年从匈牙利引入北京。目前北京、山东、河南、河北和陕西有少量栽培。

果穗中等大，长 10～21cm，宽 6～8cm，重 277.2g，圆锥形，部分有副穗，果穗中等紧密。果粒小至中，纵径 15.6mm，横径 12.6mm，百粒重 170g，椭圆形，果皮薄，黄绿色，有锈斑，果粉中等厚，肉软多汁，含糖量 17%，含酸量 0.69%，出汁率 73% 以上，每粒果有种子 2～4 粒。4 月上旬萌芽，5 月中旬开花，果实 8 月上旬始熟，8 月底至 9 月上旬完熟，生长期 141d，有效积温 3000℃ 以上。酿造酒的颜色呈浅黄色，酒香浓厚，回味深长，酒质极佳，具典型性。

10. 白羽 （Rkatsiteli）（图 2-11）

别名：尔卡齐杰里、白翼、苏 58 号。欧亚种，属黑海品种群格鲁吉亚群。原产前苏联，1956 年引入我国。目前山东、河南、江苏、陕西等地均有大量栽培，它适应性强，是我国目前酿造白葡萄酒主要品种之一，同时还可酿造白兰地和香槟酒。

该品种果穗中等大，平均穗重 250g，长 15.1cm，宽 9.8cm，圆锥或圆柱形，多数具副穗或歧肩，果粒着生紧密。果粒中等大，平均重 2.5g，椭圆形，绿黄色，果粉薄，果肉多汁。味酸甜，含糖量 18.3%，含酸量 0.88%，出汁率 78%。种子中等大，每果含 2～3 粒。

图 2-11　白羽

图 2-12　小白玫瑰

树势中等，枝条较细，生长直立而稠密，结果枝占总芽眼数的80%左右，每果枝着生1、2穗果，结果系数为1.39，副梢结实力弱。在北京地区4月中旬萌芽，5月下旬开花，9月中旬果实完全成熟，中晚熟品种。它所酿之酒为浅黄色，果香协调，酒体完整。

11. 小白玫瑰（Muscat Blanc）（图 2-12）

别名：白布苏依奥卡、塔米扬卡。欧亚种，原产地中海东部沿岸，是MUSCAT系统中最古老的品种之一。最早由日本引入我国，1955年又从罗马尼亚引入。现在东北、西北、华北和华东等地有少量栽培。

果穗中等大，平均重300g，长17.3cm，宽11.3cm，圆柱形带副穗，果粒着生极紧密。果粒中等大，平均粒重2.8~3.6g，近圆形，绿黄色，皮薄，果肉多汁，味甜，有浓郁的玫瑰香味。含糖量20%，含酸量0.5%~0.77%，出汁率78%。喜高温干燥，对土壤要求不严，山地、平地均宜，栽培在富钙土壤上品质更为优良。结果枝占总芽眼数的44.7%，每果枝多结两穗果，分别着生于第四、五节或第五、六节。副芽成花力强，副梢结实力中实，果实成熟一致。在山东济南地区4月上旬萌芽，5月中旬开花，8月中下旬果实成熟，为中熟酿造品种。小白玫瑰为优良的酿造与鲜食兼用品种。适于酿制白甜酒，酒质优良，果香和酒香浓郁，酒体醇厚。适宜在华北、西北积温较高的地区栽植。

12. 白玉霓（Ugni Blanc）（图 2-13）

别名：小白、白羽霓、脆比诺。欧亚种，原产法国。1957年由保加利亚引入我国，在北方葡萄产区和上海地区有栽培。是酿造葡萄蒸馏酒白兰地的主要品种。

该品种果穗中等大，平均穗重245g，长20cm，宽11.5cm，圆锥形，有时下部果穗分枝上翘。果粒着生中等紧密，果粒中等大，平均单粒重2.2g，纵、横径16mm，圆形，绿黄色，果粉薄，肉质软，多汁，味酸甜，含糖量16%~19%，含酸量0.8%，出汁率78%。种子中等大，每粒含种1~2粒，种子与果肉易分离。树势强。在辽宁兴城区4月23日开始萌芽，6月10日开始开花，8月29日果实开始着色，9月24日果实完全成熟，生长155d，晚熟品种。用它酿出的酒呈活跃的淡黄色，酸味适度而纯净，果香馥郁而丰富，瓶贮后还会产生坚果杏仁的香气，酒体均衡，口感中等浓厚，余韵爽口纯净。

图 2-13　白玉霓

图 2-14　白雷司令

13. 白雷司令（White Riesling）（图 2-14）

别名：约翰堡雷司令、莱茵雷司令。欧亚种，原产德国莱茵地区，是一种古老的优良酿造品种。我国 20 世纪 80 年代从德国引进栽培。目前主要分布于新疆、甘肃等地区。

该品种平均穗重 177g，呈圆柱或圆锥形，带副穗，穗梗短，果粒着生紧密。单粒重 1.54g，圆形，黄绿色，整齐，果皮薄，脐点明显，果肉多汁，含糖量 18%，含酸量 0.78%，出汁率 70%。结果早，但产量偏低。适宜在沙壤土栽培，喜肥水，适应温凉气候。白雷司令在气候温凉的新疆石河子地区和甘肃武威地区栽培表现良好，产量较高，酿酒品质极佳。白雷司令是我国西部干旱、半干旱地区适宜栽植的优良酿造品种。

14. 白雅（Баян-ширей）（图 2-15）

别名：白扬-希烈依、巴雅-希里、白丰、苏 43 号。欧亚种，属东方品种群、里海亚群品种。原产前苏联，1956 年引入我国，北方各省均有栽培。

该品种果穗大，平均穗重 580g，长 21cm，宽 14cm，圆柱或圆锥形，有时具小副穗，果粒重 3.5g，近圆形，绿黄或白黄色，上有大而明显的稀疏黑褐色斑点，果粉中等厚，果皮薄，果肉多汁，味酸甜，含糖量 13.4%，含酸量 0.69%，出汁率 76%～80%。结实力强，耐瘠薄，抗干旱，抗寒，丰产。华北地区 4 月中旬萌芽，5 月下旬开花，9 月中下旬果实成熟。白雅是优良的酿造品种，适应性广，抗病性较强，对土壤要求不严，耐瘠薄土壤。白雅果实含糖量偏低是该品种突出不足之处，应注意控制产量，增施磷钾肥，促进果实糖分提高。

图 2-15 白雅

适宜于酿制白葡萄酒的品种还有琼瑶浆（Traminer）属欧亚种，原产中欧；白福儿（Folle Blanche）属欧亚种，原产法国；鸽笼白（Colombard）属欧亚种，原产法国；李将军（Pinot Gris）属欧亚种，原产法国；西万尼（Silvaner）属欧亚种，原产德国；阿里高特（Aligote）属欧亚种，原产法国。

二、酿造红葡萄酒的优良品种

1. 赤霞珠（Cabernet Sauvignon）（图 2-16）

别名：解百难、解百纳索维浓、解百难苏味浓。原产法国波尔多，是目前全世界最著名的红葡萄品种，虽然不是特别早熟，但是因为枝蔓健壮，容易生长，只要是温带气候又够温暖，都能适应，所以产区分布非常广。我国于 1892 年首先由烟台张裕葡萄酒公司引入。1961 年又从前苏联引入，1980 年以后，多次从法国、美国、澳大利亚引入。是我国目前栽培面积最大的红葡萄品种。

该品种结果枝占总芽眼数的 36.9%，每果枝上结 1、2 穗果，副枝不易形成花芽。果穗平均重 175g，长 15.5cm，宽 10cm，圆锥形，果穗中等大。果粒小，紫黑色，平均粒重 1.82g，果粉厚，皮厚，多汁，有青草味。含糖量 15%～19%，含酸量 0.57%，种子与果肉易分离，出汁率 75%。在烟台地区 4 月中下旬萌芽，5 月下旬开花，10 月上旬果实充分成熟，生长期为 148～158d，有效积温 3200～3500℃，属晚熟酿酒品种。该品种单宁含量高，适宜在积温较高、无霜期长、生长期长、夏季温度较温凉、土壤富钙质的地区栽培。

用赤霞珠酿成的葡萄酒风格强烈，十分容易辨认，酚类物质含量高，颜色呈深紫，单宁涩味重，酒体强劲浓厚，但同时又细致高雅，是相当优秀的品种。通常混合梅鹿辄（Merlot）等品种以求葡萄酒的和谐及丰富。它与品丽珠、蛇龙珠在我国并称"三珠"。早期

图 2-16　赤霞珠

图 2-17　梅鹿辄

引入的品种出粒小、产量低，不受栽培者欢迎，近年从法国新引入的优良株系在产量等方面均有很大提高。近年我国各地葡萄酒厂正在大力发展，特别是河北的昌黎，种植面积最大，葡萄的表现最好。

2. 梅鹿辄（Merlot）（图 2-17）

别名：梅乐、梅洛、梅鹿汁。原产法国，是当地种植面积最广的红葡萄品种，早熟而且产量高，很容易种植。和赤霞珠相比，梅鹿辄的果实较大，酿成的酒以果香著称，酒精含量高，单宁较少，质地较柔顺，口感以圆润厚实为主，酸度也较低，非常可口，很快就能达到试饮期，很受初饮酒的人的喜爱。我国最早于 1892 年由西欧引入山东烟台。20 世纪 70 年代后，又多次从法国、美国、澳大利亚等引入，是近年来发展较快的酿酒品种，目前各主要产区均有栽培。

该品种为法国古老的酿酒品种，作为调配以提高酒的果香和色泽，近年因果香型的干红受欢迎，特别是美国自 1978 年首次以梅鹿辄酿成的干红获得成功后，其栽培面积迅速发展，我国虽然早期引进有近百年历史，但一直未能推广，近年来受外界影响，开始在各主要产区大力推广发展。

该品种果穗中等大，平均重 180g，圆锥圆柱形，穗梗长。果粒小，紫黑色，平均粒重 1.8g，着生中等紧密，果皮较厚，多汁。含糖量 18%，含酸量 0.7%，出汁率 74%。在华北地区 4 月中旬萌芽，5 月末至 6 月初开花，9 月中下旬果实成熟，从萌芽到成熟需 145d 左右，有效积温 3000～3100℃，属中晚熟酿酒品种。酿造酒的颜色呈宝石红色，醇和浓郁，酒质好，酒体丰实，回味佳。

3. 品丽珠（Cabernet Franc）（图 2-18）

别名：卡门耐特、原种解百纳。原产法国，为法国古老的酿酒品种，世界各地均有栽培。我国最早于 1892 年由西欧引入山东烟台，目前我国山东烟台、河南、北京等地都有栽培。该品种是世界著名的、古老的酿红酒良种，它的酒质不如赤霞珠，适应性不如蛇龙珠，在推广上受一定限制，近年新引入的"品丽珠"营养系在栽培性状方面有很大提高，值得引起重视。

品丽珠果穗中等，长约 15cm，宽 10cm，平均穗重约 200g，果粒着生紧密，成熟不一致，有小青粒，果粒小，单粒重 2.0g，紫黑色，果粉厚，果汁多，含糖量 19%，含酸量 0.78%，出汁率 70%，单宁含量低。该品种单株间一致性较差，抗寒性较差，产量偏低。

图 2-18　品丽珠　　　　　　　　　　　　　　图 2-19　佳丽酿

山东烟台地区 4 月中旬萌芽，5 月底到 6 月初开花，9 月中旬成熟，生长期为 150～155d，有效积温 3200～3400℃，属中晚熟品种。该品种成熟期、果实色泽株间差异较大，栽培应选用一致性较好的优良营养系类型。

4. 佳丽酿（Carignane）（图 2-19）

别名：佳里酿、法国红、康百耐、佳酿。属欧亚种，原产西班牙，是西欧各国的古老酿酒优良品种之一。世界各地均有栽培。我国最早于 1892 年由西欧引入山东烟台。目前山东、河北、河南等产区有较大面积栽培。

该品种果粒着生极紧，粒中，长圆形，紫黑色，单粒重 2.5g 左右，肉软多汁，味酸甜。生长期为 150～168d，有效积温 3300～3600℃，为晚熟品种。浆果含糖 150～190g/L，含酸 9～11g/L，出汁率 75％～80％，适应性强，耐盐碱，丰产。佳丽酿是世界古老酿红酒的品种之一，所酿之酒宝石红色，味正，香气好，宜与其他品种调配，去皮可酿成白或桃红葡萄酒。

5. 味儿多（Verdot）（图 2-20）

别名：魏天子。属欧亚种，原产法国。1892 年张裕葡萄酒公司引进，我国主要栽培地区为烟台。

该品种果粒着生中，粒小，近圆形，紫黑色，单粒重 1.5～1.8g，味甜，浆果含糖量为 170～210g/L，含酸量 6～7.5g/L，出汁率 70％～75％。生长期为 138～149d，有效积温 3100～3200℃。酿造酒的颜色呈宝石红色，酒质肥硕，回味佳，是世界酿造红葡萄酒的传统品种。

6. 蛇龙珠（Carbernet Gernischet）（图 2-21）

别名：随尔选。欧亚种。据我国葡萄专家罗国光教授新近考证，蛇龙珠是我国山东从国外引种时，在品丽珠等品种混合群体中经过选育而成的一个酿酒葡萄品种，国外本无此品种，并非以往所传由国外直接引入，该品种在山东胶东地区栽培较多。蛇龙珠为我国通过筛选育成的酿造葡萄品种，适应性强，抗逆性强，着色良好，成熟一致，是当前华东地区主要推广的优良酿酒品种之一。

蛇龙珠生长健壮，萌芽率高，平均每个结果枝有 1.6 个果穗，果穗中等大小，圆锥形或圆柱形，有歧肩，平均果穗重 195g，果粒着生紧密。果皮紫黑色，着色整齐，果皮厚，平

图 2-20　味儿多

图 2-21　蛇龙珠

均单粒重 2.0g，果肉多汁，可溶性固形物含量 17％，含酸 0.46％，出汁率 76％左右。在山东胶东地区，4 月中旬萌芽，5 月下旬开花，9 月下旬果实成熟，从萌芽到果实完全成熟需 150d 左右，有效积温 3300～3400℃，属中晚熟品种。丰产，但进入丰产期稍晚。它所酿之酒为宝石红色，柔和爽口，酒体丰满，酒质粗糙，回味较佳。与赤霞珠、品丽珠共称酿造红葡萄酒的"三珠"，是酿制高级红葡萄酒的品种。

7. 西拉（Syrah）（图 2-22）

别名：色拉。原产于伊朗的设拉子（Shiraz），后传到法国，是法国北隆河地区的明星红葡萄品种，它适合温和的气候，于火成岩斜地的表现最好。我国在 20 世纪 80 年代引进，现在山东、新疆、宁夏等地均有栽培。西拉为一良好的干红葡萄酒品种，果实完全成熟所需积温量度不高，适合在我国北方和西北温度不高的地区栽植。

西拉果穗中等大，平均穗重 242.8g，带副穗，果粒小，着生紧密，单粒重 1.9g，生长势较强，结果枝率 60％，紫黑色，色素丰富，具有独特香气，含糖量 19.0％，含酸量 0.73％，出汁率 73％。在北京地区 4 月中旬萌芽，5 月下旬开花，8 月下旬果实成熟，从萌芽到成熟 135d 左右，属中熟品种。由于该品种易丰产，为保证酿酒质量，生产上要注意控制产量。

西拉的颜色深，酿成的酒颜色呈深黑色，酒香浓郁多变，酒龄短时以紫罗兰花香和黑色浆果香为主，随着陈酿会慢慢发展成黑胡椒、荔枝干、焦油及皮革等成熟香味。所酿之酒喝起来紧密且厚实，相当美味，但单宁含量很高，非常适合酿成耐久存的顶级佳酿。

图 2-22　西拉

图 2-23　黑品乐

8. 黑品乐（Pinot Noir）（图 2-23）

别名：黑品诺、黑比诺、黑皮诺、黑美酿等。原产法国，是古老的酿酒名种。世界各产葡萄酒国家均有栽培。我国最早在 1892 年从西欧引入山东烟台，1936 年从日本引入河北昌黎，20 世纪 80 年代后多次从法国引入，目前山东、河北、河南、陕西、山西、安徽等地均有栽培。该品种是法国著名酿造香槟酒与桃红葡萄酒的主要品种，它对土壤与小气候要求比较严格，适合较为寒冷的气候，特别喜欢生长于石灰质黏土中。

该品种树势中等，结果枝占总芽眼数的 62.5%，每果枝多结 2 穗果，也有 3 穗的，果穗小，带副穗，平均重 170g，长 11.1cm，宽 10.7cm，果粒着生紧密，果粒小，平均单粒重 1.7g，果皮紫黑色，果粉中等厚，果肉多汁，味酸甜。含糖量 19.5%，含酸量 0.7%～1.0%。生长期为 128～160d，积温 3000～3100℃，为中熟品种。

黑品乐的皮比较薄，含有的红色素也比较少，酿成的酒颜色比较淡，在口感上，它的酸度比较高，单宁的质感细致平滑，以均衡优雅取胜，虽然不及赤霞珠，但也有不错的陈酿能力。黑品乐酿成的酒在浅龄的时候有非常迷人的果香，以红色水果香为主，如新鲜草莓、樱桃和覆盆子等；陈酿之后的酒香则变化丰富，常有樱桃酒、酸梅等复杂的香味。大多数的黑品乐需要在 3～5 年内享用，上好的黑品乐则会使用橡木桶熟成，拥有数十年的陈酿潜力。

9. 黑佳酿（图 2-24）

原产中国，欧美杂种。1962 年由中国农业科学院郑州果树研究所用赛必尔 2 号与佳丽酿杂交育成。目前黄河故道地区有栽培。

黑佳酿嫩梢绿色有时略带暗红色。幼叶黄绿色，边缘有时呈桃红色。一年生枝褐色。成龄叶片大，近圆形，叶柄洼矢形，秋叶红色。两性花。果穗中，圆锥形，有时带副穗，果粒着生紧，粒小，近圆形略呈扁圆形，蓝黑色，百粒重 140～160g，每果有种子 2～3 粒，果汁紫红色，肉软多汁。浆果含糖量 140～170g/L，含酸量 8～11g/L，出汁率 70%～72%。生长期 135～142d，有效积温 3000～3100℃。所酿之酒深宝石红色，色泽鲜艳，有良好的果香，具"赛必尔"品系的典型性。

图 2-24 黑佳酿

图 2-25 法国兰

10. 法国兰（Blue French）（图 2-25）

别名：玛瑙红，蓝法兰西。原产奥地利，是一个古老的酿酒品种。1892 年由张裕葡萄酒公司引入，1954 年再次从匈牙利引入北京。目前山东地区有较大面积栽培，黄河故道、北京等地也有少量栽培。法国兰对气候和土壤要求不严，抗寒、抗病性强，但宜感染白粉病，适宜栽培地区较广。

法国兰树势中等，结果枝占总芽眼数的 49.8%，果实成熟一致。果穗中等大，平均穗重 200g，长 14.5cm，宽 10.3cm，果粒着生中等紧密。果粒中等大，平均单粒重 1.7g，果皮紫黑色，果粉中等厚或厚，果皮厚；肉质软，汁多，味甜。含糖量 17%～19%，含酸量 0.7%～0.9%，出汁率 76%。在华北地区每年 4 月上旬萌芽，5 月下旬开花，8 月下旬至 9 月上旬果实成熟，有效积温 2800～3300℃，属中熟品种。所酿制的葡萄酒呈宝石红色，香气完整，成熟较快，回味绵延，品质优良。

11. 烟 73（图 2-26）

原产中国，烟台张裕葡萄酒公司于 1966 年用紫北塞北母本，玫瑰香为父本杂交育成。1981 年通过正式鉴定，属我国培育的葡萄调色品种。该品种树势生长旺，适应在各种土壤中栽培，较抗病。栽培中要重视基肥和有机肥的应用，适当增施微肥，以促进含糖量提高和色素充分形成。

烟 73 树势强健，萌芽率 70.6%，结果枝率 42.4%，每个结果枝平均着生 1.8 个花序，幼树结果稍晚，副梢二次结果力差。在烟台地区 4 月底萌芽，5 月下旬开花，8 月中旬成熟，从萌芽到成熟需生长 128d 左右，属中熟品种。

图 2-26　烟 73

图 2-27　北醇

12. 北醇（图 2-27）

原产中国，是中国科学院北京植物园用玫瑰香与山葡萄杂交培育而成的，我国南北各地曾有较大面积栽培，目前栽培已较少。北醇生长健壮，抗寒力强，对土壤要求不严，在北京及华北地区可不埋土防寒，露地越冬，适合在东北、华北、西北栽培。近年来，一些地区用北醇做砧木，表现出根系发达，易扦插生根，抗逆性强，嫁接亲和性良好。

北醇树势强，结果力强，抗寒力极强，结果枝占新梢总数的 90%，产量高。北京地区 4 月上旬萌芽，5 月中旬开花，9 月中旬果实成熟，从萌芽到成熟需 156d 左右。为中晚熟品种。用北醇酿制葡萄酒，色泽为宝石红色，酒香、果香一般。

13. 宝石（Ruby Cabernet、Magaraten Ruby）（图 2-28）

别名：马加拉什宝石、宝石红。原产美国加利福尼亚州，系用赤霞珠和佳丽酿杂交培育而成，1980 年引入我国。宝石风土适应性强，抗逆性强，容易栽培，丘陵、坡地均可种栽。适于我国华北、西北一带管理条件较好的地区栽培。

图 2-28 宝石

图 2-29 梅郁

宝石树势中旺，芽眼萌芽力中，结实力强，每个结果枝有 1.9 个花序，幼树易丰产。该品种果粒着生极紧，粒小，近圆形，蓝黑色，单粒重 1.8～2.1g，味酸甜，具解百纳香型浆果。含糖量 160～180g/L，含酸量 6～9g/L，出汁率 68%～72%。在烟台地区 4 月上旬萌芽，5 月下旬开花，9 月下旬成熟，从萌芽至成熟需 150d 左右，有效积温 3500～3800℃，属晚熟品种，抗病性较强，但易感染灰霉病。宝石酿酒品质优良，酒色深宝石红，酒体饱满，酸甜可口，具解百纳酒典型性。

14. 梅郁（图 2-29）

原产中国，属欧亚种。1957 年山东葡萄试验站（现山东省酿酒葡萄科学研究所）用梅鹿辄为母本，味儿多为父本杂交育成，1979 年定名。山东、河北、北京、陕西等地有栽培。

该品种果穗中等大，圆锥或圆柱形，无副穗，果粒着生紧密成熟一致。果粒近圆形，整齐，紫黑色，单粒重 2.5g 左右，果皮厚，果肉软，核与肉易分离，含糖量 165～180g/L，含酸量 7.0～9.0g/L，出汁率 70%～75%。生长期为 124～131d，有效积温 2900～3100℃。酿造酒的颜色呈宝石红色，果香、酒香优雅，醇和浓郁，酒质好，酒体丰实，回味绵长，具"梅鹿辄"品种酒的典型性，是我国新育的酿造干红葡萄酒的良种。

15. 汉堡麝香（Muscat Hamburg）（图 2-30）

别名：紫玫瑰香、玫瑰香、麝香、马斯卡特、穆斯卡特。原产英国，欧亚种。来源说法不一，主要认为 1860 年英国育种家斯诺用红大粒与亚历山大杂交育成。我国于 1892 年由西欧引入山东烟台市。目前我国各地均有栽培，主要产地为山东烟台、青岛，河北昌黎、正定，河南郑州、民权，安徽萧县，江苏宿迁、连云港以及北京。是我国的主栽品种之一。

该品种果穗中，圆锥形，果粒着生中至松，粒中，紫红色至紫黑色。单粒重 3.3～4.2g，每果有种子 1～3 粒，肉软多汁，具浓郁的麝香味，果皮略涩。浆果含糖量 160～195g/L，含酸量 7～9.5g/L，出汁率 75%～80%。所酿之酒红棕色，柔和爽口，浓麝香味（但陈酿后易消失），滋味较淡。去皮发酵可酿白葡萄酒。该品种适应性强，各地均有栽培。所酿之酒质优，除做浓甜红葡萄酒外，还是干白葡萄酒的好原料，也是鲜食、制汁及制罐等的良种，进行各种加工时必须采取其独特的加工工艺，否则很难获得优质产品。

16. 佳美（Gamay，Gamay Noir）（图 2-31）

别名：黑格美。原产法国，我国从 1957 年从保加利亚引进，1985 年再次引进栽培，目前在甘肃武威、河北沙城、山东青岛有栽培。

图 2-30　汉堡麝香

图 2-31　佳美

该品种树势中等，结果枝占芽眼总数的 23%，果穗中等大，平均穗重 250g。果粒中等大，平均粒重 3.1g，着实紧密，紫黑色，果皮薄，果粉厚，果肉多汁，汁酸甜无香味，含糖量 17%，含酸量 0.9%，出汁率 71%。在华北地区 4 月中旬萌芽，5 月下旬开花，9 月中旬果实完全成熟，从萌芽到成熟需生长 150d 左右，属中熟品种，较丰产，风土适应性较强。佳美适宜篱架栽培，果实易感染炭疽病、白腐病及灰霉病，生产上要注意及早防治。由于产量过高易导致树体衰弱，要合理控制产量。佳美在微酸性土壤上栽培，果实品质更为优良，酒质也更为香浓。

此外，适宜酿造红葡萄酒的品种还有歌海娜（Grenache），原产西班牙；桑娇维塞（Sangiovese），原产意大利；增芳德（Zinfandel），原产美国；内比奥罗（Nebbiolo），原产意大利等。

三、山葡萄的品种与分布

山葡萄起源于中国东北、俄罗斯远东地区，朝鲜半岛也有少量分布。山葡萄是葡萄属中抗寒力最强的一个种，对白腐病、黑痘病有很强的抗性。由于色素含量高，山葡萄成为诸多葡萄酒厂家的染色原料和生产天然色素的重要原料。

（一）　山葡萄的定义

对于"山葡萄"一词，有广义与狭义的解释。广义山葡萄泛指起源于我国不同地域的野生葡萄，约有 30 种。广义山葡萄包括有山葡萄（*V. amurensis* Rupr.）、毛葡萄（*V. quinquangularis* Rehd.）、刺葡萄（*V. davidii* Roman. Foëx）、葛藟（*V. flexuosa* Thund.）、蘡薁（董氏葡萄）（*V. thunbergii* Sieb. et Zucc）、秋葡萄（*V. romanetii* Romam.）、华东葡萄（*V. pseudoreticulata* W. T. Wang.）、桑葡萄（*V. ficifolia* Bge.）、复叶葡萄（*V. piasezkii* Maxim.）、网脉葡萄（*V. wilsonae* Veitch.）、毛叶葡萄（*V. lanata* Roxb.）等。其中，主产于东北地区的山葡萄（*V. amurensis* Rupr.）、起源于江西等地的刺葡萄（*V. davidii* Roman. Foëx）及秦岭、泰山以南至广西境内均有分布的毛葡萄（*V. quinquangularis* Rehd.）已是当地重要的酿酒葡萄原料。狭义的山葡萄仅指东北地区的山葡萄（*V. amurensis* Rupr.）。原国家轻工业部制定的《山葡萄酒》的行业标准（QB/T 1982—1994）中有关山葡萄的解释就是广义山葡萄。

（二） 山葡萄的分布与特点

1. 山葡萄的分布

中国是葡萄属植物的主要起源中心，分布于祖国各地。我国蕴藏着丰富的野生葡萄资源，并且得到了比较充分地加工利用。东北地区的长白山葡萄酒厂、通化葡萄酒厂、一面坡葡萄酒厂等从 20 世纪的 30 年代就开始利用山葡萄（*V. amurensis* Rupr.）酿酒，生产了在国内负有盛名的国家级名优产品，并出口国外，年出口量最高达 2100 余吨。毛葡萄（*V. quinquangularis* Rehd.）的分布广，也被广泛地利用，如山东淄川酒厂酿制的龙葵酒、陕西丹凤葡萄酒厂研制了著名的丹江牌五味香葡萄酒，在当地独树一帜，在南方的一些葡萄酒厂也被作为重要原料。

2. 山葡萄的特点

山葡萄果粒小（直径 5～12mm），粒多穗紧，形状成串，成熟果为紫黑色，皮外挂一层白霜，果实芳香。果粒圆而小，果皮厚，籽多，汁少，汁呈紫黑色，味酸，口感涩，不宜生食。抗寒力极强，可以在 −40℃ 的恶劣气温下奇迹般地实现露地越冬。具有"四高二低"的特点：酸高、单宁多酚高、干浸物高和营养成分高；糖低、出汁率低。其成分组成为：水分 80%，蛋白质 0.4%，糖类 17.5%，纤维素 0.6%，有机酸 0.6%，果酸 0.6%。

（三） 酿酒山葡萄的优良品种

1. 公酿一号

公酿一号别名 28 号葡萄，原产中国，山欧杂种，是汉堡麝香与山葡萄杂交育成。它的生长期为 123～130d，有效积温 2700～2900℃。浆果含糖 150～160g/L，含酸 15～21g/L，出汁率 65%～70%，它所酿之酒呈深宝石红色，色艳，酸甜适口，具山葡萄酒的典型性。该品种具山葡萄的特性，抗寒性、抗逆性强，是山葡萄酒的新育良种。

2. 左山一

左山一原产中国，1973 年从野生山葡萄中选育而成。它的生长期为 125～130d。浆果含糖 100～115g/L，含酸 25～33g/L，出汁率 50%，它所酿之酒呈深宝石红色，果香浓郁，口味纯正，典型性强。

3. 双庆

双庆别名长白十一号。1963 年从野生山葡萄植株中选育而成。它的生长期为 134d。浆果含糖 104～163g/L，含酸 18～25g/L，出汁率 50%～60%。它所酿之酒呈宝石红色，醇和爽口，具浓郁山葡萄果香。

（四） 山葡萄与家葡萄

"家葡萄"是指目前普遍栽培的大多数鲜食品种和酿酒品种。人们习惯所称的"家葡萄"属于欧亚种群的欧亚种（*V. vinifera* L.），如玫瑰香（Muscat Hamburg）、龙眼（Longyan）、赤霞珠（Cabernet Sauvignon）、霞多丽（Chardonnay）等，而起源于我国的山葡萄（*V. amurensis* Rupr.）、毛葡萄（*V. quinquangularis* Rehd.）和刺葡萄（*V. davidii* Roman. Foëx）等属于东亚种群，这些葡萄在其生长的当地，则被称为"山葡萄"或"野葡萄"。随着历史的发展，在一些地区已比较普遍栽培的"山葡萄"，如东北地区的左山一、双丰山葡萄（*V. amurensis* Rupr.）、江西的塘尾刺葡萄（*V. davidii* Roman. Foëx）等已开始家植化，而逐渐进入"家葡萄"的范围。

据研究表明，在 7 千～9 千年前，葡萄栽培的诞生和发展是在三个不同的地理区域独立进行的，作为其中之一的地中海沿岸各国，则可能就是在当地野生葡萄基础上独立地出现的。不同的生态环境和栽培条件，孕育形成了异常丰富的优良栽培品种和类型而流传于世界各地。我们的实践证明，山葡萄（*V. amurensis* Rupr.）已成为一个很重要的栽培种，在中国寒冷地区的酿酒业中起着极其重要的作用。表 2-1 列出了五种主要野生葡萄的分布、特点及用途。

表 2-1　五种主要野生葡萄的分布、特点及用途

品种	分布	特点	加工用途
山葡萄	辽宁、吉林、黑龙江、河北、山东、江苏等地；俄罗斯、朝鲜亦有分布	抗寒性极强；有两性花品种；研究深入；品种多	果实可生食、酿酒。东北寒冷地区的主要酿酒原料
毛葡萄	秦岭、泰山以南至广西境内均有分布	有白色类型；有两性花品种	可生食、酿酒。陕西、山东、广西等酒厂的主要酿酒原料
刺葡萄	陕西、甘肃、云南、贵州及华中、华南、华东等地区	塘尾刺葡萄为两性花	果实可生食、酿酒
秋葡萄	产于河南、陕西、湖北、四川等地	长势极旺	果实可生食、酿酒
蘡薁葡萄	河北、山东、江苏、浙江、湖北、福建、广东、云南等地分布；日本、朝鲜也有	秋叶红色，美丽	果实可酿酒

四、葡萄品种区域化标准

我国葡萄与葡萄酒产业经过几十年的发展已经进入调整结构、优化产品的稳定发展时期。为了正确指导葡萄与葡萄酒产业的发展，有效组织生产并减少盲目性，指导优质酿酒葡萄基地建设和具有地理标志的葡萄酒生产，需要根据自然条件、地理环境和社会经济条件等多种因素，通过实践和科学论证，对葡萄栽培进行合理区划，以确定葡萄的适栽区域以及最佳品种组成和酿酒生产方向，获得最佳的经济效益和社会效益。

（一）　影响葡萄种植的自然因素

葡萄品种区域化是一个比较复杂的问题，土壤、气候、生产条件都会对葡萄种植产生影响，然而起主要作用的还是气候。国内外许多葡萄研究者都认为气候因素中温度、降水和光照是影响葡萄品种区域化的主要因素。

1. 光照

光照是在植物生命活动中起重大作用的生态因子，葡萄产量和品质主要来源于光合作用，葡萄一生都与光照有极为密切的联系。葡萄是喜光植物，它的这种特性是在漫长的进化过程中形成的。不同的光质（如紫外线、红光、远红光）对植物的生理作用有所不同，其中被植物色素吸收具有生理活性的波段在 400～700nm 之间，这也是葡萄利用光能进行光合作用的主要光谱区段。此外，红光（R）（660nm）和远红光（FR），控制着光敏反应，而光对葡萄的调控机制，主要是通过光合效应、热量效应和光敏反应。葡萄对光的反应很敏感，光照充足时，枝叶生长健壮，树体的生理活动增强，营养状况改善，果实产量和品质提高，色、香、味增进，同时，树体的营养积累多，抗寒力也随之增强。光照不足时，枝条变细，节间增长，表现为徒长、叶片变黄、光合作用效率低、果实着色差，品质变劣。有实验表明，低光照下葡萄形成的花芽少，低红光/远红光（R/FR）下，葡萄结实系数下降，造成

营养生长和花芽分化不良，结实少或不结实。

光对葡萄生长发育的影响，主要体现在光照强度、光照时间以及葡萄对光能的利用率上。葡萄果实的大小、重量、着色度、维生素等随着光强的降低而降低。日照长度对葡萄的生长发育也有一定的影响，特别是日照长度敏感的品种，能明显地影响新梢生长、枝蔓成熟度和花芽分化等。光照有利于果实大小、色泽的发育和内含物等品质因子的提高。葡萄对光能的利用率，主要受葡萄种植密度、行间、树形、修剪等栽培措施的影响。因此，保持树叶的适当密度和良好的通风透光条件，是葡萄栽培中应特别注意的问题。

2. 温度

葡萄属的栽培种起源于温带、亚热带，为喜温植物，对热量的要求高。温度不但决定葡萄各个物候期的长短及通过某一物候期的速度，并在影响葡萄的生长发育和产量品质的综合因子中起主导作用，而且也是决定葡萄区划和葡萄加工方向的重要条件。

葡萄各物候期的正常通过都要求一定的温度。葡萄在平均温度为 10～12℃ 时芽才能萌发，新梢生长最迅速的温度为 28～30℃，开花期要求 15℃ 以上，浆果生长期不低于 20℃，浆果成熟期不低于 17℃；最热月（7 月）的平均气温不应低于 18℃。生长期间的低温和高温都会对葡萄造成伤害；开花期遇到 14℃ 以下低温会引起受精不良，子房大量脱落；35℃ 以上的持续高温会产生日烧。

葡萄生长的活动积温与浆果的含糖量及成熟期密切相关，不同成熟期的品种对活动积温的要求及生长天数都是不一样的（表 2-2）。而活动积温作为区划中的最主要的指标，在理论和实践中都已被广泛应用。

表 2-2　不同成熟期品种对生长天数和有效积温的要求

品种类型	所需天数/d	有效积温/℃	代表品种
极早熟品种	120 以下	2100～2500	莎巴珍珠、早红
早熟品种	120～140	2501～2900	乍娜、康拜尔、葡萄园皇后、希姆劳特、早玛瑙
中熟品种	141～155	2901～3300	玫瑰香、黑汗、巨峰、贵人香、霞多丽、赛美蓉
晚熟品种	156～180	3301～3700	佳丽酿、赤霞珠、白玉霓、晚红、宝石
极晚熟品种	180 以上	3700 以上	鸡心、龙眼

温度的另一个作用，主要表现在对葡萄品质的影响上。冷凉气候，葡萄成熟过程缓慢，果实酸度较高、色泽好、香味物质和风味物质平衡并且含量高。而在高温暖热气候条件下，葡萄成熟早而快，导致糖度增加迅速、酸度低、pH 值高、酒体很不平衡，并且没有充分的时间使浆果积累更多的化学成分，导致酒体缺乏特性。研究表明，有效积温与葡萄成熟度和浆果含糖量密切相关。此外，昼夜温差对葡萄品质也有很大影响，成熟期白天温度较高而夜间温度较低，可使葡萄果实着色良好，含糖量和品质都有提高。在美洲品种上，低温有利于花色苷的形成，这可能是由于该种群花色苷合成要求的临界温度较低。

3. 降水量

葡萄的生长需要一定的水分供应和合理的水分分布，适宜的土壤含水量和空气湿度有利于糖分的积累和浆果的成熟。在生长初期，葡萄对水分的需求最多，快开花时需水量减少，花期要求适当干燥。花期降水过多，土壤湿度过大，影响受精；浆果绿果期，对水分的需求较高；浆果成熟期，对水分的需求降低，此时多雨会使浆果含糖量降低、质量差、病害重，并且还易裂果、腐烂，新梢也不能充分成熟。因此，降水量也是一个非常重要的气象因素，影响葡萄品种区域化。前苏联气象学家谢良尼诺夫在总结了世界主要葡萄产区的天气特点后，对某一地区适宜不适宜栽培葡萄？栽培什么品种葡萄最好？葡萄品种怎么进行区域化？提出了著名的水热系数。他认为水热系数 K 值的求解公式为：

$$K = \frac{\sum P}{\sum t} \times 10$$

式中，$\sum P$ 为温度大于10℃时期中的降水量；$\sum t$ 为温度大于10℃时期中的活动积温；K 值表示当地水分条件满足葡萄需要的程度。当 K 值小于0.5时。表明葡萄园需要灌溉；K 值在 0.5～1.0 时，湿润不足；K 值在 1.0～2.0 时，湿润足够；K 值大于2时，表明湿润过度。

达维塔雅分析法国和世界著名的葡萄酒产区多年的气象资料后指出，某地区葡萄成熟季节月份的降水量是最重要的气象因素，葡萄栽培最佳地区，果实成熟月份降水量应<100mm，K<1.5；而当 K<1.0 时，生产的葡萄酒最好。他还对鲜食、制干葡萄所需的气候条件进行了研究，认为一个地区的总热量、降水量及葡萄成熟季节的气候对葡萄品种的区域化有重要影响，并提出了不同用途的葡萄所需要的农业气候指标。例如，香槟酒、佐餐酒、白兰地适于夏季比较凉爽的地区，浓甜葡萄酒和耐运鲜食葡萄要求较高的温度，葡萄干产区对热量的要求最高，在采收前后应避免降雨。除浓甜葡萄酒外，全年的降水量可以有差异，但在葡萄成熟一个月内应避免降雨过多。

山东半岛地区是我国优良酿酒葡萄的主要产区，这里栽培着十余种世界酿酒葡萄名种。该地区气候得天独厚，按葡萄区域划分，虽不如法国的波尔多，但仍属世界优良酿酒葡萄的栽培区，这里气候美中不足的是，在3～5年内总有一年葡萄的收成不好。也就是说，在葡萄成熟季节（8～9月），雨水较多、葡萄病害较重，糖度降低。为了减少损失，葡萄往往不能等到充分成熟就得提前采收，否则，葡萄就会因白腐病、炭疽病造成大量减产。

葡萄生产中出现这种好年景和坏年景的情况，欧洲葡萄酒生产国也普遍存在。例如1988年欧洲葡萄减产，就是由于气候因素造成西班牙等国霜霉病暴发所致的。1991年由于欧洲又发生了大范围的霜冻，造成法国、意大利、西班牙等国大面积葡萄园减产，使欧洲葡萄酒的产量降至近年最低点，只生产了2600万吨，比1990年减产了11.4%。不过欧洲坏年景出现的频率和严重程度比中国低得多。

4. 灾害性气候

在葡萄栽培中，除了要考虑葡萄对适宜气候条件的要求外，还必须注意避免和防护灾害性的气候，如久旱、洪涝、严重的霜冻、酷寒，以及大风、冰雹等。这些都可能对葡萄生产造成重大损失，如生长季的大风常吹折新梢、刮掉果穗、吹毁葡萄架。冬季的大风会吹跑沙土、刮去积雪，加深土壤冻结深度。夏季的冰雹则常常破坏枝叶、果穗，严重影响葡萄产量和品质。春霜会伤害冬芽，虽然其后侧芽会萌发，但是由其所产生的浆果的品质以及产量都很低；秋霜会打落叶片，使它非自然脱落，减少了糖在葡萄浆果中的进一步积累和在多年生枝条内的贮存。

（二） 酿酒葡萄品种区域化的指标

不同酿酒葡萄品种所需要的生长天数和热量条件是不同的，其对环境的适应能力也有较大差异。根据所需热量条件的不同，可以制定酿酒葡萄品种区域化的指标。目前所用主要有以下三种。

1. 光热指数

法国学者 Huglin 发现光热指数（IH）与葡萄成熟时含糖量的相关性最好，提出了有关品种含糖量达到 180～200g/L 所需 IH 值（表 2-3）。

表 2-3　部分品种含糖量达到 180～200g/L 所需 IH 值

品　种	IH 值	品　种	IH 值
米勒	1500	品丽珠	1800
白比诺、灰比诺、琼瑶浆	1600	赤霞珠、梅尔诺	1900
黑比诺、霞多丽、长相思、雷司令	1700		

2. 温度纬度指数

新西兰学者 Jackson 认为应用温度纬度指数（LTI）对冷凉气候区进行酿酒葡萄品种区域化比用有效积温指标好。他按照温度纬度指数将酿酒葡萄进行了分类（表 2-4）。

表 2-4　不同成熟能力的葡萄类群

分组	LTI	气候	适宜栽培的主要品种
—	—	极冷	米勒
IA 区	<190	冷凉	白比诺、灰比诺、黑比诺、琼瑶浆、霞多丽、西万尼
IB 区	190～270	较暖	霞多丽、黑比诺、雷司令
IC 区	270～380	暖和	霞多丽、梅鹿辄、品丽珠、赛美蓉、
II 区	>380	较热	西拉、无核白、增芳德

3. 有效积温

美国学者 Amerine 和 Winkler（1944 年）在分析葡萄酒质与气候关系的基础上将美国加利福尼亚州的葡萄产区划分为五个气候区，并指出第 Ⅱ、Ⅲ 区是加利福尼亚州最优质的葡萄酒产区。美国的 Boubals（1986 年）在前人研究的基础上，确定了栽培地区的温度条件与相应生产的酒类之间的辩证关系。他根据北半球 4 月 1 日至 10 月 31 日，南半球 10 月 1 日次年 4 月 30 日的大于 10℃ 的有效积温，将葡萄栽培区划分为五个区域，并标明各区应栽培的品种和所能生产葡萄酒种（表 2-5）。

表 2-5　葡萄品种按有效积温划分的栽培区域

区域	葡萄酒种
Ⅰ 区 （<1370℃）	干白葡萄酒：雷司令、白品诺 优质起泡葡萄酒：黑比诺、霞多丽
Ⅱ 区 （1372～1648℃）	干白葡萄酒：霞多丽、长相思、赛美德、白品诺 红葡萄酒：梅鹿辄、赤霞珠、品丽珠、西拉等
Ⅲ 区 （1649～1926℃）	干白葡萄酒：赛美蓉、长相思、克莱雷特、歌海娜、白羽 红葡萄酒：梅鹿辄、品丽珠、赤霞珠、西拉、歌海娜、曾芳德、传利酿、穆尔维德
Ⅳ 区 （1927～2205℃）	红葡萄酒：神索、歌海娜、穆尔维德、巴拜拉等 自然甜型葡萄酒：小白玫瑰、亚历山大、歌海娜等
Ⅴ 区（>2205℃）	在这一地区应主要生产各种成熟的鲜食葡萄品种，特别是无核白等无核鲜食葡萄

Branas（1974年）也认为某一品种在某地区能否栽培成功，首先取决于温度，即热量的需求。通常情况下，生长周期较短的品种可以栽培在气候较凉爽的地区，以达到所需要的成熟度，相反，在温度较高地区，生长周期长的品种可以成熟，而周期短的品种则成熟过快，从而降低葡萄的品质和优雅度。这种以温度、积温，即热量进行葡萄品种区域化研究的方法，在欧美各国已应用了几个世纪，并以此为依据，合理地选择了适合当地栽培的葡萄品种，使那些早熟品种种植在温度较低的地区，而晚熟品种则种植在温度较高的地区。当然，这些原则还应考虑春季低温和秋季多雨等因素的影响。

第三章　葡萄汁的制备

第一节　葡萄酒酿造前的准备工作

一、准备工作

在一年一度的葡萄酒酿造季节，当季的葡萄采摘后，在发酵开始之前，必须做好厂房、设备、添加剂、容器等一切准备工作。确保发酵的正常进行，保证葡萄酒的正常品质。

① 清理车间用房，一切非酿酒用的器具全部出清（包括暂时贮存在酿酒室的各种原料、器材等）。以腾出足够的空间存放发酵桶等设备，并且避免了之后的污染问题。

② 墙壁及水泥发酵池外表面用石灰刷白，以清洁卫生为准。

③ 检查发酵池（罐）的阀门、橡皮衬里等，是否完好，有无漏水现象。如果出现漏水现象，会使得葡萄汁及葡萄酒体积发生变化，影响其内各物质含量，进而影响酒质，并且还会导致微生物污染。

④ 检查容器是否漏水，尤其是长期未装酒的容器，须装水检查，是否漏裂，以防止后期发酵过程中葡萄汁或者葡萄酒外漏，造成损失，以及避免后期杂菌及不需要的微生物的污染，影响酒质。

⑤ 新容器及新除去酒石沉淀的容器，内部重新涂料。曾装过败坏酒的容器，须进行杀菌。以上的措施是为了防止后期酒质稳定性受影响甚至酒质败坏。

⑥ 检查所有管道、橡皮管等，确保所有管道、橡皮管等的完好无损。

⑦ 检查所有酿酒机器设备，包括电动机、破碎机、除梗机、压榨机、过滤机、输送泵、冷却设备等处于正常的工作状态。如果出现机器工作的异常要及时解决或更换。

⑧ 检查所有木制容器是否有长霉、脱箍或漏水现象，并应涂一遍清漆。要确保所有的木制容器无长霉、脱箍或漏水等现象，涂一遍清漆是更好地确保木制容器的密闭性，并且防止微生物的污染等问题的发生。

⑨ 事先准备好需要添加的各种添加剂，如二氧化硫、酒石酸、单宁、下胶材料等。

⑩ 准备好一切附属设备，如压板、箅子和各种仪表等所需要的附属设备。

⑪ 整理好酒室，并准备一定数量的酒母。酒室要进行严格的清理，酵母最好是抗性较强的酵母，以避免后期除杂菌时被杀伤。

葡萄酒的酿造离不开葡萄原料、酿酒设备及酿造葡萄酒的工艺技术，三者缺一不可。要酿造好的葡萄酒，首先要有好的葡萄原料，其次要有符合工艺要求的酿酒设备，最后要有科学合理的工艺技术。原料和设备是硬件，工艺技术是软件。在硬件规定的前提下，产品质量的差异就只能取决于酿造葡萄酒的工艺技术和严格的质量控制。

二、酿造设备和厂房的配置要求

葡萄酒是供人饮用的酿造酒。饮用好的葡萄酒给人美的享受和艺术欣赏。葡萄酒应该具备酿造葡萄本身的果香和口味，后味洁净。"洁净"二字是衡量葡萄酒质量好坏的重要指标。人的嗅觉器官和味觉器官是相当灵敏的，在葡萄酒酿造过程中，任何污染和过失给葡萄酒带来的异味和杂味都是葡萄酒本身无法掩盖的，甚至是致命的缺陷。因此对于生产过程中卫生条件的控制显得至关重要，其中卫生条件主要包括原料的卫生条件、厂房的配置涉及的卫生条件以及酿造设备的卫生条件。其中原料的卫生条件在原料的预处理过程中按照公知的操作方法可以达到生产的要求，所以严格控制厂房的配置涉及的卫生条件以及酿造设备的卫生条件成为葡萄酒加工过程中卫生处理的重点。

对于厂房的配置要求主要是酿造葡萄酒的厂房，必须符合食品生产的卫生要求。要根据生产能力的大小设计厂房。一般情况下葡萄酒厂房要远离市区尤其是重工业区，厂房应定位于环境较好的市郊，最好毗邻葡萄园，这样既可以减少运输过程中的成本及运输过程中对葡萄造成的伤害，又可以减少运输过程中的交叉污染，给葡萄酒的生产带来不必要的麻烦。葡萄酒厂的地面，要有足够的坡度，用自来水刷地后，污水能自动流出去，不会存留聚积。发酵车间要光线明亮，空气流通，避免发酵过程中由于空气流通不畅导致的微生物以及其他杂菌的污染，确保了葡萄酒生产过程中的卫生等条件处于正常的所需水平，以确保生产的葡萄酒的质量。但是贮酒车间要求密封较好。车间地面不留水沟，或者留明水沟，水沟底面的坡面能使刷地的水全部流出车间。车间的地面最好是贴马赛克或釉面瓷砖的，车间的墙壁用白色瓷砖贴到顶。厂房要符合工艺流程需要。从葡萄破碎、分离压榨、发酵贮藏，到成品酒灌装等各道工序要紧凑地联系在一起，形成一套全面系统的加工工艺流程，并按照此标准安装相应的可以系统一体化的设备，防止远距离输送造成的污染和失误。

葡萄酒的加工设备，主要有破碎除梗设备、压榨设备、发酵设备、冷冻加热设备、过滤设备、浓缩设备、蒸馏设备、包装设备。

此处介绍的葡萄酒酿造的设备只是简单的介绍，具体的介绍见本书葡萄酒酿造设备一节，将对这几类相关设备进行详细的介绍。此处涉及的葡萄酒酿造设备主要的是要确保发酵前这些设备的清洁工作一定要严格处理好。总的来说，目前常用的破碎除梗设备主要有葡萄破碎机、果汁分离机、果汁压榨机、高速离心机、灌酒机等，贮藏容器主要有发酵罐、贮酒罐等。葡萄酒酿造设备除了卫生方面的要求，还要注意两点：①葡萄酒酿造设备要根据生产能力的大小，选择设备型号和容器规格，各种设备的能力和贮藏容器要配套一致。②每种设备和容器，凡是与葡萄、葡萄浆、葡萄汁接触的部分，要用不锈钢或其他耐腐的材料制成，防止铁、铜或其他金属污染，否则会导致铜破败病及铁破败病等病害（此部分知识将在本书后续的章节中作详细的介绍）。

第二节　葡萄的破碎与除梗

在酿酒前首先要对葡萄果粒进行筛选。采收后的葡萄有时携带葡萄叶及未成熟或腐烂的葡萄，特别是不好的年份，比较认真的酒厂会在酿造前做好筛选，然后进行破皮。由于葡萄皮含有单宁、红色素及香味物等重要成分，所以在未发酵之前，特别是红葡萄酒，必须破皮挤出葡萄果肉，让葡萄汁和葡萄皮接触，以便让这些物质溶解到酒中。破皮的程度必须适中，以避免释出葡萄梗和葡萄籽中的油脂和劣质单宁影响葡萄酒的品质。

不论酿制红或白葡萄酒，都须先将葡萄去梗。葡萄梗中的单宁收敛性较强，不完全成熟时常带有刺鼻气味，必须全部去除。但在有些酒的酿制时，也可视情况省掉去梗的手续。

新式葡萄破碎机都附有除梗装置，有先破碎后除梗，或先除梗后破碎两种形式。

一、破碎要求

① 每粒葡萄都要破碎。

② 籽实不能压破，梗不能压碎，皮不能压扁。

③ 破碎过程中，葡萄及汁不得与铁、铜等金属接触。

二、葡萄除梗破碎的目的

（一） 破碎的作用

破碎的目的是使葡萄果破裂而释放出果汁，一般葡萄的破碎率要达到100％。破碎的主要作用体现在以下两方面：

① 破碎除梗可以实现破坏葡萄皮、肉和籽与果汁的结合，这些成分会影响榨汁的效率，破碎则是将葡萄浆果压破，以利于果汁流出，使果汁与浆果固体部分充分接触，便于色素、单宁和芳香物质的溶解。破碎可用破碎机单独进行，也可用除梗破碎机与除梗同时进行。这种破碎工艺的优点是完整颗粒与梗分离，葡萄梗不与果汁接触，因而防止了接触梗中不利成分的浸出。实验证明，这种过程中没有大量果梗物质浸出，果梗与果汁的接触时间也只有几秒钟。

② 破碎除梗可以去除葡萄梗，通常情况下，葡萄梗是需要完全去除的。除梗是为了全部或部分去除果梗，减少红葡萄酒的颜色和酒精的损失，减少单宁含量及收敛性，降低尚未成熟、未木质化果梗使酒产生的青梗味、苦味以及酒的质量的影响，同时也减少了发酵体积、增加了发酵容器的有效利用率，葡萄梗常常是粉碎后再撒回到葡萄园的，也可以制备堆肥或火化。在某些情况下，只需要去除部分葡萄梗，或添加一些葡萄梗至果汁中，这将在以后加以讨论。

（二） 破碎与去梗方式

根据破碎操作的工艺顺序，可以将破碎设备分为两类。一类是去梗破碎机，它先将葡萄果粒与梗分离。分离出来的果粒落入破碎机的筛笼内，由破碎辊破碎后再落入底部的承接盘中。这种破碎工艺的优点是完成果粒与梗分离，葡萄梗不与果汁接触，因而防止了果梗中不利成分的浸出。实验证明，这种过程中没有大量果梗物质浸出，果梗与果汁的接触时间也只有几秒钟。

1. 在葡萄园中破碎

有些酿酒商将葡萄破碎操作转移到葡萄园中，与葡萄的机械收获联合进行。这样，可以将葡萄梗直接回送到园中。采用这种方式通常是因为酿酒厂离葡萄园太远，会给葡萄梗的处理带来问题。在葡萄园破碎的另一个优点是葡萄醪的冷却易于进行，抗氧化剂的使用也比整穗葡萄方便。某些酿酒商在葡萄园将葡萄破碎后，将葡萄皮渣也完全回送到园中，只将浑浊的果汁运回工厂。这种做法提高了添加二氧化硫的效率，有效地防止了野生酵母起始发酵。葡萄醪和葡萄汁一般在密闭的容器中运输，以防止在运输过程中的酶催化氧化、果汁的污染和挥发成分的损失。

2. 葡萄与葡萄醪的运输

葡萄或葡萄醪一般装在葡萄箱中运输，葡萄箱的容量有0.5t、1t、2t、5t的。进入工厂后直接倒入破碎机的接料斗中，接料斗下部装有螺旋输送机。葡萄醪（果汁和皮渣）再由活塞泵送入筛滤机或贮罐中。活塞泵的性能、流速、管路的长度和直径，以及输送的路径都会影响果汁和酒中固形物的含量。用转子泵输送葡萄醪更好，因为泵的内壁和流体经过的表面都比较光滑。应该避免采用细直径的管道、较长的输送距离和过多的弯头，因为这些场合下的冲击和剪切应力提供了进一步产生固体的条件。这些固体的产生是未陈酿的、各种白葡萄酒生产中的一个主要问题，这个问题将在后面章节中作进一步讨论。

3. 破碎机的生产能力

市面上可供的破碎机的生产能力为 5~10t/h，甚至可达 50t/h。破碎机的生产能力是由去梗筛笼的直径和刀轴的旋转速度确定的。刀轴上装有破碎刀或齿钉。电机的旋转速度以及电机齿轮与刀轴齿轮的齿数比确定了刀轴的转速。如果刀轴转速太快，会使葡萄与筛笼壁的冲击作用与接触时间不足，导致一些果粒与果梗一起飞出，从而造成果汁的损失。过快的转速还会导致某些果肉的过度粉碎与分散，所产生的细微悬浮固体必须在后续的白葡萄汁的澄清过程中加以去除。

三、除梗破碎设备

除梗破碎机可分卧式除梗破碎机、立式除梗破碎机、破碎-去梗-送浆联合机、离心破碎去梗机。一般选用除梗和破碎同时完成的，工作能力从 5t/h 到 50t/h 不等。目前生产除梗破碎设备的国家很多，其中一个主要代表为美国，其中美国两家主要的破碎设备生产商是海尔斯伯机械公司（Healdsburg Machine Co.）和万利铸造公司（Valley Foundry Co.），沿海的酿酒厂使用的破碎设备多数是由前者生产的，而中部地区则使用后者生产的设备。美国的酿酒厂也使用较多的欧洲设备，其中包括万斯林（Vaslin）、戴莫斯（Demoisy）和安莫斯（Amos）公司的设备。应根据葡萄酒厂的生产规模，选择配备葡萄除梗破碎机。常见的葡萄的除梗破碎设备具体介绍如下：

（1）卧式除梗破碎机　先除梗后破碎，葡萄穗从受料斗进入由螺旋输送器输入除梗装置内，经除梗器打落的葡萄粒经筛筒孔眼落入破碎辊中，葡萄梗则从尾部排出经鼓风机吹至堆场，葡萄破碎后，用泵经出汁口输出。

（2）破碎-去梗-送浆联合机。

（3）立式除梗破碎机　机身为立式圆筒形，装有固定圆筛板和除梗推进器。葡萄浆由筛孔流出，未破碎的葡萄粒则落入下部的破碎辊中进行破碎，葡萄汁从上部排出。

（4）离心式破碎去梗机　离心式破碎去梗机生产能力大，未广泛使用。

葡萄破碎机最好安装在酿酒主厂房之外，以使果梗易于收集而不污染室内环境。这有利于车辆卸载原料。除梗设备能够方便地将原料送入接收槽中，再由皮带或螺旋输送机送到榨汁单元。除梗后的葡萄也可以用装备旋风分离器的气动系统输送，由旋风分离器将葡萄固体卸载到接收槽中。许多酿酒厂将葡萄梗粉碎后再回送到葡萄园中，这样可以减少葡萄梗的体积，也能更均匀地分散混合到土壤中。另一种处理葡萄梗的方法是将某一地区的许多酿酒厂的葡萄梗集中收集，用作废料发电的燃料。

四、榨汁

所有的白葡萄酒都在发酵前即进行榨汁（红葡萄酒的榨汁则在发酵后），有时不需要经过破皮去梗的过程而直接压榨。在正式的发酵之前，有时还会视情况增加葡萄汁的沉淀步骤，以使葡萄汁中所含的杂质或沉淀物过滤出来。还有去泥沙，压榨后的白葡萄汁通常还混杂有葡萄碎屑、泥沙等异物，容易引发白葡萄酒的变质，发酵前需用沉淀的方式去除，由于葡萄汁中的酵母随时会开始酒精发酵，所以沉淀的过程需在低温下进行。红酒因浸皮与发酵同时进行，并不需要这个程序。

（一） 榨汁的作用

榨汁的目的是从果肉和果皮中回收自然筛滤方法难以获得的果汁（或果酒）。榨汁工艺可以分为间歇榨汁和连续榨汁两类，而间歇榨汁工艺也有多种。人们早就知道，压榨出来的果汁与自流果汁的成分是不同的。压榨汁中有一些有利成分，它们包括对品种特征和香味有贡献的成分例如萜烯类（Wilson 等，1986；Park 等，1991）和某些成熟组分的前体物质；但也有一些不利成分，例如酸度较低和 pH 值较高，含有许多的单宁和胶体物质。压榨汁中这些组分的含量取决于水果的自身条件、压榨加压方式、所用筛网的性质及皮渣相对于筛网的运动情况。在这一方面，间歇压榨与连续压榨相比，一般对果皮的剪切作用较小，从而可以减少酚类和单宁的释出量。悬浮固体的产生是一个值得关注的问题，因为它会导致需要对压榨果汁进行进一步澄清。间歇压榨（包括膜式榨汁机和罐式榨汁机）和连续压榨对固体含量与组成的影响已有多份报道（Maurer 和 Meidinger，1976；Meidinger，1978；Lemperle，1978）。对于单宁含量较高和 pH 值较高的问题，人们并不太担心。这些组分的存在一般需要在下胶和调节酸度时特别注意，而自流汁则不必如此。较高的胶体物质含量可能会在后面的生产过程中使沉降或过滤困难。

（二） 榨汁设备

直到 20 世纪 70 年代中期引入大型膜式压榨设备后，它在生产能力上才能与螺旋榨汁设备相比，而且榨出的果汁质量较好，现在几乎所有的螺旋榨汁设备都被膜式榨汁设备所取代。下面主要介绍间歇榨汁与连续压榨的几种代表机器。

1. 间歇榨汁

间歇榨汁操作以周期循环方式进行。一个操作循环包括进料、加压、回转、（有时）保压、卸压和卸渣。进料时间由输醪泵（或输送机）的速度和压榨机的容量确定。榨汁机一般要在 1～2h 的时间内逐渐将压力升高至最大压力 0.4～0.6MPa（4～6atm）。多数间歇榨汁机（除了框式压榨机之外）在加压的同时可以回转，因此可以形成较为规则的滤饼。虽然较早和较小型的榨汁机是人工操作的，但现今多数榨汁机装备有程序控制装置，可以对操作循环的加压、维持时间等条件进行编程控制。

（1）气囊榨汁机 筐式和移动头榨汁机的主要缺陷是，滤饼中的果汁通道在加压时会很快被堵塞。这导致了滤饼外部较干而内部较湿。虽然圆环和链条的排列可以稍微克服这种缺陷，但往往收效甚微。对于这种设备的改进设计是在筛笼中心装备一只较长的橡胶圆筒（或气囊），从而，使得滤饼成为圆筒形，而不是圆柱形。这些榨汁机（多数是由 Willmes 公司制造的）的筛笼也能在压力增加过程中回转，从而使皮渣形成均匀的滤饼。气囊内的压力是由外压缩空气提供的。

（2）膜式榨汁机 用空气加压的另一种类型的榨汁机是罐式（或膜式）榨汁机。加压膜一般沿径向装在圆筒形罐的一端。当膜的一侧抽真空时，膜收缩到罐的一端，皮渣可以通过侧壁上的门或罐的一端输入。出汁筛网沿长度方向安装，加压膜由压缩空气提供压力向物料加压。膜式榨汁机的主要生产商有 Bucher 公司（现在与 Vaslin 公司合作）、Willmes 公司和 Diemme 公司。

膜式榨汁机已经获得广泛应用，因为从这类设备出来的压榨汁成分较好，膜式压榨机输出的白葡萄汁成分含量均处于较好的水平。这类设备在加压操作过程中，果皮与筛网表面相对运动最少，从而使果皮和种子受到的剪切和磨碎作用小，结果皮渣中释放出的单宁和细微固体物大大减少，压榨汁中的固体和聚合酚类含量较低。这类榨汁机的生产能力由 4t/h 至 40~50t/h。设备生产商一般采用生产能力的百升数作为型号名称，例如 RPM100 或 RPZ150。

（3）筐式榨汁机　筐式榨汁机最简单的是木筐榨汁机，它有一只垂直的滑板限定滤饼表面，一只活动压榨头提供水平方向的压力，因此也被称为活动头榨汁机。垂直筐式榨汁机现在几乎只用于家庭酿酒厂。其原因包括：生产能力小、难以对各种滤饼的各个方向施加均衡的压力、在高压时会喷射出果汁、装料和卸载的劳动强度很大。

2. 连续榨汁

（1）带式榨汁机　现在一些用于葡萄或其他水果榨汁的带式榨汁机已经开发出来。这类榨汁设备的发明可以追溯到 Mackenzie 榨汁机的出现。Mackenzie 榨汁机采用了一系列气压垫向始施加压力，皮渣支撑在金属网带上。金属网带在运行过程中进料，使皮渣分布在压榨机的水平段上。这时用气垫加压，维持一段时间后释放压力，网带再向前运行，卸除皮渣后再进入下一步循环。

现代的带式榨汁机具有一条连续运行的多孔网带，网带运行在几组支撑辊上，并由支撑辊向皮渣提供压力。榨出的果汁通过筛网下落，由底部的承接盘收集。这类设备在起泡葡萄酒生产中广泛用于整穗葡萄的处理，具有很高的生产能力。

（2）螺旋榨汁机　对筛笼内原料施加压力的另一种方法是采用大型的螺杆，迫使皮渣在端板的背压下向另一端移动。端板一般是由液压控制而部分封闭的。螺旋榨汁机只能连续操作而不能间歇操作，多数螺旋榨汁机的处理能力在 50~100t/h 之间。这种设备的处理能力是由螺杆直径和旋转速度确定的。螺旋榨汁机的生产商有 Coq 公司、Marzola 公司、Mabille 公司、Diemme 公司、Pera 公司、Blachere 公司。榨汁机型号中的数字一般代表螺杆的直径（mm），例如 COQ1000 的螺杆直径是 1m，在现代葡萄酒厂中，螺旋榨汁机一般已被膜式榨汁机取代，但在世界许多地方仍在使用。

螺旋榨汁机有两个缺点：①皮渣沿圆筒形筛笼运动，使果皮受到强烈的剪切和摩擦作用，导致榨出的果汁中无机物质、单宁和胶体的含量较高；②榨出的果汁中悬浮固体的含量也很高，典型的含量在 49.6%（体积分数）以上，这对于白葡萄汁来说是个不能接受的水平，因此必须采用附加的设备加以解决。

（3）间歇式螺旋榨汁机　螺旋榨汁机的一种改进型是间歇式螺旋榨汁机。这种榨汁机的螺杆可以在液压驱动下水平移动，移动距离可达 1m。在操作循环开始时，螺杆退回，螺杆压榨腔内像钻头一样转动而输入原料。当滤饼在螺杆的另一端形成时，螺杆像冲头一样水平移动，形成像移动头榨汁机一样的压榨效果。结果形成了一种间歇操作，使果皮受到的剪切作用大为减弱，榨出的果汁也质量较好，但间歇压榨造成了处理能力的损失。现在工业上这种榨汁机使用得很少。

（三）　压榨汁成分

压榨出的果汁成分在几个方面与自流汁明显不同。其有利的方面包括含有希望的香气味成分（Wilson 等，1986），而不利的方面包括含有较高水平的固体、较多的酚类和单宁、较低的酸度和较高的 pH 值以及含有较高浓度的多糖和胶体成分。压榨汁中还含有较高水平的氧化酶，这是因为其固体含量较高，由于酚类底物的浓度较高，因此也较容易褐变。

据研究发现，压榨汁与自流汁成分差别的程度首先取决于榨汁机的类型和操作方式，其次是葡萄的品质。Lemperle（1978）报道，用气囊榨汁机、移动头榨汁机、膜式榨汁机和螺旋榨汁机在两个压榨机加工 3 种白葡萄［米勒、李将军（Rulander）和早生白（Gutedal）］也获得了类似的结果。Meidinger（1978）比较了几种榨汁设备（气囊榨汁机、移动头榨汁机、膜式榨汁机和螺杆榨汁机）在一个榨季内处理米勒葡萄的结果。一份较近期的报道描述了膜式榨汁机和间歇式螺旋榨汁机处理米勒、巴克思（Bacchus）和柯娜（Kerner）葡萄后，所得果汁的成分分析结果（Weik，1992）。对于白葡萄汁的粗涩感和易褐变性来说，总酚和聚合酚类含量的差别是特别重要的，而固形物含量则决定了是否需要进行进一步澄清处理。

现今人们特别关注的问题是多糖和胶体物质含量的差别，因为它们影响沉降和过滤操作，尤其是影响膜过滤设备和错流过滤设备的操作。关于这些成分在成品酒中的行为也有一些研究报道（Wucherpfennig 和 Dietrich，1989；Bellville 等，1991）。但很少文献谈到榨汁或其他处理工序对于从葡萄组织中释放这些成分有何影响。

五、葡萄除梗破碎

（1）成熟的葡萄采收后，要尽快送到加工地点，进行除梗破碎加工，尽量保证破碎葡萄的新鲜度。有的把葡萄酒厂建在葡萄园里；有的把葡萄除梗破碎机安装在葡萄园里，这样可以保证采收的葡萄即时加工。

（2）通常葡萄除梗和破碎过程同时完成。整穗的葡萄从料斗投入后，经过筛笼内一个安有许多齿钉、能快速转动的轴杆，将葡萄梗分离出去，浆果从筛孔中排出，并在缠绕在筛筒外壁上的螺旋片的推动下移入破碎机上对向滚动的一对辊轴，把葡萄挤碎，葡萄浆落入接收槽里，由输送泵把葡萄浆输送到发酵罐里。

破碎的具体要求如下：

① 要保证破碎过程中每粒葡萄都要破碎，保证充足的出汁率。

② 破碎过程中要保证"三不能"即为籽实不能压破，梗不能压碎，皮不能压扁。

③ 葡萄除梗破碎过程中，葡萄及汁不得与铁、铜等金属接触，以免造成不必要的污染以及后期可能导致质量败坏的问题。

六、葡萄原料的质量控制

所谓葡萄原料的质量，主要是指酿酒葡萄的品种，葡萄的成熟度及葡萄的新鲜度，这三者都对酿成的葡萄酒具有决定性的影响。葡萄酒的质量，七成取决于葡萄原料，三成取决于酿造工艺，很难说这种估计是否绝对精确，但可以说葡萄原料奠定了葡萄酒质量的物质基础。葡萄酒质量的好坏，主要取决于葡萄原料的质量。

首先，葡萄应在无污染的环境中培植。一方面，对葡萄秧施肥前应分析所在土壤的肥力，根据生产 1t 葡萄所需要吸收的元素量：氮 8.5kg、磷 3.0kg、钾 11.0kg、钙 8.4kg、镁 30kg、硫 1.5kg 及其他微量元素来确定需要的施肥量，并以有机肥为主，化肥为辅，并要求采收前一个月不能灌水，以保证葡萄的质量。另一方面，要进行病虫防治。经多年研究表明，传统的病虫防治方法不够合理。葡萄病虫害的防治应贯彻综合防治为主，化学防治为辅的原则。采收前一个月不得使用杀虫剂，采摘前十天内不得使用杀菌剂，保证酿酒原料没有过高的农药含量。葡萄农药残留量应符合有关标准规定。

不同的葡萄品种达到生理成熟以后，具有不同的香型，不同的糖酸比，适合酿造不同风格的葡萄酒。世界上著名的葡萄酒，都是选用固定葡萄品种酿造的。像我国河北沙城的龙眼葡萄，清香悦人，用它酿造的长城牌干白葡萄酒，具有优雅细腻的果香，在国内外独树一帜。

一般来说，酿造白葡萄酒的优良品种有贵人香、雷司令、索味浓、白诗南、赛美蓉等；酿造红葡萄酒的优良品种有佳丽酿、赤霞珠、蛇龙珠、梅鹿辄、法国蓝等。实践证明，葡萄品种决定葡萄酒的典型风格。

葡萄的成熟度是决定葡萄酒质量的关键之一。葡萄在成熟过程中，浆果中发生着一系列的生理变化，其含糖量、色素、芳香物质含量不断地增加和积累，总酸的含量不断地降低，达到生理成熟的葡萄，其浆果中各种成分的含量处于最佳的平衡状态。为此，可采用成熟系数来表示葡萄浆果的成熟程度。

所谓成熟系数，是指葡萄浆果中含糖量与含酸量之比，可表示为：成熟系数 $M=$ 含糖量 $S/$ 总酸 A。在葡萄成熟的过程中，随着浆果中含糖量的不断增加和总酸含量的不断减小，成熟系数也不断增加。达到生理成熟的葡萄，成熟系数稳定在一个水平上波动。葡萄的采收期，应确定在葡萄浆果达到生理成熟期或接近生理成熟期。

葡萄的新鲜度及卫生状况，对葡萄酒的质量具有重要的影响。葡萄采收后，最好能在8h 内加工。加工的葡萄应该果粒完整，果粒的表面有一层果粉，不能混杂生、青、病、烂的葡萄。为此需要在果园里采摘葡萄时做好分选工作，先采一等葡萄做优质葡萄酒，然后再采二等的葡萄或等外葡萄，做普通的葡萄酒或蒸馏酒精。

七、葡萄破碎的特殊工艺

酿酒葡萄在进入发酵之前有几种不同的处理方法，在某些条件下可以对破碎工艺进行改变。

（一） 红葡萄酒的生产

这种生产工艺只将葡萄部分破碎，有时也使用整粒葡萄发酵。这种方法是希望获得较多的果皮香味，并且由于在发酵过程中碳酸的浸出作用使芳香成分释放，在后续的压榨时能够获得更多的芳香物质。典型的工艺是采用 10%～30%整粒葡萄。

（二） 整穗葡萄压榨取汁

这种方法常用于起泡葡萄酒的生产。这种工艺使得果粒破碎和果汁分离相距的时间最短，能够使果汁中浸出的类黄酮大为减少，有时也会使悬浮固体的含量降低。这种整穗葡萄榨汁工艺在使用黑品乐和美酿生产起泡白葡萄酒的情况下较为普遍，在用红葡萄品种生产淡红葡萄酒的情况下也可以采用。

在所有情况下，葡萄多数需要尽可能破碎以促进果汁的释放，并且要利用破碎设备尽可能去梗。破碎去梗后的葡萄浆，用送浆泵送到干净的发酵容器中，放入量不应超出容器容积的 80%。

（三） 直接压榨

葡萄在较晚的季节收获或者经过灰绿葡萄孢或其他霉菌感染之后再收获的葡萄压榨取汁。经过霉菌感染的葡萄，果皮一般会受到损伤而易于破碎，从果梗上摘取皱缩的果粒较为困难，从而在破碎和去梗过程中会导致果粒的显著损失。这种葡萄果由于细胞壁损伤使细胞物质流出，使果汁的黏度显著增大，从而使榨汁操作要困难得多。所以，这种情况下往往将果穗直接压榨（果梗或一种惰性植物纤维，例如稻壳，作为助滤剂），以形成较为疏松的滤饼和获得较高的榨汁率。这种做法也可以用来处理薄皮品种（多数美国当地品种和一些杂交品种）、麝香品种和无核品种（例如无核白）。

（四）　发酵时添加部分或全部果梗的红葡萄酒生产工艺

这种工艺是将 20％～50％ 的干果梗加回至葡萄醪中，以补充一种草木香味和单宁物质。

（五）　用碳酸浸出法进行葡萄酒生产

在这种情况下，葡萄料中要进行一定程度的细胞内发酵，因而整粒葡萄对于这种发酵是必要的。在细胞内发酵之后，有时可以将果穗直接送入压榨机中，从而完全省去了破碎操作，或者破碎之后再接种酵母发酵。

第三节　葡萄汁成分的改良

一、糖分的调整

（一）　葡萄酒中糖的作用

我国葡萄酒中所含的糖主要有蔗糖、葡萄糖和果糖。所谓总糖，是指上述 3 种糖的总和。而还原糖则是指葡萄糖和果糖的总量。糖是人类赖以生存的主要营养源之一，普遍存在于植物中。糖作为化学概念是指一类物质，其中有单糖、双糖、多糖和聚糖。日常生活中提到的主要是指蔗糖，属于化学概念中的双糖。葡萄浆果中主要含有葡萄糖和果糖，这两种糖在酵母作用下发酵产生酒精，因此也称之为可发酵糖。未成熟的葡萄所含的糖大多是葡萄糖，完全成熟的葡萄，其葡萄糖和果糖含量的比例基本为 1∶1。由于葡萄糖和果糖还具有还原性，因此也把它们统称为还原糖。一分子蔗糖水解后，产生一分子葡萄糖和一分子果糖。

（二）　糖含量的测定方法

糖含量的测定方法很多，主要方法有物理法、化学法和仪器分析法。物理法中有旋光法、折光法、密度法等，适用于蔗糖的水溶液；化学法中有斐林氏法、高锰酸钾法、碘量法、铁氰化钾法等，这些方法都是基于糖的还原性，只是所使用的氧化剂不同而已；仪器分析法主要是液相色谱法，这是近年来发展起来的方法，它可以将不同结构的糖分离后逐一定量，其结果非常准确、可靠，但由于仪器比较昂贵，目前还不能普及使用。在 GB/T 15038—94《葡萄酒 果酒通用试验方法》中，把液相色谱法作为第一法，也是仲裁法；直接滴定法是目前大多数企业普遍采用的方法，作为标准的第二法；间接碘量法，是对第二法的改进，有一定的优点和长处，在标准中作为第三法列出。其具体的测定方法见第五章"葡萄酒的检验"中第二节"葡萄酒的理化检验"。

（三）　糖分的调整

一般情况下，每 1.7g 糖可生成 1°（即 1mL）酒精，按此计算，一般干酒的酒精在 11° 左右，甜酒在 15° 左右，若葡萄汁中含糖量低于应生成的酒精含量时，必须提高糖度，发酵后才达到所需的酒精含量。

（1）添加白砂糖　用于提高潜在酒精含量的糖必须是蔗糖，常用 98.0%～99.5% 的结晶白砂糖。

① 加糖量的计算　例如：利用潜在酒度为 9.5° 的 5000L 葡萄汁发酵成酒度为 12° 的干白葡萄酒，则需要增加酒度为 12°－9.5°＝2.5°。

需添加糖量为 2.5°×17.0×5000＝212 500（g）＝212.5（kg）。

② 加糖操作的要点

a. 一般葡萄酒生产都是大容量的生产，因此，加糖前应量出较准确的葡萄汁体积，一般每 200L 加一次糖（视容器而定，容器大的可以适当增加一次加糖的体积，容器小的可以适当减少一次加糖的体积。）不过在加糖的过程中，保证加糖的准确量及葡萄汁的总体积准确外，尽量减少加糖的次数，以免污染葡萄汁，影响葡萄酒质量。

b. 用冷葡萄汁溶解，不要加热，更不要先用水将糖溶成糖浆。这是因为加热会干扰发酵所需要的酶以及酵母尤其是酵母的活性，加热后会严重影响之后的发酵，最终影响葡萄酒的质量甚至会使得发酵彻底失败。不要先用水将糖溶成糖浆是因为加入水后，改变了葡萄汁的体积及葡萄汁中各种物质所占的比例，影响后期的发酵，最终影响葡萄酒的质量。

c. 加糖时先将糖用葡萄汁溶解制成糖浆，以便糖加入后能迅速地溶解，并且保证可以较均匀地混入葡萄醪中，保证在体系中均匀地发酵。用葡萄汁溶解制成糖浆是为了避免水的加入影响葡萄汁中各物质的含量，影响葡萄酒的质量。

d. 加糖后要充分搅拌，使其完全溶解。

e. 溶解后的体积要有记录，作为发酵开始的体积。

f. 加糖的时间最好在酒精发酵刚开始的时候。这样可以保证加入的糖可以参与后期的发酵，生成酒精等对葡萄酒有利的成分，提高葡萄酒中所需成分的含量，进而提高葡萄酒的质量。

上述①中的计算没有考虑加入的糖对葡萄汁体积的影响，若考虑到白砂糖本身所占体积，加糖量计算应按如下过程进行。

一般来讲，加入 1kg 砂糖可增加 0.625L 体积。因此，需添加糖量为：

生产 12° 的酒需糖量 12×1.7＝20.4（kg）

每升果汁增加 1° 糖度所需糖量 $\dfrac{1×1}{100-(20.4×0.625)}=0.01146$（kg）

潜在酒度为 9.5° 的相应糖量为 16.2kg，应加入白砂糖量为：

$$5000×0.011\,46×(20.4-16.2)=240.66(kg)$$

世界很多葡萄酒生产国家，不允许加糖发酵，或加糖量有一定限制。如果葡萄含糖较低时，只允许采用添加浓缩葡萄汁。

（2）添加浓缩葡萄汁　浓缩葡萄汁可采用真空浓缩法制得，使果汁保持原来的风味，有利于提高葡萄酒的质量。加浓缩葡萄汁的计算如下：

首先对浓缩汁的含糖量进行分析，然后用交叉法求出浓缩汁的添加量。

例如：已知浓缩汁的潜在酒精含量为 50%，5000L 发酵葡萄汁的潜在酒精含量为 10%，葡萄酒要求达到酒精含量为 11.5%，则可用交叉法求出需加入的浓缩汁量。

浓缩汁　　　　　50%↖　　↗1.5

要求酒精含量　　　11.5%

发酵用葡萄汁　　　10%↙　　↘38.5

即在 38.5L 的发酵液中加 1.5L 浓缩汁，才能使葡萄酒达到 11.5％的酒精含量。

根据上述比例求得浓缩汁添加量为：

$$1.5 \times 5000 / 38.5 = 194.8(L)$$

采用浓缩葡萄汁来提高糖分的方法，一般不在主发酵前期加入，因葡萄汁含量容易造成发酵困难。都采用在主发酵后期添加。添加时要注意浓缩汁的酸度，因葡萄汁浓缩后酸度也同时提高。如加入量不影响葡萄汁酸度时。可不做任何处理；若酸度太高，在浓缩汁中加入适量碳酸钙中和，降酸后使用。

二、酸度调整

（一）滴定酸

滴定酸是葡萄酒中所有可与碱性物质发生中和反应的酸的总和，主要是一系列的有机酸，包括酒石酸、苹果酸、柠檬酸、琥珀酸、乳酸、乙酸等。其中酒石酸、苹果酸、柠檬酸来源于葡萄浆果，而琥珀酸、乳酸、乙酸是在葡萄发酵过程中产生的。

滴定酸是葡萄酒中重要的风味物之一，对葡萄酒的感官质量起重要的作用。通过品尝可以发现，葡萄酒中酸度过高时，会使葡萄酒变得瘦弱、粗糙，酸度过低时，又会使葡萄酒变得滞重、欠清爽。由于各种酸的结构不同，所表现的酸味的特点也不同。酒石酸是一种非常"尖"、"硬"的酸；苹果酸是带有生青味的酸并有涩感；柠檬酸较清爽，但后味持续时间短；乳酸酸味较弱；琥珀酸的味感较浓，并有苦、咸味。在浓度相同的情况下，酸味强弱的顺序为苹果酸＞酒石酸＞柠檬酸＞乳酸；在 pH 值相同的条件下，酸味的强弱顺序为苹果酸＞乳酸＞柠檬酸＞酒石酸。所以，不同的葡萄酒中当滴定酸浓度相同时，所表现出的酸味并不一定相同。

我国葡萄酒标准中规定：全汁甜葡萄酒、全汁加香葡萄酒总酸含量为 5.0～8.0g/L（以酒石酸计，以下同），其他类型的全汁葡萄酒总酸含量为 5.0～7.5g/L，半汁葡萄酒的总酸含量为 3.5～8.0g/L。酸与甜两种味感是相互作用的，存在一个相互协调、相互平衡的问题，一般情况下，糖度增加，酸度也应适当增加，这样才有利于口感的平衡。

滴定酸的测定都是基于酸碱滴定的原理，操作比较简单，只是在终点的确定上可以采用不同的方式，一是仪器法即点位滴定法；二是试剂法即指示剂法。由于点位滴定法消除了人为因素的影响，比指示剂法更准确、更客观。标准中把点位滴定法作为第一法，而指示剂法较简单，不用购买仪器，可以有效地指导生产，标准中把它列为第二法。

（二）挥发酸

葡萄酒中的挥发酸主要包括甲酸、乙酸、丙酸等，其中乙酸占挥发酸总量的 90％以上，是挥发酸的主体，来自于发酵。甲酸来源于葡萄汁，含量在 0.07～0.25g/L 之间。正常的葡萄酒其挥发酸含量一般不超过 0.6g/L（以乙酸计）。挥发酸含量的高低，取决于葡萄原料的新鲜度，发酵过程的温度控制，所用的酵母种类、外界条件以及贮存环境等因素。利用挥发酸含量的高低，可以判断葡萄酒的健康状况、酒质的变化、是否存在病害等。

挥发酸的高低，可以从一个方面指示出葡萄酒的质量，当挥发酸的量超过 0.7g/L 时，就开始对酒质产生不良影响，当达到 1.2g/L 时就会有明显的醋感，失去了葡萄酒的典型性。国际葡萄与葡萄酒组织（OIV）规定：当酒精度小于或等于 10％（体积分数）时，挥发酸应小于或等于 0.6g/L，当酒精度大于 10％（体积分数）时，每增加 1％酒度，可允许挥发酸增加 0.06g/L，也就是当酒精度为 12％（体积分数），挥发酸应小于 0.72g/L。欧共体标准规定：普通白葡萄酒的挥发酸应小于或者等于 1.1g/L，红葡萄酒的应小于或者等于 1.2g/L。考虑到我国的实际情况，挥发酸要达到 OIV 的要求还有一定的难度，因为从原料到工艺都有一定的局限，但该项指标属于葡萄酒中的重要指标，必须加以严格控制，逐步提高。在我国的标准中规定，葡萄酒的挥发酸应小于或等于 1.1g/L。

挥发酸可以用水蒸气蒸馏法测定，也可以用测得的总酸减去固定酸（试验测得）计算而得，这两种方法目前都在使用，我国标准中规定采用水蒸气蒸馏法。

（三） 酸度调整

葡萄汁在发酵前一般酸度调整到 6g/L 左右，pH 值为 3.3～3.5，这在葡萄酒酿造及酒的稳定性等许多方面起着重要的作用。大多数细菌的生长能力、酒石酸盐的溶解性、SO_2 和抗坏血酸的效果、酶的添加、蛋白质的溶解性与皂土的作用、色素的聚合作用及氧化与褐变反应都受葡萄汁与酒的 pH 值影响。滴定酸是成品酒感官评价的重要参数，它与 pH 值一样在陈酿作用中也很重要。在某些情况下，葡萄的发育和成熟条件或葡萄酒酿造过程中微生物及物理变化都可能引起葡萄酒酸度的不平衡，需要调整，以保证达到理想的值。因此，需要综合考虑葡萄汁与葡萄酒的酸度。果汁在调酸过程中，其酸度水平受其自身缓冲能力的影响非常大。果汁的缓冲能力基本与其中的酒石酸和苹果酸浓度成正比，这两种酸水平降低时，其缓冲能力就会下降。缓冲能力还与 pH 值有关。另外果汁中的多数氨基酸，以及酒中的乳酸、琥珀酸和脯氨酸也有缓冲能力。

在气候较冷的地区，如欧洲北部、美国东部和加拿大，调节酸度一般意味着降低滴定酸度，以使成品葡萄酒有可以接受的口味。在气候较暖的地方，例如欧洲南部、美国加利福尼亚州、澳大利亚和南非，则需要提高可滴定酸度，或更为关键的是降低 pH 值。

一般认为，调节酸度在葡萄汁（或葡萄醪）中比在葡萄酒中为好，特别是在用碳酸盐降酸的情况下，除非希望乙醇发酵与苹果酸-乳酸发酵同时进行。酸度调节的具体目标一般是可滴定酸度和 pH 值，而不是感官评价，因为果汁中糖含量较高会掩盖酸味。酸度调节的目标值一般可根据早期的经验（发酵中酵母代谢苹果酸和酒石酸氢钾沉淀的程度）进行估算，果汁中典型的可滴定酸度的范围在 7～9g/L（以酒石酸计），pH 值为 3.1～3.4。

调节酸度至少有三种方法：添加允许适用的酸、添加允许用的盐进行化学脱酸和进行离子交换（用阳离子、阴离子交换计，或两种配合使用）。各地政府允许使用的调酸方法差别很大，离子交换法可能是最少允许使用的方法。一般可采取直接中和或间接利用生物方法降酸。酸度的调整主要包括增加酸度及降低酸度两方面，下面分别介绍两种酸度调整的主要方法。

1. 增加酸度

在果汁中添加酒石酸可以用于增加滴定酸度和降低 pH 值。果汁酸度的变化程度取决于酒石酸氢钾的沉淀量和果汁的缓冲能力。酒石酸是较好调酸剂，因为它在葡萄酒的 pH 值条件下不被微生物代谢，而苹果酸和柠檬酸能被一些乳酸菌代谢。如果酒的初始 pH 值在 4.0 以下，酒石酸是存在于酒中的主要的酸，则酒石酸还能以钾盐的形式从多数葡萄酒中沉淀出来，这种作用可以降低酒的 pH 值，上述作用的净效果是酒石酸的解离而释放出 H^+，并从果汁中置换出 K^+。实际滴定酸度的增加量是加酸量与酒石酸氢盐沉淀量之差。这种沉淀可以简单地看作是 ATP 酶的逆反应，而 ATP 酶被认为是控制 K^+ 在葡萄藤和葡萄粒中积累的因素。

(1) 直接增酸

① 添加酒石酸和柠檬酸 国际葡萄与葡萄酒组织规定，对葡萄汁的直接增酸只能用酒石酸，其用量最多不能超过 1.50g/L。一般认为，当葡萄汁含酸量低于 4g（H_2SO_4）/L 和 pH 值大于 3.6 时可以直接增酸。在实际操作中，一般每 1000L 葡萄汁中添加 1000g 酒石酸。直接增酸时，必须在酒精发酵开始时添加酒石酸。直接增酸时，先用少量葡萄汁将酸溶解，然后均匀地将其加进发酵汁中，并充分搅拌。应在木质、玻璃或瓷器中溶解，避免使用金属容器。

在葡萄酒中，还可加入柠檬酸以提高酸度。但其添加量最好不要超过 0.5g/L。因为柠檬酸在苹果酸-乳酸发酵过程中容易被乳酸菌分解，致使挥发酸含量升高，因此，应谨慎使用。一般情况下酒石酸加到葡萄汁中，且最好在酒精发酵开始时进行。因为葡萄酒酸度过低，pH 值就高，则游离二氧化硫的比例较低，葡萄易受细菌侵害和被氧化。

在葡萄酒中，可用加入柠檬酸的方式防止铁破败病。由于葡萄酒中柠檬酸的总量不得超过 1.0g/L，所以，添加的柠檬酸量一般不超过 0.5g/L。

C.E.E 规定，在通常年份，增酸幅度不得高于 1.5g/L；在特殊年份，幅度可增加到 3.0g/L。

例如：葡萄汁滴定总酸为 5.5g/L，若提高到 8.0g/L，每 1000L 需加酒石酸或柠檬酸为：

$$(8.0-5.5) \times 1000 = 2500(g) = 2.5(kg)$$

即每 1000L 葡萄汁加酒石酸 2.5kg。

1g 酒石酸相当于 0.935g 柠檬酸。若加柠檬酸则需加 $2.5 \times 0.935 = 2.3$（kg）。

② 添加未成熟的葡萄压榨汁来提高酸度 未成熟葡萄浆果中有机酸含量很高 [20～25g（H_2SO_4）/L]，并且其中的有机酸盐在 SO_2 的作用下溶解，进一步提高酸度。但这一方法有很大的局限性，主要原因是用量大，至少加入酸葡萄 40kg/kL，才能使酸度提高 0.5g（H_2SO_4/L）。计算方法同上。

加酸时，先用少量葡萄汁与酸混合，缓慢均匀地加入葡萄汁中，再搅拌均匀（可用泵），操作中不可使用铁质容器。

一般情况下不需要降低酸度，因为酸度稍高对发酵有好处。在贮存过程中，酸度会自然降低约 30%～40%，主要以酒石酸盐析出。但酸度过高，必须降酸。方法有生物法、苹果酸-乳酸发酵和化学法添加碳酸钙降酸。

碳酸钙用量计算如下：

$$W = 0.66(A-B)L$$

式中 W——所需碳酸钙量，g；

0.66——反应式的系数；

A——果汁中酸的含量，g/L；

B——降酸后达到的总酸，g/L；

L——果汁体积，L。

(2) 间接增酸 对葡萄浆果正确进行 SO_2 处理，也可间接提高酸度。SO_2 的主要作用如下：

① 抑制细菌等微生物对酸的分解，从而保持葡萄汁中已有的酸度；

② 溶解浆果固体部分中的有机酸，从而提高酸度。

2. 降低酸度

主要有以下几种方法：物理降酸、化学降酸、生物降酸等，使用的降酸剂主要有碳酸钙、碳酸氢钾、酒石酸钾等。降酸的时间根据酸的高低、是否陈酿、陈酿条件决定，方法一般采用部分葡萄汁溶解降酸剂，加入罐中混匀的方法。

(1) 物理降酸

① 冷冻降酸　化学降酸产生的酒石，其析出量与酒精含量、温度、贮存时间有关。酒精含量高、温度低，酒石的溶解度降低，析出速度加快。当葡萄酒的温度降到 0℃ 以下时，酒石析出速度加快，因此，冷冻处理可使酒石充分析出，从而达到降酸的目的。目前，冷处理技术用于葡萄酒的降酸已被生产上广泛采用。

② 离子交换法　化学降酸往往会在葡萄汁中产生过量的 Ca^{2+}，葡萄酒厂常采用苯乙烯碳酸型强酸性阳离子交换树脂除去 Ca^{2+}，该方法对酒的 pH 值影响甚微，用阴离子交换树脂（强碱性）也可以直接除去酒中过高的酸。目前，离子交换中使用最普遍的是用 H^+ 型阳离子树脂增加葡萄汁（或葡萄酒）的滴定酸度和除去其中的 H^+。也有结合使用阳离子交换和阴离子（OH^- 型）交换的方法处理果汁，以降低果汁的 pH 值，但其滴定酸度基本维持不变（Peterson 和 Fujii，1969）。这种方法在保持 pH 值较低的情况下，使得有机阴离子浓度降低，以避免由于 pH 值临时高至 6.0（或 6.0 以上）时可能发生的不利变化。

多数阳离子除了钾离子以外，可以从果汁中除去很大范围的含氮化合物，并且还能去除钙、镁等金属离子。在果汁的 pH 值条件下，多数氨基酸和几种维生素呈阳离子状态。针对这种情况，如果果汁不补充足量的铵盐，则可能导致诱发性的营养缺陷，并且在一般情况下，还需要补充硫胺素和生物素。并且常规离子交换处理方法带来的问题是再生时会产生废水。根据所用的再生剂的不同，废水中含有不同的无机离子，其中包括 Cl^-、SO_4^{2-}、Na^+、K^+。一些地方方法规越来越重视排放废水中的卫生指标和离子浓度，因此有必要发展水循环利用技术。

用添加碳酸盐的方法降低滴定酸度（相应地升高 pH 值）在德国研究得最为深入。碳酸钙（$CaCO_3$）可以用于中和滴定酸度、沉淀酒石酸钙或苹果酸钙。溶液中酸根离子以盐的形式沉淀出来以后，会导致相应酸的进一步解离，这种解离作用会部分抵消由于碳酸盐中和作用导致的 pH 值上升（Boulton，1984）。

(2) 化学降酸　通过添加中性酒石酸盐、碳酸钾盐或碳酸钙盐，降低葡萄酒的滴定酸和真正酸，提高 pH 值。化学降酸最好在酒精发酵结束时进行。在红葡萄酒中，可结合倒灌添加降酸盐。复盐法降酸应该注意的是化学降酸剂用量的限制以及降酸后酒中酒石酸应大于 1g/L。上述降酸剂的用量，一般以它们与硫酸的反应进行计算。例如，1g 碳酸钙可中和约 1g 硫酸：

$$CaCO_3 + H_2SO_4 \longrightarrow CaSO_4 + CO_2 + H_2O$$

因此，要降低 1g 酸（用硫酸表示），需添加 1g 碳酸钙或 2g 碳酸氢钾或 2.5～3g 酒石酸钾。

化学降酸最好在酒精发酵结束时进行。对于红葡萄酒，可结合倒罐添加降酸盐。对于白葡萄酒，可先在部分葡萄汁中溶解降酸剂，待起泡结束后，泵入发酵罐，并进行一次封闭式倒罐，以使降酸盐分布均匀。操作时应注意：

① 化学降酸只能除去酒石酸，并有可能使葡萄酒中最后含酸量过低（诱发苹果酸-乳酸发酵），因此，必须慎重使用。

② 如果葡萄汁含酸量很高，并且不希望进行苹果酸-乳酸发酵，可用碳酸氢钾进行降酸，其用量最好不要超过 2g/L。与碳酸钙相比，碳酸氢钾不增加 Ca^{2+} 的含量，而后者是葡萄酒不稳定的因素之一。如果要使用碳酸钙，其用量不要超过 1.52g/L。

③ 多数情况下化学降酸的目的只是提高发酵汁的 pH 值，以触发苹果酸-乳酸发酵，因此，必须根据所需要的 pH 值和葡萄汁中酒石酸的含量计算使用的碳酸钙量。

碳酸钙的添加有两种方式。第一种方法是将碳酸钙直接加入果汁中，这种方法会导致葡萄酒的酒石酸钙不稳定性，而且是一种难以解决的不稳定问题。第二种方法是用所有的碳酸钙只处理部分葡萄汁，这部分果汁要逐渐添加，在 20～80min 内与碳酸钙混匀。这种工艺开始将 pH 值升至高达 6.5，然后再回调至 4 或 4.5。这样钙离子浓度可达到一次性处理时的数倍，酒石酸和苹果酸主要是以酸根离子的形式存在，结果有利于钙盐的形成和沉淀也降低了最终钙离子和有机酸的浓度。这种方法通常称为"双盐"法或"Acidex"法，它发展于 20 世纪 60 年代中期（Munz, 1960, 1961; Kielhofer 和 Wurdig, 1963），并且在后来经过了一些改进（Wurdig, 1988）。这个方法通常称为双盐法，是因为较早期的研究认为，在上述条件下形成一种特定形式的酒石酸-苹果酸钙复合晶体，晶体外观为海胆形。有几位研究者在另外一些条件下（Nagel 等, 1975; Munyon 和 Nagel, 1977; Steele 和 Kunkee, 1978, 1979）发现苹果酸盐的沉淀量比预计的要少得多，实验表明只有初始的苹果酸水平大约是酒石酸的 2 倍时，两种盐的沉淀比例才会是 1:1（Murtaugh, 1990）。这种双盐被认为是在 pH 值为 4.5～5.5 情况下形成的，但这种说法的证据还不充分。这种方法形成的沉淀主要是酒石酸钙，在有些情况下也形成与苹果酸钙的共沉淀物，大约在 60min 后，可以过滤除去沉淀物和未反应的碳酸盐。然后再与未处理的部分葡萄汁混合。计算公式如下：

$$G = \Delta A V_1$$
$$\Delta A = A - A_V, V_2 = V_1 \Delta A / (A - 1.3)$$

式中 G——所需 $CaCO_3$ 量，kg；

ΔA——降酸幅度，g(H_2SO_4)/L；

V_1——需降酸的葡萄汁总量，t；

A——葡萄汁的总酸，g(H_2SO_4)/L；

A_V——葡萄酒所需总酸，g(H_2SO_4)/L；

V_2——需预先用 $CaCO_3$ 处理的葡萄汁量，t。

（3）生物降酸 生物降酸是利用微生物分解苹果酸，从而达到降酸的目的。可用于生物降酸的微生物有苹果酸-乳酸细菌和裂殖酵母。

① 苹果酸-乳酸发酵 在适宜条件下，乳酸菌可通过苹果酸-乳酸发酵将苹果酸分解为乳酸和二氧化碳，这一发酵通常在酒精发酵结束后进行，导致酸度降低，pH 值增高，并使葡萄酒口味柔和。对于所有的干红葡萄酒，苹果酸-乳酸发酵是必需的发酵过程。

② 裂殖酵母的使用一些裂殖酵母将苹果酸分解为酒精和 CO_2，它们在葡萄汁中的数量非常大，而且受到其他酵母的强烈抑制。因此，如果要利用它们的降酸作用，就必须添加活性强的裂殖酵母。此外，为了防止其他酵母的竞争性抑制，在添加裂殖酵母以前，必须通过澄清处理，最大限度地降低葡萄汁中的内源酵母群体。这种方法特别适用于苹果酸含量高的葡萄汁的降酸处理。

第四节 SO₂在葡萄酒中的应用

一、SO₂在葡萄汁和葡萄酒中的作用

虽然酿制葡萄酒时使用二氧化硫要追溯到埃及和罗马时代，但它在葡萄酒中的全部作用常常并不为人所了解，这是因为它涉及多种作用和反应。20世纪早期，人们估计游离二氧化硫的抗菌能力约为结合二氧化硫的50倍。虽然葡萄酒中大部分二氧化硫是特意加到发酵醪、葡萄汁或葡萄酒中的，但正常发酵过程中，酵母也产生一些二氧化硫。

二氧化硫是葡萄酒制造时使用最广泛的化学药品，具有杀菌和抗氧化的功能，可防止葡萄或葡萄汁感染细菌和气化，也普遍用于其他食品。除此以外，二氧化硫还可用来控制酵母菌和乳酸菌发酵的功能。二氧化硫具挥发性，含量过高时会让葡萄酒产生如腐蛋的难闻气味。在葡萄汁保存、葡萄酒酿制及制酒用具的消毒杀菌过程中，需添加 SO₂ 或其他产生 SO₂ 的化学添加物，如无水亚硫酸、偏重亚硫酸钾等。

与二氧化硫有关的物理化学反应包括杀死和抑制不需要的细菌及酵母的生长，抑制酚氧化酶的活性；在竞争性氧化反应中与葡萄酒中酚类物质相互作用；亚硫酸盐与过氧化氢的反应；与乙醛、丙酮酸、酮戊二酸及花青素结合；延缓棕色色素的加深等。了解以上与二氧化硫有关的反应速率和反应的程度，对于选择合适的添加时间和添加量，以及评价用任何其他处理方法取代二氧化硫都是至关重要的。

（一）二氧化硫的物理性质

1. 挥发性

从挥发损失和感官性质的角度看，含有游离二氧化硫的溶液由于其挥发性导致上方气相浓度增加是其最重要的特征。气相压力与溶液中分子态二氧化硫与游离二氧化硫浓度成正比，所以才会出现对于相同的溶液，当 pH＝3 时的气相浓度是 pH＝3.5 时的 3 倍和 pH＝4 时的 10 倍。

溶液中分子态二氧化硫的浓度与蒸气分压的关系一般可用亨利定律表示：

$$P_{SO_2} = K_H[SO_2] \tag{3-1}$$

式中，P_{SO_2} 为二氧化硫蒸气压；K_H 为亨利常数；$[SO_2]$ 为溶液中分子态二氧化硫的浓度，以 g/L 表示。亨利常数是衡量一种组分的挥发性的一个常数，它在本文中有助于理解葡萄汁或葡萄酒中二氧化硫的挥发损失及产生的二氧化硫气味。

有些参考资料提出，二氧化硫不服从亨利定律，但当时测定的数据未根据浓度对溶液的解离及 pH 值的影响加以校正。这样计算出来的亨利常数是以总二氧化硫浓度而不是以分子态二氧化硫浓度为基础的。当二氧化硫浓度大于 1g/L 时，其水溶液服从亨利定律，但还需要低于此浓度时的完整数据，其中也包括葡萄酒中典型的二氧化硫浓度时的亨利常数。二氧化硫浓度在 0.5～100g/L 之间，20℃ 时的亨利常数为 540，当浓度为 200mg/L 时亨利常数增加到 1100。目前还不知道当浓度低到 25～50mg/L 时的实际值，虽然根据方程式得到的亨利常数大于 1000。二氧化硫在乙醇溶液中溶解度的数据也是必要的。

下面的等式很好地描述了温度对二氧化硫挥发性的影响。

$$K_H = 1.759 \times 10^8 \exp[-3587/(t+273.3)] \qquad (3-2)$$

式中，t 为温度，以℃表示。该等式表明温度增加 20℃，二氧化硫的挥发性增加 1 倍。可以根据该等式计算相的分离和设计从葡萄酒和葡萄汁中去除二氧化硫的方法。

2. 溶解性

通常情况下，二氧化硫在常温常压下为气体，相对分子质量为 64.06，0℃时密度为 2.93 g/L，正常沸点 -10℃。二氧化硫易溶于水，温度对二氧化硫溶解度的影响很大并有实际重要作用，0℃时溶解度为 228.3g/L，10℃时 162.1g/L，20℃时 112.9g/L，30℃时 78.1g/L。根据该性质，可在低温下迅速制备二氧化硫溶液。当饱和溶液从 100℃升温至 200℃，可能会释放出大约 50g/L 二氧化硫（或 1 体积二氧化硫溶液释放约 15 体积气体二氧化硫）。但是要注意，二氧化硫应存放在合适的压力容器中，并保持低温和通风的环境，这是因为二氧化硫存放在密闭容器中，内压可能升高到几个大气压，开启时造成危险，并且如容器密封不严，则会造成二氧化硫大量泄漏到周围环境中。其他方法还有用气体二氧化硫或盐类配制含二氧化硫的溶液，这种溶液贮存时间不应过长。

3. 存在形式

（1）分子形式　在葡萄酒生产中，分子态二氧化硫最重要，它对于抑制微生物活力，防止酒变质，与过氧化氢结合和感官检测含有二氧化硫的酒中的二氧化硫挥发气味都起着重要作用。正是由于二氧化硫的挥发性造成在正常条件下或木桶老熟时二氧化硫的挥发损失，用空气氧化法测定二氧化硫也是根据它的挥发性（Ough 和 Amerine，1988）。在葡萄酒的 pH 值范围内，以这种形式存在的游离二氧化硫很少，并且其含量的变化相差一个数量级，pH=3.0 时为 6.0%，pH=4.0 时为 0.6%。根据此结果，当 pH=3.0 时游离二氧化硫为 6.6mg/L 时的抗菌和结合过氧化氢的作用相当于 pH=3.5 时 20mg/L 游离二氧化硫、pH=4.0 时 66mg/L 游离二氧化硫的效果。同样的概念也适用于酒液上方气相二氧化硫的浓度，它与分子态二氧化硫的浓度呈直接关系。

（2）离子化　二氧化硫溶于水中，成为一种中等强度的酸，pK_a 为 1.77 和 7.20，在葡萄酒中主要是解离作用。当 pH 值低于 1.86 时，主要为水合二氧化硫，即分子态二氧化硫。过去将这种未解离形式称为亚硫酸，这是不正确的。一级解离形式 HSO_3^- 指酸式亚硫酸或一氢亚硫酸离子，在 pH 值为 1.86~7.18 之间主要是这种形式（即在葡萄汁和葡萄酒中）。二级解离形式为亚硫酸根离子，这是 pH 值高于 7.18 时的主要形式。其他的形式如水溶液中焦硫酸根离子也有分析数据，但有关含量的数据几乎没有，根据已发表的解离常数和其他物理性质的资料，这种形式并不重要。已经计算出在有乙醇和其他离子存在时的一级解离常数。在通常的条件下，这一常数接近 2.0。饱和二氧化硫的 pH 值约为 0.8（20℃）。

① 亚硫酸根离子形式　亚硫酸根离子形式的二氧化硫具抗氧化作用，但正常状态下红葡萄酒的 pH 值范围较低，所以作用不是特别明显。虽然在较高 pH 值下亚硫酸根离子与溶液系统中的氧迅速反应，但由于在葡萄酒 pH 值范围内离子浓度非常低，一般为 1~3μmol/L。所以，它在葡萄酒中消耗溶解氧的能力受到限制，反应速率的降低或许与乙醇的存在有关。一项在模拟葡萄酒条件下亚硫酸氧化的研究（Poulton，1970）表明，消耗饱和氧浓度的一半所需时间接近 30d。但是，这明显慢于在天然葡萄酒中的耗氧速率，通常状态下白葡萄酒消耗饱和氧的一半需 2d，红葡萄酒需要的时间则更少。因此估计结果是葡萄酒中游离二氧化硫实际不具备耗氧能力。但是分子形式二氧化硫与过氧化氢的反应比亚硫酸与氧的反应要

快得多。正是这一反应消耗了由某些酚类氧化生成的过氧化氢，延缓了葡萄酒中乙醛的生成和褐变反应。

② 亚硫酸氢根形式　通常情况下在葡萄酒 pH 值范围内（3.0～4.0），亚硫酸氢根形式的游离二氧化硫占 94％～99％，pH＝4.5 时达最大值，酿酒专家认为，亚硫酸氢根形式的二氧化硫可能是葡萄酒中最不需要的，因为亚硫酸氢根参与了与酮酸、葡萄糖、醌类结合，乙醚的羰基氧原子结合，以及与红葡萄酒花色素单体上四个位置的碳结合使它们变成无色。生成的产物代表了总二氧化硫中的结合二氧化硫。这类亚硫酸氢盐加成物通常指羟基-磺酸盐。

生成羟基-磺酸的主要有以下优点：一是与乙醛结合，而乙醛是陈酿过程中氧化反应的产物。乙醛与任何形式的游离二氧化硫结合，在酒中不会产生醛的气味。通过添加二氧化硫，常常能使已被氧化有乙醛味的白葡萄酒的气味转换到可以让人接受的范围。另一优点是它抑制了葡萄汁中酶促葡萄酒化或葡萄酒中酚类物质的化学氧化生成棕色色素的反应。它或者将一次氧化产物——醌还原为酚，和/或生成无色的醌加成物。这两种反应都抑制或延缓了棕色色素聚合物的生成。上述两种反应使游离二氧化硫损失。醌类物质的还原形成硫酸盐，使总二氧化硫减少。其他化合物的形成使结合二氧化硫增加（如果该化合物可以被水解）或总二氧化硫减少（如果该化合物不可水解）。

羟基-磺酸除了上述的两个优点外，也具有如下的缺点：羟基-磺酸在抑制微生物方面和化学反应方面都不活泼，但它却占葡萄酒中总二氧化硫的绝大部分，并且其中一部分发生水解，这部分羟基-磺酸在分析时使被测定的酒中实际游离二氧化硫含量偏高，这给分析游离二氧化硫含量带来了困难。

除了上述关于亚硫酸氢根形式二氧化硫的介绍，最近的研究表明亚硫酸氢根形式的二氧化硫使多酚氧化酶不可逆失活并抑制它的活性。在 pH 值为 4～7 条件下，用标记的亚硫酸做试验，发现多酚氧化酶失活后从酶复合物中释放出亚硫酸。这说明有可能仅仅因为与二氧化硫气体接触就能使果汁中的多酚氧化酶失活，将来有可能用这种无残留的方法来处理果汁。

（二）二氧化硫的化学性质

有些研究表明二氧化硫使微生物细胞失活，而其他研究显示为抑制生长。在几项有关酵母的研究中，由于游离二氧化硫的存在，延缓了酵母最初的生长，即延长了迟滞期，但迟滞期一旦结束，酵母便以正常速度生长。在许多这类研究中，规定了起始状态二氧化硫的浓度，却未提及整个试验过程中二氧化硫的浓度，并且在发酵结束时也不进行分析，结果是像亚硫酸氢根与细胞产物的结合以及挥发损失等因素都未加以考虑，得到的结果常常只是二氧化硫初始浓度的影响。

二氧化硫的抗菌作用主要是分子态二氧化硫的作用，也有一些有关乙醛与二氧化硫加合物的较弱的抗菌效果的实例。关于二氧化硫抗菌作用的研究很多，大多数研究采用与葡萄酒有关的微生物。不幸的是所有的培养基中大多数不含乙醇，有些培养基的 pH 值为 4，有些高于 4，有些是让微生物在平板培养基上生长两三天后再接种到液体培养基中培养很短时间，然后计数。

葡萄酒酵母对二氧化硫的敏感性和菌龄有关，细菌及其他污染微生物也是如此。在葡萄酒生产中，二氧化硫的应用范围从预防不含酒精的葡萄醪液或葡萄汁中自身的微生物生长，到苹果酸乳酸发酵后杀死污染菌。

（三） 二氧化硫的测定

1. 感官阈值

与酒液上方气相达到平衡的是分子态的游离二氧化硫。因此对感官性质影响的游离二氧化硫的浓度与温度和 pH 值有关。有报道，二氧化硫的阈值为 $10\mu L/L$（空气中）和 $15\sim40mg/L$（葡萄酒中）。不同的人的二氧化硫的感官阈值差别很大，有的人感官检测或鉴别二氧化硫的能力很差。众所周知的饮酒方法的基本原理，即 pH 值较低和游离二氧化硫浓度较高的酒，应在较低的温度下饮用，以降低二氧化硫在气相挥发物中的浓度。

2. 密度测定

密度测定方法的误差来自水中溶解的盐的密度，除非用蒸馏水或无离子水。需要测量温度以进行温度校正。测定密度，所需样品体积为 $100\sim200mL$。20℃时的密度以外观浓度（°Bx）表示，可以用测量葡萄酒用的比重计来测量。该方法不能用于以盐制备的二氧化硫溶液，除非再加上另外的校正值。例如偏重亚硫酸钾中产生的钾离子密度几乎是读数值的 40%。

3. 分光光度计测定

测定工作溶液中二氧化硫浓度的另一方法是用紫外-可见光分光光度计测量溶液的吸光度。比色皿应加封口以防二氧化硫挥发和损坏仪器。

在波长为 295nm 时的吸光度与主要以亚硫酸氢根和亚硫酸根形式存在的分子态二氧化硫的浓度有关。已测定分子态二氧化硫的摩尔消光系数为 297.89，而亚硫酸氢根的摩尔消光系数为 1.13（Tenscher，1986）。该方法不受水中盐离子的干扰，对温度不太敏感，需要样品量较少（$1\sim2mL$）。

溶解二氧化硫浓度和 295nm 吸光度之间的关系以预测二氧化硫水溶液的 pH 值为基础再加上根据一级解离方程（忽略二级解离）得到分子态和亚硫酸氢根二氧化硫浓度。吸光度与二氧化硫呈非线性关系，因为稀释度越高，二氧化硫的解离度越高，计算还假设水中没有较高浓度的碱性盐，如碳酸盐或磷酸盐。温度的影响主要是影响解离常数，与密度法相比其影响要小得多。

（四） SO_2 在葡萄汁和葡萄酒中的作用

1. 二氧化硫对酵母的作用

二氧化硫杀死酵母的机制尚不清楚，有些研究表明二氧化硫延长了酵母繁殖前的迟滞期，这可能是由于产生的乙醛或酮酸等成分，直到二氧化硫与其结合，酵母才开始正常的生长。微生物的菌龄对二氧化硫的敏感性有显著影响。对数生长期后期的微生物比对数生长前期的微生物更耐二氧化硫。

早年的研究注意到亚硫酸氢根对微生物的毒性，后来认识到这是分子态二氧化硫的作用。在研究对酿酒酵母的影响时，Rhem 等发现分子态二氧化硫的毒性比亚硫酸氢根形式高几百倍。Macris 等做的活力试验中，酵母细胞与二氧化硫的接触时间是 $5\sim30min$，然后冲洗，并在30℃用平板培养 3d。试验结果显示了分子态二氧化硫浓度与细胞失活之间的关系。同样的试验还有 King 等（1981），Uzuka 和 Nomura（1986）。

关于分子形式二氧化硫对酵母的作用，目前的研究观点高度一致。Schimz 和 Holzer（1979）提出二氧化硫是结合在被细胞膜束缚的 ATP 酶上，使细胞内 ATP 的丢失不受控制，因此影响细胞活性。是与细胞膜结合而不是转移的观点得到 Anacleto 和 Van Uden（1982）等的支持，他报道存在多个结合位点。Macris 和 Markakis（1974）用带标记的二氧化硫进行试验，结果表明，酿酒酵母可从溶液中迅速除去二氧化硫（2min 以内）。浓度的影响符合米式曲线，他们提出这是该反应以酶催化进行转运和吸收的证据。二氧化硫与细胞外膜位点的结合也有同样的时间规律和浓度关系。他们还指出，结合的量与分子态二氧化硫浓度成比例。其他研究的结论是分子态二氧化硫通过扩散进入细胞（Stratford 和 Rose，1986），但转移速率与温度的关系与该观点相违背。他们发现，浓度最低时吸收速率最快，但对温度的依赖关系不符合扩散控制机制。

酿酒师特别感兴趣的是能阻止典型的葡萄酒酵母和细菌生长的分子态二氧化硫的浓度。已注意到类似于葡萄酒的条件下（pH＝3.35，SO_2 浓度为 64mg/L）处于对数期的正在繁殖的酵母与处于平衡期的酵母对二氧化硫耐受能力不同。推荐的浓度要根据细胞浓度及所用的培养基进行调节。由于缺少关于灭菌速度的恰当的数学关系，无法分析其他的浓度与时间结合关系，以便有效地利用二氧化硫。

有关二氧化硫抑制细菌的本质的文献比关于酵母的文献复杂得多。有几项研究表明，结合形式二氧化硫作用更大，还有一些研究证实，一定浓度的游离二氧化硫能抑制细菌生长但不降低其活力，当浓度再升高时，细菌的活力才下降。

除了游离的和结合的二氧化硫对细菌的存活有影响外，许多研究还提出了由于 pH 值本身的原因，认识到这点很重要。因为没有 pH 值对这些微生物的生长和存活的影响的直接比较，所以我们的看法仅限于分子态和结合态二氧化硫的作用。很明显，任何有关葡萄酒中游离二氧化硫的抗菌能力的问题一定与当时的 pH 值条件有关。

有关使细菌细胞失活的最重要的研究是测定各种与葡萄酒有关的微生物在短时间内的活力下降。Beech 等测定了在 24h 内把非繁殖期的酵母（或细菌）的活细胞数减少到10000 个/mL 时需要的二氧化硫的浓度。以上试验在 10％（体积分数）乙醇的缓冲液中进行，得到的结果一般适用于含乙醇 12％～14％。研究表明一种酿酒酵母需要的分子态二氧化硫浓度为 0.825mg/L，其他试验微生物需要的浓度查阅相关书籍。

但是，并不是所有的微生物失活的分子态二氧化硫浓度都符合论述，对于拜耳接合酵母和胚芽乳杆菌，一般不使用较高浓度，由于葡萄酒中酒精的影响，它们的污染不严重。而利用腐败酵母、酒香酵母对二氧化硫的敏感性，是目前控制其对葡萄酒污染的主要方法。

（1）短时间内活性降低　目前，找不到在其他乙醇浓度下或各种跨通葡萄酒中使细菌灭活所需二氧化硫浓度的数据。这些数据对于改进防止乙醇含量低的葡萄酒和乙醇含量高的葡萄酒被微生物污染的方法尤为有用。关于如何防止某些葡萄酒的苹果酸乳酸发酵和更好地贮存葡萄酒的条件，还需进行定量的研究。

两项有关酵母的研究指出，前面提到的 0.825mg/L 分子态二氧化硫浓度过于保守。因为当分子态二氧化硫为 0.80mg/L 时，前 30min 内 50％以上酵母失活，酵母的取样是在对数生长和厌氧条件下进行的。Macris 和 Markakis（1974）也得到类似的结果，他们取对数生长期的酵母，在分子态二氧化硫浓度为 0.025mg/L 时，83min 内活细胞减少 90％。Beech 等（1979）报道的 24h 活细胞减少到 10^4 个/mL，相当于在 0.825mg/L 浓度下，6h 内活细胞减少 90％。LiKing 等（1981）报道的数据为：减少 90％活细胞所需时间为 20h。以上结果相差很大，这说明有关二氧化硫使微生物快速失活的效果需要进一步的研究。

(2) 死亡动力学的描述　许多微生物的死亡动力学可用山梨酸和次氯酸的一级灭菌公式来描述：

$$dx_v/dt = -k_d x_v \qquad (3-3)$$

式中，x_v 为活细胞浓度；k_d 为死亡速率常数，它取决于环境条件，如防腐剂的浓度、pH 值和温度。该公式一般被称为 Chick 定律，积分后得到下列活细胞与时间之间的关系：

$$x_v = x_t \exp(-k_d t) \qquad (3-4)$$

式中，x_t 为总的细胞浓度。以活细胞浓度的对数和时间做曲线，得到线性关系，斜率为 $-k_d$。温度升高时酵母细胞的热致死也符合该公式，但在室温条件下反应，速率就不重要了。

葡萄酒酵母的死亡率不符合 Chick 定律，许多情况下曲线呈下降 S 形。这可以解释为菌龄和出芽程度使有些菌群的存活能力不同。当时间短、细胞活力强时，死亡率低。但在时间和活力都处于中间时，死亡率迅速增加，然后在时间长和低活力时，死亡速率又变得缓慢。

葡萄酒生产中二氧化硫使用量的最准确的标准与杀死最耐二氧化硫的微生物所需的浓度、时间有关。我们需要对酵母死亡率增加了解，才能对在此条件下的二氧化硫的作用更好地定量，以更有效的方式控制二氧化硫的用量，以及更好地考虑将来其他的替代方法。一项最近的研究指出，该曲线可用一经验公式表示，称为 Gompertz 等式。

$$N_V = a \exp[-b \exp(kt)] \qquad (3-5)$$

式中，N_V 为酵母在时间 t 时的存活数；各常数为 $a = 107.368$，$b = 0.071$，$k = 0.101$（Uzuka 等，1985；Uzuka 和 Nomura，1986）。

Gompertz 方程用于描述数次试验中几种酵母活力的变化，特别是对死亡关系的统计研究。这些对今后葡萄酒中微生物死亡速率的研究也许有用。当死亡率与活细胞成比例时，出现了更常见的死亡指数关系，一种解释是当细胞数减少时，它们的敏感性按指数方式变化。

有关葡萄酒中的成分，如乙醇和二氧化硫对微生物细胞死亡速率的影响需进一步研究，以便使更深入理解的理论在时间对以上现象的影响方面得到应用。

虽然有关亚硫酸能减缓各种水果蔬菜中多酚氧化酶的作用和褐变反应的研究非常多，但大多数研究是在 pH=5 以下的条件下并限于对应的果汁。有关抑制酶活性的本质，人们关注得很少，但如果想找到二氧化硫的替代物，这个问题变得越来越重要。Sayavedra-Soto 和 Montgomery（1986）用 ^{35}S 标记的 SO_3^{2-} 研究梨中的的多酚氧化酶。他们指出模拟反应中活性部分是 HSO_3^- 引起的不可逆的结构修饰，而不是结合抑制作用。

二氧化硫还有第二种完全不同的抑制褐变的作用，是因酶中间产物的氧化所致。亚硫酸氢根离子与醌结合，使棕色醌类多聚物的生成降到最少。

2. 二氧化硫结合羰基的作用

二氧化硫的第二类特点是亚硫酸氢根离子具有与许多化合物中的羰基生成加成物的能力。最常见的是与葡萄酒中的乙醛结合生成乙基磺酸。这种物质呈强酸性，使得平衡中实际上不存在剩余游离乙醛。这种加成物是葡萄酒中结合二氧化硫的主要形式，它在成品葡萄酒中的含量主要取决于葡萄汁中添加的二氧化硫量、使用的酵母菌株以及葡萄汁中维生素 B 的量。由于乙醚是生成乙醇生化反应的中间产物，所有添加的二氧化硫都会与发酵中产生的乙醛结合。

在葡萄酒中二氧化硫加成反应中，其他重要的化合物有酮酸、丙酮酸和葡萄糖。这些物质含量的增加主要是由于营养缺乏，特别是霉菌感染葡萄或葡萄汁离子交换处理起的维生素缺乏。

其他羰基化合物如酚类和抗坏血酸的氧化产物，以及因长时间加热由糖生成的糠醛，都与葡萄酒中二氧化硫的平衡有关系。预计也会有亚硫酸氢根与酵母、细菌、某些蛋白质或细胞组分的结合。虽然，这仅在像葡萄悬浮固形物高的醪液或细胞浓度高的酵母酒泥分离物中才会发生。

结合 HSO_3^- 与游离 HSO_3^- 之间的关系可以用一个可逆方程表示：

$$HSO_3^- + C \underset{k_d}{\overset{k_f}{\rightleftharpoons}} A \tag{3-6}$$

式中，C 为游离羰基；A 为磺酸加成物；k_f 为生成速率常数；k_d 为解离速率常数。大多数普通羰基化合物没有离子化羰基，但丙酮酸和 α-酮戊二酸就不是这样了。pH 值对结合平衡的影响一般与亚硫酸氢盐和羰基的离子化有关。结合反应的平衡常数可表示为：

$$k_{eq} = \frac{[A]}{[HSO_3^-][C]} = k_f/k_d \tag{3-7}$$

模仿其他物理吸附和酶的结合平衡，结合羰基浓度可以表示为：

$$[A] = \frac{[A]_{max}[HSO_3^-]}{K_b + [HSO_3^-]} \tag{3-8}$$

式中，$[A]_{max}$ 为可形成的加成物的最大浓度；K_b 代表亚硫酸氢根与羰基的亲和性，它与酶结合反应中 K_m 相似，常数 $K_b = K_f/K_d$。为一半羟基被结合时亚硫酸氢根的浓度。乙醛的 K_b 值为 $1.5\mu mol/L$；丙酮酸和 α-酮戊二酸分别为 $140.490\mu mol/L$。$[A]_{max}$ 等于各种形式羰基的总浓度，式 (3-8) 可以重写为在任何游离亚硫酸氢根浓度下结合羰基部分：

$$\frac{[A]}{[A]+[C]} = \frac{[HSO_3^-]}{K_b[HSO_3^-]} \tag{3-9}$$

Kielhofer 和 Wurdig (1960) 在他们研究感染霉菌葡萄和健康葡萄做的酒中结合二氧化硫和游离二氧化硫的变化时，提出休止二氧化硫的概念。休止二氧化硫是结合二氧化硫中不能计算为乙醛和葡萄糖加合物的那一部分。因此它代表与自然存在的丙酮酸、α-酮戊二酸，或者是由于霉菌感染葡萄生成的 5-酮基葡萄糖酸和 2-酮基半乳糖醛酸结合的二氧化硫。

在讨论二氧化硫的抗菌作用，分析测定葡萄酒中游离二氧化硫时，以上提到的亚硫酸氢根与羰基化合物的结合有很重要的意义。羰基物质与亚硫酸氢根的结合仅是结合平衡的一方面。平衡时还有一个对等的与此反应相反的解离反应，使加成物返回到原来的状态。正是生成和解离速率常数之比决定了结合反应的平衡常数。

结合形式二氧化硫解离速率可表示为：

$$d[A]/dt = k_f[C][HSO_3^-] - k_d[A] \tag{3-10}$$

其中各因素的定义和式 (3-6) 相同。用滴定法或空气氧化法测定游离二氧化硫过程中，加入的试剂或通入的空气使亚硫酸还原，浓度降低，加成物的生成也相应减少。加成物浓度的减少取决于它们的解离常数。解离常数低的加成物依然保持为结合态，乙醇加成物就是一例。相反，丙酮酸离子（或许 α-酮戊二酸）加成物以及花青素的的解离速率比加成速率高得多，导致了从结合态到游离态二氧化硫更多的动力学方面相互变化。

测定游离二氧化硫，这些加成化合物的解离速率特别重要。传统的方法是 Ripper 直接滴定被碘（或碘酸）酸化的样品和空气氧化法。空气氧化法测定时，迅速解离的加成化合物将以分子态二氧化硫在载气中被除去。于是测定的是葡萄酒中真正的游离二氧化硫。对于丙酮酸和 α-酮戊二酸含量高的葡萄酒，用氧化法测定游离二氧化硫虽然结果可再现，却导致测定值偏高。相比之下，由于测定过程中丙酮酸类加成物的迅速解离和由此产生的终点偏移，直接滴定法再现性差。

用双层铂电极测定终点的快速直接滴定法是测定溶液平衡条件下游离二氧化硫最可行和结果最接近的实用方法。当测量电动势时，该极化电极可与大多数市售 pH 计连接，电极中通过电流一般为 5mA。过去的几十年中对这一方法进行了研究，但目前在葡萄酒厂并未普遍使用。它为游离二氧化硫的测定提供了最快捷和最容易自动化操作的方法，大多数市售的自动化元件都可以用于此目的。虽然该方法中结合二氧化硫有一些水解，但与其他测定速度较慢的方法相比，这种水解微乎其微。有关滴定时间和水解速率方面的数据可对结果进行必要的修正。

最近研究开发的用毛细管电泳测定游离二氧化硫的方法可以更有效地排除测定过程中水解的游离二氧化硫（Collins 和 Boulton，1995）。

3. 二氧化硫对硫胺素的破坏

硫胺素（Th）是许多微生物生长重要的维生素。几乎所有用于酵母和细菌增殖的培养基中都含有 $100 \sim 1000\mu g/L$ 硫胺素。葡萄和葡萄酒中硫胺素平均含量为 $100\mu g/L$ 和 $1200\mu g/L$。亚硫酸氢盐对硫胺素的破坏多年以来就为人所知，但对反应速率尚未进行过研究。一些硫胺素依赖型的微生物，如腐败菌酒香酵母和某些乳酸杆菌，葡萄酒中添加二氧化硫可能使微量的硫胺素被破坏，因而阻止了它们的生长。类似的有使叶酸分解和一些关于二氧化硫与 NAD 反应的报道。

硫胺素被酸式亚硫酸分解，生成一种嘧啶（6-氨基-2-甲基-5-嘧啶基）甲磺酸和一种甲噻唑。该反应被认为是一种亲核取代反应，类似于亚硫酸裂解双硫键的反应。为了要了解添加 SO_2 对贮存葡萄汁和浓缩汁的影响，需对反应速率定量研究。

将反应速率等式积分可得到在各时间的反应速率，整个反应为二级动力学反应，一级是硫胺素和亚硫酸氢根的浓度，硫胺素的裂解速率表示为：

$$\mathrm{d}\,[\mathrm{Th}]/\mathrm{d}t = -k\,[\mathrm{Th}]\,[\mathrm{SO}_3^{2-}] \tag{3-11}$$

k 为二级速率常数，在 $pH = 3.0$ 和 $pH = 4.0$ 时分别为 $0.046\mathrm{L}/(\mathrm{mol \cdot h})$、$0.008\mathrm{L}/(\mathrm{mol \cdot h})$。

① 温度的影响　Leichter 和 Joslyn（1969）发现 $pH = 5.0$，温度为 $20 \sim 70\,^\circ\!C$ 范围内，每升高 $10\,^\circ\!C$，速率常数增加一倍。

② pH 值的影响　常数 k 是与硫胺素的阳离子形式及亚硫酸氢根有关系的。而这两种离子又是 pH 值的函数。Leichter 和 Joslyn（1969）发现，pH 值在 $5.5 \sim 5.8$ 之间达最大反应速率，pH 值增加，反应速率降低。这可以根据两种反应的离子化程度推测，因为反应产物在 $pH = 5.8$ 时达最大量。在葡萄汁和葡萄酒的 pH 值条件下，反应为假一级反应，因为此时二氧化硫与硫胺素相比占主导地位。pH 值对反应速率的影响由硫胺素的离解程度决定，因为当 pH 值为 $3.0 \sim 4.0$ 时亚硫酸氢根的解离发生变化。在该范围内 pH 值每增加 0.5 个单位，反应速率增加 3 倍以上。

4. 亚硫酸的氧化作用

在白葡萄酒中，老熟过程中产生黄褐色、失去品种特点、生成醛类化合物以及装瓶的酒继续褐变都是不希望发生的化学反应。但在红葡萄酒中同样的反应进行到同样的程度，结果却不像白葡萄酒那样明显，因为红葡萄酒中存在天然色素，而且红葡萄酒浸出物含量较高。

与氧反应的二氧化硫是亚硫酸形式，在葡萄酒 pH 值下它的量最少。即使在 pH＝4.0 时亚硫酸形式的二氧化硫也很少，它是在 pH＝3.0 时的 1/10。它进行的氧化还原反应通常情况下，16mg 氧消耗 64mg 二氧化硫，即 1mg 氧消耗 4mg 二氧化硫。当总二氧化硫为 100mg/L 时，理论上亚硫酸仅仅耗去 25mg/L 氧。但实际上葡萄酒中氧的消耗要高得多。

关于在葡萄酒条件下（pH＜4.0）亚硫酸反应动力学的研究很少。但在大多数情况下，可以把在葡萄酒中的反应看成是一级反应。

$$d[O_2]/dt = k_1[O_2][SO_3^{2-}] = k_1'[O_2] \tag{3-12}$$

式中，k_1 是二级反应速率常数；当亚硫酸离子浓度大大高于氧的浓度时，k_1' 为假一级反应速率常。

氧在模拟葡萄酒和白葡萄酒溶液中的吸收遵循一级反应定律，反应物的浓度呈指数下降。

$$[O_2] = [O_2]_i \exp(k_1' t) \tag{3-13}$$

据报道亚硫酸离子与氧反应的假一级反应常数 k_1' 为 $2.66 \times 10^{-7} s^{-1}$（游离二氧化硫为 30mg/L，pH＝3.6），相当于半衰期为 30d。用抗坏血酸做对比试验（浓度为 100mg/L），反应速率常数为 $3.27 \times 10^{-4} s^{-1}$，半衰期为 35min。

葡萄酒本身具有的耗氧能力有重要意义。Poulton 发现白葡萄酒因其中所含酚类物质和其他成分，耗氧速率达 $6.51 \times 10^{-6} s^{-1}$，即半衰期约为 1.2d。只有当亚硫酸浓度（或抗坏血酸，或酚类物质）大大高于氧浓度时，或是当生成含氧中间产物（如氧自由基）是最慢的一步反应时，才能把耗氧反应看成是假一级反应。

根据 Poulton（1970）的研究，亚硫酸的浓度绝非按化学计量关系添加的，也不是过量添加的。生成的反应中间产物迅速与亚硫酸作用，这一观点看来最接近实际情况。虽然有关亚硫酸氧化反应的大多数文献中都报道了反应速率与亚硫酸浓度有关，但有的研究支持自由基机制的观点，认为在较高 pH 值条件下生成超氧化物离子。另一些研究指出超氧化物解离生成氧和过氧化氢，它对亚硫酸反应速率有重要影响。目前对葡萄酒中超氧化物离子和过氧化氢的形成如何影响耗氧速率尚未完全了解。

反应常数 k_1' 可认为因温度增加而改变，遵循 Arrhenius（阿伦尼乌斯）方程中的指数关系。看来没有按葡萄酒类似条件下得出的该反应的活化能的报道数值，但可根据过去的研究来估算。在 $-2 \sim 30℃$ 范围葡萄酒中好氧速率可以表示为氧的一级反应。温度对耗氧速率的影响 $[L/(mL \cdot d)]$ 可表示为：

$$k_1' = 8.41 \times 10^{23} exp \frac{[-137700]}{[R(t+273.2)]} \tag{3-14}$$

式中，k_1' 为假一级反应速率常数；活化能为 137.7kJ/mol；R 为气体常数，其数值为 $8.314 J/(mol \cdot K)$。

已经得知不同的葡萄酒有不同的耗氧速率，并随着与氧更多的接触而改变。虽然观察的耗氧速率与 pH 值有关，但反应常数 K_1，应该完全与 pH 值无关。pH 值主要影响分子态二氧化硫和亚硫酸氢根解离生成亚硫酸离子的反应，这是反应的实质。

在关于瓶装葡萄酒中游离二氧化硫消失速率的研究中，虽然也有阿伦尼乌斯类型的曲线，但这不一定是因为上述的氧化反应。佐餐红葡萄酒和佐餐白葡萄酒中损失总二氧化硫反应的表观活化能分别为 35.7kJ/mol、13.4kJ/mol。白葡萄酒中棕色色素生成反应的表观活化能为 66.4kJ/mol（Berg 和 Akiyoshi，1956）和 74.5kJ/mol（Ough，1985），而前面提到的耗氧反应的活化能为 137.6 kJ/mol。

有人提出，氧化反应的另一标志是生成硫酸而不是总二氧化硫的损失，但不是所有消耗的亚硫酸都变成硫酸。并且除色谱分析以外的其他分析方法都很麻烦。按总二氧化硫损失确定氧化程度时，酒桶中二氧化硫挥发损失和醌类物质中非磺酸物质的中间反应都会使结果产生误差。

利用氧化还原电位理论，根据氧化还原电位认为亚硫酸与抗坏血酸的被氧化能力相同，但低于酚类物质。

$$抗坏血酸 === 脱氢抗坏血酸 + 2H^+ + 2e^-，E_0 = -0.06kJ$$
$$儿茶酚 === 1,2-苯醌 + 2H^+ + 2e^-，E_0 = -0.792kJ$$

但是短时间内以上反应程度往往受反应速率影响，而不是受氧化还原电位影响。已知亚硫酸在乙醇溶液中的氧化速率比在水中的慢得多（Bioletti，1912）。Poulton（1970）和 Wedzicha、Lamikanra 的试验也证实了这一点。

综上所述，简单来说葡萄汁和低度葡萄酒是一种良好的营养饮料，对微生物来说，也是一种良好的营养源。在一般情况下，葡萄汁和低度葡萄酒很容易被杂菌侵蚀而发生败坏。添加 SO_2 有延缓微生物繁殖的作用。结合上述机理，SO_2 应用于葡萄酒酿制过程中的作用简单的总结为以下几个作用：

（1）溶解作用　将 SO_2 添加到葡萄汁中，与水化合会立刻生成亚硫酸，有利于果皮上某些成分的溶解，这些成分包括色素、酒石、无机盐等。这种溶解作用对葡萄汁和葡萄酒色泽有很好的保护作用。

（2）杀菌防腐作用　SO_2 是一种杀菌剂，它能抑制各种微生物的活动，若浓度足够高，可杀死微生物。葡萄酒酵母抗 SO_2 能力较强（250mg/L），适量加入 SO_2，可达到抑制杂菌生长且不影响葡萄酒酵母正常生长和发酵的目的。

（3）抗氧化作用　SO_2 能防止酒的氧化，抑制葡萄中的多酚氧化酶活性，减少单宁、色素的氧化，阻止氧化浑浊，颜色退化，防止葡萄汁过早褐变。

（4）澄清作用　在葡萄汁中添加适量的 SO_2，可延缓葡萄汁的发酵使葡萄汁获得充分的澄清。这种澄清作用对制造白葡萄酒、淡红葡萄酒以及葡萄汁的杀菌都有很大的益处。若要使葡萄汁在较长时间内不发酵，添加的 SO_2 量还要大。

（5）增酸作用　SO_2 的添加还能起到增酸作用，这是因为 SO_2 阻止了分解苹果酸与酒石酸的细菌活动，生成的亚硫酸氧化成硫酸，与苹果酸及酒石酸的钾、钙等盐类作用，使酸游离，增加了不挥发酸的含量。

二、SO_2 的来源

最方便的办法是添加二氧化硫的浓溶液（质量分数通常为 5% 或 10%）。制备方法是气体二氧化硫通入冰水或用磅秤按质量直接在冰水中加入液体二氧化硫。通常还可以添加如偏重亚硫酸钾这样的盐类，需要在像葡萄汁或葡萄酒这样的酸性条件下，才能从盐中分解释放出二氧化硫。

用气体二氧化硫制备二氧化硫溶液的方法是把气体二氧化硫通入部分充满水的密闭容器中，多余的气体经排料管排空，气体经不锈钢多孔散气管通入冷水中，从容器中排出的气体应用碱液回收。因为该浓度下二氧化硫对人体有害。20℃饱和溶液含 11.3％（质量分数）二氧化硫，将其配成 10％工作溶液。用冷水有利于溶解和减少气相中气体浓度，温度每降低 20℃，蒸气压约减少一半。使用久存的偏重亚硫酸盐和亚硫酸盐不可靠，因为这些盐类如果与空气中的水分和氧气接触会迅速氧化。这些盐的溶液本身是碱性的，会因在此条件下的氧化而迅速损失亚硫酸。具体产生二氧化硫的途径主要包括以下几个方面：

（1）液体二氧化硫 液体二氧化硫的相对密度为 1.43368，贮藏在高压钢瓶内，钢瓶内装有特殊形状的管子，可以根据钢瓶的位置，放出液体或气体的 SO_2。此种方式使用最普遍。

（2）亚硫酸 生产上制造亚硫酸要备一个密封性好的木桶或硬质聚氯乙烯制的桶，里面放约 550L 水，在管路接头密封良好的条件下，通入 SO_2 约 30L。操作完毕后，检验亚硫酸中 SO_2 的含量即可使用。通常状态下此法制成的亚硫酸可以保存 5～6d，在此期间不会被氧化。

（3）偏重亚硫酸钾 偏重亚硫酸钾用于果汁或葡萄酒中，由于酸的作用，产生 SO_2，也可起到杀菌等作用。偏重亚硫酸钾使用比较方便，缺点是添加到酒中增加了酒中钾离子含量，使葡萄酒中的游离酒石酸过多地转变为酒石，影响了酒的风味。

（4）燃烧硫黄生成 SO_2 气体 SO_2 是一种有毒气体，容易令人窒息，易溶于水，燃烧硫黄产生 SO_2 气体的方法时是一种古老的制造 SO_2 的方法。燃烧硫黄生成 SO_2 气体的方法在生产中多使用硫黄绳、硫黄纸或硫黄块等原料。但是用此法很难准确测出葡萄酒或葡萄汁吸收的 SO_2 量，所以目前主要用于对制酒器具的杀菌。

三、SO_2 在葡萄汁或葡萄酒中的用量、用法及含量测定

（一） SO_2 在葡萄汁或葡萄酒中的用量

SO_2 在葡萄汁或葡萄酒中的用量要视添加 SO_2 的目的而定，同时还要考虑葡萄品种、葡萄汁及酒的成分（如糖分、pH 值等）、品温以及发酵菌种的活力等因素。

各国法律（法规）都规定了葡萄酒中二氧化硫的添加量。我国规定成品葡萄酒中总二氧化硫含量为 250mg/L，游离二氧化硫含量为 50mg/L。

（二） 二氧化硫的使用方法

1. 液体二氧化硫

在大型容器中，当葡萄汁或葡萄酒中 SO_2 的添加量很大时，通过添加液体二氧化硫的方法最简单、最方便，但是在使用少量的 SO_2 处理时，这个方法则得不到准确的结果。液体二氧化硫的用量，可以根据高压钢瓶重量的变化测出，也可在钢瓶出口处安装一测定液体二氧化硫量的仪器，以准确定量测定液体二氧化硫的用量。

添加液体二氧化硫的优点主要有：

（1）向葡萄酒中添加液体二氧化硫，不会将任何无关成分带入葡萄酒中，因而可使葡萄酒的风味不受影响。

（2）当使用液体二氧化硫处理葡萄汁或葡萄酒时，在良好的控制下，通过测量仪器，可将液体二氧化硫徐徐注入葡萄汁或葡萄酒中，且定量准确。当在空桶中添加时，可将 SO_2 管放入桶中，流入桶中的 SO_2 液体会很快变成气体状态，使 SO_2 充满整个桶内。

（3）目前，在葡萄酒酿造中应用的测定液体二氧化硫量的仪器和添加二氧化硫的设备是多种多样的，使液体二氧化硫的使用更简单、更方便。

2. 亚硫酸

添加亚硫酸的方法多用在冲刷酒瓶中。由于在葡萄酒或葡萄汁中添加亚硫酸会给葡萄酒或葡萄汁中增加少部分水分，影响葡萄酒或葡萄汁原有成分的含量，影响后期葡萄酒的发酵剂成品的质量，所以亚硫酸很少添加在葡萄酒或葡萄汁中的。当然，如果原料质量优良、加工及时，也可不在葡萄汁或葡萄酒中添加亚硫酸。

3. 硫黄绳、硫黄纸、硫黄块

硫黄绳、硫黄纸、硫黄块多用于熏贮酒容器。在使用硫黄绳、硫黄纸时，多配用硫黄熏烧器，使用硫黄块时，只要将块中间孔挂在铁丝上燃着，挂在容器中即可。在熏烧时切忌将硫黄滴入容器中，如滴入容器中，葡萄酒即会产生一种臭鸡蛋味，且有毒。根据燃烧硫黄来判断葡萄酒或葡萄汁中的 SO_2 的含量，只能是近似的，被葡萄汁或葡萄酒吸收的 SO_2 量约等于燃烧硫黄量的一半。

4. 偏重亚硫酸钾

偏重亚硫酸钾在使用前要先研成粉末状，分数次加入到清澈的软水中，这是因为把小块的偏重亚硫酸钾直接投到酒里溶解很慢，SO_2 的处理作用效果差。通常状态下 1L 水可溶偏重亚硫酸钾 50g，待完全溶解后再使用。但是要注意为防止在酒中添加过多的钾，一般控制使用偏重亚硫酸钾量为 1000L 酒（或汁）中不应超出 300g。

总之，SO_2 用量不可过大，要分多次使用，且每次用量要少，在有把握的条件下能够少用或不用更好。使用 SO_2 量过多时，可将葡萄汁或葡萄酒在通风的情况下过滤，或者适量通入氧或双氧水，均可排除或降低 SO_2 的含量。

（三） SO_2 含量的测定方法

葡萄酒中 SO_2 含量的测定，分为游离 SO_2 和总 SO_2 的测定。测定的方法有多种，比较常用的方法有碘滴定法。

（1）原理　试样用硫酸酸化，或用强碱处理，使 SO_2 结合态放出后再酸化，用淀粉作指示剂，分别用碘标准溶液滴定，测定游离 SO_2 和总 SO_2 的含量。滴定反应可表示为：

$$SO_2 + I_2 + 2H_2O \longrightarrow SO_4{}^{2-} + 2I^- + 4H^+$$

（2）试剂

① 1：3 硫酸。

② 0.02mol/L（1/2I_2）标准溶液：取 0.1mol/L（1/2I_2）标准溶液，稀释 5 倍，并进行标定。

③ 淀粉指示液 0.1％。

④ 1mol/L NaOH 溶液。

（3）操作

① 游离 SO_2 的测定：吸取 50mL 试样于 250mL 碘量瓶中。加入 5mL 硫酸和 5mL 淀粉指示液，迅速用 0.02mol/L（$1/2I_2$）标准溶液滴定至溶液呈浅蓝色，并保持 $1\sim2$min 不褪色。同时做空白试验。

② 总 SO_2 的测定：吸取 20mL 试样于 250mL 碘量瓶中，加入 25mL 1mol/L NaOH 溶液，加塞、混匀，放置 10min，使乙醛亚硫酸水解。再加入 5mL 淀粉指示液及 10mL 硫酸，迅速用 0.02mol/L（$1/2I_2$）标准溶液滴定至溶液呈暗蓝色，并保持 30s 不褪色。同时做空白试验。

（4）计算

① 游离 SO_2

$$游离 SO_2 含量(mg/L) = (V-V_0)C \times 32 \times 1000/V_1$$

式中　V——试样滴定碘标准溶液用量，mL；

　　　V_0——空白试验碘标准溶液用量，mL；

　　　C——$1/2 I_2$ 标准溶液的浓度，mol/L；

　　　V_1——取样体积，mL；

　　　32——$1/2 SO_2$ 的摩尔质量，g/mol。

② 总 SO_2 计算方法同游离 SO_2。

（5）说明

① 试样要尽量避免与空气接触，只有在滴定时才打开碘量瓶瓶塞，以免 SO_2 逸出和被氧化。

② 滴定温度应保持在 20℃ 以下。在高温季节，可先向试液中加入数块冰块，然后再加硫酸酸化。

③ 滴定终点时，溶液开始变暗，继而转变为蓝色。滴定红葡萄酒时，为使终点易于观察，可在碘量瓶旁放一强的黄光源，让黄光透过溶液。

④ 滴定也可采用碘量法。此时在试样加入硫酸酸化后，加入 50.00mL 0.02mol/L（$1/2I_2$）标准液。然后用硫代硫酸钠标准溶液回滴剩余的碘。接近终点时，再加入淀粉指示剂，蓝色刚好消失为滴定终点。按下式计算游离 SO_2 或总 SO_2 含量。

$$SO_2 含量(mg/L) = (C_1V_1 - C_2V_2) \times 32 \times 1000/V_3$$

式中　C_1——$1/2I_2$ 液浓度，mol/L；

　　　V_1——加入碘液体积，mL；

　　　C_2——$Na_2S_2O_3$ 溶液浓度，mol/L；

　　　V_2——$Na_2S_2O_3$ 溶液用量，mL；

　　　V_3——取样体积，mL；

　　　32——$1/2 SO_2$ 的摩尔质量，g/mol。

（四）　SO_2 处理的时间

二氧化硫处理应在发酵触发以前进行，对于酿造红葡萄酒的原料，应在葡萄除梗破碎后泵入发酵罐时立即进行，并且一边装罐一边加入二氧化硫，加入的二氧化硫一定要均匀。它可以防止杂菌和野生酵母的繁殖，保证葡萄酒酵母的纯种发酵。装罐完毕后如混合不匀可进行一次循环，以使所加的二氧化硫与发酵基质混合均匀，切忌在破碎前或破碎除梗时对葡萄原料进行二氧化硫处理，这是因为：①混合不均匀；②由于挥发和固定部分的转化而损耗部分二氧化硫，达不到保护发酵基质的目的；③在除梗破碎时，二氧化硫气体可腐蚀金属设备。

（五） 灌装后总二氧化硫的损失

装瓶后数日和数周内二氧化硫的损失有几种原因。一项研究表明，在用软木塞封口的两种白葡萄酒中，12℃下5年内总二氧化硫下降了20%～30%。在一项加速试验中（10d，500℃），啤酒中游离二氧化硫在前6d下降，但总的含硫量不变。还有一项特别有趣的试验显示，在温度为28～490℃时测定红葡萄酒和白葡萄酒中颜色的变化和总二氧化硫的变化。虽然颜色变化的速度（红葡萄酒以520nm时吸光度的减少表示，白葡萄酒以在420nm时吸光度的减少表示）不同，但以反应活化能为指示的对应于温度的关系是相同的。这有可能说明同样类型的反应（有可能为酚缩合反应）在红葡萄酒和白葡萄酒中同为限速反应。红葡萄酒总二氧化硫损失的速度比白葡萄酒快2～3倍，然而损失过程中的活化能却截然不同，这说明红葡萄酒与白葡萄酒总二氧化硫损失的限速反应是不同的。

总二氧化硫损失的途径包括：①气体经过软木塞的挥发损失；②二氧化硫被瓶中氧气氧化损失；③生成以强键结合的亚硫酸加成物，在分离时有一部分不水解；④亚硫酸被已氧化的酚类物质缓慢氧化。

在正常条件下，第1个过程对于葡萄酒来说不重要；第2个反应为1mg/L氧需4mg/L二氧化硫，但该反应非常慢，因此对于葡萄酒质量可以忽略不计；第3个反应是亚硫酸能与醛生成加成物，并且已经证明许多不饱和羰基化合物与其生成不可逆的磺酸加成物。有关葡萄酒中的芳香醛类和羰基化合物与亚硫酸氢根的结合能力研究甚少。人们注意到该反应与某些食品中的羰胺褐变相互干扰，不过这对葡萄酒意义不大。最后一个反应涉及葡萄酒中被氧化和被还原的化合物的重排，特别是那些在动力学上而不是能量方面有意义的反应。葡萄酒中酚类化合物氧化得到的产物起初将受反应相对速率而不是其氧化还原反应强度的控制。但是后来则出现重排反应，这些反应更接近于从反应平衡考虑的模式。据认为，许多迅速生成的氧化产物随后将与其他组分进行还原反应。这些也包括氧化速率并不快的酚类和亚硫酸。在长时间贮存条件下，实际上已排除了进一步氧化的过程，有可能出现重排反应。亚硫酸被已经氧化的酚类物质氧化，其结果是生成硫酸和使总二氧化硫损耗。这也将延缓醌式酚类物质的缩合，使得棕色色素产生，正如白葡萄酒中出现的情况一样。由多酚氧化酶催化生成的醌类可被亚硫酸还原成双苯醌，但在葡萄酒条件下还未看到有这种情况。最近一项关于焦亚硫酸抑制多酚氧化酶的动力学研究已经可以证明，为了解释褐变反应的推迟原因和反应速率，必须说明亚硫酸氢根和醌类物质之间的反应。这是一个酶氧化产物的间接证明，需要进一步研究以证明在葡萄酒的化学氧化中存在着类似的生成醌的反应。

按同样的思路可解释在有抗坏血酸存在时游离二氧化硫下降更快的原因。已经知道，抗坏血酸以近乎相同的速率与葡萄酒中其他酚类物质反应，但根据氧化还原电位，应该有些酚类物质更容易被氧化。一般被接受的观点是在无氧条件下，由于抗坏血酸的作用使醌重新被还原为酚。但是，Muller-Spath注意到，在有抗坏血酸存在时，游离二氧化硫下降的速率比一般情况下要快，这说明抗坏血酸与促进这类亚硫酸反应有关系。

在葡萄酒的氧化产物中有一类是酚类物质，它们与氧之间的非酶催化反应几乎是按照反应定量关系生成过氧化氢的。还有一类是连二羟基酚，在白葡萄酒中最重要的是咖啡酸，在其他所用的葡萄酒中也很重要。特别要关注的是抗坏血酸与氧的反应也按照同样的模式进行。葡萄酒中过氧化物的形成可能导致在不存在亚硫酸根的情况下，乙醛浓度有相应的增加。已经证明在加速试验的条件下，咖啡酸和抗坏血酸都能使1mol乙醇生成1mol乙醛。

与氧和亚硫酸的反应不同，过氧化氢在pH值较低时与分子形式的亚硫酸而不是离子形式的亚硫酸反应。分子态的游离二氧化硫在pH值较高的葡萄酒中浓度非常低，而在pH值较低的葡萄酒中却更加重要。该反应速率预计遵循二级反应定律，第一级与过氧化物和亚硫酸分子浓度有关，并认为在pH＝1.9时达最大反应速率，Wildenradt等已证实在模拟葡萄酒条件下，当焦性没食子酸和抗坏血酸在有游离二氧化硫存在时被氧化。过氧化物与二氧化硫的反应对限制乙醛生成有影响。他们发现在温度升高时，生成的乙醛可能降到大约20％，但必须要有180mg/L游离的二氧化硫存在。这说明过氧化物-乙醇的反应速率是过氧化物-二氧化硫反应速率的数倍。在葡萄酒的条件适宜和正常贮藏温度下，该反应可能完全不同。还没有任何有关过氧化物-二氧化硫反应动力学的研究，更不用说有关在葡萄酒条件下的反应了。

二氧化硫作为一种抗氧化剂在葡萄酒中的唯一作用看来是在与过氧化氢反应中的作用，葡萄酒中的过氧化氢来自联二羟酚的氰化。虽然已经注意到在有乙醇时亚硫酸-氧的反应有些减缓，但估计乙醇对过氧化物-二氧化硫氧化的反应不会有影响。据认为，在葡萄酒条件下，过氧化物-二氧化硫反应仍然比氧-亚硫酸的反应速率快许多倍。支持这一观点的事实为当葡萄酒中游离二氧化硫含量保持在5～25mg/L，将会防止乙醛的生成。如果这仅仅是因为二氧化硫与生成的乙醛起加成反应，结果应该是总二氧化硫不变，而结合二氧化硫增加，但事实并非如此。因此二氧化硫对于葡萄酒中的过氧化物反应是一中等强度的抗氧化剂，尽管这对于氧化反应的意义不大。

第四章　葡萄酒酿造

第一节　葡萄酒酿造原理

一、葡萄酒酒精发酵

（一）　酒精发酵的化学反应

酒精发酵是相当复杂的化学现象，有许多的反应和不少中间产物，而且需要一系列酶的作用。

1. 糖分子的裂解

糖分子的裂解包括将己糖分解为丙酮酸的一系列反应，可以分为以下几个步骤。

（1）己糖磷酸化　己糖磷酸化是通过己糖磷酸化酶和磷酸糖异构酶的作用，将葡萄糖和果糖转化为 1,6-二磷酸果糖的过程。

（2）1,6-二磷酸果糖分裂为三碳糖　1,6-二磷酸果糖在醛缩酶的作用下分解为磷酸甘油醛和磷酸二羟丙酮；由于磷酸甘油醛将参加下一阶段的反应，磷酸二羟丙酮将转化为磷酸甘油醛。所以在这一过程中，只形成磷酸甘油醛一种。

（3）3-磷酸甘油醛氧化为丙酮酸　3-磷酸甘油醛在氧化还原酶的作用下，转化为 3-磷酸甘油酸，后者在变位酶的作用下转化为 2-磷酸甘油酸；2-磷酸甘油酸在烯醇化酶的作用下，先形成烯醇式磷酸丙酮酸，然后转化为丙酮酸。

2. 丙酮酸的分解

丙酮酸首先在丙酮酸脱羧酶的催化下脱去羧基，生成乙醛和二氧化碳，然后，乙醛还原为乙醇，同时将 3-磷酸甘油醛氧化为 3-磷酸甘油酸。

3. 甘油发酵

在酒精发酵开始时，参加 3-磷酸甘油醛转化为 3-磷酸甘油酸这一反应，所必需的 NAD 是通过磷酸二羟丙酮的氧化作用来提供的。但这一氧化作用要伴随着甘油的产生。

每当磷酸二羟丙酮氧化一分子 $NADH_2$，就形成一分子甘油，这一过程称为甘油发酵。在这一过程中，由于将乙醛还原为乙醇所需的两个氢原子（由 $NADH_2$ 提供）已被用于形成甘油，所以乙醛不能继续进行酒精发酵反应。因此，乙醛和丙酮酸形成其他的副产物。

实际上，在发酵开始时，酒精发酵和甘油发酵同时进行，而且甘油发酵占优势。以后酒精发酵则逐渐加强并占绝对优势，而甘油发酵减弱，但并不完全停止。因此，在酒精发酵过程中，除产生乙醇外，还产生很多其他的副产物。

（二）　酒精发酵的主要副产品

1. 甘油

主要在发酵开始时由甘油发酵而形成。在葡萄酒中，其含量为 $6\sim10mg/L$。葡萄酒中甘油的含量还受以下因素的影响。

(1) 酵母菌种　有 10 种，产生甘油能力优于其他种。

(2) 基质　基质中糖的含量高，SO_2 含量高，则葡萄酒甘油含量高。甘油具甜味，可使葡萄酒味圆润。

2. 乙醛

乙醛可由丙酮酸脱羧产生：$CH_3CO—COOH \longrightarrow CH_3CHO + CO_2$，也可在发酵以外由乙醇氧化而产生。

在葡萄酒中乙醛的含量为 $0.02 \sim 0.06mg/L$，有时可达 $0.3mg/L$。乙醛可与 SO_2 结合形成稳定的亚硫酸乙醛，这种物质不影响葡萄酒质量，而游离的乙醛则使葡萄酒具氧化味，可用 SO_2 处理，使这种味消失。

3. 乙酸

乙酸是构成葡萄酒挥发酸的主要物质。在正常发酵情况下，乙酸在葡萄酒中的含量为 $0.2 \sim 0.3g/L$。它是由乙醛经氧化作用而形成的：

$$2CH_3CHO + H_2O \longrightarrow CH_3COOH + CH_3CH_2OH$$

葡萄酒中乙酸含量过高，就会具酸味。一般规定，白葡萄酒挥发酸含量不能高于 $0.88g$（H_2SO_4）$/L$，红葡萄酒不能高于 $0.98g$（H_2SO_4）$/L$。

4. 琥珀酸

在所有的葡萄酒中，其含量一般低于 $1g/L$，主要来源于酒精发酵和苹果酸-乳酸发酵。此外，在酒精发酵过程中，还产生很多副产物，它们都是酒精发酵的中间产物——丙酮酸所产生的，并且具有不同的味感，如具辣味的甲酸、具烟味的延胡索酸、具有酸白菜味的丙酸、具醋味的乙酸、具巴旦杏仁味的 3-羟丁酮等。

（三）　葡萄酒发酵的其他副产物

在葡萄酒发酵过程中，除酒精发酵的产物外，还有其他的副产物。这些副产物与第二类香气有密不可分的关系。一般可把葡萄酒的香气分为三大类：第一类是果香，它是葡萄浆果本身的香气，又叫一类香气；第二大类是发酵过程中形成的香气，为酒香（发酵香），又叫二类香气；第三大类是葡萄酒在陈酿过程中形成的香气，为陈酒香，又叫三类香气。

1. 高级醇

葡萄酒二类香气生成的量，与葡萄汁的含糖量和成熟度成正比。二类香气的产生与发酵液中的氮源有密切的关系，酵母可以把发酵液中的蛋白质转化为氨基酸，氨基酸又被不同的酵母转化为高级醇，因此，葡萄汁的含氮成分也很重要，若含氮有机物不易被酵母利用，则不能生成高级醇。一般来说，发酵液中含氮总量在 $200mg/L$ 时，产生最大量的乙醇，也或多或少地生成异戊醇、苯乙醇等。高级醇在葡萄酒中的含量很低，但它们是构成葡萄酒二类香气的主要物质。

$$CH_3CH—CH_2—NHCH—COOH + H_2O \longrightarrow CH_3CH—CH_2—CH_2OH + CO_2 + NH_3$$

$$\underset{\text{亮氨酸}}{\overset{|}{CH_3}} \qquad\qquad\qquad \underset{\text{异戊醇}}{\overset{|}{CH_3}}$$

2. 酯类

葡萄酒中含有有机酸和醇类，而有机酸和醇可以发生酯化反应，生成各种酯类物质。葡萄酒中的酯类物质可分为两大类：第一类为生化酯类，它们是在发酵过程中形成的。其中最主要的为乙酸乙酯，是乙醇和乙酸经酯化反应形成的，即使含量很少（0.15～0.20g/L）也具有香味。第二类为化学酯类，它们是在陈酿过程中形成的，其含量可达1g/L。化学酯类的种类很多，是构成葡萄酒三类香气的主要物质。

（四）　影响酵母菌生长和酒精发酵的因素

酵母菌生长发育和繁殖所需的条件也正是发酵所需的条件。因为只有在酵母菌出芽繁殖的条件下，酒精发酵才能进行，而发酵停止就是酵母菌停止生长和死亡的信号。

1. 温度

尽管酵母菌在低于10℃的温度条件下不能生长繁殖，但其孢子可以抵抗－200℃的低温。液态酵母菌的活动最适温度为20～30℃。当温度达到20℃时，酵母菌的繁殖速度加快，在30℃时达到最大值。而当温度继续升高达到35℃时，其繁殖速度迅速下降，酵母菌呈疲劳状态，酒精发酵有停止的危险。只要保持40～45℃1～1.5h，或保持60～65℃10～15min就可杀死酵母菌。干态酵母菌抗高温的能力很强，可忍受5min的115～120℃的高温。

（1）发酵速度与温度　在20～30℃的温度范围内，每升高1℃，发酵速度就可提高10%，发酵速度（即糖的转化）随着温度的提高而加快。但是，发酵速度越快，停止发酵越早，酵母菌的疲劳现象出现越早。

（2）发酵温度与产酒效率　在一定范围内，温度越高，酵母菌的发酵速度越快，产酒精效率越低，生成的副产物越多，生成的酒度越低。因此，如要获得高酒度的葡萄酒，必须将发酵温度控制在足够低的水平上。

（3）发酵临界温度　当发酵温度达到一定值时，酵母菌不再繁殖，并且死亡，这一温度称为发酵临界温度。如果超过临界温度，发酵速度就大大下降，甚至停止发酵。由于发酵临界温度受许多因素，如通风、基质的含糖量、酵母菌的种类及其营养条件的影响，所以很难将某一特定的温度确定为发酵临界温度，在实践中主要利用危险温度区这一概念，在一般情况下，发酵危险温度区为32～35℃。但这并不表明每当发酵温度进入危险区，发酵就一定会受到影响，并且停止，而只表明，在这一情况下有停止发酵的危险。在控制和调节发酵温度时，应尽量避免温度进入危险区，而不能在温度进入危险区以后才开始降温，因为这时酵母菌的活动能力和繁殖能力已经降低。

红葡萄酒发酵最佳温度为26～30℃，白葡萄酒和桃红葡萄酒发酵最佳温度为18～20℃。当温度小于35℃时，温度越高，开始发酵越快；温度越低，糖分转化越完全，生成的酒度越高。

2. 通风

酵母菌繁殖需要氧。在完全的无氧条件，酵母菌只能繁殖几代，然后就停止。这时，只要给予少量的空气，它们又能出芽繁殖，如果缺氧时间过长，多数酵母菌细胞就会死亡。

在进行酒精发酵以前，对葡萄的处理（破碎、除梗、运送以及对白葡萄汁的澄清等）保证了部分氧的溶解。在发酵过程中，氧越多，发酵就越快、越彻底。因此，在生产中常用倒罐的方式来保证酵母菌对氧的需要。

3. 酸度

酵母菌在中性或微酸性条件下发酵能力最强。如在pH＝4.0的条件下，其发酵能力比在pH＝3.0时更强，在pH值很低的条件下酵母菌活动生成挥发酸或停止活动。因此，酸度低并不利于酵母菌的活动，但却能抑制其他微生物的繁殖。

4. 其他因素

（1）促进因素　如果要使酒精发酵正常进行，基质中糖的含量应高于或等于 20g/L。低浓度的乙醛可促进酒精发酵。丙酮酸以及长链的有机酸、维生素 B_1、维生素 B_2 等都能促进酒精发酵。

（2）抑制因素　如果基质中糖的含量高于 30%，由于渗透压的作用，酵母菌失水而降低其活动能力；如果糖的含量大于 60%～65%，酒精发酵根本不能进行。酒精的作用与酵母菌种类有关。有的酵母菌在酒精含量为 4% 时就停止活动，而有的则可抵抗 16%～17% 的酒精。由于气压可以抑制 CO_2 的释放从而影响酵母菌的活动，抑制酒精发酵。此外高浓度乙醛、SO_2、CO_2 以及辛酸、癸酸等都是酒精发酵的抑制因素。

二、葡萄酒的酯化作用

葡萄酒中含有机酸和乙醇，因为酸与醇能化合成酯，酯具有香味，是葡萄酒芳香的主要来源之一。酯主要是在葡萄酒酒精发酵的过程中或陈酿过程中生成的，这是一种生物化学反应。在酒精发酵中生成的挥发性酯，主要是乙酸乙酯，占 80% 以上。乙酸乙酯在酒中的感觉起点是 180mg/L，它的含量高就起着重要的芳香作用，它可以使酒的味显得更酸，并有刺激性的热感；相对分子质量稍大一点的酯，常具有花香和水果香的气味；乳酸乙酯和丙酸乙酯，气味比较平庸，感觉起点也高，起不了太大的嗅觉作用；从丁酸到癸酸的乙酯及乙酸 2-甲基丙酰基酯、3-甲基丁酯、2-苯基乙酯等，在葡萄酒中都存在，但一般含量都在 0.5～5mg/L 左右，在感觉起点以下，对嗅觉起不了什么作用。最重要的产酯酵母是 *Hansenula* 以及 *Pichia* 和 *Hanseniaspora*。通常在通风不好的情况下，酵母可以生成更多的酯，但氧化型酵母例外。在红葡萄酒中还会有一些酚类化合物的酯，不过含量都很小。

（一）酯化反应

将一个分子的乙酸和一个分子的乙醇，混合维持在一定的温度下，可以看到溶液的酸度逐渐变小，因为乙酸与乙醇化合生成中性的乙酸乙酯和水，这就是酯化反应。

$$CH_3COOH + CH_3CH_2OH \longrightarrow CH_3COOCH_2CH_3 + H_2O$$

酯化反应的速率非常慢并与温度成正比，因而酯化反应的完成在常温下要经过许多年。但在 100℃ 时，几天就可完成；在 200℃ 时，几小时就行了。将乙酸和乙醇混合后，可以看出酯化反应的速率愈来愈慢，到最后完全停止。水解反应的速率也很慢，受温度的影响非常大，反应速率随着水解的进行而变慢，而且水解不彻底。当反应达到平衡状态时，溶液中各种物质的比例完全和酯化反应达到平衡时一样，因此酯化和水解是可逆反应。

$$CH_3COOCH_2CH_3 + H_2O \longrightarrow CH_3COOH + CH_3CH_2OH$$

因为酯化和水解是矛盾的。所以在酯化反应中，如果能及时除去产生的水或乙酸乙酯，那么就可以使乙酸和乙醇全部反应；同样在水解作用中，如果随时中和所产生的乙酸，就可使乙酸乙酯全部水解。但在葡萄酒的陈酿过程中，不可能使酯化反应进行到底，因为酯化反应进行一个阶段便可达到限度，也就是酯化和水解达到平衡，且平衡与参加反应的各种物质的浓度有关，服从于质量作用定律：

$$K = \frac{E[H_2O]}{AO}$$

式中　A——酸的浓度；

　　　O——醇的浓度；

　　　E——酯的浓度；

$[H_2O]$——水的浓度。

K 是一个常数，与温度无关，而且也不受有机酸性质的影响，与乙醇成酯时 K 大于等于 4，因此，当计算反应达到平衡时酯的含量，也采用以下公式：

$$E = 4\ \frac{AO}{[H_2O]}$$

计算酯化反应的速率时，可采用以下公式：

$$E = 4\ \frac{(A-E)(O-E)}{[H_2O]+E}$$

但在葡萄酒中，水增加和酒精减少的量可以说是极少的，可以用下列公式计算酯的最高生成量：

$$E = 4\ \frac{(A-E)O}{[H_2O]}$$

于酯化反应已经很稳定的葡萄酒可用以下公式：

$$X = \frac{(1.17A+2.8)a}{100}$$

对于还没有酯存在的就可用下列公式：

$$X = \frac{(0.9A+3.5)a}{100}$$

式中　X——酯的含量；

　　　A——在 100g 酒中所含酒精的重量（假设没有浸出物）；

　　　a——游离酸度。

（二）　影响酯化反应的因素

1. 温度

酯化反应的速度与温度成正比。因此，葡萄酒在贮存过程中，温度愈高，酯的含量就愈高，在超过某种温度时，葡萄酒本身就要变质。在适当的温度下将葡萄酒加热，可以增加酯的含量，从而改变葡萄酒的风味，这就是葡萄酒进行热处理的根据。

2. 酸的种类

在同样条件下，有些有机酸很容易与乙醇化合成酯，有些则生成较慢。葡萄酒中各种有机酸的酯化，都是单独进行的，各有其特性，对改良葡萄酒的风味有不同的效果。对于总酸在 0.5% 左右的葡萄酒，如欲通过加酸促进酯的生成，改善其品质风味时，在单一酸中，以乳酸的效果为最好，柠檬酸次之，苹果酸又次之，琥珀酸较差；在混合酸中，则以等量的乳酸和柠檬酸为最好。加酸用量，对总酸 0.5% 左右的葡萄酒来说，以加 0.1%～0.2% 的有机酸较为适当，低于 0.1%，酯的含量增加不明显；高于 0.2%，则产生酸涩味。此外，有机酸的稀溶液（0.5%），在 50℃ 的温度下加热三昼夜，同样有酯的产生，可能是产生交酯的缘故。

3. pH 值

氢离子是酯化反应的催化剂，故 pH 值对酯化反应的影响非常大。在同样的条件下，如

pH 值降低一个单位，酯的生成量能增加一倍。例如琥珀酸和酒精的混合液，在 100℃ 加热 24h，如溶液的 pH 值为 4 时，则琥珀酸有 3.9％酯化，酯的生成量增加了一倍还多。在同样条件下，因有机酸的种类和性质不同，其与乙醇酯化的速率也不相同。在 pH 值为 3 时，将各种有机酸与乙醇的混合溶液加热至 100℃，维持 24h 后，苹果酸有 9％酯化，但乙酸只有 2.7％酯化。在 100℃ 加热 30d，一般就接近了有机酸的酯化限度。乳酸在 pH 值为 3 时加热至 100℃，维持 24h，有 8.5％酯化，就是再继续加热至 30d，也只有 9.8％酯化，可以说接近了酯化限度，因为根据质量作用定律计算的结果，酯化限度是 12.4％。

4. 微生物

由生化反应产生的酯化反应，主要是由微生物细胞中所含的酯酶所引起的这种生化反应引起的酯化反应，其酯化率不受质量作用的限制，甚至可以超过化学反应的限度。有些酵母菌，如哈森酵母（*Hansenula*）生成很少的乙酸和很多的乙酸乙酯。这种酯都是在细胞内部生成的，而且用的是细胞本身所产生的新生态酸，因此在发酵过程中，葡萄汁的酸都没有酯化。但另一方面乙酸菌却产生了乙酸乙酯，这就是由于乙酸菌的细胞内产生的乙酸与乙醇化合而成的缘故。

（三） 酯的种类

1. 中性酯

一种是在发酵过程中，由于酯酶的作用而产生，是一种生物化学反应，生成的酯大部分是中性酯，具有挥发性，因而称为挥发酯。例如，乙酸和乙醇可生成乙酸乙酯。

$$CH_3COOH+HOCH_2CH_3 \rightleftharpoons CH_3COOCH_2CH_3+H_2O$$

一个分子的酒石酸和两个分子的乙醇也可以生成酒石酸乙酯：

$$HOOCCHOHCHOHCOOH+2CH_3CH_2OH \rightleftharpoons$$
$$CH_3CH_2OOCCHOHCHOHCOOCH_2CH_3+2H_2O$$

中性酯主要是生化反应生成的，在老熟过程中由化学反应也生成一些中性酯，但数量很少。在正常的葡萄酒中，一般乙酸乙酯的含量为 44～176mg/L。由酒石酸、苹果酸和柠檬酸所生成的中性酯，主要是通过化学反应生成的，每升的含量很少达到 66mg，而且这些中性酯在新酒中一点也不存在。在富含乳酸的葡萄酒中含有相当多的乳酸乙酯，它是在酒精发酵中产生的，而且大多是通过苹果酸、乳酸发酵而成的。

2. 酸性酯

在陈酿过程中，酸和醇直接化合而成，生成的大部分是酸性酯。例如，一个分子的酒石酸和一个分子的乙醇生成酸性酒石酸乙酯。葡萄酒中所含的中性酯和酸性酯约各占 1/2。

$$HOOCCHOHCHOHCOOH+CH_3CH_2OH \rightleftharpoons HOOCCHOH+CHOHCOOCH_2CH_3+H_2O$$

（四） 葡萄酒中酯的含量

酯的含量决定于葡萄酒的成分和年限，新酒一般含量为 176～264mg/L，老酒含量为 7.92～880mg/L。酯的生成在葡萄酒贮藏的头两年最快，以后就变慢了，酯化永久也达不到限度，即使是贮藏 50 年的葡萄酒，也只能产生理论上能产生酯的 3/4。

三、葡萄酒的氧化还原

（一） 葡萄酒中氧的溶解

巴斯德指出，不论是在新酒还是在老酒中都不存在痕量的游离态的溶解氧。新酒只含有纯的二氧化碳，而老酒含的二氧化碳要少得多，但它含有大量的氮。如果在酒中充入氧，则它就会很快化合。

葡萄酒在不同的通气条件下，酒中溶解的氧一般有下列几种情况：

（1）如果葡萄酒在同样体积的空气内迅速搅动，则葡萄酒很快被氧饱和（约 30s），其速度比水快得多，因为酒中所含的酒精能与空气形成稳定的乳浊液。氧的最高含量（也就是氧的溶解度）在各种酒中无多大差别，当温度升高时，溶解度降低，这和氧在水中的溶解度的规律几乎一样。当温度为 20℃ 时，溶解度为 5.6～6mL/L，当温度 12℃ 时溶解度达到 6.3～6.7mL/L。干浸出物含量多的葡萄酒，其溶解度下降。1mL 氧的质量，在 0℃ 和 101325Pa 压力下等于 1.429mg。

（2）葡萄酒中通常含有一定量的二氧化碳，每升葡萄酒中有几毫升到几十毫升不等，这个数量的二氧化碳不足，已明显地阻止氧的渗透。但当二氧化碳含量高至 100mL/L 时，就会在葡萄酒的表面形成一层 CO_2 气体。使氧的渗透大大放慢。

（3）葡萄酒在换桶时应迅速，不搅动，换桶时出口放在接受器的底部，则氧不会发生显著的溶解，一般每升酒中氧增加的量不超过 0.1～0.2mL。当葡萄酒从上往下倒，或通过大漏斗注入时，增加了酒与空气接触的面积，在此工序的酒中氧的含量增至 3～4mL/L，桶出口处的液体压力愈高，吸收氧的渗透速度大大放慢。

（4）如果葡萄酒与空气接触，则氧就从表面进入酒中，然后在酒中扩散。当葡萄酒的表面为 100cm^2 和温度为 12℃ 时，在 15min 内渗入每升葡萄酒中的氧数量约为 0.4mL。如果搅动酒的面层，则渗入酒中氧的数量增加 1～2 倍。装满了葡萄酒的敞口瓶，在一昼夜内渗入的氧大约为 1mg。

在液层下大约 2m 深处的葡萄酒全部没有氧，因为在酒的上层，氧的结合速度超过向内部渗透的速度。但在大约 10cm 深处的葡萄酒，则处于被氧饱和的状态。在中层深度，氧溶解的量中等。

（二） 葡萄酒的氢离子浓度（pH）、 氧化还原电位（E_H） 和氧化程度（r_H）

对 pH 值的定义是溶液中所含氢离子浓度的负对数，记做 $pH = -lg [H^+]$。各种酸的电离程度不同，所以等价浓度的两种酸，其 pH 值也不可能相同。同一种酸的溶解，如果有其他物质掺杂在内或由于温度的变化，会引起电离程度的差别，而影响其 pH 值。各种葡萄酒中含有不等量的各种酸及其他物质，虽然滴定酸度相同的两种酒，其 pH 值不一定相同。

E_H 是氧化还原电位，单位是毫伏（mV），E_H 是了解溶液中（酒）在有氧或缺氧时所发生的现象，特别是在酒中，这些过程是多种多样的，具有重要意义。E_H 电位是当电极浸在溶液中发生氧化还原时的电位，它与溶液中氧化剂的存在有关。在电极上所发生电位的大小和溶液中氧化剂和还原剂相对含量有关，它们的关系是：

$$E_H = E_0 + 5.9 lg \frac{[氧化剂]}{[还原剂]}$$

式中　　　　　　　　E_H——电极上发生的电位数值；

[氧化剂]，[还原剂]——氧化剂和还原剂的浓度；

　　　　　　　　E_0——该体系的标准电位，即电极浸到 1mol/L 的氧化剂和 1mol/L 的还原剂的溶液中所发生的电位。

氧化还原系统一半氧化、一半还原时的电位也叫做标准电位，标准电位主要取决于 pH 值。在氧化还原反应进行时是有氢离子参加的。所以电位大小不仅决定于氧化还原剂的比例，也取决于溶液的 pH 值。当 pH 值升高或降低一个单位时，其氧化还原电位的变化接近于理论数值 $57 \sim 59mV$（也随温度高低而变化）。

葡萄酒氧化愈强烈（当通风时），氧化还原电位就愈高。相反，当葡萄酒贮存在没有空气的条件下时，其电位就会逐渐下降到一定的值，这个值叫作极限电位。

r_H——氧化程度，它是一个指数。r_H 和 E_H、pH 的关系如下：

15℃时，$r_H = \dfrac{E_H}{28.5} + 2pH$；

30℃时，$r_H = \dfrac{E_H}{30} + 2pH$；

20℃时，$r_H = \dfrac{E_H}{29} + 2pH$。

氧化还原电位在葡萄酒酿造中的关系如下。

（1）微生物的繁殖决定于介质（溶液）中的 r_H。其中氧化还原电位是酵母繁殖的因素之一，能刺激发酵过程或有效地防止再发酵。

（2）葡萄酒（特别是红葡萄酒）在贮存期间，由于各种氧化而引起的变化，决定于这些氧化过程进行时的电位值。

（3）铁破败病的产生和 Fe^{3+} 浓度有关，因此就和电位有关，Fe^{2+} 被氧化成为 Fe^{3+}，只有在电位上升时，才有这一变化，同时也就出现铁破败病。铁破败病和铜破败病不同，铜破败病的产生是与电位下降同时进行的。Cu^{2+} 和 Cu^+ 间的电位平衡约为 $188mV$，它和 pH 值无关。因此比这个电位大一些时，就不容易产生铜破败病。在亚硫酸处理时，电位下降，酒中的少数 Cu^{2+} 被还原成 Cu^+，则产生了铜破败病。

（4）贮存在瓶中的好酒（白葡萄酒或红葡萄酒），只有在电位降低的情况下才能增加其特有的芳香，因为芳香的成分是由能变成芳香物的物质还原而得到的。

四、葡萄酒酵母及其应用

在葡萄皮、果柄及果梗上，生长有大量天然酵母，当葡萄被破碎、压榨后，酵母进入葡萄汁中，将葡萄汁中所含的糖进行发酵、降解。这种酵母被称为葡萄酒酵母。葡萄酒是新鲜葡萄或葡萄汁通过酵母的发酵作用而制成的，因此在葡萄酒生产中酵母占有很重要的地位。

（一） 葡萄酒酵母的特点

葡萄酒酵母（*Saccharomyces ellipsoideus*）在植物学分类上为子囊菌纲的酵母属，啤酒酵母种。该属的许多变种和亚种都能对糖进行酒精发酵，并广泛用于酿酒、酒精、面包酵母等生产中，但各酵母的生理特性、酿造副产物、风味等有很大的不同。葡萄酒酵母除了用于葡萄酒生产中以外，还广泛用在苹果酒等果酒的发酵上。世界上葡萄酒厂、研究所和有关院校优选和培育出各种具有特色的葡萄酒酵母的亚种和变种，如我国张裕 7318 酵母、法国香槟酵母、匈牙利多加意（Tokey）酵母等。

葡萄酒酵母属真菌门，子囊菌纲的酵母属，啤酒酵母种。葡萄酒酵母繁殖主要是无性繁殖，以单端（顶端）出芽繁殖为主。在条件不利时也易形成 $1 \sim 4$ 个子囊孢子。子囊孢子为圆形或椭圆形，表面光滑。在显微镜下（500 倍）观察，葡萄酒酵母常为椭圆形、卵圆形，一般为 $(3 \sim 10) \mu m \times (5 \sim 15) \mu m$，细胞丰满，在葡萄汁琼脂培养基上，25℃培养 3d，形成圆形菌落，色泽呈奶黄色，表面光滑，边缘整齐，中心部位略凸出，质地为明胶状，很易被接种针挑起，培养基无颜色变化。葡萄酒酵母可发酵葡萄糖、果糖、蔗糖、麦芽糖、半乳糖，不发酵乳糖、蜜二糖，棉子糖发酵1/3。

葡萄酒的发酵不是由单一酵母完成的，而是由复杂的酵母群相互更替共同发挥作用完成的。葡萄和其他水果皮上除了葡萄酒酵母外，还有其他酵母，如尖端酵母（俗称柠檬形酵母 *S.apicutatus*）、巴士酵母（*S.pastorianus*）、圆酵母属（*Torulas*）等统称野生酵母，野生酵母的存在是对发酵不利的，它要比葡萄酒酵母消耗更多的糖才能获得同样的酒精（需2.0～2.2g糖才能生成1％酒精），发酵力弱，生成酒精量少。

通常可以通过添加适量二氧化硫来控制野生酵母，因为葡萄酒酵母对酒精与二氧化硫的抵抗力大于其他酵母。最合适的是将葡萄酒酵母经过纯粹培养和扩大培养，然后加入到果汁中酿成葡萄酒，这是在我们可能控制的条件下保证产品质量的有效措施。

优良的葡萄酒酵母应具备以下特点：

① 具有较高发酵能力，一般可使酒精含量达到16％以上。

② 有较好的凝集力和较快沉降速度。

③ 能在低温（15℃）或果酒适宜温度下发酵，以保持果香和新鲜清爽的口味。

④ 具有较高的对二氧化硫的抵抗力。

⑤ 除葡萄（其他酿酒水果）本身的果香外，酵母也产生良好的果香与酒香。

⑥ 能将糖分全部发酵完，残糖在4g/L以下。

（二） 影响葡萄酒酵母活动的因素

葡萄酒是新鲜葡萄或葡萄汁经酵母的发酵作用而生成的，因此，酵母在葡萄酒生产中占有相当重要的地位，酵母的生长、繁殖及发酵状况是否正常，直接影响葡萄酒的质量。将酵母的生长环境控制在最佳状态，有利于葡萄酒质量的稳定和提高。影响葡萄酒酵母正常活动的外界因素如下。

1. 温度

葡萄酒发酵过程中，应适当控制发酵温度，通常葡萄酒发酵过程中，温度控制在15～30℃之间为宜，不同温度下葡萄酒酵母产生酒精的能力不同。不同温度下香槟酵母生成酒精的能力不同。葡萄酒酵母最适宜的繁殖温度是22～30℃。当温度低于16℃时，酵母的繁殖速度很慢，当温度超过35℃，酵母几乎呈现瘫痪的状态，在温度达到40℃以上时，酵母完全停止生长和发酵。但是酵母能忍受低温，从天然的葡萄酵母中，可分离出低温发酵的葡萄酒酵母，如在22℃温度下已经开始发酵，再将发酵的果汁温度降低到11～12℃或更低一些，发酵还会继续下去。如果发酵过程中温度过高，葡萄酒将变得粗糙，失去果香，色泽加深，风味低下。较低的发酵温度则能令葡萄酒细腻、柔和、优雅悦人。通常，高档白葡萄酒的发酵温度控制在15～22℃之间，高档红葡萄酒的发酵温度控制在22～25℃之间。

2. 酸度

葡萄酒酵母发酵过程中总酸度要适宜。酸度过高时，酵母生长缓慢，发酵滞缓，酸度在pH＝3.5时，大部分酵母能繁殖，而细菌在pH值低于3.5时就停止繁殖。当pH值降到2.6时，一般酵母停止繁殖；酸度过低时，酵母会产生较多的酸，使葡萄酒的口味欠醇厚。一般状况下，发酵中酸度应控制在pH值为3～5的范围内，如果以酒石酸计酸度应控制在7～8g/L。

3. 酒精作用

酒精是发酵的主要产物，对所有酵母都有抑制作用。葡萄酒酵母比其他酵母忍耐酒精的能力较强，尖端酵母当酒度超过 4％时，就停止生长和繁殖。在葡萄破碎时带到汁中的其他微生物，如声膜菌等，对酒精的抵抗力更小。因此，酒精阻止了有害微生物在果汁中的繁殖。但有些细菌就不一样，如乳酸菌，在含酒精 26％或更高情况下，仍能维持其繁殖能力。

4. SO₂

不同的二氧化硫添加量对酵母的作用不同。少量的 SO_2 存在，可抑制或淘汰不必要的微生物，保证酵母发挥主导作用。SO_2 加入量达到 10mg/L 以上对酵母的生长与发酵有明显的抑制作用，加入量达 1g/L 以上可杀死酵母或停止果汁的发酵。

5. 氧

酵母生长与繁殖期需氧，酵母在厌氧条件下进行发酵，将糖转变成酒精和二氧化碳。因此，发酵初期葡萄汁中含有一定量的氧，有利于获得强壮酵母，保证发酵的顺利进行。但是在发酵中、后期，应杜绝氧的存在，保证在厌氧条件下进行发酵与陈酿，因为过量氧的存在，易引起酵母数的增加，降低酒精含量，还易引起葡萄酒风味的变化。

6. 糖

糖的浓度直接影响酵母的生长与发酵。不同的酵母对糖的利用能力不一样。发酵率低的酵母适于酿造甜葡萄酒，发酵率高的酵母适于酿造干葡萄酒，糖度较高时，发酵产生的甘油较多，高级醇及乙醛的生成增加。含糖 70％左右，大部分酵母不能生长与发酵。

影响酵母生存的因素还有许多，例如金属离子、生长素、发酵代谢产物、含氮物质等。在实际生产中按生产工艺要求严加控制，才能获得质量上乘的葡萄酒。

（三）葡萄酒酵母的制备

1. 葡萄酒酵母的来源

（1）天然葡萄酒酵母　葡萄成熟时，在葡萄果皮、果梗上都有大量的酵母菌存在，因此，葡萄破碎后，酵母会很快繁殖，开始发酵，这是利用天然酵母发酵葡萄酒。但天然酵母附着其他杂菌，往往会影响葡萄酒的质量。大量研究结果表明，葡萄上酵母的种类、构成比和菌数，受产地、风土、气候、年份、葡萄品种、成熟期、葡萄园的管理状况、葡萄受伤受害程度、农药使用情况等因素的影响。

（2）优良葡萄酒酵母的选育　为了保证正常顺利的发酵，获得质量优等的葡萄酒，往往从天然酵母中选育出优良纯种酵母。目前大多数葡萄酒厂都已采用了优良纯种酵母进行发酵。优良酵母也可从国内外有关的菌种保藏供应机构获得。

（3）酵母菌株的改良　选育出的优良酵母也不可能一切特性都符合理想的要求，适合所有场合使用，加之生产的发展，不断对酵母提出新的要求，因此，排除它们的不良性能，提高优良性能，增添新的有用特性，以适应生产发展的需要。

最常用手段为人工诱变，用同宗配合、原生质体融合、基因转化等遗传工程方法现已在研究进行中。此外，生产葡萄酒的酵母菌种也可从国内外菌种保藏机构获得。

2. 实际生产酵母扩大培养

在实际生产中，酵母需要扩大培养。葡萄酒酵母的扩大培养的方法如下：

（1）天然酵母的扩大培养　在利用自然发酵方式酿制葡萄酒时，每年酿酒季节的第一罐醪一般需要较长的时间才开始发酵，它们起着葡萄皮上天然酵母菌的扩大培养作用。第二罐后，由于附着在设备上的酵母较多，醪液的发酵速度就快得多（有些工厂为了调节发酵步调，也采用添加天然种母的方法）。在葡萄开始采摘前一周，摘取熟透的、含糖高的健全葡萄，其量为酿酒批量的 3%～5%，破碎、榨汁并添加亚硫酸（含量 100mg/L），混合均匀，在温暖处任其自然发酵，待发酵进入高潮期后酿酒酵母占压倒优势时，即可作为首次发酵的种母使用。另外，正常发酵的第一罐发酵醪也可作为种母使用。

（2）纯种酵母的活性培养　从斜面试管菌种到生产使用的酵母，需经过数次扩大培养，每次扩大倍数为 10～20 倍，其工艺流程各厂不完全一样。下面为实例之一：

斜面试管菌种（活化）→麦芽汁斜面试管培养（10 倍）→液体试管培养（12.5 倍）→三角瓶培养（12 倍）→玻璃瓶（或卡氏罐）（14～25 倍）→酒母罐培养→酒母

① 斜面试管菌种　由于长时间保藏于低温下，细胞已处于衰老状态，需转接与 5°Bx 麦芽汁制成的新鲜斜面培养基上，25℃，保藏 4～5d。

② 液体试管培养　取过灭菌的新鲜澄清葡萄汁，分别装入经干热灭菌的试管中，每管约 10mL，用 0.1MPa 的蒸汽灭菌 20min，放冷备用。在无菌条件下接入无菌斜面试管活化培养的酵母，每只斜面可接入 10 支液体试管，25℃培养 1～2d，发酵旺盛时接入三角瓶。

③ 三角瓶培养　往 500mL 经干热灭菌的三角瓶注入新鲜澄清的葡萄汁 250mL，用 0.1MPa 的蒸汽灭菌 20min，冷却后接入两支液体培养试管，25℃培养 24～30h，发酵旺盛时接入玻璃瓶。

④ 玻璃瓶（或卡氏罐）　往洗净的 10L 细口玻璃瓶（或卡氏罐）中加入新鲜澄清的葡萄汁 6L，常压蒸煮（100℃）1h 以上，冷却后加入亚硫酸，使其二氧化硫含量达 80mg/L 经 4～8h 后接入两个发酵旺盛的三角瓶培养酵母，摇匀，换上发酵栓（棉栓），于 20～25℃培养 2～3d，其间需摇瓶数次，至发酵旺盛时接入酒母培养罐。

⑤ 酒母罐培养　一些小厂可用两只 200～300L 带盖的木桶（或不锈钢罐）培养酒母。木桶洗净并经硫黄烟熏杀菌，过 4h 后往一桶中注入新鲜成熟的葡萄汁至 80% 的容量，加入 100～150mg/L 的亚硫酸，搅匀，静置过夜。吸取上层清液至另一桶中，随即添加 1～2 个玻璃瓶培养酵母，25℃培养，每天用酒精消毒过的木耙搅动 1～2 次，使葡萄汁接触空气，加速酵母的生长繁殖，经 2～3d 至发酵旺盛时即可使用。每次取培养量的 2/3，留下 1/3，然后再放入处理好的澄清葡萄汁继续培养。若卫生管理严格，可连续分割培养多次。

⑥ 酒母使用　培养好的酒母一般应在葡萄醪加二氧化硫后经 4～8h 再加入，以减小游离二氧化硫对酵母的影响。酒母用量为 1%～10%，视情况而定。

（3）活性干酵母的应用　现代生物技术的进步，促进了酵母工业快速发展。酵母生产企业根据酵母的不同种类及品种，进行规模化生产（生产、培养工业用酵母等）然后在保护剂共存下，低温真空脱水干燥，在惰性气体保护下包装成商品出售。这种酵母具有潜在的活性，故称为活性干酵母。活性干酵母使用简便、易贮存。使用时应根据商品说明确定加入量，将干酵母复水活化后直接使用。也可复水活化后扩大培养制成酒母。解决了葡萄酒厂扩大培养酵母的麻烦和鲜酵母易变质、不好保存等问题，为葡萄酒厂提供了很大的方便。目前德国、法国、荷兰、美国、加拿大及我国等均已有优良的葡萄酒活性干酵母商品生产，产品除基本的酿酒酵母外，还有杀伤性酿酒酵母、二次发酵用酵母、增果香酵母、耐高酒精含量酵母等许多品种。目前，国内使用的优良葡萄酒酵母菌种有：中国食品发酵工业科学研究院选育的 1450 号及 1203 号酵母；Am-1 号活性干酵母；张裕酿酒公司的 39 号酵母；北京夜光杯葡萄酒厂的 8567 号酵母等；长城葡萄酒公司使用法国的 SAF-OENOS 活性干酵母；青岛葡萄酒厂使用的加拿大 LALLE-MAND 公司的活性干酵母。

葡萄酒活性干酵母一般是浅灰黄色的圆球形或圆柱形颗粒，含水分低于 5%～8%，含蛋白质 40％～50％，酵母细胞数（20～30）×10^6/g；保存期长，20℃常温下保存 1 年失活率约 20％。4℃低温保存 1 年失活率仅 5％～10％。它的保存期可达 24 个月，但起封后最好一次用完。

活性干酵母的用量视商品的酵母菌株、细胞数、贮存条件及贮存期、使用目的、使用方法而异。力求适当，过少起酵慢，不安全；过多易给酒带来酵母味。以加拿大 LALLE-MAND 公司提供的 LALVINR2 活性干酵母（细胞含量 20×10^9）复水后直接使用的使用量范围为例，见表 4-1。

表 4-1　活性干酵母（细胞含量 20×10^9）复水后直接使用的使用量范围

使用目的	法国等地使用/（g/100L）	意大利使用/（g/100L）
生产白葡萄酒	5～20	10～20
生产红葡萄酒	10～25	15～25
中断发酵后的再发酵	20～50	30～50
起泡酒的二次发酵	15～30	15～30

活性干酵母不能直接投入葡萄汁中进行发酵，需复水活化、适应使用环境（尤对特殊用途的酵母）、防止污染这三个关键。正确的用法如下：

① 复水活化后直接使用　活性干酵母必须先使它们复水，恢复活力，才可投入发酵使用。此法简便，工厂常用。做法是在 35～42℃ 的温水（或含糖 5％ 的水溶液，未加二氧化硫的稀葡萄汁）中加入 10％ 的活性干酵母，小心混匀，静置使之复水、活化，每隔 10min 轻轻搅拌一次，经 20～30min（此活化温度下最多不超过 30min），酵母已复水活化，可直接添加到加二氧化硫的葡萄汁中去进行发酵。

② 后扩大培养制成酒母使用　由于活性干酵母具有潜在的发酵活性和生长繁殖能力，为了提高使用效果，减少活性干酵母的用量，也可以在复水活化后再进行扩大培养，制成酒母使用。并使酒母在扩大培养中进一步适应使用环境，回复全部的潜在能力。做法是将复水活化的酵母投入澄清的含 80～100mg/mL 二氧化硫的葡萄汁中培养，扩大比为 5～10 倍。当培养至酵母的对数生长期后，再次扩大 1～5 倍培养。为了防止污染，每次活化后酵母的扩大培养不超过 3 级为宜。培养条件与一般的葡萄酒相同。

第二节　葡萄酒酿造主要设备

一、葡萄输送、破碎、除梗设备

作为葡萄酒生产的主要原料——葡萄，其输送通常采用筐装、车装和螺旋输送机或皮带输送机。葡萄的破碎与除梗在同一设备内进行，也可先破碎，后除梗，该设备将进料、破碎、除梗、测糖、添加二氧化硫等功能集于一身，主要部件为破碎轧筒、去梗装置、输浆泵及机架。国外的设备运作程序与国内相反，先除梗，后破碎，其设备的主要形式有卧式除梗破碎机、立式除梗破碎机、离心式破碎除梗机（尚未广泛使用）。

葡萄除梗破碎机是葡萄果汁加工过程中的关键设备。在使用过程中，处于葡萄酒厂收获葡萄的繁忙季节，对设备的可靠性要求极高，建议在选择时主要考虑以下问题。

（一）　设备生产能力与酒厂产量的匹配

葡萄除梗破碎机生产能力的选择，建议客户依据自身对葡萄的年加工能力选择生产能力稍大的破碎设备。葡萄收获季节很多葡萄产区的葡萄收购价格常有变动。生产能力大的破碎设备便于用户在葡萄价格较低的时候有更大的加工能力。以生产能力为5t/h的除梗破碎机和生产能力为10t/h和20t/h的除梗破碎机为例，三种机型的市场价格梯度大约为1.8万元。葡萄收获季节酿酒葡萄的价格变化以0.15元/kg计算。0.15元/kg×1000kg×5t/hX＝750X元（X为倍数，X＝生产能力除以5），由此得出选择破碎机能力大小的经济性。另外，从葡萄的加工新鲜度来讲，也建议选择生产能力大一点的机型。

（二）　葡萄除梗破碎机的除梗效果和含果率

葡萄除梗破碎机的更合理的除梗过程，不是用除梗轴上面的推进棒把葡萄颗粒打击下来，而是葡萄颗粒在筛桶里滚动过程中掉在网孔里，葡萄梗在被除梗轴上的螺旋线分布的推进棒推动过程中葡萄颗粒被拽掉并漏出筛桶。这个过程会减少葡萄梗的碎梗率，成熟度不高的青葡萄粒因为与果梗连接紧密会而被推出筛桶。除梗轴，除梗轴上面的推进棒的螺旋线分布，筛桶直径和转速，除梗轴的转速，共同构成了葡萄除梗破碎机除梗效果和含果率的要素。

国内有些设备制造企业随意标定葡萄除梗破碎机的产量，在使用过程中，不得不依靠提高除梗轴转速和筛桶转速来提高产量。这就会带来一些副作用，比如，碎梗率的提高，最终导致葡萄汁中的单宁含量超标。

（三）　螺杆泵

螺杆泵是葡萄除梗破碎机里面的有一个核心装置。螺杆泵的螺杆（转子）和胶套（定子），尤其是胶套的质量，是保证螺杆泵输送距离和寿命的关键。依据经验，螺杆和胶套的配合有一定的过盈量，合理的过盈量大约在1mm。过盈量小安装方便启动灵活但是扬程会受到影响；过盈量太大则安装较困难。

螺杆泵属于容积泵，容积的变化和转速有关。当流量要求一定时，直径和转速成反比。转速和胶套的寿命成正比。直径小，转速高的螺杆和胶套肯定会磨损快一些。胶套是整个破碎机中价值最高的易损件。所以在选择时，建议选择直径大、转速低的转子和定子。比如，20t/h的螺杆泵，通过提高转速同样能达到30t的流量，但是使用寿命会大大降低。

（四）　传动系统的安全可靠性

减速机、链条、链轮、轴承和轴承的润滑系统，构成了传动系统的总体。减速机的故障多来自于机油更换不及时。链条的强度是保障整个机器正常运转的关键。轴承润滑系统是一项和设备制造厂家水平有关的最直观的比较。国外进口的除梗破碎机，大部分的润滑系统都有比较人性化设计。

（五）　破碎装置

破碎装置正越来越多地被酿酒师忽视。即使未被充分破碎的葡萄颗粒在螺杆泵输送过程中也会大部分被挤破。或者有少量的未被挤破的葡萄颗粒进入发酵罐，也不影响它的正常发酵。酵母菌会从果柄脱落的位置进入葡萄粒中引起充分的发酵。在法国，就有用未被破碎的葡萄粒进行葡萄酒发酵的工艺。西北农业大学的李华博士也用未被充分破碎的葡萄做过实验，证明用这种方法做出的葡萄酒品位更高。

Kappa90除梗破碎机的处理量达到90t/h，处理过程柔和。机器配备了可编程控制器控制，变频器驱动，不同孔径的筐笼和清洗系统。各部件可以方便地打开筐笼，拆卸容易，方便清洗和维修。机器可遥控操作，带有速度变极器，螺旋进料料斗。

图 4-1 为 Manzini 蠕动泵的图示。Manzini 蠕动泵带有压力转子，使用铝铸件或者铁铸件制造的一体设备，适合于传送各类流体，特别适用于对高黏稠度，并且含有大量固体的产品的传送，自吸力量很强，低转速，可逆流，不会对产品加热，非常好的流动性能。由于使用了极耐磨的材料，所以机器基本上长时间不需要任何零配件，可带无级变速或者变频器室，移动滚轮。

图 4-1　Manzini 蠕动泵　　　　　　图 4-2　DMN60 皮渣泵

图 4-2 为 DMN60 皮渣泵的图示。该泵主要用来输送皮渣，由一个螺杆泵和一个料斗组成，产品从料斗进入，并经过料斗下面的一根不锈钢螺旋转子将其送入泵体实现泵送过程。该泵主要部件均为不锈钢材料，定子则为食品级橡胶制成。螺旋转子在定子内部不断旋转，利用转子和定子之间空穴来传送皮渣。定子的阴性螺旋面和转子的阳性螺旋面紧密切合，形成空穴，在转子旋转期间，这些空穴会随着转子从进口一端向出口一端不断前进。由于使用了特殊形状的转子，该泵传送产品时既不会破坏到果梗和果籽，又不会形成泡沫。

二、压榨设备

（一）　间歇式筐式螺旋压榨机

由筐身、压汁板、底座、动力传动等部件组成，适用于小厂。卧式双压板式间歇压榨机由机架、转筐、双压板、传动装置及自动控制装置构成。运作时，压板与转筐做同方向转动，由于转动的中间螺杆轴的导向，使双压板做反方向快速转动，即为压紧与松开。双压板压榨机压榨过程中可分次进行（一般为 6 次），当压力升至预定的最高值时，停止加压，压力逐渐下降直至最低值，再重新加压。从最高压降至最低压的过程称为"保压"。图 4-3 为 Vintage 23 垂直式压榨机的图示。垂直式螺旋压榨机历史悠久，早在希腊时代就已经开始使用，直到 20 世纪初它仍旧被用于酿酒，但是第一次世界大战后就逐渐被水平式压榨机所代替，其工作原理是：通过起重装置操控一个固定在机架上的可移动筐笼进行上下移动，从而实现皮渣压榨操作。其主要缺点是产量很低，搅拌和排料过程中人力耗费太多。

图 4-3　Vintage 23 垂直式压榨机

但是，使用该机器压榨出的葡萄酒的质量是不可否认的。其压榨方式不会破坏葡萄皮表面的薄层，果汁也会更加澄清，因为该机有非常厚的过滤层，而且压榨动作缓慢，经过长时间的预过滤可以确保从葡萄皮中获得独特的香味和颜色。

目前，在很多地方，一些有竞争力的市场也越来越多地采用了这种传统的压榨工艺，更多的酒厂选用了垂直式压榨机来生产高质量的葡萄酒。该机采用了先进的制造工艺，克服了老式压榨机的缺点，并且充分考虑为各种高档酒庄作酿造展示之用，使参与者可以亲眼看到葡萄酒的酿造过程。

（二）连续压榨机

广泛应用于葡萄浆和前发酵液的皮渣压榨。生产中需连续进料、出料，日处理量大，出汁比例大，质量好，适宜于较大规模的工厂。主要的连续压榨机有 ENOTORK 连续压榨机、JLY450 和 JLY630 连续压榨机等。ENOTORK 连续压榨机代表白葡萄酒和桃红葡萄酒处理上的最新技术，还可用于葡萄汁和发酵皮渣的压榨。该机结构坚固，特别适合用于白葡萄酒的制造，压榨时间短，效率高，带有分流装置，可以独立分离自流汁和压榨汁。

（三）气囊压榨机

由机架、转动罐、传动系统和电脑控制系统组成。有果汁分离机和葡萄压榨机的功能，在欧洲使用较普遍。主要有全封闭式气囊压榨机、半封闭气囊压榨机两种，目前市场上还出现了新型全封闭式压榨机，设备功能更加完善，操作更加方便，运作更加高效。目前市场上气囊压榨机生产的代表公司主要以意大利 Diemme 公司生产为主，代表产品为 MILLENNI-UM 430 全封闭式气囊压榨机。该压榨机通过一片膜瓣的空气柔和作用在低压下进行压榨，可以提取悬浮物质-萃取物、多元酚、鞣酸、氧化物等含量为 1%～2% 的果汁，此值比用其他类型压榨机所得的值低得多。此外，压榨阶段是短暂而重复的，其间周期性施加不损伤葡萄的挤压动作。罐容量最大可达 43m³，自动轴向进料阀门，带可编程控制器。设备还包括智能程序（15 项葡萄处理程序），自动清洗系统，压榨分段选择装置等。

图 4-4 为 VELVET 新型全封闭式压榨机的图示。水平罐气囊式压榨机采用了侧面的气囊。这种类型的压榨机允许使用一片膜瓣的空气柔和作用在低压下进行压榨［压力从 0.2bar（1bar＝10⁵Pa）到 2.0bar］。本压榨机平均能够在一次充料阶段分离出自行流出果汁达 50%。在最初 30～40min 时在最小压力 0.2bar 压榨下已经分离出另外的 18%～23% 的葡萄汁。可明显地看出，在充料和第一次低压压榨阶段可以提取总额为 68%～73% 的果汁。通过接下来的压榨阶段（压力从 0.2bar 直到 1.8bar）再提取果汁的 8%～10%，这样总的产率为 76%～83%。

图 4-5 为 AR 半封闭气囊压榨机的图示。该机通过一片膜瓣的空气柔和作用在低压下进

图 4-4　VELVET 新型全封闭式压榨机

图 4-5　AR 半封闭气囊压榨机

行压榨，压榨阶段是短暂而重复的，其间不断施加不损伤葡萄的挤压动作。排汁通道面积较全封闭式更大，适合于快速排汁，其罐容量最大为 $10m^3$，带宽大的门而且易于清理。

（四） 果汁分离机

FLORSVIN 果汁分离机由机架、传动装置、螺旋输送装置、星轮、筛网、尾板等组成。用于对碎粒葡萄的轻柔压榨，可得 65%～70% 的自流汁（对某些葡萄为 80%～83%）。

三、发酵设备

（一） 传统的发酵设备

传统的发酵容器包括以下几种。

（1）发酵池　方形水泥池，内壁涂有无毒防腐涂料，容量为 $20m^3$，池壁厚度为 20cm 左右。发酵池上部可安装压板，池内可安放冷却装置，发酵池也可配置喷淋装置。

（2）橡木桶　2000～5000L。内有开孔的压板。

（3）带夹套的发酵罐　在发酵罐外壁附有夹套装置，夹套内可流通制冷剂，以控制发酵醪的温度。

（二） 新型发酵设备

（1）附有自动喷淋装置的发酵池（图 4-6）。

（2）斜底形发酵罐（图 4-7）汁液由斜底的偏上部位流出，由泵输至罐顶部喷淋管进行喷淋回罐。发酵后，汁液先抽走，皮渣靠自身重量和斜面滑入螺旋输送机排出。

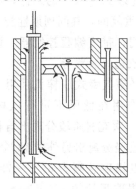

图 4-6　附有自动喷淋装置的发酵池

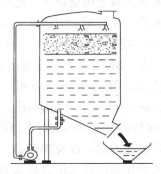

图 4-7　斜底形发酵罐

（3）新型红葡萄酒发酵罐罐顶部有一根长度小于罐直径的开孔水平管，由泵将汁从罐底输入管中喷淋回罐。汁与皮渣分离时，先将汁用泵抽走，再开动罐底的刮板电机，皮渣经罐底的排渣口进入螺旋输送机排出。

（4）Seity 型旋转发酵罐由支架、罐体、传动部分、螺旋输送器等组成，罐体采用卧式可转动的罐，罐体装有温度计、压力表、安全阀等，罐内设有冷却装置、过滤板等。

（5）Vaslin 型旋转发酵罐罐体采用卧式可转动的罐，罐尾为碟形封头，罐内有蛇形管，既可升温，又可降温，罐体装有压力表、安全阀、排气阀等。此外还包括支架、传动部分和螺旋输送器等。

（6）法国 Vico 型连续发酵系统由两个容量为 40～400kL 的不锈钢圆柱槽组成，槽底为斜形。系统内包括发酵醪液循环装置、醒盖搅拌装置、冷却装置，上方是葡萄浆进口，浮动式酒液排出口，底部是葡萄籽排出口、皮渣排出口。

(7) Monod 多槽联结型连续发酵系统由 3~4 个独立的发酵槽组成，前槽起主发酵作用，后续槽可视为后发酵。使用热浸工艺制得的葡萄汁。

(8) 固定化酵母的连续发酵系统利用热浸法制取的葡萄汁，经两段式海藻酸钙固定母柱，进行发酵制取葡萄酒。

(9) 一罐式连续发酵设备罐的容积为 80~400m³，罐内有皮渣输送系统、滤板、集酒液器，罐体附有控温装置，葡萄汁在罐体下部入罐，酒液从上部输出，葡萄籽在锥底排放。罐的径高比为 1:7.5。

(10) 二氧化碳浸渍罐为平底、圆柱形罐体、蝶形顶。顶部中央为入料口，罐下部有筛板，出汁口在筛板下面的罐侧。

(11) 热浸提设备有沉浸式热浸提槽、带搅拌的热浸提罐、套管式热浸提器等。意大利的 Padovan 公司、GaNazza 公司、Garolla 公司、Diemme 公司均生产成套的、不同组合的热浸设备。

（三） 发酵罐

目前常用的发酵设备主要是发酵罐，白葡萄酒和红葡萄酒的发酵罐还不尽相同，以下主要介绍几种红葡萄酒和白葡萄酒的发酵罐。

1. 干白葡萄酒发酵罐

白葡萄酒发酵罐的结构形式是葡萄酒发酵罐中最简单的，多为立式圆柱体结构。由筒体、罐底、封头、外夹层换热器以及发酵罐所必需的液位计、取样阀、人孔、进料口、浊酒出口、清酒出口等组成。罐底为 2°~5° 的斜底，便于残液流出。此类发酵罐亦适用于红葡萄酒的苹果酸-乳酸发酵以及白葡萄汁发酵前的低温浸渍、澄清。温度测定多为人工取样。

2. 干红葡萄酒发酵罐

干红葡萄酒酿造过程中，在发酵尚未启动时果粒、果皮悬浮于发酵液中；发酵启动后，果皮逐渐与果肉分离，果皮上浮，形成一个整体浮在葡萄汁液面。在容器体积一定的条件下，其厚度与容器长径比有关，长径比大，皮帽厚度也大。发酵过程中果皮浮在葡萄汁液面，发酵罐上部与果皮接触的发酵液中色素、单宁等物质含量高于底部。为了更多地浸渍出果皮中的色素、单宁等物质，必须打破发酵罐上部发酵液中色素、单宁等物质高浓度的平衡状态，使这部分发酵液与底部发酵液进行质量交换，即进行对流传质，增加下部发酵液中色素、单宁的浓度，使上部发酵液中的色素、单宁等物质浓度低于原来的浓度，保持动态平衡，这样才能提高浸渍速率，在一定的时间内尽可能多地浸取增加葡萄酒风味的物质。红葡萄酒发酵罐的结构形式较多，主要有斜底罐、锥底罐、卧式旋转发酵罐、卧式带搅拌器发酵罐、多功能发酵罐等。

(1) COSVAL 型发酵罐　COSVAL 型发酵罐罐体为圆柱形，罐体静止，轴线水平放置，罐内按螺旋线排列桨形搅拌叶片，采用外夹套式冷却。通过搅拌叶片旋转对物料的搅拌作用，加强色素、单宁等物质的扩散，浸渍结束搅拌叶片旋转出渣。由于罐体静止，动力消耗少。

(2) 旋转发酵罐　旋转发酵罐为圆柱形，轴线水平放置，罐体封头部分为无折边球形封头。整个内壁进行抛光处理。采用无级变速传动，通过链轮带动罐体转动，罐体在 2~3r/

min 内可调。罐体可正反旋转。进料口和出料口与罐体连成一体，由 4 只滚轮托架支撑，罐内沿全长焊有单线螺旋，接近罐前部为双线螺旋，焊接在罐体内壁上的带状螺旋随罐体转动时对物料产生搅拌作用，加强色素、单宁等物质的扩散；当罐体正反旋转时，螺旋对皮渣起输送和翻拌作用。罐体下半部装有过滤筛网，使自流酒与皮渣分离经出酒口流出，皮渣在螺旋作用下经出料口排出。用内置盘管式换热器冷却；浸渍结束，旋转体罐排渣。这种发酵罐罐体及物料转动，动力消耗较大。

（3）多功能发酵罐　多功能发酵罐主要有罐体、罐内两侧有链条、链轮、前导轨、后导轨、活动导轨。横置于罐内数根刮杠互相平行，在链条的带动下低速运动，对物料搅拌，加强色素、单宁等物质的扩散及自流酒分离后的刮渣、排渣。罐内两侧各有两个板式换热器；罐体下部斜面及底面设有分离筛板。

（4）Ganimcde 发酵罐　Ganimcde 发酵罐是新型发酵罐，其结构特点是在发酵罐中间有一个大的锥台形隔板，连通锥形隔板上下腔有旁通阀。进料时关闭旁通阀，当入罐醪液达到最高液位时，关闭的旁通阀阻止了隔板下腔的空气排到上腔。隔板与罐壁间是空的，液位升高，皮渣浮在表面随着发酵过程葡萄醪汁中的糖转化为乙醇同时，产生大量的 CO_2 积聚在隔板下腔与罐壁间的空间，聚满后 CO_2 只能通过锥台形隔板中心孔升到醪液表面逸出。此时打开旁通阀，大量的 CO_2 气柱冲入发酵醪，发酵醪立即占据原来被 CO_2 所充满的空间，同时，CO_2 气柱对顶部果皮形成搅拌作用，防止形成皮盖，液位迅速降低 1m 左右。这时关闭旁通阀，随着发酵的进行，CO_2 不断重新积聚在隔板下腔，液位升高，再次打开旁通阀，发酵罐内重复以上过程，其结果提高了色泽浸提，使葡萄皮中的色泽和芳香物质柔和充分地提取到酒液内。内部不设机械装置，结构简单，不需要额外动力，清洗方便。

（5）锥底发酵罐　锥底发酵罐由筒体、锥底、封头、换热器、排渣螺旋、循环泵等组成。循环泵在需要循环时开启，通过喷淋器将发酵液喷淋在葡萄皮渣表面，通过喷淋改变色素、单宁的物质浓度分布，有利于浸渍，避免了采用机械搅拌可能出现的把劣质单宁浸出的情况；同时在喷淋中液体与空气接触带入一定量空气，提供酵母所需的氧；还可通过循环的葡萄汁散发部分发酵热。在罐的下部锥底内设有排渣螺旋实现机械出渣。

（6）自动循环发酵罐　自动循环发酵罐由罐体、筛形压板、排气管、循环装置、换热器等组成。在罐体偏上部位设置带孔压板，发酵过程中产生的 CO_2 引起发酵液体积膨胀，压板能将浮起的葡萄皮压在下面，发酵液从压板筛孔中上溢，液面高度超过压板位置，皮渣在发酵过程中浸没于发酵液中，不仅能充分浸渍果皮中色素、优质单宁，还可避免由于葡萄皮与空气接触顶部果皮处于非浸没状态而导致被细菌感染的情况发生。在罐下部设有循环倒罐用的泵。发酵过程中葡萄皮体积约占整个发酵体积的 1/3，处于压板下葡萄皮阻碍 CO_2 的逸出。在罐体中心设置一排气管，用来排除发酵过程产生的 CO_2，保证发酵的正常进行。酵母需要适量的氧，为此进行定期循环，在罐底及罐顶各设一循环口，两个循环口之间用泵和管子连接起来，构成循环装置。排气管管内没有葡萄皮，将循环口管伸入排气管内部可防出液管口被葡萄皮堵塞。发酵结束，葡萄汁从罐底循环口放出。

四、冷冻、加热设备

（一）冷冻设备

冷冻设备一般有夹层冷冻罐、冷冻保温罐（内装冷却管及搅拌器）、管式交换器、套罐式冷冻器、薄板式交换器；葡萄酒稳定系统（由速冷机、结晶罐、小型硅藻土过滤机等组成）；无结晶除酒石速冻系统（由制冷系统、保温罐、换热器、酒石分离器、硅藻土过滤机及酒石计量器组成）。

涡轮刮板式冷冻机适合于冷却果汁、葡萄汁、葡萄酒和含酒精产品，工程师按照不同的要求设计了多种机型，它们拥有不同的结构和冷冻量，用以满足市场的需要，可以提供 2×10^4 kcal/h（1cal≈4.18J）到 12kcal/h 的冷冻量的机器，均可以冷却到 -5℃。

C6 涡轮装置组合是目前酿酒业最先进和最复杂的制冷设备，可以理想地冷却葡萄汁、果汁和葡萄酒类至冰点，分别的输出量和承载量，模型化设计使其按照要求任意安排它们的顺序进行组合。提供了一个机动化的空气制冷器，该制冷器是采用氟利昂工作的几组制冷装置合成的。

C6 空气-压缩 B 移动式刮板式冷冻机提供了一个机动化的空气制冷器，该制冷器是采用氟利昂工作的几组制冷装置合成的。操作上尤其灵活方便，可以在绝大部分工作环境下使用。散热部分和冷却部分被设计安放在一起，机器自带一个车轮，可以方便地推到需要冷冻的罐体位置，不必再架设管道，位置也更灵活。当然，厂房要有足够大的空间。

对于所有的生产而言，可以对单一产品进行操作，也可以同时对不同类产品进行操作，或者机器还可以只加工到 50%。采用遥感方式控制空气制冷器，采用良好的 R407C 环保型天然气作燃料。

整体空气冷却自动调节机通过冰水或乙二醇溶液持续降温，整体设备配有空气冷凝器，使用 R407C 环保型气体作为冷媒，适合于户外安装。输出量从 9000～700000kcal/h，保温值保持在 $+5$℃。

C10 冷却机主要特点是使用 R407C 天然环保型气体，使用空气冷凝是它的最大特点，安全和无噪声运行使它可以安装在任何厂房内。提供了全密封式压缩机和一个超大型的冷凝器装置（该装置可以在环境温度和冷凝温度间形成 12℃ 的温差）。蒸发器使用氯丁橡胶-绝热型干燥板，带双重回路。零部件可选范围广泛，全部自动化的装置，带有安全阀和气动压力保护，电脑控制系统，包括显示和操作环境和警报准则。这一装置在工厂经过反复测试，可以承担极端繁重的任务。

C10 中央制冷设备采用良好的 R407C 环保型天然气和空气制冷装置；整体性结构设计为低噪音，易加装设备，操作安全；提供两个高效率的著名的可更换半封闭压缩机。冷凝装置使用铜质管和铝质翼片，在低温回路下完成，使用蒸发器大面积干燥铜管和钢体外壳，提供了两个相对独立的制冷回路，采用 armaflex 镀层适当隔音。采用各自独立的制冷回路，每一个回路的完成都要求所有必要的组成部分参与。使用计算机控制系统对控制箱进行操作，该系统里包括对所有工作环境的可视化显示和警报设置。使用镀锌的单片金属安装支撑架，采用单片镁铝锰合金材料制造外层安装盖，组成构件的内部并排安设有减噪声材料的小孔。

（二） 热处理设备

热处理常用夹套式密封罐或在罐内装有蛇管、列管或板式加热器。

C9 热转换器废弃了以往圆柱形热交换器必须特别设置双层墙体来解决制冷剂循环的方法，而是采用一个相当精妙的方案来控制制冷剂的循环，用这一方案来处理使某些特殊液体达到冰点的情况（可以保鲜果汁和葡萄汁，稳定葡萄酒中的果酸）。按照要求，C9 热转换器由两个或多个装置组成，适用范围广，操作灵活并具有很高的可靠性，在一些很差的工作环境下仍然可以使用。C9 热转换器所有的零部件都使用 AISI304 的不锈钢材料，而且表面喷涂了均匀而稠密的聚氨酯隔音材料。

C24 热交换管通过冷、热流体的逆流来交换热能，热交换效率高。由于采用了波纹的表面和同心的不锈钢管，比较传统的光滑管，这样可以减少热交换的表面。该管道可以均匀加热或冷却碎葡萄、带梗或不带梗的葡萄汁、果浆和其他包含悬浮物和纤维的流体（固含量可以达到 25%～30%）。因此它非常适合在线冷却 15℃ 白葡萄浆，用于在压榨程序之前阻止发酵。瞬间冷却 25℃ 的红葡萄浆，通过控制循环中的关口来控制红色葡萄浆的发酵。整机使用 AISI304 不锈钢材料，可以根据要求提供出更有效率的绝热材料，比如插入聚氨酯材料和不锈钢外套。

五、过滤设备

（一） 棉饼过滤机

该系统包括洗棉机、压棉机、隔毛器、酒泵、棉饼过滤机，是较为普遍的过滤设备。

（二） 硅藻土过滤机

由机壳、空心轴、滤框及滤板（网）组成。

1. FOM60 水平圆盘式硅藻土过滤机

（1）设备简介　FOM60 水平圆盘式硅藻土过滤机是在引进瑞士 FILTROX 公司制造技术的基础上，并根据国内实际现状研发的，用于酒、饮料、酱油和醋以及医药、化工等方面液态制品的澄清过滤。它具有过滤周期长、效率高、过滤质量稳定、滤液损失少、配置齐全等特点。该机结构紧凑、操作方便、性能可靠、移动灵活、易于维护，是生产优质液态制品厂家的优选设备。其具有以下特点：

① 选用优质的耐酸、碱不锈钢和食品级密封材料，罐体内、外表面全自动机械抛光。

② 水平放置而无需纸板的过滤盘，采有锥形筋片式结构，可完全实现自身支撑。采用高强度的双面织不锈钢丝网，表面光滑易清洗，整体刚性坚固可靠，使用寿命长。

③ 该机可以进行间歇过滤，而滤饼不会脱落，有利于生产安排。

④ 所配隔膜式计量泵是采用国外技术生产的，其结构简单、计量精确，可根据待滤液的浑浊程度随时调节硅藻土等助滤剂的添加量。

⑤ 该机配备齐全，可根据需要移动位置，使用方便，安全可靠。

⑥ 结构紧凑，占地面积小，易于维护。

（2）技术特性　FOM60 水平圆盘式硅藻土过滤机的技术特性如表 4-2 所示。

表 4-2　FOM60 水平圆盘式硅藻土过滤机技术参数

项　　目	主要参数	项　　目	主要参数
滤盘数量/片	21	杀菌温度/℃	100
总过滤面积/m²	4	葡萄酒参考流量/(10^2L/h)	40～70
最高工作压力/MPa	0.5	外形尺寸(长×宽×高)/mm	1800×1100×1800
功率总耗/kW	3.4	设备质量/kg	880

（3）工作原理及硅藻土耗量　待滤液通过冲压离心泵的作用和计量泵定量输出的硅藻土混合液，经管路共同进入过滤罐体内，并经滤盘上硅藻土或其他助滤剂的过滤作用，将酵母等大部分较大的菌类和固体微粒及杂质等分离出来，并将过滤后的清液排出。

2. C25 采用水平断开和中央卸料式硅藻土过滤机

C25 采用水平断开，最后放出半干的块状物，该机型提供了一些特别的设计来满足众多操作的要求。由于这种特别的构件技术和如此高性能的设计使其可以拥有以下一系列的优点：良好的稳定性可以保证颗粒的完整性以便延长间隔时间；当发生由于操作不当而产生阻塞时，C25 可以重新添加预涂助滤剂；过滤完毕后，全部的过滤液体将会保留在过滤室中，被分离出的废料将会被离心机甩出，整个过程相当平稳，不会留下任何碎屑。最后卸料时，使用水喷头直接（压力从同一个过滤泵分别分配到两个盘子的两个喷嘴）进行清洗，定向的目的是为了能够清除镶版上的碎渣。

3. C31 硅藻土过滤机

C31 硅藻土过滤机可以彻底解决葡萄酒的过滤问题，特别适合小量的过滤要求，带自动清洗。C31 总结了原有的关于过滤的研究成果，并充分注意到操作方面的要求，使该机可以确保提供同最为复杂的过滤机一样的性能。主要特点是硅藻土被均匀分布，可以确保得到良好的过滤效果；硅藻土装填稳定、可靠，以避免长时间停机；分离硅藻土时不需要振动或刮掉碎屑，而是依靠连接在一起的一个喷头对准旋转盘进行清洗；清洗过滤盘不需要移开机器外壳，只要少量水就可以完成任务。

4. 纸板过滤机

滤纸板由纤维、硅藻土等材料制成。

C14 板框式过滤机可以承担压力到 5bar，可保证其过滤液绝对清洁程度达到除菌要求。过滤板，按照它的结构要求，其障碍物不仅可以阻挡悬浮小颗粒，还可以阻挡发酵粉和细菌。该过滤板特别设计为流动液体的过滤，严格的卫生条件，不锈钢配件和回路，不锈钢框架，适度和紧凑的结构，可移动滚轮，水压板紧固系统。

5. 超滤膜过滤机

膜材料由醋酸纤维或聚砜等构成。

错流过滤机在管理上的优点是减少了分步过滤处理所带来的诸多问题，不会遇到灰尘，减少了人力使用，自动化程度极高，可以拥有更多标准的使用程序，减少了在预灌装阶段因为频繁更换过滤芯所带来的损失。每个过滤孔通道的酒的浊度可以降到 1NTU，较低的过滤指标，轻微的氧气接触，减轻了颜色的变化。

从图 4-8 可以较好地理解 ZEFIR 错流过滤机的特性，不均匀分布的纤维孔可以有效避免阻塞，完成一次清洗和逆向冲洗可以保持更长时间的工作，可以过滤带活性炭的葡萄酒，可以过滤带黏土的葡萄酒，可以过滤全发酵过程中的葡萄酒（包括含糖分，未曾冷冻处理的

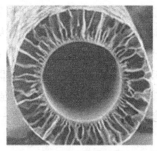

(a) 膜的剖面放大图　　　　　　　　　(b) 等压 16m² 膜柱

图 4-8　ZEFIR 错流过滤机的特性

酒），通过反向冲洗使膜得到重生，每个膜柱有 16m^2 的过滤面积。

C41 全自动错流过滤机使用微孔聚合体纤维膜，抗腐蚀，抗高温，特别适合对葡萄酒进行过滤处理，使用微孔聚合体纤维膜可以有大的过滤面积，广泛地使用在葡萄酒澄清和发酵程序当中，整个工作过程连续而均匀，以确保最大限度地保护葡萄酒的成分组成和感官，这一技术的应用带来以下优点：过滤过程随时间连续不断地进行，由于采用了微孔聚合体纤维膜和自动控制系统，使得过滤效率极高；不会有任何葡萄酒损失，因为最后过滤装置可以将过滤好的葡萄酒和未处理好的葡萄酒分开处理；不需要添加硅藻土，因此减少了对葡萄酒的污染；结构紧凑，易于操作，现场可以实现无人看管，该机所有的型号被设计用于静酒、汽酒和苏打酒的处理。

6. 真空过滤机

由旋鼓、真空系统、料槽及刮板等组成。真空转鼓式过滤器的特点在于其采用了单独内腔的真空旋转式过滤器参与循环过程，使用了预涂助滤剂，该机对大部分过滤器不使用的部分做了改良，获得了以下优点：减少了空气大量吸入，增加了干燥表面，从而提高了输出量；其采用实用性设计和整体不锈钢材料制造。除此之外，该型过滤器包含众多革新如下：流体系统可以保持颗粒悬浮于同类物质，从而限制了容器跟桶状物的内部空间；果肉通过电子可回行排液灌浆泵来输送；过滤液通过一个水下电子泵排除；果肉被一个推进器有规律地存放在滤鼓表面；温度自动调节控制确保了低耗水量（因为可以用空间泵使液体环流）。真空转鼓式过滤器对于葡萄酒制造业是一种极具效率的工具，它可以在自然状态下过滤葡萄汁或者是在发酵处理后从渣滓中提取到酒糟，然后经过离心分散的过程得到第一次榨出物。

7. 离心机

有鼓式、自动除渣式、全封闭式三种类型。

六、浓缩设备

C19 简易浓缩机提供同复杂的多效薄膜式蒸发器相同的功效，适合于小量的葡萄酒浓缩，并可以控制不同气候条件下的产品达到一致的效果，它不仅可以增加糖分，而且可以保持葡萄酒成分的平衡性，使产品的自然属性得到保护。C19 简易浓缩器采用了先进的技术，利用高效的交换参数，减少了产品接触的时间，主要特点有：通过 60℃ 的水进行加热；35℃ 时进行真空蒸发；使用从回收塔中 23℃/24℃ 的水进行蒸汽浓缩；使用 7℃ 的水浓缩冷却到 12℃/15℃；标准情况下可以浓缩到 36 度糖度，整个工作过程由电控板控制，主要阶段的操作都可以按照设定自动运行。

现在和将来的一段时间内，C19 CONCENTRATORE SOTTOVUOTO 浓缩机的侧重点都放在了怎样把减少能源消耗和集中成本捆绑在一起，这是每个制造企业和果汁生产商，包括化学工业和净化工程共同关心的问题。多效真空浓缩器使用一个下降薄膜达到一个最好的解决方案。更好的浓缩质量（接触时间小，热管和产品之间的温度差别很小）；耗水量低，高效的交换因素（高速降膜，产品加热迅速）；尽可能地保存水，通过一个冷却水塔达到循环；因其表面浓缩形成的水蒸气，可以防止污染（比如硫化物），整个工作过程是连续的循环，通过一个中央电控板进行控制，在重要的阶段都实现了完全自动化。加装一个预脱硫装置，蒸汽阶段可以提前进行。

双效浓缩器的特点：

① 节能效益，按 SJN-1000 型计算，年节约蒸汽 3500t 左右，节约水 9t 左右，节约电 8

万千瓦时左右，折合人民币（10～15）万元（与单效对比）。

② 该浓缩器采用负压外加热自然型循环式的蒸发方式，蒸发速度快，浓缩比大，可达 1.2～1.3。

③ 该浓缩器采用二效同时蒸发，二次蒸汽得到使用，耗能总量与单效浓缩器相比降低 50%，一年的节能费可收回该浓缩器的全部投资。

④ 多功能操作具有可回收酒精浓度 80%，单效、双效可以反复并锅收膏及可间歇、连续进料的特点。

⑤ 该浓缩器与物料接触部分均采用不锈钢制作，符合 GMP（生产质量管理规范）标准要求。外形美观。加热器、蒸发器外面均设有保温层，保温层外用不锈钢薄板制作外壳，表面做镜面或亚光处理。

C19 双效真空浓缩机是在真空状态下，以低压蒸发温度下运行机器。可以控制不同气候条件下的产品达到一致的效果，它不仅可以增加糖分，而且可以保持葡萄酒成分的平衡性，结果是使产品的自然属性得到保护，这一特性特别适合于红葡萄酒，因为可以增加产品的单宁酸，并丰富了颜色。在最后处理阶段使用了刮板式热交换器，使得温度降到一个合适的值，适于贮藏和增加质量。由于可以利用蒸汽阶段产生的部分热能，初始阶段的能量减低到一半；可以使用未处理的葡萄汁，采用了独特技术，不会出现阻塞和气泡等问题；仅在初始阶段加热水到 75℃；由于使用了热交换器，使用 15℃ 的输出温度即可（原来是 35℃）。浓缩使用的是水塔 23℃/24℃ 的洁净水。标准配置下，可以将产品从 28° 浓缩到 36°，主要过程使用自动装置控制，带有中断警报器和自我检测系统。

C19 热力泵真空浓缩机是在真空状态下，在高强度的容器中，采用低温蒸发进行浓缩。C19 热力泵真空浓缩机吸取了以往的制造经验，是一款精心打造的超值产品。该设备可以理想地控制各种产品的质量保持一致，不因为气候等原因而产生不同。这一技术可以有效地增加单宁酸，并带来美妙的颜色。可以使用未经清洁处理的葡萄汁，在处理中不会产生阻塞，不会形成泡沫。

由于非常高的真空度，蒸汽温度可以达到 25℃ 左右。结合这一特点，再加上使用不断下降的遮盖式蒸发器（该机器的独特之处），达到一个极端微妙的产品处理。启动电源后，能量将会在热力泵和浓缩器之间通过水循环来交换，目的是热量可以被转换并用于其他用途。机器装置随时待命并且容易操作，除非定期清洗，不需要现场的操作员。操作全部自动化，当产品完成时会自动关机。整个操作伴随一个闭合循环，大部分葡萄汁将会达到一个给定的浓缩值，或者部分葡萄汁会发生转变，结果是通过糖度调节达到 60～65°Bé 使用。推荐这个办法，是因为考虑到它可以减少香气的流失。

七、蒸馏设备

C7 塔式蒸馏器适用于连续对葡萄酒进行蒸馏，如我国低度葡萄酒、皮渣榨出物和发酵的水果。柱体使用不锈钢和铜来制造，配有相应的管道和配件，全自动控制。特点是使用独创的解决方案，允许以人工方式或自动方式实现蒸馏过程。特设的辅助性配件有含酒精水蒸气脱硫设备（可以提高质量），酒精分离装置，淀粉萃取装置。

C5 连续式脱醇器（葡萄皮渣连续式脱醇器）可以完美提取出自然状态的产品，节省了人力并可以满足蒸馏的需要。由于使用了低速混合和原始形状的脱醇腔，脱醇腔全自动液位控制，可以调节进料和卸料速度，通过使用低温饱和蒸汽，有效减少了对于香气成分的破坏。葡萄皮渣通过脱醇器和连续式蒸馏塔的蒸馏，含酒精的成分被制作成"白兰地"。材料为全部使用特殊不锈钢材料或者铜制材料，还可以用于提取香草或植物香精。

C27蒸馏器组使用该不连续的蒸馏装置可以获得高质量高纯度的蒸馏品，特点是使用独创的解决方案，允许以人工方式或自动方式实现蒸馏过程。C27充分利用了温度、抽空阶段、装置头部及尾部的一些分离设置。该设备制造技术十分复杂，主要使用在中小型规模的蒸馏品上，特别适合用来生产高质量的饮品（比如用葡萄特制的荷兰杜松子酒或用其他发酵水果制作白兰地）。

八、包装设备

（1）洗瓶机　产品有手动洗瓶机、半自动洗瓶机、全自动洗瓶机。

（2）验瓶机　由光源、光学系统、电子检查分离装置构成。

（3）空瓶灭菌机　包括半自动灭菌机和全自动灭菌机（自动化程度高的包装生产线将洗瓶与灭菌合在一起进行）。

（4）罐酒机　包括半自动罐酒机和全自动罐酒机（由等压罐装与负压罐装之分）。

（5）打塞机　有单头与多头打塞机之分。

（6）压盖机　有单头与多头压盖机之分，有皇冠盖与防盗盖压盖机之分。

（7）瓶子烘干机　洗去瓶子外壁残酒并将瓶子烘干。

（8）贴标机　高效贴标机可贴瓶子正标、颈标、背标或套圆锡箔套。贴标形式可分为直线式、回转式及真空式等。

（9）装箱与封箱设备　国内现已有成套包装设备生产厂（如广东轻工机械厂等），可根据生产实际状况进行生产设备的选型。

第三节　葡萄酒酿造工艺

一、红葡萄酒的酿造

酿制红葡萄酒一般采用红皮白肉或皮肉皆红的葡萄品种。我国酿造红葡萄酒主要以干红葡萄酒为原酒，然后按标准调配、勾兑成半干、半甜、甜型葡萄酒。

干红葡萄酒是采用优良的红皮酿酒葡萄，带渣发酵，精心酿制成的一种葡萄酒。干红葡萄酒通常有紫红色、宝石红、浅宝石红等令人愉悦的色泽，酒体澄清、透明、晶亮，不应有棕褐色色泽。干红葡萄酒有新鲜愉悦的葡萄果香及优美的酒香，香气协调无异味。干红葡萄酒酒体丰满、醇厚、柔细、酸涩协调，回味绵长，没有氧化感和橡木味。

生产干红葡萄酒应选用适宜酿造干红葡萄酒的单宁含量低、糖含量高的优良酿造葡萄作为生产原料。适宜酿造干红葡萄酒的葡萄品种主要有蛇龙珠（Cabernet Gernischt）、赤霞珠（Cabernet Sauvignon）、品丽珠（Cabernet Franc）、佳丽酿（Carignane）、法国蓝（Blue French）、黑品乐（Pinot Noir）以及烟台葡萄73号和烟台葡萄74号等。红葡萄的采摘时间比白葡萄的采摘时间要晚些，一般在葡萄完全成熟后才能进行，葡萄的含糖量在20%～23%的范围内比较适宜。采摘和分选时要剔除青粒和霉烂的葡萄，青粒葡萄可集中起来，压榨出葡萄汁作为调酸用；霉烂严重的葡萄决不能使用，霉烂轻的可采用霉烂葡萄的酿酒工艺酿制低档红葡萄酒。

葡萄入厂后，经破碎去梗，带渣进行发酵，发酵一段时间后，分离出皮渣（蒸馏后所得的酒可作为白兰地的生产原料），葡萄酒继续发酵一段时间，调整成分后转入后发酵，得到新干红葡萄酒，再经陈酿、调配、澄清处理，除菌和包装后便可得到干红葡萄酒的成品。其生产工艺如图 4-9 所示。

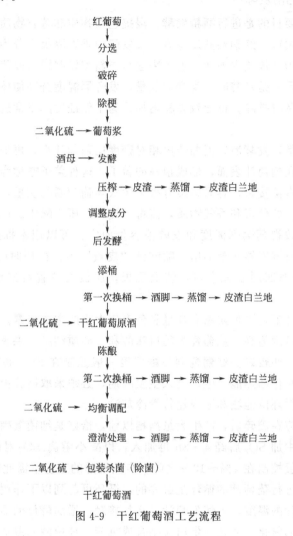

图 4-9　干红葡萄酒工艺流程

二、红葡萄酒的传统发酵

（一）　原料的处理

葡萄完全成熟后进行采摘，并在较短的时间里运到葡萄加工车间。经分选，剔除青粒、烂粒葡萄后送去破碎。在破碎与去梗时，可以采用先去梗后破碎的方法，也可以采用先破碎后去梗的方法。前一种方法，葡萄梗不与葡萄浆发生接触，葡萄梗所带有的青梗味、苦味等不良味道不会进入葡萄浆中；葡萄梗与葡萄浆经短暂的接触，极少量产生不良味道的物质进入葡萄浆中，但由于数量很少，不会对干红葡萄酒的质量产生影响。如果在没有去梗设备的条件下进行生产，应注意果渣与发酵液混合在一起的时间和发酵温度。在发酵温度较高的条件下，果梗中产生不良味道的物质溶入酒中的数量较多，需要及早进行压榨，使葡萄汁与葡萄渣分离，一般发酵2～3d即可进行压榨除去果渣；在发酵温度比较低的条件下，果渣可以在发酵葡萄醪中停留5d左右，再行压榨除去果渣。破碎去梗后的带渣葡萄浆，用送浆泵送到已经用硫黄熏过的发酵桶或池中，进行前发酵。

（二） 葡萄汁的前发酵

葡萄酒前发酵主要目的是进行酒精发酵、浸提色素物质和芳香物质。前发酵进行的好坏是决定葡萄酒质量的关键。红葡萄酒发酵方式按发酵中是否隔氧可分为开放式发酵和密闭发酵。发酵容器过去多为开放式水泥池，近年来逐步被新型发酵罐所取代。葡萄浆在进行酒精发酵时体积增加。原因一是发酵时本身产生热量，发酵醪温度升高使体积增大；二是产生大量二氧化碳气体不能及时排除，也导致体积增加。为了保证发酵正常进行，一般容器充满系数为80％。

葡萄破碎后送入敞口发酵池，因葡萄皮相对密度比葡萄汁小，再加上发酵时产生的二氧化碳，葡萄皮往往浮在葡萄汁表面，形成很厚的盖子，这种盖子亦称为"酒盖"或"皮盖"。因为"皮盖"与空气直接接触，容易感染有害杂菌败坏葡萄酒的质量，为了保证葡萄酒的质量，并充分浸渍皮渣上的色素和香气物质，需将"皮盖"压入醪中。压盖方式有两种，一种是人工压盖，每天次数视葡萄醪温度和发酵池容量而定，可以用木棍搅拌，将皮渣压入汁中。也可用泵将汁从发酵容器底部抽出，喷淋到"皮盖"上，循环时间视发酵池容量而定；另一种方式是在发酵池四周制成卡口，装上压板，压板的位置恰好使"皮盖"浸于葡萄汁中。

发酵温度是影响红葡萄酒色素物质含量和色度值大小的主要因素。发酵温度高，葡萄酒的色素物质含量高，色度值高。从葡萄酒的口味醇和、酒质细腻、果香、酒香等因素综合考虑，发酵温度控制低一些较好。红葡萄酒发酵温度一般控制在25～30℃。酵母将糖发酵成乙醇和二氧化碳，同时伴随热能产生。进入主发酵期，必须采取措施控制发酵温度。控制方法有外循环冷却法、循环倒池法和池内蛇行管冷却法。

二氧化硫的添加应在破碎后，产生大量酒精以前，恰好是细菌繁殖之际加入。培养好的酵母一般应在葡萄醪中加 SO_2 后经4～8h再加入，以减小游离 SO_2 对酵母的影响，酒母的用量视情况而定，一般控制在1％～10％之间（自然发酵的工艺不需此步骤）。

红葡萄酒发酵时进行葡萄汁的循环是必要的，循环可起到以下作用：增加葡萄酒的色素物质含量；降低葡萄汁的温度；可使葡萄汁与空气接触，增加酵母的活力；葡萄浆与空气接触，可促使酚类物质的氧化，使之与蛋白质结合成沉淀，加速酒的澄清。前发酵期间有一些常见的异常现象，它们的产生原因及改进措施各不相同，表4-3介绍了前发酵常见的异常现象、产生原因及改进措施。

表 4-3 前发酵异常现象、产生原因及改进措施

异常现象	产生原因及改进措施
发酵缓慢、降糖速度慢	发酵温度低，提高发酵温度，加热部分果汁至30～32℃，再进行混合，提高温度；二氧化硫添加量过大，抑制酵母菌代谢，可循环倒汁，接触空气
发酵剧烈、降糖快	发酵温度高，可采用冷却降低发酵醪温度
有异味发生	感染杂菌，应加大二氧化硫添加量，抑菌
挥发酸含量高	增大二氧化硫添加量，避免葡萄醪和空气接触，增加压盖次数，搞好工艺卫生

（三） 出池与压榨

当残糖降至 5g/L 以下，发酵液面只有少量二氧化碳气泡，"皮盖"已经下沉，液面较平静，发酵液温度接近室温，并伴有明显的酒香，此时表明主发酵已经结束，可以出池。一般主发酵时间为 4～6d。出池时先将自流原酒由排汁口放出，放净后打开入孔清理皮渣进行压榨，得压榨酒。

前发酵结束后各种物质的比例如下：皮渣 11.5％～15.5％；自流原酒 52.9％～64.1％；压榨原酒 10.3％～25.8％；酒脚 8.9％～14.5％。

自流原酒和压榨原酒成分差异较大。若酿制较高档名贵葡萄酒，自流原酒应单独存放，表 4-4 列举了自流原酒与压榨原酒几种成分的差异。

表 4-4　自流原酒与压榨原酒成分差异

成分	自流原酒	压榨原酒	成分	自流原酒	压榨原酒
酒精度/％	12.0	11.6	总氮/(g/L)	0.285	0.37
残糖/(g/L)	19.0	26.0	色素指数	35	68
干浸出物/(g/L)	21.2	24.3	总酸/(g/L)	4.92	5.5
花色素/(g/L)	0.330	0.400			

皮渣的压榨使用专用设备压榨机进行。压榨出的酒进入后发酵，皮渣可蒸馏制作皮渣白兰地，也可另做处理。

目前市场上常用的压榨设备主要为卧式转框双压板压榨机，操作时当转框缓慢转动时，压板与转框做同向运动，由于转动的中间螺杆轴的导向，使双压板做相反方向的快速移动，即为压紧与松开。双压板压榨机压榨过程可分几次加压（一般分为 6 次）。当压力达到规定的最高点时停止压榨，这时汁液仍从框内流出。在 2h 内分 4～5 次逐步将压力由零增至0.2MPa。待葡萄浆达到规定的压榨程度时即可排渣。排渣时，打开入孔门，快速旋转罐体，罐内的葡萄渣即可甩出。

优点：气囊压榨机的压榨介质为空气，空气具有柔软和可压缩的特点。因此，对果肉较柔软的葡萄进行压榨，可制取高档葡萄酒所需的葡萄汁。压榨过程中，因各压力的工作时间间隔分明，可制取不同档次的葡萄汁。气囊压榨机具有果汁分离机和葡萄压榨机的功能，可节省果汁分离机。

缺点：价格昂贵，一次性投资大。

（四） 后发酵

葡萄经破碎后，果汁和皮渣共同发酵至残糖 5g/L 以下，经压榨分离皮渣，进行后发酵。

1. 后发酵主要的目的

（1）残糖的继续发酵　前发酵结束后，原酒中还残留 3～5g/L 的糖分，这些糖分在酵母的作用下继续转化成酒精和二氧化碳。

（2）澄清作用　前发酵得到的原酒中还残留部分酵母，在后发酵期间发酵残留糖分，后发酵结束后，酵母自溶或随温度降低形成沉淀。残留在原酒中的果肉、果渣随时间的延长自行沉降，形成酒脚。

（3）陈酿作用　原酒在后发酵过程中进行缓慢的氧化还原作用，促使醇和酸发生酯化反应，使酒的口味变得柔和，风味更趋完善。

（4）降酸作用　某些红葡萄酒在压榨分离后，会诱发苹果酸-乳酸发酵，对降酸及改善口味有很大好处。

2. 后发酵的工艺管理要点

（1）补加 SO_2　前发酵结束后压榨得到的原酒需补加 SO_2，添加量（以游离 SO_2 计）为 $30\sim50mg/L$。

（2）控制温度　原酒进入后发酵容器后，品温一般控制在 $18\sim25℃$。若品温高于 $25℃$，不利于酒的澄清，并给杂菌繁殖创造条件。

（3）隔绝空气　后发酵的原酒应避免接触空气，工艺上称为厌氧发酵。其隔氧措施一般为封口安装水封或酒精封。

（4）卫生管理　由于前发酵液中含有残糖、氨基酸等营养成分，易感染杂菌，影响酒的质量，因此，搞好卫生是后发酵重要的管理内容。

正常后发酵时间为 $3\sim5d$，但可持续一个月左右。后发酵期间也易发生一些异常现象，它们的产生原因及改进措施各不相同，表 4-5 介绍了后发酵常见异常现象、产生原因及改进措施。

表 4-5　后发酵常见异常现象、产生原因及改进措施

异常现象	产生原因及改进措施
气泡溢出多，且有嘶嘶声音	前发酵出池时残糖过高，应准确化验感染杂菌。应加强卫生管理，发酵容器、管道等应冲洗干净或定期用酒精进行灭菌处理
有臭鸡蛋味	二氧化硫添加过量，产生了硫化氢，立即倒桶
挥发酸升高	感染醋酸菌，将原酒中的乙醇进一步氧化成醋酸，应加强卫生管理，适当增加二氧化硫添加量，避免原酒与氧接触，可在原酒液面用高度酒精液封

三、红葡萄酒的其他生产方法

近年来葡萄酒的生产工艺及设备随科技进步得到较大改进与更新，这些工艺与设备的改进与更新对葡萄酒的生产能力及葡萄酒的产品质量产生了积极的作用。下面简要介绍几种生产新工艺。

（一）　旋转罐法生产红葡萄酒

旋转罐法是采用可旋转的密闭发酵容器对葡萄浆进行发酵处理的方法，是目前世界上比较先进的红葡萄酒发酵工艺。利用罐的旋转有效地浸提葡萄皮中含有的单宁和花色素，由于在罐内密闭发酵，发酵时产生的二氧化碳使罐保持一定的压力，起到防止氧化的作用，同时减少酒精及芳香物质的挥发。此外还可大大降低黄酮酚类化合物。罐内的整个装置可以控制发酵温度，不仅能提高酒的质量，还大大缩短了发酵时间。同时，微机化的管理简化了操作程序，节省了人力，稳定了酒的质量。

目前使用的旋转罐有两种，一种是法国生产的 Vaslin 型旋转罐，一种是罗马尼亚生产的 Seity 型旋转罐。

1. Seity 型旋转罐

其工艺流程如图 4-10 所示。

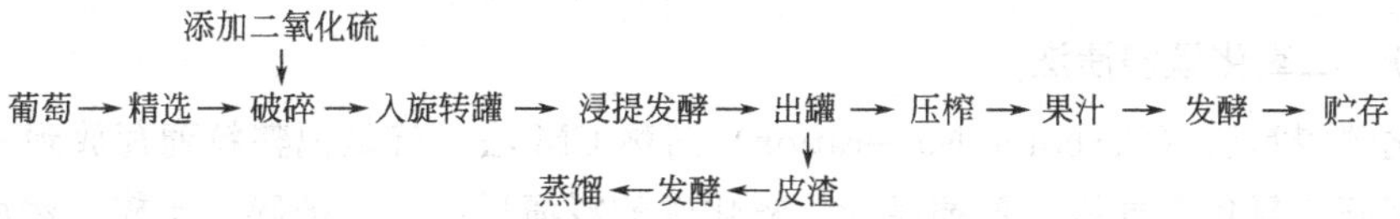

添加二氧化硫

葡萄 → 精选 → 破碎 → 入旋转罐 → 浸提发酵 → 出罐 → 压榨 → 果汁 → 发酵 → 贮存

蒸馏 ← 发酵 ← 皮渣

图 4-10　Seity 型旋转罐工艺流程图

工艺说明：葡萄破碎后输入罐中，在罐内进行密闭、控温、隔氧并保持一定的压力条件，浸提葡萄皮上的色素物质和芳香物质。当发酵、色素物质含量不再增加时，即可进行分离皮渣，将果汁输入另一发酵罐中进行纯汁发酵。前期以浸提为主，后期以发酵为主。旋转罐转动方式为正反交替，每次旋转 5min，转速 5r/min，间隔 25min。

2. Vaslin 型旋转罐

其工艺流程如图 4-11 所示。

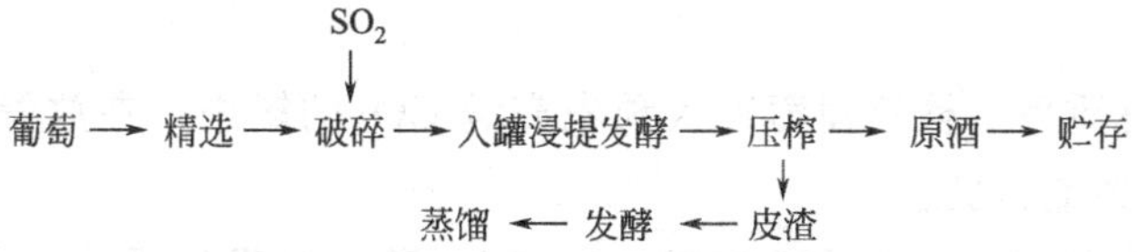

SO_2

葡萄 → 精选 → 破碎 → 入罐浸提发酵 → 压榨 → 原酒 → 贮存

蒸馏 ← 发酵 ← 皮渣

图 4-11　Vaslin 型旋转罐工艺流程图

工艺说明：葡萄破碎后输入罐中，在罐中进行色素物质和香味成分的浸提，并同时进行酒精发酵，当残糖达到 5g/L 时排罐压榨。旋转罐法生产红葡萄酒与传统法生产相比较，酒质有明显提高，主要表现在以下几个方面：

（1）色度提高　色度是衡量红葡萄酒的主要外观指标，红葡萄酒要求酒体清澈透明，呈鲜艳的宝石红色。花色素苷对新酿出的葡萄酒的颜色起主要作用，这种作用反应在 520nm波长时吸光值增加，色度升高，旋转罐法生产的红葡萄酒比传统法生产的红葡萄酒色度提高45％以上。

（2）单宁含量适量　红葡萄酒颜色的稳定性在很大程度上取决于单宁。单宁在无氧条件下呈黄色，氧化后则变为棕色，这种氧化受 Fe^{3+} 的催化。单宁也是呈味物质，旋转罐法生产的葡萄酒单宁含量低于传统法。因此，质量较稳定，减少了酒的苦涩味。

（3）干浸出物含量提高　旋转罐法提高了浸渍效果，生产的葡萄酒中干浸出物含量高，口感浓厚。而传统法皮渣浮于表面，虽然浸渍时间长，但效果差。

（4）挥发酸含量低　挥发酸含量的高低是衡量酒质好坏、酿造工艺是否合理的重要指标。旋转罐法生产的葡萄酒比传统法生产的葡萄酒挥发酸含量低。

（5）黄酮、酚类化合物含量低　由于旋转罐法浸渍时间短，黄酮、酚类化合物含量大大降低，增加了酒的稳定性。旋转罐法与传统法各物质含量的比较见表 4-6。

表 4-6　旋转罐法与传统法的比较

项目	旋转罐法	传统法
色度	8.23	1.1
单宁含量/(g/L)	0.59	1.03
干浸出物含量/(g/L)	22	20.8
挥发酸含量/(g/L)	0.62	1.13
黄酮酸含量/(g/L)	290	800

（二） 二氧化碳浸渍法

二氧化碳浸渍法（Carbonic Maceration）简称 CM 法，就是把整粒葡萄放到一个密闭罐中，罐中充满二氧化碳气体，葡萄经受二氧化碳的浸渍后再进行破碎、压榨，然后按一般工艺进行酒精发酵，酿制红葡萄酒（图 4-12）。二氧化碳浸渍法不仅适用于红葡萄酒、桃红葡萄酒的酿制，而且用于原料酸度较高的白葡萄酒的酿制。

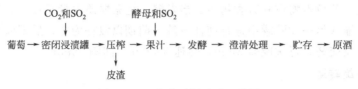

图 4-12　二氧化碳浸渍法工艺图

1. 工艺要点

（1）葡萄进厂称重后，整粒葡萄置入预先充满 CO_2 的罐中，在放置葡萄的过程中继续充 CO_2，使 CO_2 达到饱和状态。

（2）酿制红葡萄酒时，浸渍温度 25℃，3～7d；酿制白葡萄酒时，浸渍温度 20～25℃，1～2d。

（3）浸渍后压榨，果汁中加入 50～100mg/L 的 SO_2，加入酵母，进行纯汁发酵。

（4）果汁的流出量取决于葡萄品种、葡萄成熟度、葡萄质量、运输条件、浸渍罐容量、装满程度、浸渍温度、浸渍技术等因素。以佳丽酿葡萄为例，浸渍罐容积 $2.7m^3$，浸渍温度 25℃，浸渍时间与果粒破碎率关系如表 4-7 所示。

表 4-7　浸渍时间与果粒破碎率关系

浸渍时间/h	果汁破裂率/%
24	15
120	60
168	80

二氧化碳浸渍法生产葡萄酒有明显的降酸作用，单宁浸提量降低，生产的干红葡萄酒果香清新，酸度适中。生产的葡萄酒口味成熟快，陈酿期短，不需要外部能源和特殊设备，对降低成本，提高经济效益有特殊意义。但是，这种方法对葡萄选择性强，必须是新鲜无污染的葡萄。

2. 二氧化碳浸渍法的生物化学变化

二氧化碳浸渍过程实质是葡萄颗粒厌氧代谢过程。浸渍时果粒内部发生一系列生化变化。如乙醇及香味物质的生成、苹果酸的分解、氮类物质分解等。同时还有酚类化合物如色素、单宁的浸提。浸提过程中的生化变化发生在两个环境中，一种环境是果粒在空间受二氧化碳作用的厌氧代谢；另一种是葡萄汁在酵母作用下进行发酵。

（1）乙醇的生成　在厌氧代谢过程中乙醇的生成途径主要有：①在自身酶体系作用下进行缓慢的酒精发酵；②苹果酸在厌氧条件下由彭贝酵母（*Schizosaccharomyces pombe*）作用下生成乙醇。这种酵母最适温度为 27～28℃。二氧化碳浸渍过程一般在 25～30℃，故上述酵母代谢旺盛。

果粒中由于葡萄本身酶体系产生的少量乙醇有向果粒外扩散的趋势，而果皮阻止乙醇的扩散，从而浸渍了果皮上的部分色素和香味物质。随时间的推移，乙醇量不断增加，果皮的易溶物质被溶解，果皮的细胞失去了对乙醇的阻碍作用，果皮破裂，果汁流出。果汁流出量取决于葡萄品种、葡萄成熟度、葡萄质量、运输条件、浸渍罐容量、装满程度、浸渍温度及浸渍技术等因素。

(2) 酸组分的变化　葡萄酒中酸的含量是组成口味的一项重要指标。葡萄酒中的酒石酸、苹果酸主要来源于葡萄。在二氧化碳浸渍过程中，酸组分的变化如下：

① 苹果酸减少。在厌氧代谢中，苹果酸-乳酸发酵菌（明串珠菌、乳酸杆菌等）繁殖较快，有助于苹果酸脱羧转化成乳酸，苹果酸明显减少。如佳丽酿品种在35℃时浸渍8d，苹果酸减少50%。此反应仅发生在破裂葡萄中。

② 琥珀酸增加。琥珀酸是酒精发酵的副产物之一。葡萄酒中琥珀酸含量相当于酒精质量的0.68%～2.25%。其含量增加一是α-氨基戊二酸经一系列变化生成琥珀酸；另一是乙醛加水缩合成琥珀酸。

③ 改善了酒的香气和口味。二氧化碳浸渍法酿造的葡萄酒经短期贮存，总酯含量明显增加，双乙酰、乙醛、甘油的生成量高于传统法，因而酒体柔和，香气怡人。

3. 二氧化碳浸渍和温度的关系

(1) 果粒吸收二氧化碳量和温度的关系　浸渍初期，不同温度下葡萄果粒吸收二氧化碳的量不同，随着时间的延长，果粒细胞吸收二氧化碳和排出二氧化碳的速度相同，达到平衡，表4-8列举了不同温度下果粒吸收二氧化碳与总体积的不同比例。

表4-8　不同温度下果粒吸收二氧化碳与总体积的比例

温度/℃	果粒吸收二氧化碳与总体积的比/%
35	10
25	30
15	50

(2) 酚类物质的浸提与温度的关系　温度高，酚类物质浸提速度快，且浸泡出的酚类物质含量高（酚类物质的含量以没食子酸计，mg/L）。

(3) 苹果酸含量变化与温度的关系　浸渍过程中苹果酸含量变化与温度的关系为：浸渍温度高，苹果酸含量明显减少。

(4) 温度和乙醇生成量的关系　温度为35℃时，乙醇生成量增长较快，温度25℃时乙醇生成量最理想。

4. 二氧化碳浸渍法生产葡萄酒的优缺点

二氧化碳浸渍法生产葡萄酒的优点为：①有明显降酸作用；②单宁浸提量降低；③生产的干红葡萄酒果香清新，酸度适中；④此法生产的葡萄酒口味成熟快，陈酿期短，不需要外部能源和特殊设备，对降低成本，提高经济效益具有特殊意义。其缺点为：①葡萄选择性强，必须是新鲜无污染的葡萄；②保存期短，不能很好地经受陈酿，会失去特有的水果香味。表4-9为利用传统法与二氧化碳浸渍法酿制的原酒贮藏4个月后的成分含量对比表。

表 4-9　贮藏 4 个月的原酒对比

项目	传统法	二氧化碳浸渍法
干浸出物含量/(g/L)	24.8	18.5
总酸含量/(g/L)	7.03	5.59
挥发酸含量/(g/L)	0.3	0.4
苹果酸含量/(g/L)	2.98	0.15
色度	1.38	1.38
单宁含量/(g/L)	3.64	2.4

注：干浸出物是指酒中非挥发性物质。

（三）　热浸提法生产红葡萄酒

热浸提法生产红葡萄酒是利用加热果浆，充分提取果皮和果肉的色素物质和香味物质，然后进行皮渣分离，纯汁进行酒精发酵。我国从 20 世纪 80 年代开始进行尝试生产。其生产工艺流程如图 4-13 所示。

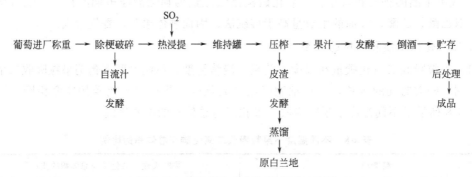

图 4-13　热浸提法生产红葡萄酒工艺图

1. 工艺要点

① 热浸提法分为全果浆加热、部分果浆加热和整粒加热三种方式。

② 加热工艺条件有两种：一种是低温长时间（40～60℃，0.5～24h）；另一种是高温短时间（60～80℃，5～30min）。

③ 加热热源为蒸汽和热水。加热方式有两种：一种是低温长时间加热（40～60℃，0.5～24h）；另一种是高温短时间加热（60～80℃，5～30min）。

加热设备及形式有多种，如罐式浸提设备、管道式浸提设备、沉浸式热浸提设备等。以管道式热浸提设备为例，管道式热浸渍设备工艺条件为：热浸提温度 50～52℃，浸提时间 1h，采用全部果浆加热，二氧化硫的用量为 80～100mL/L。

2. 热浸提法的生物化学变化

（1）色素的变化　传统法酿造葡萄酒，果皮上的色素和香味物质通过果皮与果汁共同发酵浸泡达到浸提的目的。这种生产方法有其不利的一面，如葡萄成熟度差、葡萄感染某些病害、污染杂菌、葡萄果粒沾污农药、泥土等，与果汁接触时间长，必然给成品酒带来不良影响。有时因果皮不能充分接触果汁而影响浸提效果。

用热浸提法，果皮上的色素靠高温快速浸提，由于浸提时二氧化硫的添加量较传统法大，有利于色素的浸提。当浸提温度 60℃，浸提 30min，色素浸提率为 90%～95%，浸提温度 25～30℃，浸提 7d，色素浸提率为 60％～65％。若热浸提法色素浸提率为 100％，而传统法仅为 60％。

（2）微生物及其酶的变化

① 酵母菌的变化。葡萄酒酒精发酵主要是由葡萄酒酵母来完成，其繁殖最适温度为 22～30℃，当温度高于 35℃时，酵母处于瘫痪状态，40℃时完全钝化。若果浆加热至 40～45℃，保持 1～1.5h，或果浆加热至 60～65℃，保持 10～15min，则酵母菌完全死亡。

② 多酚氧化酶的变化。多酚氧化酶又称儿茶酸氧化酶或苯酚酶。多酚氧化酶的活力随温度升高而下降，当果浆加热到 45℃以上时，氧化酶失去活性，这对于防止酒的棕色破败病和口味的氧化效果极佳。

③ 果胶酶的变化。果胶酶的作用温度 20～50℃，若温度低于 20℃或高于 50℃，果胶酶活性下降，加热到 70～75℃，果胶酶完全失去活性。经处理的果浆分离后较难澄清。一般工艺上采取以下几种方法来改善澄清。一种是全果浆热浸提后，维持在罐中，待果浆温度降至 50℃时添加果胶酶。另一种方法是采用整粒葡萄热浸提，使果粒内果汁温度不超过 45℃。第三种是葡萄破碎后，分离出一定比例的"冷汁"，不经热处理以保持果胶酶和酵母的活性。

（3）热浸提的果汁酒精发酵速度明显加快　主要原因是果浆加热时氮、磷、脂肪酸等成分增加，有利于酵母的繁殖与发酵。热浸提法具有以下的优点：①果浆加热后，果汁进行纯汁发酵，可节省发酵容器 15％～20％；②果浆加热破坏了微生物的病原体，破坏了对葡萄酒发酵有害的细菌、霉菌、氧化酶等，有效地防止了酒的氧化；③热浸提法生产的葡萄酒色度高，挥发酸含量低，有助于提高酒的质量；④热浸提法降低了劳动强度；⑤果浆加热促进了果皮上色素的浸提。

（4）连续发酵法生产红葡萄酒　红葡萄酒的连续发酵是指连续供给原料、连续取出产品的一种发酵方法。连续发酵法生产设备可以是单罐连续发酵和多罐连续发酵。生产工艺中，可增加热浸新工艺及酵母固定化发酵。由于连续发酵法罐内葡萄浆总的发酵温度较高，为控制发酵温度，罐体应设置温控装置。连续发酵法的设备一般为金属立式罐，罐的容量为 80～400m³，安置在室外。设备下半部有一个葡萄浆进口，每日进料必须与酒、果渣、籽的排放相适应。酒的出口管可以调节高度，固定在果渣下面，通过过滤网使酒流出，残留固体物质。果渣通过螺旋机自动取出，罐底形状使部分籽易积累，每天可排出，以避免任何涩味，原因是定期减少单宁溶解。并配有一个洗涤系统。在罐外有一个喷水环，用来防止温度上升，通过改进进料与出酒的速度来决定果渣浸提所需的时间。连续发酵罐的构造有各种形式，但大同小异，我国从 20 世纪 80 年代后引进此生产方法。连续发酵法生产中应注意以下几个技术问题：

① 生产中应特别注意工艺卫生，设备、管道应卫生，通风良好。

② 连续发酵灭菌很困难，可考虑选用抗杀伤性的酵母，以防野生酵母的污染以及在后期除菌的过程中活性容易被破坏。

③ 选育适合于连续发酵的优良酵母（或固定化酵母），要求酵母的凝聚性强。一般情况下，发酵液中的酵母细胞数应控制在 $(1.5～2)×10^8$ 个/mL。

④ 在连续发酵罐中既要浸提色素又要排除皮渣，进而发酵。为解决这一难题，可采用除梗破碎后的果浆，在 70～75℃加热浸提 3～5min 后压榨，榨汁采用"热浸提-发酵法"进行连续发酵。

连续发酵法的优优点为：①可集中处理大量葡萄；②空间与材料都较经济；③整个生产

设备如泵、输送机等数量上要少；④产品成熟快。缺点为：①设备投资大；②连续发酵投料量大，不适于单品种发酵；③杂菌污染概率大。

四、白葡萄酒酿造

干白葡萄酒有新鲜愉悦的葡萄果香（品种香），兼有优美的酒香；香气和谐、细致；酒的滋味完整和谐，清快、爽口、舒适、洁净，具有该品种干白葡萄酒独特的典型性。酿制干白葡萄酒应该选择色泽浅、含糖量高、质量好的优质葡萄作为生产原料。龙眼、佳丽酿、白羽、雷司令等都是酿制干白葡萄酒的优良葡萄品种。

为保证酿造干白葡萄酒的质量，葡萄汁的含酸量要比一般葡萄汁高些，同时还要避免氧化酶的产生。因此，从采摘时间上讲，要比生产干红葡萄酒的葡萄采摘时间早些。葡萄的含糖量在20％～21％较为理想。葡萄在采摘、运输和贮存过程中，要严格认真管理，避免同其他品种的葡萄混杂，绝不允许使用不洁净的容器装运生产的葡萄。运输过程中尽量减少和防止葡萄的破碎，运到葡萄汁生产厂后应立即进行加工，不得存放，从葡萄采收到破碎成汁应在4h内完成。

葡萄入厂后，先进行分选，破碎后立即压榨，迅速使果汁与皮渣分离，尽量减少皮渣中色素等物质的溶出。当酿造高档优质干白葡萄酒时，多选用自流葡萄汁作为酿酒原料。采用红皮白肉的葡萄，如佳丽酿、黑品乐等也能够生产出优质的干白葡萄酒。使用这类葡萄时应在葡萄破碎后，立刻将葡萄汁与葡萄渣分离开。用红皮白肉的葡萄酿成的干白葡萄酒的酒体要比白葡萄酿成的酒厚实。

（一） 白葡萄酒酿造工艺概述

在白葡萄酒的酿制过程中，应严格把握表4-10列举的几个技术环节。

表 4-10　白葡萄酒酿造的技术环节

技术环节	优点
选用优良酿酒葡萄品种，利用当地的自然条件优势，逐步形成葡萄原料基础化，基地良种化，良种区域化	为酿造独具风格的优质白葡萄酒提供物质条件
提高酿酒专用设备的先进性，保障工艺条件的实施，例如应用果汁分离机、螺旋式连续压榨机、气囊式压榨机等，设备机器化，现代化发展	快速分离皮渣，防止果汁氧化
发酵前，果汁进行低温澄清处理，如二氧化碳静置法、果胶酶分离法、皂土澄清法、机械离心法、低温过滤法等	提高酒的质量，口味纯正细腻
发酵工艺中采用低温发酵法，多种降温法，将发酵品温控制在 16～18℃	防止氧化，保持果香
添加人工酵母或活性酵母，以适应低温发酵，使其能按工艺要求正常进行	增加酒的芳香，提高酒质
陈酿或后加工时，进行酒质净化处理，如采用澄清剂，低温冷冻和过滤相结合，提高澄清度	增强酒的稳定性
白葡萄酒的酿造过程中应采用防氧、隔氧的有效处理如加适量的二氧化碳，充氮隔氧贮存，无菌装瓶	保持原果香和新鲜感
白葡萄酒瓶贮，多采用地下室恒温 6 个月以上	增加酒香，酒体协调，典型性突出

以酿造白葡萄酒的葡萄品种为原料，经果汁分离、果汁澄清、控温发酵、陈酿及后加工处理而成。其工艺流程如图4-14所示。

（二） 果汁分离

白葡萄酒与红葡萄酒的前加工工艺不同。白葡萄酒加工采用先压榨后发酵，而红葡萄酒

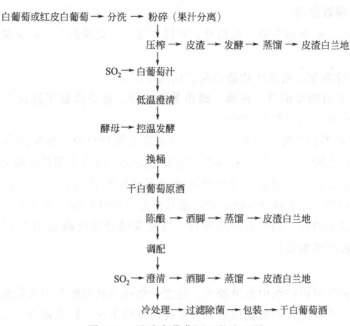

图 4-14　酿造白葡萄酒工艺流程图

加工要先发酵后压榨。白葡萄经破碎（压榨）或果汁分离，果汁单独进行发酵。也就是说白葡萄酒压榨在发酵前，而红葡萄酒压榨在发酵后。果汁分离是白葡萄酒的重要工艺，葡萄破碎后经淋汁，取得自流汁，再经压榨取得压榨汁，方法与红葡萄酒发酵后果渣分离相似。压榨机已在前面叙述过，自流汁与压榨汁分别存放。其分离方法有如下几种：螺旋式连续压榨机分离果汁、气囊式压榨机分离果汁、果汁分离机分离果汁、双压板（单压板）压榨机分离果汁。目前常用果汁分离机来分离果汁。果汁分离时应注意葡萄汁与皮渣分离速度要快，缩短葡萄汁的氧化。果汁分离后，需立即进行二氧化硫处理，以防果汁氧化，表 4-11 简单地介绍了自流汁、一次压榨汁和二次压榨汁的分量及用途。

表 4-11　自流汁、一次压榨汁和二次压榨汁分量

汁别	按总出汁量为 100%	按压榨出汁率为 75%	用途
自流汁	60%～70%	45%～52%	酿制高级葡萄酒
一次压榨汁	25%～35%	18%～26%	单独发酵或与自流汁混合
二次压榨汁	5%～10%	4%～7%	发酵后作调配用

采用果汁分离机提取果汁的方法的优点：①葡萄汁与皮渣分离速度快，生产效率高；②缩短葡萄汁与空气接触，减少葡萄汁的氧化；③葡萄汁中残留的果肉等纤维质较小，有利于澄清处理。果汁分离机出汁率可达 60%，皮渣内尚含有果汁，需与压榨机配合使用。

目前大型葡萄酒厂常用果汁分离与压榨联用设备。果汁分离后，须立即进行二氧化硫处理，以防止果汁氧化。

（三）果汁澄清

果汁澄清目的是在发酵前将果汁中的杂质尽量减少到最低含量，以避免葡萄汁中的杂质参与发酵而产生不良成分，给酒带来异味。为获得洁净、澄清的葡萄汁，可以采用以下方法。

1. 二氧化硫静置澄清

采用适量添加二氧化硫来澄清葡萄汁，其操作简单，效果较好。在澄清过程中二氧化硫主要起三个作用：

① 可加速胶体凝聚，对非生物杂质起到助沉作用。

② 葡萄皮上长有野生酵母、细菌、霉菌等微生物，在采收加工过程中也可能感染其他杂菌，使用二氧化硫起到抑制杂菌的作用。

③ 葡萄汁中酚类化合物、色素、儿茶酸等易发生氧化反应，使果汁变质，当葡萄汁中有游离二氧化硫存在时，首先与二氧化硫发生氧化反应，可防止葡萄汁被氧化。

具体采用低温澄清法。根据二氧化硫的使用量和果汁总量，准确计算加入二氧化硫的量。加入后搅拌均匀，然后静止16～24h，待葡萄汁中的悬浮物全部下沉后，以虹吸法或从澄清罐高位阀门放出清汁。如果有制冷条件，可将葡萄汁温度降至15℃以下，不仅可加快沉降速度，而且澄清效果更佳。

2. 果胶酶法

果胶酶可以软化果肉组织中的果胶质，使之分解成半乳糖醛酸和果胶酸，使葡萄汁的黏度下降，原来存在于葡萄汁中的固形物失去依托而沉降下来，以增强澄清效果，同时也可加快过滤速度，提高出汁率。

果胶酶的活力受温度、pH值、防腐剂的影响。澄清葡萄汁时，果胶酶只能在常温、常压下进行酶解作用。一般情况下24h左右可使果汁澄清。若温度低，酶解时间需延长。使用果胶酶澄清葡萄汁，可保持原葡萄果汁的芳香和滋味，降低果汁中总酚和总氮的含量，有利于提高酒的质量，并且可以提高果汁出汁率3%左右，提高过滤速度。其使用方法为：

（1）果胶酶使用量的选择　果胶酶的活力受温度、pH、防腐剂的影响。澄清葡萄汁时，果胶酶能在常温下进行酶解作用，一般情况下24h左右可使果汁澄清，如果温度低酶解时间需延长。根据以上特性，在使用前应做小试验，找出最佳的使用量。

（2）果胶酶粉剂的使用　确定使用量后，将酶粉放入容器中，用4～5倍的温水（40～50℃）稀释均匀，放置2～4h，输送到葡萄汁中，搅拌、静置数小时后，果汁开始出现絮状物，并逐渐沉于容器底部，取上层澄清果汁即可。一般用量在0.5%～0.8%范围内。

果胶酶法优点：① 保持原葡萄果汁的芳香和滋味，降低果汁中总酚和总氮的含量，有利于干酒质量的提高；②果汁分离前或澄清时加入果胶酶能够提高出汁率3%左右，并且易于分离过滤。

3. 皂土澄清法

皂土（Bentonite），亦称膨润土，是一种由天然黏土精制的胶体铝硅酸盐，以二氧化硅、三氧化二铝为主要成分，其他还有氧化镁、氧化钙、氧化钾等成分。它为白色粉末，溶解于水中的胶体带负电荷，而葡萄汁中蛋白质等微粒带正电荷，正、负电荷结合使蛋白质等微粒下沉。它具有很强的吸附力，用来澄清葡萄汁可获得最佳效果。各地生产的皂土其组成有所不同，性能也有差异。白葡萄汁经皂土处理后，干浸出物含量和总氮含量均有减少，总氮含量的减少有利于避免蛋白质浑浊，干浸出物含量的减少可使葡萄汁变得更加纯净。但必须注意皂土不能重复使用，否则有可能使酒体变得淡薄，降低酒的质量。

由于葡萄汁所含成分和皂土性能不同，皂土使用量也不同，因此，事前应做小型试验，确定其用量。以10～15倍水慢慢加入皂土中，浸润膨胀12h以上，然后补加部分温水，用力搅拌成浆液，然后以 4～5 倍葡萄汁稀释，用酒泵循环 1h 左右，使其充分与葡萄汁混合均匀，根据澄清情况及时分离，若配合明胶使用，效果更佳。用皂土澄清后的白葡萄汁干浸出物含量和总氮含量均有减少，有利于避免蛋白质浑浊。注意皂土处理不能重复使用，否则有可能使酒体变得淡薄，降低酒的质量。一般用量为 1.5g/L。

4. 机械澄清法

利用离心机高速旋转产生巨大的离心力，使葡萄汁与杂质因密度不同而得到分离。离心力越大，澄清效果越好。它不仅使杂质得到分离，也能除去大部分野生酵母，为人工酵母的使用提供有利条件。离心前葡萄汁中加入果胶酶、皂土或硅藻土、活性炭等助滤剂，配合使用效果更加。使用前在果汁内先加入皂土或果胶酶，效果更好。

机械澄清法的优点：①可在短时间内使果汁澄清，减少香气的损失；②全部操作机械化、自动化，既可提高质量又降低劳动强度；③除去大部分野生酵母，保证酒的正常发酵。其缺点主要是价格昂贵，耗电量大。

（四） 白葡萄酒的发酵

白葡萄酒的发酵通常采用控温发酵，发酵温度一般控制在 16～22℃ 为宜，最佳温度 18～22℃，主发酵期一般为 15d 左右。发酵温度对白葡萄酒的质量有很大影响，低温发酵有利于保持葡萄中原果香的挥发性化合物和芳香物质。如果超过工艺规定范围，会造成以下主要危害：①易于氧化，减少原葡萄品种的果香；②低沸点芳香物质易于挥发降低酒的香气；③酵母活力减弱，易感染醋酸菌、乳酸菌等杂菌，造成细菌性病害。

白葡萄酒发酵目前常采用密闭夹套冷却的钢罐。主发酵结束后残糖降低至 5g/L 以下，即可转入后发酵。后发酵温度一般控制在 15℃ 以下。在缓慢的后发酵中，葡萄酒香和味的形成更为完善，残糖继续下降至 2g/L 以下。后发酵约持续一个月左右。表 4-12 为主发酵结束后白葡萄酒外观和理化指标。

表 4-12 主发酵结束后白葡萄酒（醪）外观及理化指标

指标	要　　　　求
外观	发酵液面只有少量二氧化碳气泡，液面较平静，发酵温度接近室温。酒体呈浅黄色，有悬浮的酵母浑浊，有明显的果实香，酒香，二氧化碳气味和酵母味。品尝有刺舌感，酒质纯正
理化指标	酒精：9％～11％（体积分数或达到指定的酒精度）；残糖：5g/L 以下；相对密度：1.01～1.02；挥发酸：0.4g/L 以下（以醋酸计）；总酸：自然含量

由于主发酵结束后，二氧化碳排出缓慢，发酵罐内酒液减少，为防止氧化，尽量减少原酒与空气的接触面积，做到每周添罐一次，添罐时要以优质的同品种（或同质量）的原酒添补或补充少量的二氧化硫，注意密封，严格控制发酵设备及发酵间的工艺卫生。

白葡萄酒中含有多种酚类化合物，如色素、单宁、芳香物质等，这些物质具有较强的嗜氧性，在与空气接触时，它们很容易被氧化，生成棕色聚合物，使白葡萄酒的颜色变深，酒的新鲜感减少，甚至造成酒的氧化味，从而引起白葡萄酒外观和风味上的不良变化。白葡萄酒氧化现象存在于生产过程的每一个工序，如何掌握和控制氧化是十分重要的。形成氧化现象需要有三个因素：①有可以氧化的物质，如色素、芳香物质等；②与氧接触；③氧化催化剂的存在，如氧化酶、铁、铜等。凡能控制这些因素的都是防氧化行之有效的方法，目前国内在白葡萄酒生产中采用的防氧措施见表 4-13。

表 4-13 防氧措施

防氧措施	内　　　容
选择最佳采收期	选择最佳葡萄成熟期进行采收，防止过熟霉变
原料低温处理	葡萄原料先进行低温处理（10℃以下），然后再压榨分离果汁
快速分离	快速分离压榨果汁，减少果汁与空气接触时间
低温澄清处理	将果汁进行低温处理（5～10℃），加入二氧化硫，进行低温澄清或采用离心澄清
控温发酵	果汁转入发酵罐内，将品温控制在 16～20℃，进行低温发酵
皂土澄清	应用皂土澄清果汁（或原酒），减少氧化物质和氧化酶活性
避免与金属接触	凡与酒（汁）接触的铁、铜等金属均需有防腐蚀涂料
添加二氧化硫	在酿造白葡萄酒的过程中，适量添加二氧化硫

第四节　葡萄酒在贮藏过程中的管理

一、葡萄酒的稳定性与贮存管理

（一）　葡萄酒的稳定性

葡萄酒装瓶后的物理稳定性主要还是与酒石酸盐、酒石酸氢钾和酒石酸钙的沉淀有关。防止瓶装葡萄酒的这种沉淀是必要的，因为消费者难以接受这种葡萄酒的缺陷，它也是质量控制不良的表现之一。这些盐类的沉淀可能是由于一种或数种原因，例如在酒窖中没有完全稳定化，在稳定性试验中采用了非代表性的样品，采用了不恰当的稳定性试验方法，在最终的过滤时除去了以前能阻止沉淀的胶体成分，或者酒中发生了自然的化学变化，尤其是酚类色素的聚合作用。葡萄汁的初始稳定性是由葡萄汁中溶质的过饱和水平确定的，由于酵后乙醇生成和贮酒时的低温会降低某些溶质的溶解度，从而能破坏这种初始稳定性。

对于酒石酸盐沉淀来说，葡萄酒的处理方式仍然会导致一种不完全沉淀，即使在低温下维持 5d 或更长的时间也是如此，在这一方面有一些其他的结晶方法和处理方法。其他一些常见不稳定问题包括一些胶体沉淀，例如蛋白质、多肽、单宁和多糖的浑浊沉淀。某些白葡萄酒出现微桃红色、一些白葡萄酒和桃红葡萄酒的快速褐变，以及所有葡萄酒的氧化都是化学不稳定的例子。

1. 颜色的稳定性

葡萄酒中的色泽主要来自葡萄及木桶中的呈色物质，葡萄酒的呈色物质为多酚类化合物及单宁不同的呈色物质给葡萄酒以不同颜色。葡萄酒的色泽变化受多种因素影响，如亚硫酸、pH 值、氧化还原及金属离子的作用等。通常将 PVPP（聚乙烯聚吡咯烷酮）过滤应用于色素的沉淀与去除。

2. 酒石酸盐的稳定性

葡萄中含有大量的酒石酸，含量占其全部有机酸总量的 50% 以上。葡萄酒中富含钾、钠、钙等离子，酒石酸与钾、钠、钙等离子结合，因而葡萄酒中存在一定量的酒石酸盐类，主要是酒石酸钾、酒石酸钙。由于酒石酸钾、酒石酸钙等酒石酸盐类的溶解度较小，常形成沉淀而析出，这些沉淀俗称酒石，酒石的存在影响葡萄酒的稳定性。

葡萄汁中钾和酒石酸的浓度变化很大，而钙的含量变化较小。任何特定葡萄汁中这些物质的含量水平都主要与季节、葡萄的成熟度和葡萄品种有关，其次也与砧木品种和土壤条件有关。在给定的葡萄品种中，酒石酸的含量在生长季节中与温度基本上无关，而似乎只是受成熟期内酸的合成和果粒增大的影响。果粒中钾的浓度在较大程度上依赖于生长条件、砧木品种和进入发育中的藤蔓和叶子的输送竞争作用。这些生长条件包括钾元素的供应来源、土壤的湿度和组成、气候对成熟速度的影响，以及果穗在藤蔓上的时间长短，只要不进行离子交换处理，葡萄酒中的钾含量基本上反映了葡萄汁中的钾含量，而在可能进行的碳酸钙处理或与水泥池接触时会溶入一些钙离子，因此葡萄酒中的钙含量可能比葡萄汁中高。钾对葡萄酒中溶液平衡的影响是复杂的，因为它能影响到酒液的 pH 值和离子强度（因此也能影响到离子活度和以酒石酸氢盐形式存在的酒石酸含量）。Berg 和 Keefer（1958）测定了酒石酸氢钾在乙醇溶液中的溶解度为 12%（体积分数）。在乙醇中，当温度从 20℃降到 0℃时，酒石酸氢钾的溶解度下降了 60%。在 20℃下，乙醇的浓度每增加 10%（体积分数），酒石酸氢钾的溶解度就要降低约 40%。Berg 和 Keefer（1959）在类似的条件下测定了酒石酸钙的溶解度，当温度从 20℃降到 0℃时，酒石酸钙的溶解度几乎降低了 50%，乙醇的浓度每增加 10%（体积分数），酒石酸钙的溶解度就要降低约 30%。pH 值决定了酒石酸、酒石酸氢根和酒石酸根的存在比例，它们是根据乙醇含量为 12%（体积分数）时的 pK 值计算的，而不是根据水中的 pK 值计算的。

酒石酸钙的含量随着溶液中的酒精成分增加而降低。当溶液中的 pH 值降低时，酒石酸钙的溶解度就显著增加。酒石酸钙在水溶液中加热也不易溶解，并且使溶液轻微酸化，结晶便立即溶解；若在溶液中含有酒石酸钙，加入几滴草酸，溶液变为浑浊。酒石酸盐沉淀的预防通常采用离子交换法、加入偏酒石酸法（每 100L 葡萄酒加入 5～15g）和冷冻法。

3. 蛋白质的稳定性

葡萄酒中的蛋白质是引起葡萄酒尤其是白葡萄酒浑浊和沉淀的主要原因之一。因此必须在装瓶前对酒中蛋白质进行处理，以保证装瓶后的葡萄酒的长期稳定。葡萄酒中蛋白质的含量与酿造工艺（如澄清剂、酶制剂的添加使用等）、葡萄的品种等因素有关，通常采用以下方法预防葡萄酒中蛋白质不稳定性：

（1）加热的方法　将白葡萄酒加热至 75～80℃，保持 10min 左右，使蛋白质遇热凝结，然后过滤除去蛋白质沉淀。

（2）加入蛋白酶法　部分蛋白酶可以分解酒中的蛋白质，借以避免蛋白质的浑浊和沉淀。

（3）添加皂土法　利用皂土可除去酒中的蛋白质，也可用皂土，蛋白质采用指示剂的方法来检验。

（二）　葡萄酒的贮藏管理

1. 葡萄酒的贮藏管理

新鲜的葡萄汁（浆）经发酵而制得的原酒需经过一定时间的贮存（Storage）（或称陈酿）和适当的工艺处理，使酒质逐渐完善，最终达到商品葡萄酒应有的品质。贮酒室应满足以下四个条件：

（1）温度　一般以 8～18℃为佳，干酒 10～15℃，白葡萄酒 8～11℃，红葡萄酒 12～

15℃，甜葡萄酒 16~18℃，山葡萄酒 8~15℃。

（2）湿度　以饱和状态为宜（85%~90%）。

（3）通风　室内有通风设施，保持室内空气新鲜。

（4）卫生　室内保持清洁。贮酒容器一般为橡木桶（oak barrels）、水泥池或金属罐。

葡萄酒在贮存过程中发生的一系列物理、化学、生物化学的变化赋予了葡萄酒体果香味和醇厚的酒质，并且提高了酒的稳定性。不同品种的葡萄酒的贮存期不同，一般白葡萄原酒 1~3 年，红葡萄酒 2~4 年，干白葡萄酒 6~10 个月，有些特色酒更易长时间贮存，可达 5~10 年。

葡萄酒在贮存期间需要经常进行换桶、满桶操作。换桶就是将酒从一个容器换入另一个容器的操作，亦称倒酒。葡萄酒的品种、葡萄酒的内在质量和成分决定了换桶的次数和条件，例如干白葡萄酒换桶时为了以防止氧化，保持酒的原果香，因此换桶时必须与空气隔绝，通常采用二氧化碳或氮气填充保护措施。换桶的作用主要包括：①分离酒脚，去除桶底的酒石、酵母等沉淀物质，并使桶中的酒质混合均一；②酒接触空气，溶解适量的氧，促进酵母最终发酵的结束；③由于酒被二氧化碳饱和，换桶可使过量的挥发性物质挥发逸出及调节酒中二氧化硫的含量（100~150mg/L）。满桶亦称添桶，是为了避免贮酒桶表面产生空隙而导致的菌膜及醋酸菌生长和繁殖，必须随时使贮酒桶内的葡萄酒装满，不让它的表面与空气接触的操作。此处应注意以下三点：一是添酒的葡萄酒应选择同品种、同酒龄、同质量的健康酒，或用老酒添往新酒；二是添酒后调整二氧化硫；三是添酒的次数，第一次倒酒后一般冬季每周一次，高温时每周 2 次，第二次倒酒后，每月添酒 1~2 次。

贮酒桶表面产生空隙的原因为：①温度降低，葡萄酒容积收缩，体积减小；②溶解在酒中的二氧化碳逸出以及温度的升高产生蒸发使酒逸出等。

葡萄酒在贮存期要保持卫生，定期杀菌。贮存期要不定期对葡萄酒进行常规检验，发现不正常现象，及时处理。

瓶贮指葡萄酒装瓶后至出厂的一段过程。瓶贮的机理为：① 葡萄酒在瓶中的陈酿，是在无氧状态下即还原状态下进行的。据实验测定，酒在装瓶的几个月后，其氧化还原电位达到最低值，在此状态下葡萄酒的香味物质形成，并且还原型的香味物质才有愉快的特征。因此葡萄酒经瓶贮后显示出特有的风味。②葡萄酒在装瓶时带入的氧消耗后促进香味形成。软木塞的密封防止酒的氧化。③瓶贮时酒应卧放，并定期旋转，使酒浸泡软木塞，起到类似橡木桶的作用，改善陈酒的风味。

瓶贮期因酒的品种不同、酒质要求不同而异，最少 4~6 个月。某些高档名贵葡萄酒瓶贮时间可达 1~2 年。

2. 葡萄酒的桶贮管理

橡木桶贮酒在国外历史悠久且应用非常广泛，随着我国葡萄酒市场的逐渐成熟和人们欣赏水平的不断提高，橡木桶在葡萄酒成熟过程中的作用越来越受到酿酒师的重视。橡木桶已非简单的贮酒容器，它带给葡萄酒的变化是深刻而复杂的，橡木桶的应用已成为提高红葡萄酒品质的重要技术手段之一。

（1）橡木与橡木桶　世界上橡木的种类有很多，大约为 250 种。由于结构和成分的不同，每一种橡木赋予葡萄酒的风味是不一样的。目前应用最多的是欧洲橡木和美洲橡木。欧洲橡木主要是卢浮橡（*Quercus robur*）和夏橡（*Quercus sessilis*），包括来自 Nevers、Troncais、Limousion 和 Alliers 森林的法国橡木，还有来自德国、南斯拉夫等其他的欧洲国家的橡木；美洲橡木主要是美洲白栎（*Quercus alba*），另外还有其他 6 种橡木。相似种类的橡木在我国东北辽宁地区以蒙古栎为主，另外也有辽东栎等。

用于制桶的橡木只有将其边材转化为芯材，其木质多孔被添堵时才能使用，否则会漏酒，这样的橡木一般具有近百年的树龄和大于 45cm 的直径，生长缓慢的橡木和靠近边材的芯材含有更多的浸出物质。按制桶四分法下料，使年轮与桶板的宽成直角，每块桶板从一边到另一边至少应该有三条髓线通过。桶板一般要经历 2～3 年的自然风干和缓慢成熟，雨水的冲洗将会带走过重的苦味单宁，另外温和湿润的环境条件会促使 3 种有益真菌作用于橡木多聚单宁的葡萄糖苷，使其减少收敛性的苦味，从而变得更为柔和。

欧洲橡木含有更多的可浸提酚类物质，并且可赋予酒更深的颜色，香气较幽雅细腻，易于与葡萄酒的果香和酒香融为一体，而美洲橡木含有更多的挥发性香气物质，其香气较浓烈，较易游离于葡萄酒的果香和酒香之上。中国橡木介于两者之间，试验结果表明，中国橡木甚至比匈牙利橡木具有更好的葡萄酒口感，因此要酿制橡木香气浓郁的葡萄酒，建议选用美国的白栎；如果想酿造橡木香、果香、酒香协调幽雅的葡萄酒，则要选择欧洲橡木或中国橡木。

经过适度烘烤的橡木桶会赋予葡萄酒更馥郁、更怡人的香气，经其陈酿的葡萄酒口感也更加柔和饱满。而且，烘烤程度不同的橡木桶赋予葡萄酒的滋味也有所不同。烘烤的类型有 3 种，即轻度、中度、重度，轻度烘烤只烘烤内壁表面，没有深度，中度烘烤达 2mm 深度，重度烘烤深度在 3～4mm。一般来说，轻度和中度烘烤的橡木会赋予葡萄酒一种鲜面包的焦香和怡人的香味；而过度烘烤的橡木会使在其中陈酿的葡萄酒产生一种像柴油一样的味。因此，选择橡木桶的烘烤程度时一定要结合所酿葡萄酒的风格仔细斟酌。

（2）橡木桶对红葡萄酒的影响　木桶的大小和形状会影响葡萄酒的成熟过程。选择木桶型号时主要考虑两个因素：一是操作的方便性；二是内比表面积。单位体积的葡萄酒接触的表面积越大，越有利于葡萄酒的成熟，木桶体积越小，比表面积越大。人们经常选用 225L 的木桶，这种橡木桶不仅有合适的表面积容积比，而且移动操作和清洗等都很方便。

橡木桶的通透性可保证葡萄酒的控制性氧化成熟。在葡萄酒成熟的过程中，适度氧化是必需的，适量的氧使单宁和色素缓慢氧化，使葡萄酒颜色由鲜红色逐渐变为宝石红色，同时葡萄酒的苦涩味和粗糙感逐渐减少、消失。氧本身不能透过湿的木板进入葡萄酒中，因为它首先要与木板内的可氧化底物相遇，包括渗入桶板细胞内的葡萄酒，这些氧化底物往往是多聚体，分子质量巨大，使氧难于向木板内部的酒中扩散。葡萄酒在小的容器中贮存，其发育成熟的速度更快，在不锈钢大罐中贮存比在木桶中贮存吸收氧的速度要慢。向木桶中添酒、倒桶以及其他处理会将氧带入葡萄酒中。

在橡木桶中，葡萄酒的香气发育良好，并且变得馥郁，橡木桶可赋予葡萄酒很多特有的物质，从而改善葡萄酒质量。香气是木桶贮存葡萄酒的重要质量指标，葡萄酒中常见的新橡木香气有 12 种。经过新橡木桶熟成的葡萄酒通常会出现橡木、青木、椰子、丁香花、香草、辛香、皮革、药草、烤面包、苦杏酒、甘草、烟熏味这些香气，由橡木桶进入葡萄酒中的香味物质主要包括橡木内酯、丁子香酚、香草醛、愈创木酚等。这些呈香物质进入葡萄酒中的量与橡木的种类、烘烤程度及桶的新旧和贮酒时间长短有关，从而使得葡萄酒的香气更加复杂。另外由于橡木单宁的溶解提高了葡萄酒中单宁的缩合程度，葡萄酒的涩味下降，口感柔和，颜色变暗，更趋稳定，同时由于橡木多糖的介入，也明显提高了葡萄酒的肥硕感。新橡木桶在第一年的贮酒过程中会使葡萄酒增加 200mg/L 的单宁，橡木桶贮酒还有利于新酒中二氧化碳气体的排除和酒的自然澄清，因为较小的容器容易使酒自然澄清，装在不锈钢大罐中葡萄酒的自然澄清要比在橡木桶中慢得多。大多数红葡萄酒可以在橡木桶中陈酿成熟，只有少数具有香草特征的白葡萄酒（如霞多丽、索味浓、赛美蓉等）允许在橡木桶中成熟。

（3）桶贮管理

① 环境管理　酒窖的环境对葡萄酒的正常发育成熟有着重要影响。酒窖一般常处于岩洞、地下或半地下，以尽量保持贮酒温度的恒定，有条件的酒厂可以在酒窖中安装中央空调，以调节夏季的高温和冬季的寒冷。国外桶贮葡萄酒的最适温度控制在 15～20℃。剧烈的温度变化对葡萄酒的质量发育是不利的，像幼儿一样温度变化可能会使葡萄酒"感冒"。

桶贮酒窖的湿度一般控制在相对湿度为 75 %～78 % 之间，尤其在新桶入窖后要及时酒水或喷雾，因为新桶会吸收酒窖的湿度。夏季酒窖湿度过大时要打开酒窖的通风设施，如鼓风机组或通风窗，湿度过大时酒窖容易产生霉味，湿度过低时木桶外表容易裂缝而不易清理。

在每年高温高湿的夏季进行 1～2 次的酒窖杀菌处理，可以用漂白粉处理地面和墙壁，也可以将酒窖密封熏硫，熏硫时最好选择在周末，下周上班时通风换气。酒窖的照明应使用低功率的白炽灯，避免强烈的光线刺激。

朗格斯酒庄在其桶贮酒窖中，为葡萄酒播放悠扬的音乐，据说这不仅仅是一种文化，它对葡萄酒的发育成熟和质量改进有着积极的影响，因为葡萄酒是一种有生命的液体，从发酵结束的新酒诞生到成熟陈酿，直到最后被消费，每时每刻都发生着复杂的变化。

② 橡木桶的管理　新木桶进厂后应尽快使用，只需用冷水简单冲洗就可直接装酒，如果新桶到厂不能及时使用，应用轻微的蒸汽处理，充入 SO_2 气体，塞上塞子，放在冷凉的地方。如果新桶因放置时间过长造成裂缝，使用前要用 200mg/L 亚硫酸水浸泡至少 48h。

洗桶或搬运木桶时最好使用叉车，应避免过多的滚动木桶，否则容易使桶箍松落，洗桶可以使用高压纯净水，也可以使用热水快速清洗，或用 0.1 % 的亚硫酸水或 2 % 的热碳酸钠溶液清洗。有的酒厂在桶内装进不锈钢链条，撞击内壁以除去酒石。

保存橡木桶最好的办法是让它装满葡萄酒，在国外有的酒厂有时没有可利用的葡萄酒，他们会买一些葡萄酒把桶装满，因为空桶一旦处理不好，就会产生霉味和醋酸菌的问题。如果不得不把桶空出来，那就需对木桶用热水或蒸汽处理，然后沥干、熏硫并放在相对湿度在 75 % 左右、温度为 12～17 ℃的地方装满水贮存，所用水需用酒石酸将 pH 值调至 2.5，并保持 SO_2 在 200～500mg/L 之间，保证水不得变质有味，适时添加 SO_2 并搅拌。橡木桶熏硫时注意不要让熔化的硫滴在桶内，否则这些桶用来进行酵母发酵时会产生大量的硫化氢。橡木桶使用多年后，其可提取的香味物质将消失殆尽，有些酒厂将旧橡木桶内壁刨去 1mm 左右，露出新的表面，继续盛装佐餐葡萄酒，但要注意装过红酒的旧桶虽然已经除去内表面，也不能再用来盛装白葡萄酒，因为红葡萄酒会浸入木桶内壁 6mm 之多。

总之，高质量红葡萄酒的一个重要参数是品种香气、陈酿香气和橡木香气的平衡协调，其中后两者是通过橡木桶陈酿获得的。全新优质的橡木桶是贮存上等美酒的最佳容器，用橡木桶贮存葡萄酒的主要目的在于赋予葡萄酒一定程度的氧化反应并让葡萄酒充分汲取橡木的精华。葡萄酒是一种有生命的液体，在桶贮期间需要细心呵护和精心照料，包括控制好陈酿的温度和湿度，避免污染，及时添桶，定期品尝与分析等。对于橡木桶，同样也要进行管理和维护，以保证其提质增效的作用。

③ 酒的管理　红葡萄酒应在酒精发酵和苹果酸-乳酸发酵结束后，再进行简单的自然澄清之后灌入橡木桶中进行陈酿；少数白葡萄酒是在橡木桶中发酵，并带酒泥陈酿。

在葡萄酒的桶贮过程中，贮存时间的长短依据葡萄酒的质量和类型而定，原则是橡木桶提供给葡萄酒香气及口感的有益补充，但橡木味不能过于强烈，掩盖了葡萄酒的品种香气和陈酿气味，一般红葡萄酒为 6～18 个月，白葡萄酒 2～6 个月，较轻型的酒时间稍短些，干浸出物和酚类物质含量高、颜色深的厚重型优质耐贮葡萄酒时间可以稍长些。木桶的重复使用时间一般为 3～6 年，之后用于装甜酒。有研究指出即使使用多次的桶，如果时间够长，仍然对酒的口味有影响。

根据酿酒师的要求，应定期或不定期取样检测葡萄酒的挥发酸、游离二氧化硫含量等指标，以获取葡萄酒的卫生状况和有关成分信息，及时对葡萄酒进行调整或纠偏。木桶酒的游离 SO_2 含量，轻型酒保持在 25mg/L 左右，干白及耐贮型优质酒保持在 30mg/L 左右。酿酒师应经常品尝酒样，以鉴定葡萄酒的质量和确定出桶的最佳时间。需特别强调的是不要使酒在木桶中达到完全成熟，而应在此之前某一时间点出桶，然后装瓶，经历一段时间瓶贮陈酿，达到完全成熟。添桶是一件非常重要的工作，每两周进行一次，应用相同品种、相同年份、相同质量的酒适时添满。因为葡萄酒透过桶板蒸发而造成顶空，好氧醋酸菌的活动会引起葡萄酒挥发酸含量的升高。

葡萄酒刚入桶后，用橡胶槌轻轻锤击木桶，可以使吸附在桶内壁的气泡从桶口释放出来，然后塞紧塞子。用硅胶塞塞紧桶口，并使木桶旋转 60° 存放（即桶口指向时钟两点钟的位置），可以保持数周或数月不用添桶，虽然桶中的酒也会蒸发，但桶中会形成 100～150mmHg（1mmHg＝133Pa）的负压，不会引起醋酸菌的活动和挥发酸的升高，这种做法在国外也是比较常见的，但这要求木桶健全、不漏、不渗并塞紧，葡萄酒不含残糖并经历了苹果酸-乳酸发酵，稳定的贮酒温度。其实这是更有效的一种方式，而添桶则弊大于利。

葡萄酒的蒸发包含了水分和酒精两部分。一方面酒精具有比水更强的挥发性，另一方面酒精具有更大的分子而不易透过桶板的半透膜。事实上葡萄酒桶贮过程中酒度会降低，足够湿度的酒窖环境阻止了水分的蒸发，而不是酒精。有时会使用橡木桶发酵葡萄酒，尤其在澳大利亚和新西兰酿造霞多丽白葡萄酒时，发酵过程中的固体颗粒会堵塞桶板的孔隙，这样解决了新木桶贮存澄清葡萄酒时的渗漏问题。橡木桶对酒比对水显示了更多的孔隙，同样对甜酒比对干酒显示了更多的孔隙度，这也解释了有时新木桶试水不漏而装酒后却又发现渗漏的原因。

二、葡萄酒的后处理

葡萄酒是不稳定的胶体溶液，陈酿与贮存的期间葡萄酒会发生物理、化学、生物学及微生物特征的变化，出现浑浊甚至沉淀等现象。为了解决这种问题，保证成品葡萄酒的外观品质澄清透明，酒体在相当时间内保持稳定，需对陈酿后的酒体进行处理，例如热处理、冷处理及澄清处理等。

（一） 葡萄酒的热处理

葡萄酒的热处理也称马德拉（Madeira）化，热处理不仅可以改善葡萄酒的品质，还可以增加葡萄酒的稳定性。通常状态下，经热处理后的葡萄酒具有马德拉酒的风味。葡萄酒热处理的作用主要体现以下方面：

① 葡萄酒的热处理可以改善葡萄酒的色、香、味，总酸、挥发酸和氧化还原电位下降，pH 值上升，部分蛋白质凝固析出，酒香味好，挥发酯增加，口味柔和醇厚，产生老酒味，热处理是加速葡萄酒老熟的有效措施之一。

② 葡萄酒的热处理可除去乳酸菌、醋酸菌、酵母等，达到生物稳定。

③ 葡萄酒的热处理可以除去有害物质，特别是氧化酶，达到酶促稳定。

④ 葡萄酒的热处理对有利于胶体的形成，并且对于蛋白质雾化形成，自然澄清，晶体核的破坏及酒石酸氢盐结晶的溶解等均起到一定作用。

热处理也会对酒的色、香、味产生不利的一面，如果香新鲜感减弱，酒色变褐，严重时甚至会出现氧化味。葡萄酒通常在密闭容器内进行热处理，即将葡萄酒间接加热到工艺所要求的温度，保持一定时间后做热处理，表 4-14 介绍了葡萄酒的不同热处理所需要条件。

表 4-14　葡萄酒的热处理条件

处理方法	处理目的	处理温度和时间
巴氏杀菌	葡萄酒的灭菌	55℃、60℃或 65℃数分钟
瞬时巴氏杀菌	灭菌、酶学稳定化	90℃数秒
热装瓶	葡萄酒的灭菌	加热到 46℃或 48℃、自然冷却
热稳定化	除去白葡萄酒中的蛋白质除去过量的铜	75℃，15min；或 60℃，30min
调节空气的陈化	某些类型葡萄酒的陈化瓶中陈化	75℃，15～60min；30～45℃，处理几天；19～22℃下贮存几周

（二） 葡萄酒的冷处理

葡萄酒冷处理具有如下的作用：

① 葡萄酒冷处理可使葡萄酒尤其是新酒可显著改善口味，使过量的酒石酸盐与不安全的色素析出沉淀并且酒石酸氢钾的析出使酸味降低，口味变得柔和。

② 葡萄酒冷处理可以加速沉淀发酵后残留在酒中的果胶、死酵母、蛋白质等有机物质，有利于酒体的澄清。

③ 葡萄酒在低温下可以溶入更多的氧，氧化作用增强，利于加速酒的陈酿，使酒中某些低价铁盐氧化为高价铁盐，并降低其含量。

一般冷至葡萄酒的冰点以上 0.5℃，因各类葡萄酒的酒精含量和浸出物不同，其冰点也各不相同。

葡萄酒冷处理时应迅速强烈降温，使酒体在短时间内（5～6h）达到需要冷处理的温度，处理完毕后，应在同温度下过滤。白葡萄酒冷处理时为了防止氧化，需采用二氧化碳对白葡萄酒进行保护。

（三） 澄清处理

原料葡萄中带来的单宁、色素、蛋白质及树胶等物质，使葡萄酒具有胶体溶液的性质，这些物质降低了葡萄酒的稳定性，必须加以清除。目前常用的方法为下胶净化（澄清剂为干酪素及皂土、蛋清、鱼胶、明胶等）。此外还有运用机械方法（离心设备）来大规模处理葡萄汁、葡萄酒，进行离心澄清。

（四）　葡萄酒的过滤

过滤是一种常用的澄清方法，是通过过滤介质的孔径大小来截留或吸附微粒和杂质的。通常与上述几种方法配合使用。葡萄酒的过滤介质常采用硅藻土过滤、纸板过滤、真空过滤、膜过滤、棉饼过滤等。

（五）　葡萄酒的离子交换处理

葡萄酒经过交换树脂，可以除去葡萄酒中过多的金属离子和酒石酸盐的含量，提高酒的稳定性。目前离子交换法普通应用于葡萄酒的处理。

第五节　葡萄酒的包装

一、葡萄酒包装构成

（一）　葡萄酒的外包装

由于葡萄酒外包装的主要功能在于流通和仓储环节。因此，葡萄酒外包装的设计应注意艺术性，即外包装造型需运用美学原理按照消费者对点、线、面、体等各种形态要素的识记规律进行设计，并应注意结构的科学性、牢固性及实用性。葡萄酒外包装通常采用纸盒或木盒，还有布袋装。其外观设计主要有方柱形、扁平形、棱柱形、书本形、开窗式、配套式和提篮式。其中开窗式又名透明式，有两面开窗或一面开窗之分，不用揭开纸盒就能看到瓶装酒。配套式又叫箱形酒盒，通常是在1个包装盒里盛装不同类型的葡萄酒或配以酒具之类的商品。提篮式的形式如同一个篮子，优雅别致，富有情趣。

欧洲一些国家的消费者习惯将瓶装葡萄酒放在纸质彩盒、提兜或木盒中，以显示其生活的精致和高贵品质。木盒由专业厂家设计制作，有上千种样品可供选择。一般而言，名贵的葡萄酒多盛装于木盒，包装规格一般为3×2瓶或3×4瓶成箱。通常，彩色包装箱上的图案要能够简洁、准确地表明生产厂家或经销商的特征，我国葡萄酒产品的外包装基本上沿袭了国外的包装设计模式。

（二）　葡萄酒的内包装

葡萄酒内包装主要包括盛酒容器、标签、瓶塞（或瓶盖）、瓶帽等。

（三）　包装的作用

从葡萄酒的装瓶、批发、商业零售到最终消费，包装一直起着重要的作用，归纳起来有以下几个方面。

（1）便于运输、携带和贮藏　葡萄酒体呈液态，只有借助合适的包装，才能运输、携带和存放，并且保证贮运中的安全。

（2）便于购买和使用　如果葡萄酒没有包装，就难以把葡萄酒陈列出来，也难以计数、盘点和售卖。有了包装，就给葡萄酒营销带来了很大方便。从消费者角度来说，葡萄酒通过一定形式包装，才能方便购买、携带、保管和消费。同时，借助葡萄酒包装附印的说明，消费者可以方便地了解有关葡萄酒的饮用和保管方法。

（3）美化葡萄酒、促进销售　葡萄酒经过包装以后，首先进入消费者视觉的，往往不是葡萄酒体本身，而是葡萄酒的包装。好的包装能引起消费者的兴趣，触发其购买动机，因而成为"无声的推销员"。葡萄酒的内在质量是葡萄酒市场竞争能力的基础，但是一款优质葡萄酒如果不和优质的包装相配合，其市场竞争力就会大大削弱。另外，由于包装材料多样化及包装技术的发展，葡萄酒包装在保护酒体和方便流通方面的功能已逐步弱化，而在吸引消费和促进销售方面的作用得到了强化，越来越多的企业将包装作为实施葡萄酒产品差异化营销的重要工具。

（4）保护葡萄酒　葡萄酒包装可以保护葡萄酒免遭有害细菌或微生物的侵害，可以防止葡萄酒氧化、变质或散失，能有效保护葡萄酒体质量的稳定，保持葡萄酒特有的风格和典型性。这是葡萄酒包装的基本用途，也是葡萄酒包装的物理功能。

二、葡萄酒包装的发展

17世纪前，葡萄酒一直放在木酒桶里酿制和放在陶罐里贮存、运输。经过漫长的发展和演变，17世纪后期玻璃材料的性能有了进一步提高。人们开始用玻璃容器盛装葡萄酒，这样极大方便了葡萄酒的贮存和运输。葡萄酒在玻璃容器里能长久存放。玻璃容器既具有优良的物质功能，而且具有相当丰富的精神内涵。在玻璃材料中加入着色剂可以制成各种颜色的玻璃容器，如琥珀色、咖啡色、墨绿色等，这样与葡萄酒本身的颜色交相呼应、相得益彰。玻璃容器具有高贵优雅的质感，在瓶型的多样性和装饰性等方面具有明显的优势。传统上习惯将葡萄酒瓶平放，这样有利于酒的熟化。因此，葡萄酒瓶也逐渐由开始的圆肚形演变成今天的细长瓶形。19世纪50年代葡萄酒瓶的形状有了世界公认的造型，来自法国波尔多地区的波尔多瓶型都是方肩膀的，而勃艮第的瓶型则是溜肩膀的。不同国家和地区的葡萄酒瓶造型，能够根据本民族的传统文化特色创造出具有鲜明特征的瓶形，以满足世界各地消费者需求。另外，品质较高、长久存放的葡萄酒尽可能使用尺寸较长的软木塞，这样葡萄酒与软木塞接触以保持其湿润。而且人们偏好使用天然材料来为葡萄酒封瓶，并喜欢听到开瓶时能够发出的那种令人倍感亲切的声响，以及开瓶时隆重的场面和气氛。

葡萄酒的包装与印刷技术的发展密切相关。18世纪下半叶木版手工印刷的葡萄酒瓶贴开始出现并受到很多经销商的欢迎，但瓶贴的装饰效果受当时的印刷条件和技术水平影响很大，起初是比较简单的单色图案，后来有些高档葡萄酒瓶贴采用手工填颜色的方法，这样能取得比较好的视觉效果，但成本很高、制作麻烦。19世纪50年代，随着石版套印技术的问世，实现了彩色印刷，并且印刷质量得到了保证。各种设计精美的葡萄酒瓶贴都可以印刷。当时葡萄酒瓶贴设计受新艺术运动风格影响很大，图案一般为流动的、装饰性自由曲线。设计师能够从大自然中寻找创作灵感，表现主题思想，图形取材于自然界的葡萄藤、花梗、花蕾以及其他优美的非对称波状曲线。这些线条柔美流畅、典雅精致，富有节奏感和韵律美，充满浪漫主义色彩。这种设计风格一直延续至今。这时期葡萄酒包装达到了一个新的发展阶段，许多国际著名品牌葡萄酒正是在这种外观设计和内在品质达到完美统一的情况下登上历史舞台，成为葡萄酒家族中的精品。

20世纪以来，葡萄酒包装受各种艺术思潮影响，追求多元化和个性化的设计风格，产品琳琅满目、造型各异。受国际主义设计风格的影响，一些葡萄酒容器造型抽象概括，较少有过多的装饰线条，瓶体上下浑然一体，简洁挺拔、极富现代感。瓶贴一般采用对称式编排，以醒目的字体为主体形象，其他字体采用花体字或斜体字，排列错落有致、端庄秀丽或以产地的葡萄种植园作背景画面，色调清新淡雅，各构成要素协调统一。有的葡萄酒包装受后现代主义设计风格的影响，设计中强调传统文化与现代理念的有机结合。在葡萄酒容器的瓶形设计上强调装饰和奢华的表现形式，彰显葡萄酒高贵典雅的超凡品质。一般高质量葡萄酒通常是装在传统型厚重的瓶子里，特殊的瓶形则常是商业性需求的结果。例如有些国家和地区在盛大节日和庆典活动中，常会推出一些特殊的瓶形，具有很好的纪念意义和收藏价值。一款法国葡萄酒的瓶形设计采用写实主义表现手法，造型模拟法国标志性建筑埃菲尔铁塔，晶莹的琥珀色瓶体与红宝石色酒融为一体，令人赏心悦目。浮雕图案的设计更显酒质的纯正、淳美以及尊贵气派。整个设计突出强调法国悠久的历史和灿烂的文化。具有鲜明的民族性和时代性。达到很好的视觉表现效果，使葡萄酒身价倍增。因此葡萄酒包装更具传统性、艺术性，充满浓厚的文化艺术气息。

三、葡萄酒包装材料

葡萄酒的包装是葡萄酒生产的最后一道工序，该工序在葡萄酒的整体质量方面起至关重要作用。包装工艺和包装材料的选择，应保证既能确保葡萄酒的内在质量，又能提高产品的档次与价格，葡萄酒的包装工艺如图 4-15 所示。

瓶子 → 洗瓶
↓
经勾兑处理、过滤后的葡萄酒 → 灌装 → 打塞封盖 → 验酒 → 贴标 → 装箱 → 成品酒

图 4-15　葡萄酒的包装流程图

葡萄酒的封装材料包括瓶、盖、塞、帽、卡网、带、丝、商标、箱、纸等。盛装葡萄酒的瓶子有玻璃瓶（规格为 1500mL、750mL、720mL、640mL、375mL、250mL、187mL等）、塑料瓶（规格为 1250mL、500mL、187mL 等）、复合膜袋（规格为 20000mL、10000mL、5000mL、3000mL 等）、水晶瓶（规格为 700mL、720mL、750mL 等）。

瓶盖有皇冠盖、扭断盖、螺旋盖；瓶塞有软木塞、塑料塞、蘑菇塞。瓶帽有酒精帽（经酒精浸泡）、热缩帽、金属帽。卡网是用来固定起泡葡萄酒瓶塞的。以下举几例常用包装材料：

（1）橡木桶　橡木桶对葡萄酒最大的影响在于使葡萄酒通过适度的氧化使酒的结构稳定并将木桶中的香味融入酒中。橡木桶壁的木质细胞具有透气的功能，可以让极少量的空气穿过桶壁，渗透到桶中使葡萄酒产生适度的氧化作用。过度的氧化会使酒变质，但缓慢渗入桶中微量的氧气却可以柔化单宁，让酒更圆熟，同时也让葡萄酒中新鲜的水果香味逐渐酝酿成丰富多变的成熟酒香。选用橡木桶包装葡萄酒也是一种较好的方法，虽然它的造价可能要比玻璃瓶高许多，但对于高档的葡萄酒来说，质量会更好。

（2）利乐包　利乐包原来是作为牛奶容器研制的，近年来，也有用于葡萄酒的包装。利乐包葡萄酒在一定程度上也可以解决携带不便的问题，而且从葡萄酒"新世界"国家来看，利乐包也有很广阔的市场，在澳大利亚这种包装形式能占到 10%。虽然这里面有消费者对葡萄酒认知度较高的原因，但这毕竟也迎合了葡萄酒作为一种快速消费品的定位。

（3）聚酯瓶　聚酯瓶的外观看似玻璃，起到的却是塑料性能的作用。用聚酯瓶包装葡萄

酒时，不仅口味不受影响而且经济实惠。目前，全世界的啤酒容器都在酝酿着用聚酯瓶包装，酒精度高的烈性酒也采用了不同规格的聚酯瓶，这些都证明了聚酯瓶的良好性能。实际上，现今的应用还不是很广泛，国外一些酒厂用它来存放6～12个月内消费的餐桌酒和饭后酒。

（4）玻璃酒瓶　葡萄酒中含有多种有机酸及单宁，当这些酸及单宁与空气接触时，就会导致某些金属如铝、铜、铁等变色，从而影响葡萄酒的质量。根据葡萄酒这个特点，有关金属材料如铜、铁、铝等可能会使葡萄酒产生破败病或引起有关金属超标，不适合用作直接与葡萄酒接触的包装材料，如果一定要用，就要采用一定的措施，例如在金属的表面涂刷环氧树脂等。玻璃是一种比较好的葡萄酒包装材料，在葡萄酒包装中仍占有重要位置。玻璃包装容器的主要特点是无毒、无味、透明、美观、阻隔性好、不透气、原料丰富、价格低廉，而且具有耐热、耐压、耐清洗的优点，既可高温杀菌，也可低温贮藏，对于气体、水分、细菌等都具有隔绝能力，可以在很长的时间内保持葡萄酒的质量。对于葡萄酒包装来说，由于玻璃色彩变化的有限性，对色彩种类较多的葡萄酒来说，包装的视觉效果可能会受到影响。常见的玻璃酒瓶及其特点见表4-15。

表 4-15　常见的葡萄酒瓶及其特点

瓶型	特　　点
波尔多（Bordeaux）瓶	高肩圆柱形，深绿色酒瓶盛装红葡萄酒，无色透明玻璃瓶盛装白葡萄酒，因盛装法国波尔多葡萄酒而得名，并在世界许多国家得到推广
勃艮第（Burgundy）瓶	肖肩或溜肩形，深绿色或褐色，用于盛装法国勃艮第葡萄酒，西班牙、南非、美国、意大利一些葡萄酒企业也用这种酒瓶盛装酒体丰满的葡萄酒
普罗旺斯（Provence）瓶	棒槌形，底部像花瓶一样带有底座，用于盛装法国普罗旺斯葡萄酒
阿尔萨斯（Alsace）瓶	瓶身细长优雅而匀称，瓶身略宽于瓶底，呈浅绿色，用以盛装芳醇、清新、明快、略呈辛辣味的法国阿尔萨斯葡萄酒
香槟（Champagne）酒瓶	勃艮第瓶的放大型，溜肩、宽腰，收底、瓶口粗大、呈深绿色，瓶底向内凹进，以增加酒瓶的强度，瓶身厚实，能耐1MPa的压力
莱茵（Rhine）瓶和摩泽尔（Mosel）瓶	源于德国，与法国的阿尔萨斯瓶型相似，为勃艮第瓶的演进型，莱茵瓶和摩泽尔瓶均为溜肩、细高形，瓶身近似于圆柱体，莱茵瓶为褐色，摩泽尔瓶呈绿色，德国、意大利、奥地利等国家的葡萄酒生产企业大多使用这种酒瓶。美国生产的雷司令单品种葡萄酒也使用这种酒瓶盛装
弗兰柯尼（Franken）瓶	呈扁圆形，源于德国，从古埃及法老的酒瓶演变而来，现在，不仅德国的弗兰柯尼产的酒用这种瓶装，智利的不少厂家及葡萄牙的马提斯地区也用此瓶
意大利干蒂（Chianti）瓶	无肩，瓶身粗大，且下半部用禾秆编织物包装，呈深绿色
美国加州（California）瓶	外形与波尔多瓶相似
雪利（Sherry）酒瓶和波尔特（Port）瓶	前者源于西班牙，后者源于葡萄牙，外形也与波尔多瓶相似

（5）纸盒　纸盒装采用特殊的无菌纸质包装材料，如利乐包、利乐钻，具有方便消费、便于携带、成本低廉的特点。另外，由于包装材料的特殊性，纸盒包装能有效防止葡萄酒的氧化。目前在法国、意大利、美国、澳大利亚、阿根廷等国家的葡萄酒市场上都可见到软包装葡萄酒，但大都处于市场导入阶段，尚未成为主流产品。从表4-16可以看出，在意大利，纸盒装葡萄酒开始从瓶装葡萄酒市场争取了9％的市场份额。而阿根廷纸盒装葡萄酒市场取得了巨大成功，占据市场总量的59.2％。

表 4-16　纸盒包装在意大利、阿根廷葡萄酒中所占比例

国家	意大利	阿根廷
人口	5719 万	3760 万
葡萄酒市场规模	38.55 亿升	12.29 亿升
人均葡萄酒消费量	67.57L	32.59L
包装形式	纸盒装 9%	纸盒装 59.2%
	玻璃瓶装 76%	玻璃瓶装 37.0%
	散装 14%	散装 2.2%

除此之外，还有密封材料和运输材料，密封材料（主要包括软木塞）的质量与葡萄酒的稳定性有着密不可分的联系。一瓶高档次的葡萄酒必须使用高质量的软木塞。软木塞分天然软木塞、聚合软木塞 2 种。天然软木塞是由栓皮栎树的具有 9～10 年树皮龄的树皮制成。根据瓶塞的直径及高度要求对软木板进行切块和冲裁而成，具有较好的弹性。聚合软木塞是利用生产天然软木塞的下脚料经粉碎后，选用专用材料黏合起来加工而成，该木塞鲜性较天然软木塞稍差，但价格比较便宜。在葡萄酒的运输材料中，瓦楞纸箱是最常用的。确定纸箱内尺寸，既要保证产品能够顺利地装入箱内，又不使产品在箱内有明显的移动空间。因此，纸箱内尺寸应稍大于内装物的外廓尺寸，同时瓦楞纸箱还要按照力学强度和承受流通中的机械力以及密封性、抗压性、抗戳穿强度、防菌、防潮性和成本、结构等参数进行设计。

四、我国葡萄酒的包装

（一）我国葡萄酒包装设计现状

1. 过度的包装设计

葡萄酒包装首先要考虑的是它的材料与结构，包装材料选用是否合适，直接影响产品的质量，这也是由葡萄酒这种特殊商品的属性所决定的。现在市面上大多采用玻璃瓶加软木塞来做葡萄酒的包装，随着包装工业的发展和现代高科技的结合，涌现出了许多新型的包装，市场上也有许多新颖别致的葡萄酒包装，但有些包装看似高档，却存在着过分包装的倾向，有的脱离了商品的属性，盲目地追求一种表面华丽的装饰和浮躁的色彩，与葡萄酒本身的质量不相符合。如市场上有一种是木制刻花镀金的葡萄酒包装，从包装上看不到一点商品所要传达的信息，给人一种是工艺品的感觉，而不是葡萄酒。这不仅浪费了自然资源，还浪费了包装设计者的人力。

2. 设计元素单一

众所周知，产品包装设计是影响产品销售的重要因素之一，随着社会的发展和消费理念的转变，人们对包装的要求不仅局限于满足实用需要那么简单，而是更倾向于朝着美观和实用兼备，设计风格多样化的方向发展。目前，与葡萄酒产品的更新换代相比，葡萄酒包装的发展相对滞后，不管是在包装材料、瓶形，还是在色彩和构图上似乎都缺乏新意，存在着一定的局限性。

3. 品牌意识薄弱

市场上的葡萄酒只有名称没有品牌。解百纳干红葡萄酒、蛇龙珠葡萄酒、赤霞珠经典葡萄酒这些我们耳熟能详的葡萄酒品类，只是一个品名，并不是通常意义上的品牌。企业大多

把葡萄酒产品的本身名称和品牌合二为一，致使产品名称重叠混淆。或者为了迎合市场和消费者，比如为了迎合消费者对名品葡萄酒的了解，主打葡萄酒名称，而把品牌自身的名称放到了绝对弱势的地位，导致消费者对品牌形象的模糊，而引起错觉。解百纳、赤霞珠、蛇龙珠葡萄酒家家都有，加上对各种名酒的造假者颇多，使人们对葡萄酒的品质产生了怀疑，无形中不但打倒了一大片产品，更不用说去培养一批稳定的品牌消费者而建立独特的品牌形象了。

（二） 我国葡萄酒包装设计的发展方向

中国自改革开放以来，尤其是加入了世界贸易组织之后，经济快速发展、世界市场融通。在整个全球经济、文化趋于一体化的大环境下，我国的葡萄酒业也发生了突飞猛进的变化，中国每年都要进口，而本国葡萄酒业发展缓慢。包装陈旧落后，无法吸引消费者眼球，使这个巨大的市场缺口被外国葡萄酒所占据，中国葡萄酒企业也在积极寻找新的发展方向，创新葡萄酒包装，发展属于自己的葡萄酒文化。在全球化这个大环境中我国的葡萄酒包装主要需在以下几个方面进行改良。

1. 针对不同消费场合的主题包装

可以根据不同的主题设计不同产品包装。如针对情侣消费的主题包装，可采用双瓶装，在纸盒的色彩上可选用暖色调和冷色调互相搭配，如粉色和浅蓝色的各种质感强、花色浪漫的纸质盒。针对婚庆消费及结婚纪念日的主题包装，酒标可采用结婚人的婚纱照，外包装可印上喜字。再配有新婚祝福语，不但可以为婚宴增进喜庆的气氛，也可以当作礼品赠送给参加宴会的客人，有很好的纪念意义。还可以根据不同渠道推出专供的葡萄酒，不同针对性的专供酒，就要有其相对应的包装设计。针对经销商的专供酒，根据经销商的要求，可以由其自主设计瓶标图案。针对终端卖场的专供酒，在图案设计与色彩搭配上与夜场的消费环境相得益彰。

这些针对不同销售渠道的专供葡萄酒在包装设计上会兼具品牌特色和渠道销售特色，一方面适应销售环境，一方面在宣传葡萄酒品牌的同时对终端卖场形象也进行了宣传。

2. 葡萄酒包装设计中的文化体现

在葡萄酒包装设计中，葡萄酒包装是形式，葡萄酒文化是内容，任何形式都是为内容服务的，而内容的差异又会促使形式的多样化，二者之间具有相互的关联性。那么，如何挖掘有别于竞争对手的文化资产，突出品牌的价值诉求，怎样才能形成个性化包装，产生差别化的竞争能力。总结有以下几点：

（1）以涵盖企业自身的文化理念作为设计突破点　葡萄酒企业自身文化理念是葡萄酒文化的重要组成部分，通过葡萄酒包装的外在视觉表现将企业精神融入其中，可树立大众共识、清晰、明确的个性品牌印象。以"国酒风范"，旨在树立中国葡萄酒品牌的中华葡萄酒包装设计为例，见图4-16。外形采用中国传统的斗拱、步步锦等建筑元素造型，使产品包装的特色化和个性差异在设计中具有较强的典型性，特别是在造型的象征、寓意和整体文化品位的体现上造成了直接影响。边饰和角饰采用传统图形，带来古朴、清晰的气息，又不失现代设计所追求的品位，与现代的审美观相融合。配以文字和商标的统一标识，使产品的文化传承和牌文化优势得以继承，意在体现中国文化的博大精深。这种包装形式既结合了企业自身的品牌和文化价值，开拓了设计思路，注重了设计的艺术性和个性化；又注意体现出了产品的历史和文化特点，引起消费者的文化共鸣，树立消费者对品牌的忠诚感。

图 4-16　中华葡萄酒包装

（2）以葡萄酒自身的品质作为设计突破点　葡萄酒自身品质内容包含的范围非常广泛，如酿造工艺的特殊性，原料产地、气候的优越性、树龄的历史性等，都可以成为葡萄酒包装设计的阐述内容。如以品质和个性为诉求点的法国拉菲葡萄酒的标签设计，在拉菲堡庄园背景下，以土壤及所处地方的微型气候这一得天独厚的条件为诉求点，将葡萄种植采用的非常传统的方法和在采摘时熟练的工人形象为创作元素，进行图形化、纹饰化的艺术加工手法，凭借图形在视觉上的吸引力引起消费者的心理反应，形成对拉菲葡萄酒品质的深刻认知，见图 4-17。

图 4-17　拉菲葡萄酒包装

（3）以与葡萄酒有关的历史事件作为设计突破点　在葡萄酒包装设计中，葡萄酒有关的历史事件作为包装设计的突破点的案例以张裕葡萄酒包装设计最为成功。1892 年，由著名爱国华侨实业家张弼士投资 300 万两白银，在现烟台市芝罘区创办张裕酿酒公司，是中国第一个工业化生产葡萄酒的厂家，成为张裕集团的前身。因此，在张裕葡萄酒包装设计中，广泛采用张裕公司前期的厂门建设图案，作为百年中国葡萄酒酿造历史的见证，张裕旧址象征的不仅仅是"百年张裕"的灿烂历史，更体现了作为中国葡萄酒行业的先驱的荣耀，营造了独有的葡萄酒文化氛围，见图 4-18。

图 4-18　张裕葡萄酒包装和张裕旧址

（4）以突出地域文化为设计突破点　挖掘隐藏在葡萄酒背后的地理与人文蕴含，赋予自身一定的文化支撑，将属于"外来品"的葡萄酒与中国传统历史文化相结合，借鉴地域、民族、人文的深厚资源，方能树立自身独特的包装形象，迎合国内消费心理和审美认知。如新天酒业公司的新天尼雅干红葡萄酒包装设计，以新疆葡萄独特的芳香口感和具有西域地方特色的品牌诉求作为自身优势，以神奇、美妙的尼雅文化传说故事为依托，树立了具有浓郁西域风情的葡萄酒品牌形象。在酒标、礼盒、手提袋的设计上西域特色的绘画图案贯穿始终，

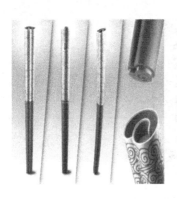

图 4-19　民族文化的设计

与具有浓郁的民族韵味的文字商标共同传递了丝绸古道的悠悠文化。这种把地域文化运用于酒包装设计中并与现代的设计融为一体的包装设计手法，实现了将现代葡萄酒包装从功能到形式的非物质转变，是向现代化葡萄酒包装迈进的重要途径。

3. 产品通过图形元素设计蕴涵民族文化

产品中图形元素有着强烈的地域民族性，在设计中要慎重对待。一方面应该回避禁忌，另一方面更应该注意挖掘民族代表性的图形内容，使其丰富产品设计的民族文化内容。图 4-19 是 2008 年北京奥运会的火炬设计，象征中国民族文化的祥云图案被巧妙地应用到火炬造型上，其设计理念来自蕴含"渊源共生，和谐共融"的华夏传统"云纹"图形。通过"天地自然，人本内在，宽容豁达"的东方精神，借祥云之势，传播祥和文化，传递东方文明。"祥云"火炬的主题图形元素包括代表中国四大发明的纸和作为华夏文化符号象征的云纹，以及承载千年中国印象的漆红，既丰富了产品自身的形式美感，又预示传递了中国东方古老的民族文化。

与其他商品的营销活动一样，葡萄酒包装并非一成不变，会随着市场环境的变化而改变。葡萄酒包装的发展方向可以概括为简单化和复杂化。葡萄酒包装的简单化，即提倡简单的消费风格，主张简单，崇尚自由，他们认为包装服务于消费，越简单越好。葡萄酒包装的复杂化则是提倡一种精致的生活，细微之处体现葡萄酒的内涵，主张复杂，崇尚规范，通过点滴设计来实现设计人员的独具匠心。无论是简单化还是复杂化，葡萄酒包装的目标只有一个，那就是满足尽可能细分的消费群体的差异化需求。

第六节　葡萄酒的病害及防治措施

一、葡萄酒的病害及其防治

葡萄酒的病害包括非生物病害和生物病害。生物病害包括醋酸菌病害、膜酵母病害、乳酸菌病害和苦味菌病害；非生物病害分金属病害（铜破败病、铁破败病）和氧化酶破败病（棕色破败病）。发生葡萄酒病害的征兆为：发生雾浊、浑浊；产生沉淀；颜色变化；酒的口感和气味变化。

1. 铜破败病

防止铜破败病的方法为：①在生产中要防止铜侵入葡萄酒中；②成熟前 3 周要停止使用农药（如波尔多液）；③用硫化钠法可除去酒中所含的铜。

2. 铁破败病

葡萄自身含有一定量的金属元素，其中包括铁，葡萄酒中铁的含量一般应小于 10mg/L。但葡萄酒生产过程中接触到的管道、容器等会使葡萄酒中铁的含量增加，超过正常的范围，导致葡萄酒的铁破败病。

铁破败病的预防与控制方法主要包括：①首先要防止和减少铁离子侵入葡萄酒中；②葡

萄在破碎和分选时要尽量避免铁质杂物的混入；③防止葡萄酒过分接触空气而氧化；④保持葡萄酒中适量二氧化硫的存在并防止磷酸盐进入葡萄酒中。目前葡萄酒中除铁的方法主要有植酸钙除铁法、亚铁氰化钾法、维生素 C 还原法、柠檬酸络合法、氧化加胶法等方法。已产生铁破败病的葡萄酒可以利用下胶过滤的方法将其除去，澄清后加入二氧化硫或者柠檬酸对葡萄酒进行保护，使葡萄酒保持稳定。

3. 氧化酶破败病

葡萄酒在酿造过程中，由于氧化酶的作用，使葡萄酒中的酚类化合物氧化，特别是色素的氧化，使酒出现暗棕色浑浊沉淀，这种现象也称棕色破败病。控制葡萄酒的氧化酶破败病的方法主要有：①由于二氧化硫对氧化酶有一定的抑制作用，可以通过添加适量的二氧化硫来抑制葡萄酒的氧化酶破败病的发生；②由于加热可破坏氧化酶，适当的加热可以抑制葡萄酒的氧化酶破败病的发生；③加入适量的维生素对防止棕色破败病也是有效的；④此外由于铜是构成氧化酶的有效成分之一，因此，减少铜的含量也可起到对葡萄酒的氧化酶破败病的防治作用。

二、葡萄酒的雾浊及沉淀检查

（一）葡萄酒的雾浊及沉淀检查方法

不同类型的抗性试验如下：

铁浑浊——通氧或强烈通气，0℃贮藏 7d。

铜浑浊——暴露于光线下，30℃保温。

蛋白质浑浊——加热 80℃，添加单宁。

色素浑浊——贮藏在 0℃下 24h。

酒石酸沉淀——贮藏于 0℃或 0℃以下 7 周。其雾浊及沉淀检查方法见表 4-17。

表 4-17 葡萄酒雾浊及沉淀检查方法

浑浊的类型	沉淀物的外观	镜检沉淀物形状	特殊检验
氧化过度沉淀（氧化酶破败病、棕色破败病）	乳浊棕黄色沉淀	细小无定形的微粒	沉淀物不能溶于 10%的盐酸。沉淀物能完全烧尽。沉淀物经酒精洗涤后，添加浓硫酸微热后得红色、暗红色以至黑色液体
单宁物质与铁所形成的化合物（蓝色破败病）	乳浊，变灰的，蓝色沉淀或淡紫色的沉淀	细小无定形的微粒	沉淀物能溶于 10%的盐酸溶液中。沉淀物用酒精洗涤，经盐酸酸化后加入黄血盐溶液得到蓝色的或呈普鲁士蓝的絮状物
铁与磷酸化合所形成的化合物（白色破败病）	极细小的雾状沉淀物，在红葡萄酒中有时呈白色沉淀	细小无定形的微粒	在阳光下浑浊消失，在通风或添加双氧水时浑浊加重。用酒精洗涤，经盐酸酸化后加入黄血盐溶液得到蓝色的或呈普鲁士蓝色的絮状物
硫化铜的形成	轻微的浑浊，静止后有红棕色沉淀	无定形的微粒	在阳光下浑浊消失，置于黑暗中重新出现。添加过氧化氢可加重其浑浊，在 10%盐酸溶液中沉淀物溶解。在严重浑浊时如加入黄血盐溶液时酒变成红色，然后产生红色沉淀。沉淀物在煤气灯上燃烧，火焰呈绿色

浑浊的类型	沉淀物的外观	镜检沉淀物形状	特 殊 检 验
亚硫酸铜（CuSO₃）的沉淀	细小红色或红褐色的沉淀	无定形微粒	沉淀物溶于10％的盐酸溶液和过氧化氢溶液中。在阳光下浑浊加重。在严重浑浊时加入黄血盐溶液则酒变成红色，然后产生红色沉淀。在煤气灯上燃烧时火焰呈绿色
酒石酸结晶的析出	葡萄酒透明，沉淀物为大的晶体并具有原葡萄酒色泽	中等大小的结晶，有时是大的，晶体带有颜色	沉淀物在煤气灯上燃烧时，火焰呈紫色。沉淀物在盐酸溶液或碱溶液中溶解
酒石酸钙析出	葡萄酒一般是透明的，沉淀物为细小的结晶体，晶体带有原葡萄酒的颜色	中等大小的结晶，有时是大的，结晶带有颜色	沉淀物完全烧尽。沉淀物经酒精洗涤后，添加浓硫酸，微热后得红色的、暗红色的或黑色的沉淀
蛋白质的沉淀	极细小的雾状沉淀，并具有原葡萄酒色泽	无定形的微粒	透明的葡萄酒加热至72℃时发生浑浊或出现沉淀物。沉淀物不溶于10％的盐酸溶液中而溶于氢氧化钾溶液
微生物的生命活动所引起的浑浊和沉淀	浑浊是稳定的，在离心时很难分离出沉淀，常常可观察到二氧化碳的产生	有大量微生物	沉淀物在10％盐酸溶液中不溶解。沉淀物燃烧时有燃烧毛发似的气味

（二） 微生物引起的葡萄酒的变质及控制方法

1. 微生物污染的定义

把那些在特殊的地方和特殊的时间不希望出现的微生物称为腐败菌。其就包括那些在目前条件下和葡萄酒将来贮存条件下会产生异常的气味和味道、产生异常的颜色、出现沉淀、或有可能出现以上情况的微生物。然而，该定义还包括在某种特殊的葡萄酒中不希望出现的一些真正有用的葡萄酒酵母和细菌，例如 M101 酵母（美国改良的葡萄酒酵母）或可能进行苹果酸-乳酸发酵的明串珠菌（*Leuconostoc gracile*），为使葡萄酒腐败菌的定义进一步延伸还必须确定什么样的味道、气味、颜色和沉淀物被看成是"异常"的。陈年红葡萄酒中的沉淀可以接受，雪利酒则需要氧化味、醛味和棕色，在贮存期较长的起泡酒中可能稍有硫的气味。另一复杂的问题是某些地区生产的葡萄酒有典型的风味，虽然对于该地区的葡萄酒是希望有的，但对于其他地区的葡萄酒却是不可接受的，认为是变质了的，而这些与微生物引起的变质毫无关系，例如美洲品种葡萄生产的葡萄酒的狐臭味或麝香味就是这种情况。复杂性的另一点还在于对某些微生物产生的特殊的气味和味道的可接受性的评价是有争议的，例如酒香酵母产生的味道。另外，酿酒师们可能会对他自己酿造的酒的特殊气味和味道太习惯了，以至于不认为有什么特别，而其他人却难以接受。因此告诫酿酒师们要经常品尝别人做的酒和经常请敏感的同行品尝自己做的酒。

2. 葡萄酒腐败微生物的来源

葡萄酒厂的微生物，无论是有用的还是有害的，主要来源于葡萄酒的容器和设备，特别是收购葡萄时和将葡萄醪或葡萄汁输送到葡萄酒厂所用的设备。这一概念截然违背了关于葡萄酒发酵中自然存在的微生物主要来自葡萄园的假设。因为健康的完整无损的葡萄果实表面与任何室外无生命物质表面没有什么不同，如果果实没有破损就不易受到葡萄园中野生微生物的侵染。有些野生酵母，如汉逊酵母（*Hansenula* H. et. p. Sydew）、克勒克酵母（*Kloeckera apiculata*）是例外。在健康的葡萄靠近果梗处可发现这两种酵母。这可能与存在于这个部位的酵母能与果实内的营养成分接触有关。这些糖度高、pH 值低的营养物质被野生酵母选择性地吸收利用。至于为什么相对数量较多的葡萄酒酵母（*Sacch. ellipsoideus*）在健康的葡萄果实表面却没有发现其原因尚不清楚。

当然，并非所有的葡萄都是健康无损的。果皮破损是由于非正常的条件，如大风使果实相互碰撞或与植株木质部分摩擦。葡萄皮的破损使各种微生物无限制地生长。引起葡萄破损的其他原因有鸟啄、冰雹甚至暴风雨。可以预料，即使葡萄在最好的条件下成熟，仍有一部分果实中的果汁会流出，使各种微生物足够的生长，造成葡萄汁（醪）运到葡萄酒厂时就有早期污染。

在数年前关于南非某些葡萄酒厂酒香酵母污染来源的描述中阐述了包括有益和有害的葡萄酒微生物的多种污染的起源。在研究酒香酵母时，发现破碎和除梗过程中，葡萄汁贮存罐中微生物的污染与设备有关。采取只收购健康无损的葡萄和破碎期间停机清洗设备的措施看来能减少这类污染。但是正如前面提到的即使最健康完好的葡萄也不能完全避免有害的微生物。并且如果清洗不彻底，污染有可能加剧，即葡萄汁被清洗用水稀释，糖度下降，pH 值升高，有利于各种酵母和细菌的生长。特别是当被稀释的葡萄汁放置时间过长，如放置过夜，情况就更是如此。此时稀释后的葡萄汁成为理想的培养基，各类微生物都能生长。这种污染一直带到葡萄酒厂，带到正在发酵的葡萄汁中。当它们与未稀释的葡萄汁或葡萄酒接触，那些只能在厌氧、低 pH 值和较低温度下存活的微生物，即与葡萄酒有关的微生物存活下来。如果有营养物质存在，它们还能生长繁殖。从以上例子得到的结论是：即使一个活细胞进入葡萄酒坛、桶或罐，在以上条件下只要有足够的时间便能繁殖到使酒腐败变质的浓度。同样的过程适用于各种葡萄酒腐败微生物，甚至也适用于有益的葡萄酒微生物，包括葡萄酒酵母和苹果酸-乳酸发酵细菌。

在有关酒香酵母的研究中，发现彻底清洗破碎设备、清洗从收购地点到葡萄酒厂的管道系统以及合理使用二氧化硫可以有效地防止污染。这意味着需每隔几小时停机一次，彻底清洗设备和不使任何稀释后的葡萄汁残留。每天结束工作和下一次加工开始前要彻底清洗。在连续破碎的场地，每 24h 内要数次彻底清洗，这不是为了灭菌而是对防止污染有帮助。

在输送葡萄醪或葡萄汁的管道中特别容易积累腐败微生物，污染的微生物也经常随着准备用来贮存或调配的酒进入葡萄酒厂。在不采用接种酵母或细菌的葡萄酒厂中，发酵过程中微生物的数量是以这种方式增加，其中包括有用的微生物和有害的微生物。防止污染的措施包括以上概括的清洗操作加上严格控制进厂葡萄酒。

污染微生物也随着准备贮存或勾兑的酒进入葡萄酒厂。举一个例子，某葡萄酒厂没有意识到进入酒厂的葡萄酒中有大量酒香酵母污染菌。用这样的酒添桶，使全厂的酒都污染了。虽然以上例子是有关酒香酵母的，但它们同样适合其他酵母和霉菌。

3. 微生物污染的鉴别

在对一种酒的变质原因进行诊断时首先要确定是否是由微生物引起的。对变质的葡萄酒，研究人员除了注意其气味、味道和外观外，熟悉该酒的生产历史及采用的操作工艺有助于判断。

鉴定的第一步是用显微镜。用显微镜镜检时，特别是使用双筒并带油镜的相差显微镜，可以将葡萄酒中的细菌与葡萄碎片区分开来。如果酒变质的原因是微生物所致，并且该酒最近未加处理，用显微镜可观察到微生物。染色的方法可区别活菌、死细胞和其他微粒。显微镜可以克服染色的困难和不确定性。不论是否染色，菌的浓度必须足够高才能用高倍镜进行镜检。在高倍镜下（1000倍），要求菌的浓度达 10^6 个/mL，每个视野中才能看到几个细胞。当然也可浏览多个视野。如果葡萄酒出现严重浑浊，而在显微镜下又看不到有微生物，无疑看到的更多是无定形微粒或结晶。此时酒变质是由物理或化学因素所致的，应该用其他方法诊断。有时可发现细胞的残骸、细胞外壳，或看起来像细胞壁的一部分的其他物质，这本身对判断污染源提供不了多少线索，图4-20为明串珠菌的显微镜图示。

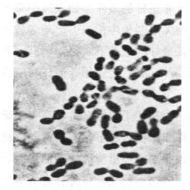

图 4-20　明串珠菌

与用显微镜检测污染菌同样重要的是要确定这些污染菌是活的还是死的。最好用无菌吸管取少量酒样（0.1mL或0.2mL）做平板。做平板用的无菌吸管一头已经封口并从此端3cm处用酒精喷灯弯成直角，做成像曲棍球棍的形状。将它浸在酒精中消毒，然后在火焰上烧灼。如要检测若干葡萄酒样，可以用一个接种针将几个样品接种在一个平板上，每次用平板的1/4或1/3，样品在平板上的接种量为0.1mL或0.2mL的1%左右。有些微生物，如糖乳杆菌（*Lactobacillus fructivorans*）的某些菌株，一些不适应的细胞一开始不能很好地生长成表面菌落。这种情况下先用液体培养基接种，培养基中一般含有乙醇以防止微生物过量生长。

以上概括的技术不可能诊断陈酒或经过处理的变质酒的微生物污染原因。唯一的方法可能是化学分析或感官品评。

然而，困难在于早期的检测，特别是感官品质还未出现异常时。将样品离心富集菌体的方法已被证明没有帮助。而检测任何特殊的最终产物，例如可能由酒香酵母污染的酒样，化学分析或感官品评的方法就可能比微生物检验灵敏得多，也更有用。

感官检验在葡萄酒检验中使用得很普遍，它对试验环境、设施和方法均有严格的要求。样品的制备区应紧靠检验区，并有良好的通风性能，防止样品在制备过程中气味传入检验区。样品制备区应配备必要的加热、保温设施，如电炉、燃气炉、微波炉、恒温箱、冰箱、冷冻机等，用于样品的烹调和保存以及必要的清洁设备，如洗碗机等。此外，还应有用于制备样品的必要设备如厨具、容器、天平等，仓贮设施，清洁设施，办公辅助设施等。用于制备和保存样品的器具应采用无味、无吸附性、易清洗的惰性材料制成。样品制备区工作人员应是经过一定培训，具有常规化学实验室工作能力、熟悉食品感官分析有关要求和规定的人员。样品制备首先要求均一性。所谓均一性就是指所制备样品的各项特性均应完全一致，包括每份样品的量、颜色、外观、形态、温度等。大多数食品感官分析试验在考虑到各种因素影响后，每组试验的样品数在4~8个，每评价一组样品后，应间歇一段时间再评。每个样品的数量应随试验方法和样品种类的不同而有所差别。通常对于差别试验，每个样品的分量控制在液体30mL。几种样品在感官检验时最佳呈送温度，白葡萄酒为13~16℃；红葡萄酒、餐味葡萄酒为18~20℃；样品温度的影响除过冷、过热的刺激造成感官不适、感觉迟钝外，还涉及温度升高。呈送样品的器皿应为素色、无气味、清洗方便的玻璃或陶瓷器皿比较适宜。同一试验批次的器皿，外形、颜色和大小应一致。试验器皿和用具的清洗应选择无味清洗剂洗涤。器皿和用具的贮藏柜应无味，不相互污染，感官要求应符合表 4-18 规定。

表 4-18　葡萄酒感官要求

项　　目			要　　求
外观	色泽	白葡萄酒	近似无色、微黄带绿色、浅黄色、金黄色
		红葡萄酒	紫红色、深红色、宝石红色、微红带棕色
		桃红葡萄酒	桃红浅玫瑰红色、浅红色
		加香葡萄酒	深红色、棕红色、浅红色、金黄色
		澄清程度	澄清透明有光泽、无明显悬浮物
		气泡程度	起泡葡萄酒注入杯中时应有细微的串珠气泡升起
香气与滋味	香气	非加香葡萄酒	纯正优雅、和谐的果香与酒香
		加香葡萄酒	优美纯正的葡萄酒香与和谐的芳香
	滋味	干、半干葡萄酒	纯正优雅、爽口的口味、新鲜诱人的果酒香，酒体完整
		甜、半甜葡萄酒	甘甜醇厚、陈酿酒香、酸甜协调、酒体丰满
		起泡葡萄酒	纯正和谐、清爽协调和发酵起泡的特有口味、微杀口
		加气起泡葡萄酒	纯正和谐、发酵起泡的特有口味、微杀口
		加香葡萄酒	纯正舒爽、清新的植物芳香、酒体丰满

一个十分重要的情况是有些酒出现了非常轻度的污染，然而确实是污染了腐败酵母（如酒香酵母），并且已决定了不用过滤的方法除去这些污染菌酒就上市销售。要预测这批酒中污染微生物的比例既无法用平板法也不能用显微镜镜检。用无菌膜过滤少量样品的方法来测定污染酵母浓度也不可行，因为该酒事先未经粗滤，无菌滤膜马上就会被堵塞。由于该酵母的浓度太低，在显微镜的视野中找不到。即使用放大倍数适中的显微镜也难以观察到，只可能偶尔有例外。还有一个方法是应用 Poisson 分配法来测定样品中细胞的 MPN（最可能的数量），该方法由于费时费力并需大量样品，可能从来就不实用。取 100mL 待装瓶酒样，加上 900mL 无菌营养培养基，保温培养，然后分析菌是否生长，即浑浊度是否增加，这种情况只有当样品中含有一个或一个以上活细胞时才会出现。Taylor 和 Meynell 提供了根据稀释次数（10 倍）和每次稀释样品的浑浊和不浑浊数目得分得到的 MPN 表。这些方法要么使葡萄酒厂家对凭经验灌装的结果满意，希望需返工的不合格品数量少，要么就需将酒过滤以使成品合格。

检测酒是否腐败的另一困难在于已装瓶待运的酒。假设经过无菌灌装后，质量控制检查结果表明确有污染。与前面的情况相反，此时每个瓶子中都可能有相同数量（如果很少量）的污染菌。代价最大的办法是把瓶打开，倒出里面的酒，采取必要的措施除菌后重新装瓶或作为散酒销售。在"倒瓶"前应该认识到质量控制的方法可能测出的是在营养丰富的培养基上生长的细胞，而这些菌在营养贫乏的瓶装酒中可能不会旺盛繁殖。应该对存放的瓶装酒中的菌含量定期检查。如细胞浓度恒定不变或减少，这批产品应认为是安全的，可以装运。但如果菌数继续增加，唯一的解决办法是"倒瓶"。

4. 葡萄酒中污菌的种类

各种污染菌有各式各样的名称。例如巴斯德将在产生不应有的二次发酵的葡萄酒中不产菌称为倒转的（turned），而将产气菌称为被推出的（pushed）。他认识到这些污染物是有生命的，然而他的鉴定或多或少局限于用显微镜观察污染菌以及局限于他那卓越的用手绘制的各种菌。直到后来有了单菌株培养技术，葡萄酒的污染才可能根据有关的主要的微生物来鉴定。目前，通常是按照使酒变质的微生物的名称来为这种腐败菌命名，但是这一资料仅是来自对主要污染物的鉴别，而且来自对各种现象的认识。有些人提出这种腐败变质一般与多种微生物的连续作用有关。事实上，在对严重变质的酒的检测中，有时发现酵母与厌氧和好氧细菌在一起。这些种类中的每一个都代表单一的菌株，如酒香酵母、乳酸杆菌和醋酸菌。可以认为酒的变质是来源于单一的菌，据此可以为这种腐败菌命名。尽管按照微生物的种来命名与酒有关的微生物是复杂的，按菌株来命名就更困难了，但是按照主要的微生物，如按属来为酒的变质分类是相当简单的。因此，可以说某种变质是由乳酸杆菌属中的一种有害细菌引起的，是由于感染了酒香酵母或因为一种葡萄酒酵母使瓶装的半干葡萄酒二次发酵或是由醋酸菌引起的酸败。如果将葡萄酒腐败粗略地分为来自酵母、厌氧细菌或好氧细菌，可根据微生物的分类再细分。也将对与葡萄收获有关的大量存在的霉菌的重要性进行讨论，虽然作为严格好氧微生物，它们不会在经适当处理的酒中生长。

5. 葡萄酒污染菌的鉴定

（1）鉴定的重要性　指导一步一步地鉴定葡萄酒变质的类型常常主要依赖于描述性分析或对葡萄酒的感官分析，即给出可能出现的气味、颜色、浑浊、产气情况等。这是很重要的第一步，并且在历史上，在巴斯德时代之前，这是唯一的方法。利用这些指导，再加上尽可能了解有关的葡萄酒的生产情况，就能为研究人员提供关于污染的原因和解决办法的启示。然而必须强调，直到找到污染的根源，也就是对污染微生物进行鉴定后，才能真正了解问题所在。显然，只有对污染微生物鉴定后，才能根据文献资料或酿酒师以往的经验采取改正措施和预防措施。有些鉴定可能需要较长时间，有可能在对微生物鉴定之前就已经凭经验采取了改正措施。即使这样，还是值得继续完成鉴定工作。这一补救措施，即便是凭经验，也为以后再发生相同的污染的快速鉴定和采取适当的措施奠定基础。

（2）葡萄酒微生物的培养、分离和纯化　在用显微镜镜检一个被污染的葡萄酒样前，应记录下对其进行初步检测的结果。应注意是否有不应有的颜色、浑浊、异样气味和味道。了解是否进行了苹果酸-乳酸发酵，了解或测定游离二氧化硫含量、pH 值及挥发酸，这些都是有帮助的。在此之后，显微镜镜检十分重要。应查找酵母、细菌、无定形颗粒或结晶。如果有微生物存在，应根据其形态分辨属于哪一类并测定细胞数。必须强调单靠显微镜不可能得到结论性的结果。但是一个有经验的葡萄酒微生物工作者，根据显微镜观察立即得出究竟是酵母还是细菌的结论是有效的。一般酵母比细菌大一些，但一些较大的醋酸菌可能与最小的酵母差不多大。细胞分裂方式的差别是最容易的区别方法。所有的葡萄酒细菌为裂殖方式，几乎所有的葡萄酒酵母都通过出芽繁殖。裂殖酵母菌（*Schizosaccharomyces*）是一例外，但它们的细胞体形大，不会与细菌混淆。但是如果污染酒中的微生物处于静止期，则需要将细胞培养后才能观察细胞的分裂形态。

如果污染是由微生物所致的，应将酒样接种到固体培养基平板上，这既可判断菌的死活，又可得到鉴定试验用的活菌体。酵母可用麦芽汁或麦芽培养基，可添加或不添加放线菌酮。添加放线菌酮可初筛除去酒香酵母。对于细菌，可用改良的 Man、Rogosa 和 Sharpe（MRS）培养基，培养基中添加苹果酸、放线菌酮和果汁，如苹果汁 Rogosa 培养基。如果根据其混合的、短粗和弯曲的形态怀疑是醋酸菌，可以用高酸度的培养基培养。前面提到的果糖乳杆菌为特殊情况。如果怀疑有这种微生物，可将酒样以10％接种量接种到含6％乙醇的液体苹果汁 Rogosa 培养基中。

对于鉴定试验，重要的是不仅要有活菌体，还希望菌要纯。本章介绍的分离和纯化污染微生物的方法可以用于任何与葡萄酒有关的微生物的初步鉴定，也包括那些用于家庭酿酒的酵母和细菌的筛选。

接种后的平板培养基应在室温或稍高于室温的温度下培养。2d 后酵母菌落出现，细菌的出现可能需要2周。出现菌落后，观察其菌落形态，并建议将葡萄酒镜检和菌落细胞镜检的结果与已知细胞形态比较。这种比较可能不准确，因为这些细胞是在极为不同的生长条件下培养的。菌落出现后，选取一个菌落进行分离，把这种菌与其他菌分开。事实上一个平板上可能是各种微生物的混合物，它们的菌落形态明显不同。当然菌落形态相似并不能保证菌就相同。一个菌落或几个菌落的筛选并不像一开始认为的那样复杂。生态研究，例如测定一个葡萄果实上的酵母数才真正困难，因为对每个酵母细胞生成的菌落都要筛选和鉴定。与此相反，在研究被污染的葡萄酒时，期望有一个占优势的污染菌群，形成的菌落也反映这种比较窄的范围。污染菌和由它们生长的菌落代表了一种以上微生物混合物的作用，但对每种微生物仅有一类菌株存在的假设已经是满意的了。

用无菌接种环蘸取挑选的菌落，在另一新的营养培养基上沿培养皿的边缘划一条或两条线，然后用火焰将接种环灭菌，冷却后按与第1次划线交叉的方向划线，划线顺序 a→c（图4-21）将这一过程再重复，与第2次划线的方向交叉划线。这种方法保证不论第一次划线时取的细胞数的多少，生长的结果至少可得到几个单独的菌落。将分离平板保温培养后，选取分离出的菌落中的一个，重复以上过程，在第3个平板上可得到纯化的培养菌。最后选取纯化后的菌落中的一个菌落转移到斜面上（酵母或好氧细菌），乳酸细菌则用穿刺培养。最好多做几个斜面或穿刺培养的试管，不仅可用于菌种保存，也为下一步鉴定试验提供足够的样品。对某些试验，做一些液体扩大培养有帮助。

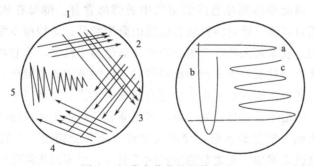

图 4-21　分离菌落的划线方法

菌经纯化后就应进行镜检，记住即使纯化后的菌形态也可能有差异，特别是某些酵母和醋酸菌。在将酵母和细菌分离有困难时可借助液体悬浮的方法，将一接种环培养菌与无菌营养培养基混合，再划线分离。极难分离时可加抗生素和杀真菌剂，分离纯化后的微生物可为以后的鉴定试验备用。

6. 霉菌污染

葡萄园的葡萄上可能发现许多种霉菌。但是，由霉菌在葡萄醪或葡萄酒中生长引起的腐败，就其本身不是什么问题。葡萄汁的低 pH 值和发酵时的无氧条件对霉菌生长不利，即使它们可能已进入葡萄酒厂。但是如果葡萄收获前或收获时受到霉菌的感染却会对酒的污染有严重影响。

葡萄园中使霉菌严重感染的条件各式各样，包括温度、湿度、风、葡萄品种及栽培管理，如灌溉、搭架和杀真菌剂的使用等。除此之外，除了灰绿孢霉（*Botrytis cinerea*）外，霉菌的感染需要果皮有破损，这种情况不乏发生。灰绿孢霉看起来不需要葡萄果皮破裂就能穿透果皮内部。葡萄收获时的感染问题引起酿酒师的高度重视。在葡萄植株上或者是从葡萄园往酒厂运输葡萄时都存在着破损的葡萄流出的汁与各种微生物接触的问题。这可能引起野生酵母提前进行酒精发酵，使得酒精度低和被醋酸菌氧化成醋酸。在极端的情况下，醋酸浓度可能高到对葡萄酒酵母的代谢不利，使得发酵提前终止，并常常有乙醛产生。高温和长途运输加剧了这种危害。不论是机械采收或是手工采收都会如此。机械采收的葡萄若果皮已破损，果汁流溢，可以采取措施防止提前发酵，如缩短运输距离（就地破碎），收获后添加二氧化硫，在最凉爽的时间采收。此外大部分机械采收只采收饱满的、完整的葡萄，而将那些感染霉菌的、不饱满的葡萄留在植株上。

7. 酵母污染

（1）酵母污染来源　葡萄酒酵母的定义是指能将葡萄汁完全发酵，又不产生任何不良感官影响的酵母。酵母不仅是使葡萄汁发酵成为葡萄酒的微生物，而且还是有残糖的葡萄酒浑浊和再发酵的根源。由于糖是酵母得以繁殖的条件。因此，酵母常在含糖的液体内出现。在葡萄酒灌装车间里，从空的酒瓶到各种管路和酒泵到处都有残留的酒，这些设备中的残酒未及时排出，在其中停留较长时间，酵母就可能在酒中进行繁殖，并通过管线和操作工人的手传播开来。酵母生成的孢子具有很强的耐受力，很难杀灭酵母。在大自然中最主要的温床是土壤和地面，在风的作用下，它会随尘埃进行传播，弥漫整个空气。为此，酒窖和灌酒车间要有一定的距离间隔，门窗要很好地关闭、密封。大多数的传播到葡萄酒内的野生酵母，在10%（体积分数）的葡萄酒中是不容易繁殖的。用真空作为背压的装瓶机灌酒时，酵母有可能进入葡萄酒瓶内，因此要特别注意降低空气中的酵母含量。酵母在软木塞上是停留不住的，在软木塞的表面只可能发现对酒精较为敏感的野生酵母，如柠檬型酵母，这不会构成酵母菌对葡萄酒的污染。软木塞上的霉菌孢子往往比酵母易于污染，但它在生产过程中却不会引起太大问题。许多经过过滤的无菌葡萄酒灌装时，再污染主要是酒瓶，玻璃厂新出的酒瓶包装良好，不会出现酵母污染，新瓶由于经过高温成型工艺，再经过仔细的托盘包装，被酵母污染的机会不多，一般不需经过预先灭菌，即可灌装已经过无菌过滤的葡萄酒。外包装毁坏或麻袋包装的新瓶则可能受到污染，使微生物侵害瓶装葡萄酒。有的企业使用回收瓶装酒，造成的细菌污染机会增加，对葡萄酒生产困难更大。很多回收酒瓶染有酵母孢子，这种孢子较普通酵母细胞难以杀灭，需要用加热和化学药剂才能使它致死。不锈钢制的管路和管件经过清洗和灭菌后，都能达到卫生规定，只有老的胶管虽经仔细清洗，还常常带有较多的细菌，容易污染瓶装葡萄酒。这样的胶管除非用蒸汽加热清洗，用其他方法要彻底清洗和灭菌几乎是不可能的。

（2）生物稳定的物理方法　为使非干型或微甜的醇甜葡萄酒稳定，广泛采用的方法是通过无菌过滤除去所有的酵母，然后无菌装瓶。深层过滤常用于粗滤，因为这种方法可除去大量颗粒物。一般经粗滤后再进行膜过滤，具有固定孔径大小的膜能做到绝对过滤并具有能提供就地综合检验的特殊的优点。1.1μm孔径的膜可除去葡萄酒酵母，但常常使用的是更小孔径的膜。全部过滤生产线及后续的灌装工序必须用热水或蒸汽灭菌，化学消毒剂不能令人满意。如果过滤操作控制适当，无菌过滤不会对产品感官有明显影响。可以用加热葡萄酒的方法杀死酵母。HTST（高温短时间）的方法令人满意，但热交换器以后的所有设备必须杀菌。因此无菌过滤比巴氏灭菌更好。

热灌装，即灌装过程中将酒加热，然后让酒在瓶中慢慢冷却下来的方法，也可用于酒的生物稳定，但一般来说这种方法对酒的感官质量有影响，现代葡萄酒生产中很少采用。令人吃惊的是最近一些研究结果（Malletroit 等，1911）表明，该方法可安全地用于小瓶（375mL）葡萄酒的稳定。由于小瓶葡萄酒体积较少，不需像常规瓶（750mL）那样采用较高加热温度和较长加热时间才能使瓶中心部分的酒温升高。看来这种方法能解决小瓶装半干葡萄酒批量快速无菌灌装的困难。

（3）生物稳定的化学方法　非干型酒的生物稳定用两种化学防腐剂为山梨酸钾和碳酸二甲酯。山梨酸在葡萄酒和食品中使用由来已久。山梨酸有一些口感上的特征，特别是当与乙醇发生酯化反应以后。不过除了由严格的品评小组品评外，大多数人很难感觉到。有些人对此很敏感，认为是怪味，难以接受。山梨酸钾的优点是作用持久，即防腐作用不随时间而降低。因此，它可以在灌装之前贮酒期间的任何时间加入，除了感官方面的缺点外，山梨酸是一种抑菌剂而不是杀菌剂，即它能使酵母失活而不是杀死酵母。这意味着在无菌灌装时采用的微生物控制方法在这里不能用，山梨酸盐、二氧化硫和酒精共同作用时有增效作用（Ough 和 Ingraham，1960）。因此，在葡萄酒中当与二氧化硫和乙醇的作用结合，山梨酸抑制酵母的有效浓度为200mg/L。大多数国家规定了山梨酸在葡萄酒中的使用量。在日本和其他一些国家，山梨酸的作用是不合法的。推荐的使用量200mg/L并未考虑需要控制的酵母的浓度，即添加山梨酸应与无菌过滤配合使用。如果要更可靠，山梨酸用量需更大一些。山梨酸的另一缺点是对细菌几乎没有效果，有些乳酸菌能利用山梨酸，使酒产生异味。

二碳酸二甲酯（DMDC）对酵母有毒害，特别是酵母属（*Saccharomyces*）酵母，最近才将其用于半干酒的防腐。它在葡萄酒中不稳定，半衰期仅几个小时，并与温度有关。实际上这一性质可能是优点，因为它会分解，在瓶装酒中不存在。分解的主要终产物是二氧化碳和甲醇，两种物质的量都很少。其缺点是必须在灌装时加入，这就要求使用特殊的、昂贵的计量设备，在酒进入灌装阀之前，将DMDC均匀加到流动的酒液中。DMDC的量和计量设备都难以控制，需要经专门训练的人操作。另一缺点是DMDC的价格较高。

8. 接合酵母污染

像酿酒酵母一样，在瓶装半干酒中也能找到接合酵母。接合酵母中的许多种能完全发酵葡萄汁，发酵接合酵母（*Z. fermentati*）中有些菌株发酵旺盛（Romano 和 Suzzi，1993）。主要的污染菌贝尔接合酵母（*Z. bailii*）的不同寻常之处在于它是嗜果糖的而不是像大多数发酵葡萄汁的酵母一样是嗜葡萄糖的。这一属的酵母有一些有趣的特征，像它们对苹果酸的利用、形成泡沫和絮凝性等。从遗传的观点来看，该属所有的成员都是特殊的，一大部分生长循环为异宗结合单倍体（Kreger-van Rij，1984）。

接合酵母是一重要的污染菌，因为它耐山梨酸钾。但是作为一种污染菌，它不是来自主发酵。虽然其污染可能发生在贮酒阶段，但它更可能是在半干的瓶装酒中。其来源主要是浓缩葡萄汁，有时在装瓶时加浓缩葡萄汁以提供糖度。但该属的所有 8 个种都耐高糖并能生长在 50％葡萄糖中，有些生长旺盛，有些差一些。使用在合适条件下存放的浓缩葡萄汁看来不会出现接合酵母污染的问题。问题来自在室温而不是在地窖温度下贮存期较长的、并对 SO_2 含量不太注意的浓缩汁。虽然接合酵母中某些菌株与葡萄酒酵母和细菌相比，对二氧化硫更敏感，但有一些却非常耐二氧化硫，因此应保持较高度的二氧化硫。由于浓缩汁用于保留糖分，在加入葡萄酒时要稀释，这就克服了二氧化硫过量的问题。显然当浓缩汁的贮存量大而冷藏费用高时，这种来自浓缩汁的危险就更大。

接合酵母对酒的污染主要是外观的问题，气味和味道一般描述为"像葡萄酒"，但是酵母的沉淀本身是颗粒状的，出现在瓶的底部，沉淀的外观像海沙。放置一段时间，沉淀的颜色变得越来越重，呈黄色至浅棕色。所以陈酒酒瓶中酵母的沉淀与蛋白质沉淀混合在一起很明显像是金属蛋白。装瓶时葡萄酒污染接合酵母的问题已得到很好解决，与处理酿酒酵母一样，采用无过滤和无菌灌装。过去的几年中，在大规模生产廉价葡萄酒时，装瓶时加入浓缩葡萄汁以增加甜度的做法十分普遍，同时加入山梨酸钾作为防腐剂使酒稳定。但由于接合酵母对山梨酸钾有耐性，使得葡萄酒厂在这方面有相当的压力，但是总的来说该问题已通过关注浓缩汁的贮存条件和安装无菌灌装设备得到了解决。

9. 酒香酵母污染

酒香酵母被描述为德克酵母属（Dekkera）中无性繁殖、不形成孢子的形式。分类上的差别虽明显，形态上的差别却相当细微。它比其他属在成孢条件、温度的升高和增加微量营养成分的浓度方面看来要求精确得多。并且，对于没有经验的人员来说用光学显微镜检查孢子是相当艰难的。有的菌株生成孢子，但看来没有特别的用途，因为这种成孢太罕见了。实际上仅在最新的分类上才认识到其完全形成孢子的形式，已经从葡萄酒中分离出酒香酵母和德克酵母，但对德克酵母对葡萄酒污染的重要性尚不清楚。但有一点是清楚的，即使有德克酵母存在，酿酒和贮酒的条件都对孢子的形成不利。用酒香酵母和用德克酵母做的葡萄酒在感官特征上有一些细微差别，然而这些差别可能反映出菌株的差异而不是属的差异。酒香酵母和德克酵母与其他葡萄酒酵母一样，都能完成葡萄汁的酒精发酵，尽管速度很慢。实际上，它们发酵的葡萄酒，当在非常新鲜时品尝，已有一些其他的味道了，并有相当好的果香味。比利时一种特制啤酒，兰伯（Lambic）啤酒，有一种特殊的味道，虽然对其描述不同，但肯定不同于常规的啤酒，这种啤酒就是用酒香酵母酿造的。

酒香酵母污染对以酿酒酵母发酵的葡萄酒的气味和味道有重要影响，这一点是没有争议的。然而，葡萄酒中来自酒香酵母污染的气味被描述为：像牲口棚气味、马味、湿狗味、焦油味、烟草味、木馏油味、皮革味、药味和鼠臭味等。感染酒香酵母的酒常常是挥发酸升高。但争论来自所描述的感染酒香酵母的葡萄酒的气味，如含量高于亚限量时，这种气味令人厌恶。在此仅讨论如何防止污染，如何鉴别污染微生物，以及污染后如何最有效地控制。

（1）酒香酵母污染的鉴定　利用酒香酵母对放线菌酮的抗性，很容易从葡萄酒厂的酒样中推测鉴定酒香酵母。常用的培养基为麦芽汁琼脂培养基中添加 10mg/L 放线菌酮，注意在培养基灭菌时其中一半会被破坏，经验用量应加倍。虽然其他一些微生物对此浓度放线菌酮也有抗性，但它们不可能在葡萄酒中存在。更确切的鉴定方法是培养基中加 100mg/L 放线菌酮，其缺点是在这种培养基上酒香酵母的菌落长出需 10～14d。应当注意，已证明放线菌酮是一种可在动物体内再生的毒素（Alleva 等，1979），它的使用和丢弃物应格外小心管理。测定是否可能有其他微生物存在常用差异平板法，这时培养基中不加放线菌酮。可以买到为其他实验室专用的差异培养基，如 Wallerstein 营养培养基和 Wallerstein 差异培养基。但是用于检测酒香酵母却不能令人满意，因后者仅含 3mg/L 放线菌酮。酒香酵母看来比其他与葡萄酒有关酵母对营养要求更挑剔，检测培养基应补充硫胺素和其他微量营养，这些在 Wallerstein 培养基中都没有，一般我们在麦芽汁培养基中加 2g/L 胰化胨粉末。

（2）酒香酵母污染的检测　　检测酒香酵母污染最有效的方法是在开始阶段检查酒的异味特征。在酒中发现的两种挥发性酚类可能产生酚味、汗味、马味或马厩异味，它们是 4-乙基酚和 4-乙基愈创木酚。它们的来源是葡萄醪，也有可能是新木头中羟基肉桂酸的酶脱羧和还原反应，如图 4-22 所示。在酿酒酵母、酒香酵母和德克酵母中都发现有相应的酶：肉桂酸脱羧酶和乙基酚还原酶，但是酿酒酵母中的酶看来与菌株关系很大，并受单宁抑制。如能开发出分析手段，能在其他方法检出之前就能检出这类物质，就可作为早期警告系统。

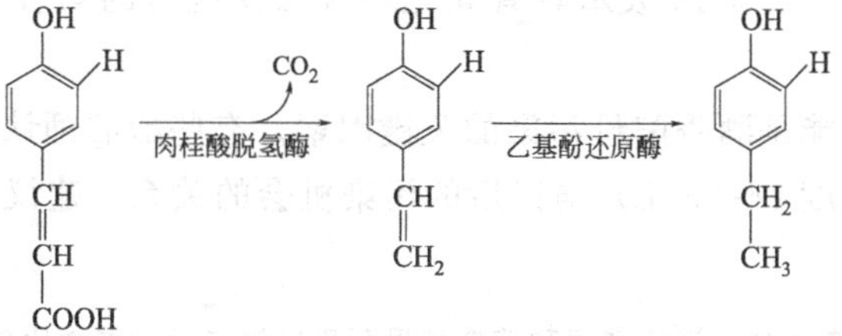

图 4-22　羟基肉桂酸脱羧生成乙烯酚和乙基酚

同时，检测酒香酵母唯一可靠的方法是用酒香酵母能生长的培养基做平板。虽然鉴定条件可能非常明确，但方法很费力。一个好的葡萄酒厂预期平板检测酒香酵母的结果应该是零。更现实一些，有少量污染菌时可以测到 1～10 个/mL 细胞。按前面介绍的方法管理酒窖应该使污染酵母数在此限量以下。当监测显示酒香酵母的浓度增加到 100～1000 个/mL 细胞，就要警惕了。关于酒香酵母的浓度和异味之间的关系需要更多的资料，因为制备的葡萄酒中酒香酵母活细胞的浓度远远超过 1000 个/mL，对感官品质却没有不良的影响。这也许是因为菌株不同或底物的原因。

（3）酒香酵母污染的控制　　控制贮酒过程中酒香酵母的污染要从前面提到的预防方法开始，还包括粗滤以除去大批有害微生物。酒经过滤后应返回到消毒的容器中，并加二氧化硫处理。这用不锈钢罐很容易做到，但用木桶几乎不可能，除非用新桶。在已被污染的酒窖中，采用完全消毒的方法不现实，更实际的方法是设法控制污染。一些证据说明新桶比旧桶更容易感染酒香酵母（Larue 等，1991），也可能还有苹果酸-乳酸细菌。这就引出了前面提到的问题，什么样的底物状况能刺激酒香酵母的生长，至少是产生异味。另一方面，可以想象一些来自新桶的酚类物质有可能是氧化或还原反应的底物，酒香酵母通过这些反应产生一些马厩味、焦油味或其他不良气味的化合物。氧化反应或是还原反应，是因为酒香酵母发酵相当特殊。它们展示了一种称为 Custer 效应的效应，与巴斯德效应相反，氧能刺激发酵而不是抑制发酵（Wijsman 等，1984；Gaunt 等，1988；Van Urk 等，1990）。在酒香酵母中由葡萄糖发酵为乙醇的最终途径不可预料。由酮酸生成的乙醛被氧化，消耗 NAD^+ 生成乙酸，而不是由 NADH 的自动氧化生成乙醇。乙醛的氧化不可能是底物专一性的。正是这一反应有可能是丁酸和其他中链脂肪酸的来源，这些物质在被污染的酒中以及鉴定平板上都能发现，此外挥发酸的升高也常常与这类污染有关，图 4-23 为酒香酵母 Custer 效应图。

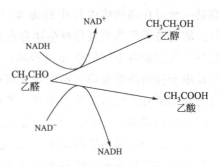

图 4-23　酒香酵母 Custer 效应

醛被氧化，以生成有机酸为终产物，这也意味着酒香酵母能量利用的经济性甚至比酿酒酵母普通的酒精发酵更加依赖于辅酶（NAD⁺）的再氧化。因此控制酒香酵母污染酒的氧化还原电位和液位上方与空气的接触是十分关键的。这或许解释了某些酿酒专家的观点，他们认为要检测酒香酵母必须从罐顶部取样，而另一些人则认为酵母更可能靠近罐底部。另一方面，可以推测来自新木头的其他醛类的氧化，也可能是呈味的终产物的来源。新桶的木头中也会溶出纤维素和半纤维素分解产物（Humphries 等，1992）。酒香酵母中的许多种能同化纤维二糖，它是以 α-键相连的葡萄二糖，是纤维素的一部分。表 4-19 表示具有同化纤维二糖能力的酒香酵母和德克酵母与它们的来源之间的关系。

葡萄糖代谢本身可能是酒香酵母污染的关键因素。有些酿酒师认为他们已经发现了葡萄酒中的残余葡萄糖（浓度 1~2g/L）与以后的污染机会的关系，建议对有怀疑的酒只有完全不含葡萄糖时才能灌装。

表 4-19　酒香酵母和德克酵母利用纤维二糖的能力比较

种名	利用纤维二糖的能力	菌种来源
酒香酵母（Brettanomyces）		
abstinens	+	姜啤酒
anomalus	+	瓶装 Stout 啤酒，苹果酒，啤酒
bruxellensis	－	兰伯(Lambic)啤酒
claussenii	+	啤酒，苹果酒，雪莉酒桶
custersianus	－	高粱啤酒，啤酒厂设备
custersii	+	高粱啤酒，啤酒厂设备
intermedius	+	葡萄酒醪，Arobis，Macon，Gironde
lambicus	－	兰伯(Lambic)啤酒
naardensis	+	软饮料，矿泉水
德克酵母（Dekkera）		
bruxellensis	－	Stout 啤酒
intermedia	+	啤酒，葡萄酒，葡萄酒厂设备，茶啤酒

注："+"表示该酵母能够利用纤维二糖；"－"表示该酵母不能够利用纤维二糖。

为了在灌装时控制酒香酵母污染的酒，保证灌装以后没有污染的唯一方法是用除菌的方法除去污染酵母和采用无菌灌装。有一些很好的酒，因销售的方式和标签标注的不允许使用过滤的方法。对于这种情况，为便于未被污染的葡萄酒的销售，唯一的方法是进行酒的微生物检验，测定酒中现有的酵母数并凭借生产厂家经验。如果瓶酒中被污染的比例低到不足总装瓶数的 1%，酿酒师们可根据顾客的要求放心进行后续各种处理。有关山梨酸钾和 DMDC 的防腐效果需要更多的资料，但不希望采用除菌过滤或无菌灌装的生产厂家对使用这些化学稳定剂也可能犹豫不决。

存放在酒窖中的明显被酒香酵母污染了的酒是个严重的问题。酒本身可用以上总结的办法处理，防止酒进一步变质。有时酒经长时间贮存异味可能减轻。另外，可以用勾兑的方法将异味物质的含量稀释到阈值以下，或许这样做还能使酒的复杂性有所增加。应当监测勾兑以后的酒，以保证不会出现再次被污染的情况。灌装这种酒时一定要采用无菌灌装的方法。装酒的不锈钢罐可以经消毒灭菌后重新使用，而任何装过这种酒的木制容器则应废弃不用。

10. 乳酸细菌病害

葡萄酒乳酸菌被定义为发酵葡萄糖生成乳酸的细菌。与葡萄酒有关的菌属包括明串珠菌、乳酸杆菌和足球菌。然而并非上述各菌属中所有的菌都能将苹果酸转变为乳酸，它们都是过氧化氢酶阴性，但有氧时能生长，将其归为微好氧菌类。

苹果酸-乳酸发酵和转化是应当重视的，在葡萄酒工业生产中常常是必要的。然而至少在以下两种情况下苹果酸乳-酸发酵被认为是不需要的：①在不要求或不需要苹果酸-乳酸发酵的酒中出现了；②进行这种发酵的主要的细菌产生足够的异味或者使酒的口味改变而使产品变质，此时苹果酸-乳酸发酵成了污染。

11. 不应发生的苹果酸-乳酸发酵

与瓶装半干葡萄酒中有酵母生长一样，瓶装葡萄酒出现苹果酸-乳酸发酵也是一种污染，只有葡萄牙北部生产的传统的 Vinhos Verdes 酒是例外。预防的方法也相同。如果该酒未经过苹果酸-乳酸发酵并且容易进行这种发酵（主要是酒的 pH 值），这种酒必须处理以防止乳酸细菌的进一步繁殖。在美国加利福尼亚州酿酒条件下，根据经验适当添加二氧化硫和保持 pH 值低于 3.3 便视为安全。如 pH 值高于 3.3，必须进行物理或化学处理。与防止酵母污染一样可选择无菌过滤和无菌灌装。由于乳酸细菌比酵母菌小，选择的滤膜孔径也应相应小一些，建议选用 $0.45\mu m$ 的膜。还有更致密的膜，医药工业中常使用孔径为 $0.22\mu m$ 的膜。但是由于这种膜使流速下降，在葡萄酒生产中没有必要采用。

可以用化学方法抑制葡萄酒的苹果酸-乳酸发酵，但不能用山梨酸钾，因为在允许的添加浓度 200mg/L 时，乳酸细菌对山梨酸钾有抗性，即使有乙醇、二氧化硫以及葡萄酒的酸性的共同作用也是如此。实验结果表明，可以用 DMDC 来控制苹果酸-乳酸发酵菌，在乙醇、低 pH 值和二氧化硫共同作用下，细菌受到抑制。用添加富马酸的方法可以使酒稳定。富马酸绝对安全，如正确使用也非常有效。合适的条件是指 pH 值小于 4、细菌浓度低和适量的二氧化硫。在良好的酒窖贮存条件下所有这些条件都能做到，采用这种方法不仅抑制了乳酸细菌而且能杀死乳酸细菌。富马酸的两大缺点是：美国以外的大多数葡萄产区不允许使用和葡萄酒中溶解性差。后一缺点可通过在添加以后几天内经常搅拌的办法来克服，但产量大时就不现实了。

在葡萄酒窖贮存期间也可能出现未预料到的和不需要的苹果酸-乳酸发酵，例如在酸度相当低的准备灌装的葡萄酒中。如果是由于酒本身的苹果酸-乳酸细菌引起的发酵并且没有异味产生，可等待几天，以确保细菌生长停止，然后再添加二氧化硫、通气和粗滤。以上措施还应包括添加酸，此时选用的酸味剂应是酒石酸，而苹果酸无疑会使微生物重新开始繁殖。

12. 强化葡萄酒的乳酸杆菌污染

乳酸杆菌的菌属中的一些菌种非常耐酒精，可以在强化到含 20％（体积分数）酒精的甜酒/开胃酒中存活生长。这类菌中最有名的为嗜果糖乳杆菌（*Lactobacillus fructivorans*）

（Holt，1986），以前的名称为木霉乳杆菌（*L. trichodes*），在显微镜下观察像一团头发或棉花。Go swell 和 Kunkee（1977）以及 Amerine 等（1980）曾提及过这类细菌影响的历史和世界上许多地区的葡萄酒厂即使在强化葡萄酒中也会引起灾难。因这种菌并不特别耐二氧化硫。这种细菌，或许还有首次从美国加利福尼亚州的酒中分离出来的与它非常接近的希氏乳杆菌（*L. hilgardii*）有几个显著的特点。一个有趣的特征是尽管它们耐高浓度酒精，却对 SO_2 比较敏感。另一特征是嗜果糖乳杆菌中一些菌株生长需要乙醇。虽然这类感染主要是在强化葡萄酒中，但佐餐葡萄酒也容易被感染。也许是因为佐餐葡萄酒对细菌感染特别敏感，与酒精度高的酒相比，佐餐葡萄酒在贮酒过程中格外小心，所以大部分佐餐酒不会出现这类问题。

13. 葡萄酒黏丝病

有时葡萄酒出现黏度明显增加现象，甚至到令人恶心的程度，外观看起来像生的鸡蛋清，这种病称为黏丝病。对这种微生物特点的认识要追溯到巴斯德时代，当时就认识了 les vins filants 病（葡萄酒黏丝病）。长期以来一直认为黏丝是来自明串珠菌分泌的葡聚糖，也可能来自甜酒中的蔗糖。Luthi（1957）首先研究了这种病害并有效地阐明了污染微生物的来源。他报道该病害来自混合菌，或更确切地说是丝状链球菌（*Streptococcus mucilaginous*）和恶臭醋酸菌（*Acetobacter rancens*）连续作用的结果。

美国葡萄酒中未发现黏丝病，但在其他地方这种污染显然还是问题。有人认为醋酸菌与其有关并不奇怪。胶醋酸菌（*A. xylinum*）被描述成在醋中产生"厚的、皮革样的、菌胶团和纤维状"的醭膜，是食醋生产中的主要污染菌。然而最近的研究认为黏丝病不是由于醋酸菌，而是来自珠球菌。可以认为黏丝病是由混合菌，或一系列微生物所致的。酿酒酵母也被证明能产生细胞外多糖。苹果酒的黏丝病认为是来自异型发酵乳酸杆菌、两种不同的明串珠菌以及两种足球菌。发酵的底物包括苹果汁中各种己糖，也有戊糖。苹果酒较高的 pH 值使得明串珠菌属中其他的菌种，包括产生葡聚糖的菌可以生长。Beech 和 Carr（1977）还指出，当酒中存在弱发酵或不发酵的酵母，如克柔氏假丝酵母（*Candida krusei*），黏丝的产生会增加。啤酒中的黏丝来自四联足球菌。

14. 葡萄酒鼠臭病

鼠臭的气味像老鼠窝或鼠尿味，更文雅一些说像乙胺或与其有关的杂质的气味。目前认为这一污染更可能来自六氢吡啶/吡啶的取代物，它们来源于赖氨酸的氧化。全世界的酿酒专家对这类污染的感官特征看法非常一致，但对引起的原因，除了肯定它们是由微生物所致外，看法却不同。Koch 假设已经得到证实，他从鼠臭酒中分离出三种酒香酵母和两种乳酸杆菌，将其中的任意一种接种到试验酒中，鼠臭味就会产生并生成取代六氢吡啶。此外除有赖氨酸存在以外，酒香酵母不会生成这种讨厌的化合物；乳酸杆菌在没有乙醇或丙醇存在时也不会生成取代六氢吡啶。虽然鼠臭并非是酒香酵母污染的典型和重要的特点，但是确有感染酒香酵母而出现鼠臭味的情况。也有许多事实有力地支持乳酸杆菌、其他乳酸细菌和醋酸菌是引起鼠臭病的污染微生物的观点。

与取代六氢吡啶有关的研究来自关于英国苹果酒的研究，这种酒好像特别容易感染鼠臭病，或许与葡萄酒相比它的酸度较低和酒精浓度较低，也可能它的香气阈值更微妙。乙胺杂质（2，4，6-三甲基-1，3，5-三嗪）的发现使 Tucknott 提出，一种碱基替代的 Δ' 六氢吡啶（2-乙基-3，4，5，6-四羟基吡啶）可能是苹果酒产生鼠臭味的物质（图 4-24）。以后在鼠臭病的葡萄酒中也发现这种物质，后来更正为两种羰基类似物中的任意一种（2-乙酰基-3，4，5，6-四羟

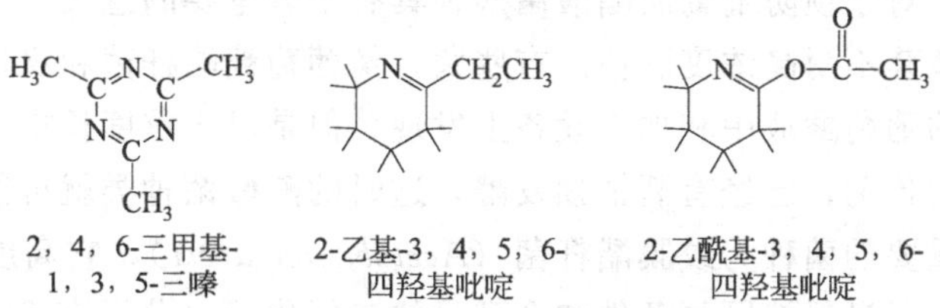

| 2，4，6-三甲基-
1，3，5-三嗪 | 2-乙基-3，4，5，6-
四羟基吡啶 | 2-乙酰基-3，4，5，6-
四羟基吡啶 |

图 4-24　鼠臭病害葡萄酒中有关的气味化合物

基吡啶或其 1,4,5,6-异构物）。在正常的、健康的葡萄酒中不存在这些物质。

15. 恶性乳酸杆菌发酵

过去的几年内，有报道在酒精发酵的早期就出现了乳酸细菌感染，感染速度之快、感染量之大，以至葡萄破碎几天内就有明显的细菌生长。证据之一是迅速生成高浓度乙酸，其浓度高到阻碍了酿酒酵母的继续生长和发酵。检查停滞发酵的葡萄酒，发现大量存在的细菌不是预料中的醋酸菌而是乳酸杆菌。虽然乳酸细菌肯定能产乙酸，但产生如此大量的乙酸始料未及。在这种情况下把这些野生的乳酸杆菌命名为有害乳酸杆菌。这种感染来自红葡萄，一般是黑品乐葡萄，并与葡萄园有关。在许多这样的例子中，酿酒师们采用的工艺方法是有争议的，例如他们在破碎葡萄时不添加二氧化硫和常常将新鲜葡萄醪放置几天后再接种酵母。在检测过许多这样的酒以后，认识到在起始 pH 值低于 3.5 的葡萄醪中，没有发现这类污染。虽然说污染与葡萄园有关，但我们从有怀疑的葡萄表面从未分离出乳酸细菌，而仅仅发现在不加二氧化硫的葡萄汁中存在乳酸细菌。出现问题的葡萄酒厂通过采用推荐的程序、适量添加二氧化硫和立即接种酵母，特别是 pH 值高于 3.5 的红葡萄，显然污染问题得到了解决。

16. 乳酸细菌引起的其他病害

巴斯德（1866）描述的甘露醇病或称为 mannite 病是由某些异型发酵乳酸菌引起的。这些细菌至少在适宜的条件下，会引起酒发黏和复杂的口味变化，这种口味被描述为稍带甜味的醋味和酯味。这些气味显然是由于生成甘露醇、丙醇、丁醇和乙酸所致。

葡萄酒中丙烯醛腐败的现象是苦味增加，丙烯醛（$CH_2=CH-CHO$）本身不苦，但与花色素中各种酚基团反应生成苦味物质。这种腐败问题一般与总酚含量高的红葡萄酒有关。巴斯德（1866）当时将其描述为 amertume 病（丙烯醛苦味病）是由于某些乳酸细菌的作用使甘油脱氢形成的，但是只有很少酒样中证明有脱氢酶（Sponholz，1994）。

在 Amerine 等（1980）和 Dittrich（1987）的著作中可找到关于黏丝病、鼠臭病及其他乳酸细菌病害的历史和进一步的描述，所以这些病害都可以通过改善卫生条件和适当添加二氧化硫来避免，这些病害在美国加利福尼亚州现代化葡萄酒中实际上不存在。

17. 醋酸菌引起的危害

作为一大类菌，醋酸菌为严格好氧菌，大多数为过氧化氢酶阳性，由葡萄糖产乙酸。与葡萄酒有关的醋酸菌一般也从乙醇产生乙酸，广义地称为醋酸细菌（Asai，1968；Drysdale and Fleet 1988）。它使葡萄酒中的挥发酸含量升高从而败坏酒质。生产中发现，醋酸菌在葡萄酒的贮藏过程中，能够在半厌氧和厌氧条件下生存，其危害也不单是生成醋酸，同时还能代谢葡萄酒中的碳水化合物，甘油、糖醇类物质和有机酸等其他成分。另外，葡萄果实上生长的醋酸菌能够改变葡萄汁的组成，影响酒精发酵过程中酵母菌和苹果酸-乳酸发酵过程中乳酸菌的生长。因此，充分认识醋酸菌的微生物特征，影响醋酸菌生存和生长的葡萄酒环境及代谢规律等问题，对于预防葡萄酒醋酸菌病害具有十分重要的意义。

醋酸细菌中有些菌不耐高浓度酒精。有些菌，像葡萄糖醋杆菌和汉逊醋酸菌，可能只在开始酒精发酵之前的葡萄醪液中和加工设备上发现。但是对于重度长霉、在植株上腐烂或用机械采收处理不当的葡萄，已经有酒精预发酵，这时的醋酸菌种类就可能更接近于酒中的醋酸菌。葡萄酒中最重要的菌种为纹膜醋杆菌（*Acetobacter aceti*），它高度耐酒精，是食醋工业生产选用的菌种。通过保持厌氧条件和合理量的二氧化硫（分子态 SO_2 0.8mg/L），很容易控制这种菌。近年来在一些酒厂发现其他的醋酸污染菌：巴氏醋酸菌（*A. pasteurianus*）。它们的出现可能与当前生产并储存低酒度葡萄酒以及维持低浓度二氧化硫的趋势有关。

有关的醋酸菌有橙黄弗拉特氏菌（*Frateuria aurantius*）、氧化葡萄糖杆菌（*Gluconobacter oxydans*）和四个种的醋酸菌：纹膜醋杆菌（*A. aceti*）、汉生醋杆菌（*A. hansenii*）、液化醋杆菌（*A. liquefaciens*）和巴氏醋杆菌（*A. pasteurianus*）。与葡萄酒有关的醋酸菌的初步鉴定可以由有经验人员用显微镜观察，其"形状复杂，可能有球形、卵形、短粗形、杆状、弯曲或丝状"。而其他与葡萄酒有关的菌，特别是乳酸细菌形状要规律得多，而且一般来说形态要小一些。更客观的鉴定是过氧化氢酶试验为阳性结果。由于巴氏醋杆菌中某些菌株为过氧化氢酶阴性，因此对所有可能的好氧菌必须按下面的方法试验。醋酸菌种的鉴定可用几种固体培养基：$CaCO_3$-乙醇、葡萄糖-酵母浸出物-$CaCO_3$（GYC）、Frateur 和改良的 Carr 培养基，所有的醋酸菌应在至少其中一个培养基上生长。这些培养基中酵母浸出物浓度各异，以葡萄糖或乙醇为碳源，并含碳酸钙。碳酸钙被醋酸菌利用葡萄糖或乙醇生成的乙酸溶解，这可由菌落周围的透明圈证明。一般不用改良的 Carr 培养基，仅在鉴定巴氏醋杆菌的某些菌株时用。

醋酸菌无处不在，毫无疑问所有的酒窖中都能发现醋酸菌。酿酒师们很自然会避免收购长霉的葡萄，但收不收这样的葡萄对酒窖中的微生物菌群会有多大影响值得怀疑。控制这些细菌的重要性也无法过分强调。方法是经常添桶或封紧发酵栓、罐中酒液上方充惰性气体和监控二氧化硫浓度。在紧张的收获季节和繁忙的灌装过程中，这些费力的管理措施又常常被忽略。被醋酸菌严重污染的酒很难补救，常常是转变成醋。重新发酵不是解决办法，因酵母不能利用乙酸。勾兑也仅是权宜之计。新的方法包括用反渗透和离子交换除去乙酸后，将剩余的酒和香气成分返回到酒桶中。这可能有帮助，但最好还是避免乙酸的产生。因为这种办法对除去乙酸乙酯无效。

应当指出乙酸不是醋酸菌唯一的代谢产物，它也产生乙酸乙酯。乙酸乙酯的感官阈值要低得多。经常测定的物质是乙酸，因为它比乙酸乙酯容易测定。一般认为，根据化学平衡，乙酸的浓度就反映出存在的乙酸乙酯的浓度，并且，闻起来有强烈醋酸味的酒乙酸乙酯浓度一定高。但事实并非如此，例如被恶性乳酸杆菌污染的酒，乙酸浓度相当高，但酒几乎没有乙酸乙酯气味。

18. 其他好氧细菌的污染

（1）发酵单胞菌（*Zymomonas*）引起的污染　实际上我们并不知道任何葡萄酒污染发酵单胞菌的情况，虽然在变质的啤酒和苹果酒中已经发现了这种污染菌。它们为兼性好氧/厌氧细菌，具有与大部分葡萄酒酵母相同的发酵能力。过氧化氢酶阳性，能耐 5%酒精和 pH＝3.5 的环境。它们与醋酸菌和葡萄糖细菌的区别在于，在有氧和无氧的条件下都能生长，能利用葡萄糖产生气体，并按定量的关系发酵葡萄糖及果糖（或蔗糖），生成乙醇和二氧化碳。发酵单胞菌只有一个种 *Z. mobilis*（运动发酵单胞菌），分为两个亚种 *mobilis*（能在 36 ℃下生长）和 *pomaci*（不能在此温度下生长）。发酵单胞菌是龙舌兰汁发酵为龙舌兰酒的微生物。

（2）芽孢菌（*Bacillus*）引起的污染　曾报道在实验的甜葡萄酒中有芽孢杆菌污染。更严重的是来自东欧国家的葡萄酒中普遍感染了杆菌。其危害主要是影响外观，检测结果无异常，事实上酒非常好。这种细菌严格好氧，瓶装酒中无氧的条件可能限制了污染危害。但是在贮存的酒中，罐或酒桶中有增加溶氧的机会。美国加利福尼亚州的一些葡萄酒厂有关于此类污染的报道。当前唯一的预防和控制措施与前面介绍的控制醋酸菌的方法相同。但是芽孢杆菌能形成芽孢，并且芽孢耐热。

芽孢杆菌为过氧化氢酶阳性，在 $CaCO_3$-乙醇平板上形成透明圈。如形成芽孢，芽孢耐热，100℃ 加热 1min 仍有活力。在老龄菌中常常能观察到芽孢。含有 40mg/L $MnSO_4$ 的培养基能刺激芽孢的形成。应将怀疑可能是芽孢杆菌的微生物接种在芽孢杆菌成孢培养基上充分生长后加热，然后铺平板检查活细胞。芽孢耐热 70℃，10min 或耐 95％乙醇 20min。芽孢杆菌是"适当的组合在一起的各类菌"，建立其属的鉴定方法可能正是葡萄酒微生物学家所期待的。

第五章　葡萄酒的检验

第一节　葡萄酒的感官检验

葡萄酒属于酿造酒类，也是一种色、香、味俱佳的饮品，既能满足人们的感官享受，又具有相当高的营养和保健价值。葡萄酒采用天然生长的果蔬原料加工而成。为了要得到风味完好，营养丰富的产品，既要强调原料的质量，又要强调工艺的科学性与先进性。对于不符合酿造标准的原料，可以用工艺上采取的措施进行弥补。在生产过程中，尽量地保留葡萄原有的香味物质，改善葡萄汁的成分，发挥品种风格的特点，减少外来影响酒质的因素，防止贮存和陈酿过程中变质，使最后酿制出的产品具有澄清、透明、色香、味美的典型风格，以符合标准的产品。与标准产品不同，每一个葡萄酒产区都有其风格独特的葡萄酒，没有统一的评价标准。葡萄酒的风格主要决定于葡萄品种、气候和土壤等条件。由于众多的葡萄品种，各种气候、土壤等生态条件，各具特色的酿造方法和不同的陈酿方式，使所生产出的葡萄酒之间存在着很大的差异，产生了多种类型的葡萄酒。由于其种类繁多，构成成分复杂，气味和口感变化很大。在对葡萄酒进行检验时，既要考虑其感官变化又要兼顾其理化和微生物指标。

感官检验又称为感官分析、感官评价，是用于唤起、测量、分析、解释产品通过视觉、嗅觉、触觉、味觉和听觉所引起反应的一种科学的方法。葡萄酒的感官指标指的是葡萄酒的色、香、味是否正常，有无异味，有无异物，有无腐败变质等现象。人的嗅觉非常敏感，能嗅出二千万分之一毫克麝香气味，仪器无法与之相比，通过感官检验，确定工艺上采取的措施，确定换桶时间、调配时间和最适的装瓶时间等，分出存酒的等级，意义重大。

一、感官检验的意义

葡萄酒的感官检验也称品酒、评酒，它是指评酒员通过眼、鼻、口等感觉器官对葡萄酒的外观、香气、滋味等感官特性进行分析评定的一种分析方法。是了解葡萄酒，更好地酿造、贮藏、检验和最后鉴赏葡萄酒快速、有效的方法。它利用听觉、触觉、视觉、嗅觉、味觉等器官，对质量控制和设备、环境卫生进行比较、判定、观察、分析、描述的具体表现。它是在生产过程中比理化分析更为快速、直观的分析手段。到目前为止，还没有一种仪器可以对葡萄酒的感官质量做出定量的结论，作为品尝者要对葡萄酒的感官质量做出客观的、科学的、公正的评价，不仅需要掌握葡萄酒的品尝知识，还需要具有公正无私的道德风范。

葡萄酒的感官指标是葡萄酒质量优劣的重要标志，任何一个质量上乘的葡萄酒，除了理化指标和卫生指标符合标准规定以外，还必须具备良好的感官特性，可以说，葡萄酒的每一项理化指标是其质量的单一体现，而感官指标则是葡萄酒质量的综合概括。换句话说，一个理化指标、卫生指标都合格的葡萄酒未必是高质量的葡萄酒。葡萄酒不仅可以满足人们鉴赏的需要，这也是葡萄酒不同于其他产品的关键所在。例如，法国是世界上葡萄酒最发达的国家之一，对葡萄酒的质量控制有着严格的法律规定，从葡萄品种的选育、栽培、收获到加工工艺、贮存、运输等都有一系列的法令，这些对葡萄酒的质量起到了很有效的保证作用，但其最终产品的分等、分级仍然要靠感官品评，因此，感官品评是葡萄酒质量检验的关键。

二、葡萄酒的风味

葡萄酒是一种美好的风味食品，这种风味是葡萄酒中的成分和饮酒人的感觉器官相互作用产生的能够刺激人的感官的化学成分称作风味物质。当风味物质超过一定含量时可引起人的感觉。风味物质在葡萄酒中的含量及其组成比例决定着葡萄酒的特性，葡萄酒中的风味物质所引起的感官刺激，对于消费者个人来讲，是靠他的神经感觉，也就是说是决定于他的感觉功能和饮食习惯。葡萄酒风味的主要特征为色、香、味。

（一）色泽

色相的变化可以显示出一瓶葡萄酒是否已经到了它的适饮阶段，过于盲目地追求陈年很容易错过酒的最佳饮用时间。"色衰"其实是指经过瓶中陈酿的酒可能就没有鲜亮的颜色，不可以色取酒。红酒在瓶子中贮存之后，酒里的单宁跟色素会发生聚合反应，色彩逐渐衰退，至老年的红酒经常会只剩下淡淡的砖红色。白葡萄酒的色彩变化比较复杂，需要具体情况具体分析。

葡萄酒中的呈色物质为多酚类衍生物，主要是多酚色素，包括花色素、黄酮醇及单宁等。葡萄酒色素主要来自于葡萄果皮以及贮酒桶，红葡萄酒由于带果皮发酵，含有较多的花色素和单宁，致使其酒色呈深红、浅红或宝石红色。但是红葡萄酒的颜色差别比较大，从黑紫色到各种红色都有，甚至会说变成琥珀色。低年份的红酒，颜色越深酒的味道越浓郁，单宁含量也越高。赤霞珠、梅鹿特都以颜色深黑而著名，而黑品诺等品种的酿后色彩则比较清浅。

一般而言，用红葡萄酿制的酒，当它装瓶出厂时，它的颜色是鲜紫红色。随着贮存的年份增加，紫色慢慢消失，最后变成红色。如果再陈年的话，红色转变成橘红色或黄土红色。到了最后，有一点褐红色出现，直到全部转成褐红色为止。值得一提的是，上述红酒颜色的转变，只有用极品葡萄所酿成的红酒才会有。因为葡萄年份非常好，可以"允许"陈年，而且愈陈愈好。如果葡萄年份不好，它酿出来的酒，宜新饮而不宜陈年。

而白葡萄酒是用白葡萄或红皮白肉红葡萄的自流汁发酵而酿成的，其中只含有少量的单宁，该物质在白葡萄酒的贮藏中通过聚合或氧化作用而使白葡萄酒呈现金黄色、黄色或浅禾秆色，使人神清口爽，给人美的享受。对于白葡萄酒来说，颜色可以从无色、黄绿色、金黄色一直变化到琥珀色，甚至到棕色。比如，一瓶年份较少的白葡萄酒，会带有浅绿色和非常芳香的味道，等到它陈年后，新鲜的芳香味慢慢失去，代之而起的是陈香。同时，它的颜色也转变成稻草黄色。如果它存放更久的话，颜色也变得更深，有琥珀色或黄金色。

干白葡萄酒的颜色通常比较浅，年份少时常常带绿色反光，呈现出淡黄色，随着酒龄而逐渐加深。葡萄酒的颜色与其成熟程度也有密切关系，成熟度越高的葡萄颜色越深；年份不好、葡萄成熟度不足，酒的颜色也会相应跟着变淡。这同时也说明了，葡萄酒的颜色与土壤等各种自然因素有着密切的关系，同样品种的葡萄很有可能发生或多或少的变化，因此不能一概而论。

（二）香味

葡萄酒的香气部分来自葡萄本身，也会在不同的酿造过程中透过自然化学作用产生。葡萄酒含有的成分中，人们能用嗅觉区别的成分很多，这是因为人的嗅觉灵敏度是很高的。由嗅觉器官感觉到的葡萄酒香气可分为果香和酒香两大类。

果香来源于葡萄，它赋予葡萄酒似花香、狐臭香等果香。在葡萄中是以游离态（有香气）即称为原生香和结合态（无香气）两种形式存在的。结合态的香气成分可通过酿造过程释放出来，被称为次生香。因此，葡萄酒的果香是受在酿造过程中游离态芳香物质的浸提和结合态释放游离态芳香物质的能力两方面的影响。果香主要由醛类和萜烯类引起，其量甚微，不易长期保存，随着酒龄的增加而消失。而酒香则是葡萄经微生物发酵之后通过老熟而产生出来的特有的优美香气，这当中又把在无氧条件下产生的老熟香称作醇香，而把在有氧条件下产生的老熟香称作氧化香。酒香是在发酵及贮存中产生和发展的，是由于发酵微生物的代谢作用以及贮存容器（橡木桶，特别是老桶）的接触作用等，使葡萄酒中的成分发生一系列的变化，从而产生的成分组成。构成酒香的物质不仅有醇类，还有酸类、醛类、酮类、脂肪酸以及酵母自溶物等，目前已有许多研究指出一些物质与葡萄酒风味的密切关系，例如：美国加利福尼亚产的葡萄酒，高级醇中的异戊醇与香味的综合感官评价呈负相关；乙醛是酿酒过程中产生的一种最重要的风味化合物之一，已构成葡萄酒中醛类化合物总含量的90%。葡萄酒中低含量的乙醛具有一种愉快的水果香气，但浓度较高时，会产生一种青草或类似青苹果的异味，乙醛在葡萄酒中的风味阈值为 $100 \sim 125\mathrm{mg/L}$。

（三）滋味

1. 葡萄酒的滋味

葡萄酒中风味物质的数量很多，从而产生了多种多样的刺激，人能够在味觉上识别的是甜、酸、苦和咸 4 种基本味觉，还有一些刺激虽不能识别，但却能感觉到，被称作味感即涩味和辣味。

葡萄酒酸味的形成，不但与酒中酸根种类、含量、pH 值、可滴定酸度有关，而且还与葡萄酒的缓冲效应、糖、酸等其他物质的存在有关。虽然葡萄酒中酸的种类较多，但酸味的产生主要来源于酒中的 6 种有机酸（见表 5-1）。酒中无酸不成味，它不仅能使酒体结实，爽快可口，增强酒体的稳定性与保存性，而且还具有消化开胃、增强食欲的功能。

表 5-1 葡萄酒中主要酸味物质

种　类	正常含量/(g/L)	来　源	味感特征
酒石酸	2～4	葡萄果实	尖烈
苹果酸	1.5～4	葡萄果实	酸涩
柠檬酸	0～0.5	葡萄果实	清爽
琥珀酸	0.5～1.5	发酵生成物	酸苦
乳　酸	0.1～0.5	发酵生成物	弱酸
醋　酸	0.5～1	发酵生成物	醋味

葡萄酒的甜味主要来自于酒中含有的糖类如葡萄糖、果糖和阿拉伯糖等，次之来源于发酵中所产生的多元醇类如甘油、丁醇和肌醇等，不同的葡萄酒，其中甜味物质的种类、含量就会不一样，一般中性葡萄酒含糖较少，不超过 4g/L，而甜型葡萄酒则较高，可达 80g/L。葡萄酒中具有一定的甜味物质，可使其柔和醇厚，软绵圆滑。

葡萄酒的苦味和涩味往往同时存在，很难将其区分开来。它们在葡萄酒中往往只是比例不同而已，有的物质苦中带涩，也有的涩中带苦，高级醇类是酒中芳香物质的组成成分，但在酒度为 4% 时，若异戊醇含量大于 200mg/L，异丁醇超过 300mg/L，丙醇小于 400mg/L时，将会使酒产生强烈的苦涩味。日本曾以感官品评模拟葡萄酒（调制成的类似葡萄酒的酒精溶液）对这些高级醇苦味所做的研究也得出相同的结果，只是指出试酿葡萄酒（日本甲州白葡萄酒）中异丁醇和丙醇含量很低，与指出的有苦味浓度相比差距很大，故认为这两者与苦味关系不大，异戊醇为影响酒苦味的主要物质。他们还对试酿葡萄酒进行酒味醇厚的感官试验，得出葡萄酒中的丙醇含量超过 111mg/L 时，酒体醇厚感明显增强，不过丙醇含量太高，也会给酒带来不愉快的口感。也有报道异戊醇等主要香气成分含量高时，会使酒体产生涩味。儿茶酚及花青素是使酒呈色的物质，但当它们和酒中丙烯醛化合时，就会使酒变苦而带有涩感。除此之外，早已证实儿茶酚、单宁等物质能使舌头表面的蛋白质凝固，味觉神经麻痹而引起收敛感即涩感适度的涩味给人以好感，佐餐肉食滋味极好，但强烈的涩味就成为不愉快的味感，会降低葡萄酒的品质。

辣味是由于口腔黏膜被刺激而引起的痛感，有时还伴有鼻腔黏膜的痛感。在葡萄酒中主要由于醛类和高级醇等引起的酒精本无辣味而略带甜味，但与乙醛在一起就出现辣味，辣味的大小与醛量成正比。

2. 葡萄酒的韵味与余味

（1）韵味与余味　"韵味"是指意境中所蕴含的那种咀嚼不尽的美和效果，它包括情、理、意、韵、趣、味等多种因素，因此有"韵"、"情韵"、"韵致"、"兴味"等多种别名。有韵则雅，无韵则俗；有韵则远，无韵则局。葡萄酒韵味无穷，是葡萄酒品尝过程中意境的审美特征。葡萄酒的余味、回味与后味就是其意蕴奥妙所在。

当我们在描述一款葡萄酒的余味时，通常可以使用"胡椒味的、矿物质味的、风味丰富的、甜润的、苦涩的、辛辣的、粗糙的和浓郁的"等词汇来形容。一般情况下，这些词都可以用来修饰一款酒的风味和质地。比如，在说一款白葡萄酒的余味时，我们可以这样说："余味清爽，带有白花、柠檬和柑橘的香气"。

在饮用干白葡萄酒时，会发现其余味比较清爽。随着干白葡萄酒的陈酿，其口感更趋向于柔和，而余味也就显得更加圆润，持续时间也更长。经过橡木桶陈酿的干白葡萄酒余味更为复杂，持续时间更长。雷司令（Riesling）干白葡萄酒余味爽脆清新，持续时间通常为30s。加州霞多丽和勃艮第霞多丽干白葡萄酒余味更加浓郁，持续时间会达到 45～60s。

年代少的干红葡萄酒通常余味清淡，持续时间较短，对于经验不足的葡萄酒饮客来说，这种葡萄酒更加容易入口。不过真正顶级的干红葡萄酒余味悠长，期间还会发展出更加复杂的风味。

（2）余味长短的评判标准　通常而言，余味时间能持续 20～30s 就是一款不错的葡萄酒。如果一款葡萄酒的余味能持续 45s 以上，则说明该酒风味浓郁，是经过精工酿造而成的。而对于一款品质卓越的葡萄酒，其余味通常能持续 1min 甚至更久。这也就解释了为什么余味时间的长度能成为评价葡萄酒品质的一大主要因素。另外，这也为品酒增加了又一大乐趣。

葡萄酒是健康而美的饮料，在韵味方面达到了极致，感受葡萄酒之美的同时，品尝者要有美学欣赏的自觉意识，以一种十分明确的审美追求，注重直觉体验、自由联想和瞬间顿悟方面的相默契之处，在葡萄酒美学的王国尽情翱翔，驰骋想象。

三、葡萄酒的感官组成及判别方法

葡萄酒的质量标准包括理化、感官两部分。关于理化指标，世界各葡萄酒产酒国均制定有各自的质量标准。我国最近也修订了葡萄酒质量标准。对于感官指标更不尽相同，使每个产品有自己的风格特点。确定葡萄酒的质量水平，在符合理化、卫生指标的前提下，色、香、味主要取决于感官评定，因此感官评定是决定葡萄酒品质优劣的关键。企业对出厂产品都要履行感官评定制度，这是保持质量稳定的主要手段。而消费者对产品的评价也是由对酒的饮用，由感觉器官反映出的味感和嗅感所得出的综合意见。历年来国内各级部门组织的各种类型的评比会议或国际性组织的各种形式评赛会，无一不是以感官评定为主要依据的。尽管评比计分方法不同，评酒形式有差距，但实质都是以感官评定作为衡量产品优劣的手段。感官评定是决定葡萄酒产品的市场地位、获取消费者信誉及竞争的主要依据。

感官评定是评价人凭感觉器官对酒的色、香、味、风格特点来判断产品质量的一种方法，可得出对酒的各种评价：如酒的外观是否澄清透明，香气是否纯正，滋味是否协调，最后完整的体现在酒的风格上。葡萄酒感官评定，在国际上采用20分制的扣分法，即扣除葡萄酒的缺点。我国目前采用百分制法，其分配为：外观20分，香气30分，滋味40分，典型性10分；其中滋味占的比例最大，如与典型性结合一起考虑，则占总分的50%。因此，滋味在葡萄酒感官评定中占有很重要的位置。评酒人员形容葡萄酒风味的评语最多，不下几十种术语，没有统一的描绘用语，完全是评酒时的个人感觉现象。当然这种感觉不能排除个人爱好、习惯、地区等的影响，但应具有广泛的代表性。被列为易于大家理解和接受的通用评语如下：

醇和——表示酒中各种成分融和一体，觉不出有特别突出的任何一种成分。

协调——酒香与酒味，也就是葡萄酒的果香、酒香和滋味成分比例恰如其分。

爽净——味净，入口爽洁，无外来的邪杂气味（如金属味、桶味、胶管味、霉臭味、硫化氢味等）。

适口——酒中糖酸配比适合，饮之舒适，有清愉感。

淡泊——组成酒味的各种成分含量低，达不到味觉要求；特别是酒中酸含量低时，更觉得滋味寡淡，饮后没兴味。

粗劣——酒基不纯，各成分比例不适合，突出酸、涩、苦、甜等任何一种成分，尤其是酸含量高更为突出，酸高的酒使苦涩更为明显。

含酒精的——用于形容一款葡萄酒由于相对于其酒体的重量而言含有过多的酒精，而出现不平衡的状态。过量的酒精会使葡萄酒出现非典型性的沉重或热（辣）的感觉。这种性质在香味或回味中相当明显。

凌厉的——品尝术语，通常指葡萄酒含有高的或过量酸度或单宁。年代少时凌厉的葡萄酒会随着陈酿而改良。

以上这些评语中，无一不与葡萄酒中酸含量高低及酸的组成有关，糖、酒、酸是组成葡萄酒滋味的主要成分。对于干葡萄酒在滋味的反应上没有糖的缓冲作用，酸的成分就更重要了。因此，恰当的调配葡萄酒中酸含量是使酒的滋味完好、风格突出的主要指标。

四、感官分析和评价

感官分析和评价需要慎重评估不同酒样和描述感觉记忆的能力。这种对酒的判断是不能用经验来替代的，需要实践。开始制酒者可以用大量的正面或反面的酒，或在水中和酒精水溶液中溶解有机化学组成成分，这有助于学习一个酒样在没有暗示的情况下区分一些成分。酒中大量的酸或乙醇将导致更难区分样品中的挥发成分。记下在评酒中的感受要依靠眼睛、鼻子的鉴赏力，这些都需要实践。

（一） 仪器和条件

葡萄酒酒杯，最好有几打，要完全相同，全部是郁金香形状的。用热水清洗干净，但不要用洗涤剂洗，然后放在一个自然无油漆或粉刷成白色的背景环境，最好是一个结实的、纯白的胶木台面。中性、室温的纯水，在低的稳定的室温下，不考虑葡萄酒酒样的类型。最好在一个干扰很少的隔离的无声无味的环境室内，给试样提供日光或白炽灯。荧光照明和其他类型的光线会干扰颜色的判断。

（二） 内容和步骤

1. 颜色分析

首先选择视点。白葡萄酒的颜色在法文中常常称为"robe"。通常白葡萄酒的颜色分为："水白色、麦秆白色、麦秆金色、深麦秆色或深麦秆金色"几类，颜色深度呈逐渐增加。例如，法国干型苦艾酒。对深色产品要根据质量特点逐级做出评定。红酒的色度范围从淡红色的到深宝石红色的波尔多葡萄酒的黄褐色，马德拉酒的范围以一个非常浅的麦秆色为基础，从一些干的雪利型酒到一些非常深的雪利酒，或者奶油色的雪利型酒。琥珀色可以呈现出一种宝石红的颜色。红酒也包括一些深巧克力褐色，例如意大利的苦艾甜酒。

初学者在开始阶段最好要获得几个好的酒样加以试验。当然，这非常昂贵。有的用白色调配而成的白葡萄酒颜色，作为合适的颜色作评价的基础不可取。白葡萄酒"褐化"标志着酒的氧化，"黄化"源于过量的无色色素，"彩色化"发生在用红葡萄酿制的白葡萄酒中。桃红葡萄酒常常失去其诱人的桃红色或浅红色。对这些酒是否产生严重的判断失误，依靠于特殊的桃红型酒。酒龄短的红酒会呈现明显的紫色，此色几乎一直受到挑剔指责，甚至连有名的 Beaujolaui 地区的 nou-veau 酒也在内。好的佐餐红酒颜色平衡，在品酒杯中通常显出一些和酒龄有关的褐化。除去那些过氧化风格的酒，如红酒中褐化严重，会引起评定专家的严厉批评。

2. 清度分析

葡萄酒的表面常常做一个"圆盘（disc）"，尤其在法国，在成品葡萄酒中应要出现绝对的光泽。判断葡萄酒澄清度的等级常有 4 种：云浊的、雾浊的、澄清的、有光泽的，在澄清度上呈上升的顺序。一个 8 盎司（1 盎司＝28.35g）酒杯装 4 盎司的纯水和两滴牛奶，将呈现出云浊状态。4 盎司纯水混入一滴牛奶将呈现雾浊，用 4 盎司或更多的水稀释这种液体，将会得到澄清的液体，而没有加牛奶的纯水会有一定的光泽度。"圆盘（disc）"出现"浊化"或暗淡，说明被细菌污染，尤其是葡萄酒出现令人不愉快的醋味时，这种"圆盘（disc）"做黏性的彩虹。这是细菌感染所致，这种情况在法国称作"Vins hilant"。一个闪亮的或泛有油光的"圆盘（disc）"是由于润滑器的油泄漏或别的设备污染造成的。在感官视觉分析阶段，应从两个视觉位置去观察。第一个是与视线平行，用手拿着酒杯的柄与底，杯对准燃着的蜡烛或灯丝，或白炽灯泡。光源尽可能接近杯子，离杯子几英尺（1ft＝0.3048m）或大概一英尺，这可为判断提供一个可靠和舒适的视点。光源有助于观察沉淀的酒体、胶体和金属物。不用光源，通常也很容易检查出云浊和雾浊现象。在颜色的判断上不直接使用灯泡、蜡烛。

第一个观察视觉位置是把酒杯放在一个齐腰的白色的平面上，如置于一个纯白的台面上，或在桌面上用一张白纸铺在杯子下面，可精确地观察到葡萄酒颜色的色度和强度。顶上的光源是普通的日光或日光灯照明，荧光或别的光源会污染、干扰对颜色的判断。

3. 香味分析

鼻子能够嗅到葡萄酒中的气味。葡萄酒的气味能被感觉器官最先感受到，嗅觉感受器在鼻子后缘的裂缝处的顶部和四周覆盖大约 $1m^2$。嗅觉神经穿过筛状平板到达嗅觉球状物。如葡萄酒的气味被感觉器官接受，再通过嗅觉系统导向大脑，通过神经纤维束传导。

人的大脑经过专门正规的训练，能把刺激信号精确地进行分类存储和反馈。鼻子的判断是根据经验和能力来区分特殊味道成分的。对一些挥发性物质比较敏感的人，能较好地判断葡萄酒中的一些气味，在闻香时要注意以下三点：

第一，闻葡萄酒前不能旋转酒液，要让葡萄酒静止，使酒液自然散发出气味。

第二，嗅觉判断可通过葡萄酒在酒杯内壁充分摇动，扩大葡萄酒中的挥发性物质的挥发表面积，增加更多的挥发性组分物质对嗅觉系统的刺激。

第三，嗅觉检查可通过轻柔地晃动杯子使之泛起一点酒花，酒样能混合一些空气，进一步加强气味的挥发。当然，这种摇动和晃动需要一定的技巧。

最普通的嗅觉缺陷（批评）是指葡萄酒的乙酸化。乙酸化在葡萄酒中将形成更多的乙酸，使葡萄酒呈现出苍白单薄的气味（由于乙酸的形成，使葡萄酒的挥发酸的含量成为葡萄酒损坏的一个非常可靠的标志）。另外，由一些乳酸菌的作用形成的乙酰基丁酮会使葡萄酒带上人造黄油或黄油的味道。

在大多数佐餐酒中乙醛的形成是一个缺陷。可察觉到葡萄酒中有很细微的坚果味，最初是乙醇氧化造成的。然而在雪利类酒中，高含量的乙醛则是被期望的。葡萄酒的气味是由挥发性的缩醛、酸、乙醇、氨基化合物、羟基化合物和醛类组成的，其常见香气有如下来源：

香气，来自于酿酒用的葡萄；

酒香，来自于葡萄和酿酒过程中生成的气味；

个性，这种味道源于特殊的葡萄栽培、特殊的地理位置和特殊的酿酒工艺，或兼容以上3项；

纤细的，是模糊的和相当不同的集合味觉反应；

花香，是由于花的影响，例如好的栽培酿制好的酒，如雷司令；

水果香，出自于很重的葡萄果香；

充满的，这种嗅觉带有明显的充满的感觉；

青草味的，这种气味出现在未成熟酒中的味道或者被贮存在红色橡木桶中的味道；

上头的，这种味道源于高酒精含量，常叫做"冲"；

霉味，来源于霉变的葡萄或酒被存放于霉变的橡木桶中，或兼而有之；

陈腐味，来自于腐败的或橡木桶中贮藏的葡萄酒；

有机味，这种味道带有"臭鸡蛋"味，是硫化氢污染的结果；

肥皂味，是由于葡萄酒暴露在设备中或在瓶中贮藏过久，或这些容器没有彻底洗干净所引起的；

香料味，这种气味来源于香料的影响；

典型的，这种味道是葡萄酒酿造者期望得到的，是由典型的生产技术、习惯、产地或其他复合因素形成的；

品种的，这种气味源于用于酿酒的典型、特殊的葡萄或栽培品种；

木质味，这种气味呈现出一种木香，通常由于在橡木桶中贮藏时间过长而引起；

酵母味，由于酒脚在酒中存放时间过长而引起。

人们最原始的感觉器官包括味觉器官舌头，虽然喉咙有时也包括其中，尤其在后味的品尝中。舌头的表面大约分布有 3000 多个皮肤隆舌苔，每个舌苔包括多个味蕾。每一个味蕾都直接与大脑神经联系。

甜味、酸味、苦味和咸味 4 种味道或味觉能被人的舌头直接判断出来。但是四种基本呈味物质敏感性不同，在口腔中的反应速度也有差异。其中，舌尖对甜最敏感；接近舌尖的两侧对咸最敏感；舌的两侧对酸最敏感；舌根对苦敏感。人舌上的味蕾只能感受到这四种基本味觉。但所有其他的味道，都是由这四种基本味觉构成的。同一种物质可以只有一种基本味觉，也可以同时或顺序表现出数种基本味觉。在品尝的时候，甜、酸、苦、咸等味由于具有不同的刺激反应时间，故而不是被同时感知的。在味觉传导中，面神经、舌咽神经、迷走神经的纤维进入味蕾，与味觉受纳器细胞的微绒毛相连，将来自味觉受纳器细胞的信号转为神经冲动，传递到大脑，人产生味觉。过冷的葡萄酒会麻痹品尝者，所以所有的葡萄酒在过冷状态下品尝都会受到批评，因此正常的室温是必要的。酒体或者酒的"厚度"的判断依靠"口感"，这是区分酒体的厚重或瘦弱、轻薄感觉的依据。

用于评估的葡萄酒要倒到品酒杯容量的 1/4，再举至唇边轻轻抿一点到口中，漱一下口然后吐出，再抿一口然后在口中停留一会，再漱一下，使嗅觉和味觉的感官表面充分地暴露。10～20min 后，喝一口葡萄酒咽下，剩下的最好吐出来。余下暴露在咽喉的部分是后味的印象。如果第一次品尝对葡萄酒的某些方面判断不清楚或者犹豫的话，可以重复这一步骤。品尝结束之后，品尝者需要喝一口室温下的纯水，充分地漱一下口然后吐出。可以吃少许中性的无欲薄脆饼干或别的食物，如无味的奶酪，然后用水漱一下口，准备下一组的品尝。每次鉴定不能超过 5 个品尝样本，不然会产生味觉疲劳。

酸的缺陷在葡萄酒中是一种常见的缺陷现象，有时是酸过低引起葡萄酒乏味或酸太高引起酒过酸。通常葡萄酒中总酸低于 0.400g/100mL 就被批评太乏味；超过 0.700g/100mL 就会引起酒过酸。有时甜味可以掩盖酸度和刺激作用。

苦味在葡萄酒中不同于酸或尖酸，苦味不能被甜味掩盖。葡萄酒中的苦味源于丙烯醛，是甘油发酵的结果，是乳酸菌的有害感染所致。

甜味和酸味的缺陷是非常相似的，葡萄酒常常因为酸太高或太低而遭到批评，甜味也是一样的（太甜或极乏甜味）。甜度的升高依靠于自然或者添加可溶性糖，可以是葡萄糖、蔗糖和果糖。在用含有这种甜味成分的葡萄酿制的葡萄酒中比较明显。

在品酒过程中，要综合视觉、嗅觉、味觉三种感觉器官，从而准确、完整地表达出被品酒的本质和特有风格。嗅觉可以判断酒的年龄、风味、品质。同一种果酒，不同的原料品种，其果香、酒香均不同。视觉、嗅觉完成对果酒的第一印象，味觉作为补充和证明。三种感觉器官的作用紧密相关，相互协调、相互配合。

4. 葡萄酒感官评价步骤

第一步：看酒（sight）。红葡萄酒的颜色丰富多彩，具有多变性和多样性。不同的红葡萄品种酿成的红葡萄酒，颜色有所差异。通常我们用没有花纹的玻璃杯，因为它是无味的，所以不会影响到酒的天然果香和香气。此外，因为玻璃杯是无色的，可让我们正确判断酒的颜色。透过酒杯，我们可以看到大师级解百纳的色泽是深宝石红色，特选级及优选级则相对较浅。

第二步：摇酒（swirl）。杯子应该有高脚，这样可以使您缓缓将杯中的酒摇醒，以崭露它的特性。记住避免用手去持拿杯身，那样会因为手的温度而影响到酒温。

第三步：闻酒（smell）。在没有摇动酒的情形下闻酒；所感知的气味是酒的"第一气味"；将酒杯旋转晃动后再闻酒（旋转晃动时酒与空气接触后释放出挥发性的香气和香味），此时所感知的气味是酒的"第二气味"，它比较真实地反映出葡萄酒的内在质量。

第四步：品酒（sip）。最后是最令人满足的部分，入口品尝。轻吸一口红酒，使它均匀地在口腔内分布，先不要吞下去。让它在口中打滚，使它充分接触口腔内细胞，以便品尝和评判它口味的细微差别。你能在这一步品尝到大师级葡萄酒的入口柔和，口感圆润、丰满，芳香持久，具有结构感，具有很强的典型性。根据我国最新的国家标准，葡萄酒是以新鲜葡萄或葡萄汁为原料，经全部或部分发酵酿制而成的、酒精度不低于 7％（体积分数）的发酵酒。

（三）分析结果与标准

1. 记录葡萄酒品尝分析结果

记录葡萄酒品尝分析结果是葡萄酒厂通常要做的两项工作之一，一是分析评定所得的一个高分或总分数，体现酒的质量（如表 5-2 所示）；另一种记录方法是一个简单的核查，根据分析标准检查每一种酒的评定结果。

表 5-2　感官评价及评分标准

项目	总分 100 分	评分标准
色泽	10 分	10～8 分——宝石红红色 7～5 分——紫色 4 分以下——棕色
澄清度	10 分	10～8 分——透明清亮 7～5 分——昏暗 4 分以下——浑浊或有沉淀
果香	20 分	20～16 分——有浓郁的果香 15～10 分——有果香 9～5 分——无果香 4 分以下——无果香，有酸败味
酒香	20 分	20～16 分——有浓郁的酒香 15～10 分——有酒香 9～5 分——无酒香 4 分以下——有刺激性酸味
口感	40 分	40～36 分——酒体丰满醇厚，口感纯净、清新 35～25 分——酒体比较纯正，柔和爽口 24～10 分——酒体较差，稍有酸涩味 9 分以下——酒体粗糙，酸味突出

2. 标准的品评术语

（1）用于描述色泽方面　紫黑色、紫红色、宝石红色、棕红色、浅红色、砖红色、橘红色、桃红色、浅黄色、微黄带绿色、金黄色、棕黄色、鲜红色、铅色。

（2）用于描述澄清度方面　澄清透明、有光泽、似晶体、半透明、失光、浑浊、沉淀。

（3）用于描述香气方面　清新、舒愉、优雅、别致、浓郁、细腻、绵长、纯正、纯净、和谐、爽净、平淡、香气不足、欠协调、欠纯正、有异香、二氧化硫气味、有异味。

（4）用于描述滋味方面　爽快、细腻、柔协、舒顺、醇和、优美、醇厚、圆润、丰满、余味长、绵延、愉悦、粗糙、淡薄、酸涩、后苦、甜腻、欠平衡、欠纯正、平淡、有异味。

（5）用于描述典型性方面　典型性强、典型性一般、具典型性、具独特风格、无典型性。

3. 变质葡萄酒的主要特点

（1）酒色浑浊　如果葡萄酒酒色浑浊，飘着雪花，应该认定这酒已经变质了。但是，多年的红酒有沉淀是正常的，因为经过一段时间，酒的色素和单宁等物质会结合，产生沉淀物。另外，有些只有1～3年的酒如果瓶底有结晶物，这是由于酒厂在进行冷冻处理的时候没处理完善而造成的，但这并不影响酒的品质。

（2）木塞味　这种气味类似于腐烂的木塞所发出的腐臭气，让人闻起来不太舒服，觉得酒不干净。如果倒入杯子里的葡萄酒在15min后木塞味散掉，其木塞味问题基本不大；如果一直有的话，就说明这种葡萄酒变质了。木塞味的产生有多种原因，有的是由于木塞消毒处理不干净，有的则是木塞在潮湿环境里变质所致。

（3）二氧化硫味　闻起来像固体燃料炉，有的时候比酒的气味要轻。这种气味的产生大多是因为在酿造过程中的硫黄杀菌处理过度造成的。甜的、半甜的酒因为糖分高，也要用高一点的硫黄来终止发酵。这种气味经常出现在便宜的甜酒里，喝起来喉咙发干，很不舒服。

（4）氧化味　这也是一种不愉快的、像旧衣的气味，它是由于葡萄酒泄气造成的发霉现象，品尝起来像马尿味似的腐败味道。氧化酒基本上是坏酒，然而雪莉（Sherry）、波特（Porto）以及葡萄牙的马德拉（Maderized）等加强葡萄酒，如果有氧化口味则是正常的。

（5）臭鸡蛋和橡皮味　这种气味混合了硫化氢的味道，往往出现在环境温度较高条件下的红葡萄酒里，如果不加处理会发展成为有明显污水般的气味，但只要加入少许二氧化硫就可以驱散这种气味了。这种酒虽然不好闻，并且刺激鼻喉，但二氧化硫作为防腐剂还是很常见的。有时也用二氧化硫来清洗橡木桶和瓶子，不少新的酒里都有一点这种味，不过无害，一般倒入杯后很快就会散去。

（6）醋酸味　口感上有尖锐酸涩的感觉。酒开瓶后，长时间和空气接触，会受醋酸杆菌的侵蚀，使酒变酸。如果酒在高温发酵，也会有醋酸形成。酒在桶里或瓶里漏损，如木塞生虫、干缩、渗入空气，酒就会变坏或有此味。

（7）金属和鼠臭味　在酿酒过程中或在木桶贮存和入瓶时，受到金属的污染，酒就会有铁罐味。如果气味明显，白酒的颜色会加深，酒中有茶色沉淀物属铜污染。老鼠味，味如鼠臭，是细菌感染的葡萄酒迹象，这种细菌通常只感染木桶中的酒。

（8）天竺葵和山梨酸味　酒在发酵过程中产生了微生物，就会有此味道。这类酒一般质地粗糙而且加了山梨酸防腐剂，闻起来带点蒜味，比如中国国内带甜口味的味美思酒，一般都是加入山梨酸的。

但是这种有上述问题的酒毕竟还是少数，我们饮用的酒更多的是给人美好感受的好酒。

第二节　葡萄酒的理化检验

葡萄酒的质量先天在于原料，后天在于工艺，当原料确定后，加工工艺就成了关键的因素。如何确定一条最优化的工艺路线，除了依靠技术人员的知识和经验以外，准确的分析检验也是十分重要的，通过对理化指标的检验，获得客观的数据，对工艺进程进行指导，可以起到事半功倍的作用，也是现代化生产的优势所在。因此，准确地掌握葡萄酒的理化分析方法，对于优化工艺，指导生产，具有重要意义。

对于质检部门的检验人员来说，只有准确地按标准对葡萄酒的质量进行检验，才能得出准确的结论，给葡萄酒的质量做出一个科学、公正的评判。果酒的理化指标是指原料或生产加工过程中是否带入有毒、有害物质，如农药残留、砷、汞、铅等。

一、酒精度

（一） 标准介绍

葡萄酒中的酒精度，也称乙醇含量，是葡萄酒的特征成分之一，它的物理含义是：在20℃时，100mL饮料酒中含有酒精（乙醇）的体积（mL），常用"％（体积分数）"来表示。在 GB/T 15037—94《葡萄酒》标准中规定：甜葡萄酒、加香葡萄酒的酒精度为11.0％～24.0％（体积分数），其他类型葡萄酒的酒精度为 7.0％～13.0％（体积分数）。GB 10344《饮料酒标签》标准规定：葡萄酒的标签上必须标明酒精度，其实际的酒精度与标称酒精度的误差应小于或等于±1.0。

酒精度的测定方法有很多，如密度瓶法、酒精计法、化学滴定法、气相色谱法、数字式密度计法等。气相色谱法是比较先进的分析方法，由于它具有快速、准确的特点而得到了越来越广泛的应用。在 GB/T 15038—94《葡萄酒、果酒通用试验方法》中，把它作为仲裁法。密度瓶法是较经典的分析方法，由于它准确度较高，设备投资少，操作简单，目前仍被广泛采用，标准中把它列为第二法。酒精计法相对来说误差较大，但它简单、快速，可作为控制生产用，标准中把它列为第三法。

（二） 测定方法

1. 气相色谱法

（1）实验原理　样品在气相色谱仪中通过色谱柱时，使乙醇与其他组分分离，利用氢火焰离子化检测器进行鉴定，用内标法定量。

（2）实验仪器　气相色谱仪：配有氢火焰离子化检测器；色谱柱（不锈钢或玻璃）：2m×2mm 或 3m×3mm；固定相：Chromosorb 103，60～80 目，固定液为 15％ PEG20M。

（3）测定方法

① 试样的制备。

② 色谱条件

a. 柱温：100℃；b. 气化室和检测器温度：150℃；c. 载气流量（氮气）：40mL/min；d. 氢气流量：40mL/min；e. 空气流量：500mL/min。

参考上述条件，根据不同仪器的情况，通过试验选择最佳操作条件，使乙醇和正丙醇完全分离，并使乙醇在 1min 左右出峰。

③ 标准曲线的绘制。

④ 试样的测定。

（4）计算　用试样组分峰面积与内标峰面积的比值查标准曲线得出的值（或用回归方程计算出的值），乘以稀释倍数，即为酒样中的酒精含量。

2. 密度瓶法

（1）实验原理　以蒸馏法除去样品中的不挥发性物质，用密度瓶法测定馏出液的相对密度。查相对密度的对照表，求得 20℃时乙醇的体积分数。

（2）实验仪器　容量瓶、蒸馏瓶。

（3）测定方法

①用容量瓶量取样品于蒸馏瓶中；②加热蒸馏；③取馏出液，于 20℃保温 30min，补水至刻度；④馏出液密度测定。

（4）计算　试样馏出液在 20℃时的密度按下式计算：

$$d = \frac{m_3 - m_1 + A}{m_2 - m_1 + A} d_0$$

$$A = \frac{(m_2 - m_1)d_1}{997.0}$$

式中　d——试样馏出液在 20℃时的密度，g/L；

　　m_1——密度瓶的质量，g；

　　m_2——20℃时密度瓶与试样馏出液的总质量，g；

　　d_0——20℃时水的密度，998.20g/L；

　　A——空气浮力校正值；

　　d_1——干燥空气在 20℃、1013.25kPa 时的密度，约为 1.2g/L；

　　997.0——在 0℃时水与干燥空气密度之差，g/L。

注：d_1 随气压条件略有变化，但这种变化一般对密度测定没有影响。计算得到 20℃时试液密度值，然后查酒精水溶液密度与酒精度（乙醇含量）对照表（20℃），求得试液中乙醇的体积分数。

3. 酒精计法

（1）实验原理　一般情况下可将葡萄酒看作酒、水混合物。葡萄酒的沸点随着大气压和酒精含量的变化而变化。用沸点测定仪测出酒及蒸馏水的沸点，通过对比沸点-酒精含量计算表盘，即可得出葡萄酒的酒精含量。

（2）实验仪器　沸点酒精测定仪（法国进口玻璃仪器）。

（3）测定方法

①在煮沸器的开口端插紧精确显示沸点的温度计；②打开冷凝水；③沸点的测定；④用蒸馏水冲洗煮沸器数次，然后注入蒸馏水调整液位至红色标志处；⑤打开电源，数分钟后可读取稳定的水的沸点；⑥关闭电源，将水放出；⑦酒沸点的测定：以酒代替水重复上述操作，读取稳定的酒的沸点；⑧读取酒度：转动表盘，将表盘的"0"酒度刻度线与水沸点对齐，酒沸点所对应的外圈酒度值即为该葡萄酒的酒精含量。

（4）适用范围　实验过程中，因葡萄酒被看作水与酒精的混合物，其他成分忽略不计，所以这种方法仅适用于糖含量小于 8g/L 的葡萄酒的酒精含量的测定。对于糖含量高于 8g/L 的葡萄酒可按适当的比例将酒稀释后再行测定。

二、总糖和还原糖

糖是人类赖以生存的主要营养源之一，普遍存在于植物中。糖作为化学概念是指一类物质，其中有单糖、双糖、多糖和聚糖。日常生活中提到的主要是指蔗糖，属于化学概念中的双糖。葡萄浆果中主要含有葡萄糖和果糖，这两种糖在酵母作用下发酵产生酒精，因此也称之为可发酵糖。未成熟的葡萄所含的糖大多是葡萄糖，完全成熟的葡萄，其葡萄糖和果糖含量的比例基本为 1:1。由于葡萄糖和果糖还具有还原性，因此也把它们统称为还原糖。一分子蔗糖水解后，产生一分子葡萄糖和一分子果糖。

我国葡萄酒中所含的糖主要有蔗糖、葡萄糖和果糖。所谓总糖，是指上述3种糖的总和。而还原糖则是指葡萄糖和果糖的总量。

控制糖含量对葡萄酒生产来说是至关重要的，它不仅用于区分酒的类型，反映酒的风味，同时又是控制生产、决定工艺的重要参数。我国 GB/T 15037—94《葡萄酒》标准中对含糖量的规定为：平静葡萄酒，干型＝4.0g/L，半干型 4.1～12.0g/L，半甜型 12.1～50.0g/L，甜型＝50.1g/L，干加香型＝50.0g/L，甜加香型＝50.1g/L；起泡葡萄酒，天然型＝12.0g/L，绝干型 12.1～20.0g/L，干型 20.1～35.0g/L，半干型 35.1～50.0g/L，甜型＝50.1g/L。

糖含量的测定方法很多，主要方法有物理法、化学法和仪器法。物理法中有旋光法、折光法、密度法等，适用于蔗糖的水溶液；化学法中有斐林氏法、高锰酸钾法、碘量法、铁氰化钾法等，这些方法都是基于糖的还原性的，只是所使用的氧化剂不同而已；仪器分析法主要是液相色谱法，这是近年来发展起来的方法，它可以将不同结构的糖分离后逐一定量，其结果非常准确、可靠，但由于仪器比较昂贵，目前还不能普及使用。在 GB/T 15038—94《葡萄酒、果酒通用试验方法》中，把液相色谱法作为第一法，也是仲裁法；直接滴定法是目前大多数企业普遍采用的方法，作为标准的第二法；间接碘量法，是对第二法的改进，有一定的优点和长处，在标准中作为第三法列出。

（一） 高效液相色谱法

1. 原理

利用氨柱，将样品中的果糖、葡萄糖、蔗糖与其他组分分离。视差折光检测器进行鉴定，外标法定量。

2. 试剂与仪器

（1）超纯水　经纯水机制出的电阻率达到 $18\Omega \cdot m$ 或经 $0.45\mu m$ 微滤膜过滤的新鲜的重蒸水。

（2）乙腈-水（75＋25）　将乙腈和水按 75＋25 的比例混合（或根据仪器情况调整该比例至分离效果最佳），用脱气装置充分脱气后，再用 $0.45\mu m$ 的油系过滤膜过滤。该溶液用作流动相。

（3）糖标准溶液（含总糖 45.000g/L）　分别称取干燥的葡萄糖、果糖、蔗糖各 1.500g（准确至 0.001g），移入 100mL 容量瓶中，用超纯水定容至刻度。该溶液含葡萄糖、果糖、蔗糖分别为 15.000g/L。

（4）高效液相色谱仪，视差折光检测器　色谱柱为 150mm×5.0mm，Shim-pack CLC-NH_2柱。

（5）微过滤膜　$0.45\mu m$，油系。

（6）脱气装置（或超声波装置）。

3. 测定步骤

（1）试样的制备　将样品用超纯水稀释至总糖含量为 45g/L 左右，并用 $0.45\mu m$ 油系微过滤膜过滤。

（2）色谱条件　柱温：室温；流动相：乙腈＋水（75＋25）；流速：2mL/min；进样量：$20\mu L$。

（3）测定　在同样色谱条件下，将糖标准溶液和处理好的试样分别注入色谱仪。测定各糖分峰面积，并计算其含量。

4. 计算

从液相色谱数据处理装置得出的结果，是每一种糖各自的含量，其中有葡萄糖、果糖和蔗糖，而葡萄酒标准中规定的总糖是以葡萄糖计算的，因此应把果糖和蔗糖换算为葡萄糖。果糖和葡萄糖的相对分子质量相同，因此果糖的含量就可以直接用葡萄糖的含量来表示，不需要加以换算。根据蔗糖水解为还原糖（果糖加葡萄糖）的方程式可知，1g 蔗糖可水解为 1.05g 还原糖，所以：

$$总糖\ X_1(以葡萄糖计)=葡萄糖+果糖+1.05\ 蔗糖$$

样品中的含量（X）按下面的公式计算：

$$X=X_1F$$

式中 X——样品中含糖量，g/L；

  X_1——试样中含糖量，g/L；

  F——样品稀释倍数。

所得结果表示至一位小数，平行试验测定结果绝对值之差，干、半干酒，不得超过 0.5g/L，半甜、甜酒不得超过 1g/L。

（二） 直接滴定法

1. 原理

斐林溶液与还原糖共沸，其中斐林溶液中的二价铜离子被还原糖还原为氧化亚铜，反应到达终点时，过量的还原糖使蓝色的亚甲基蓝指示剂变为无色，显露出氧化亚铜的红色指示终点。

2. 试剂与溶液

（1）盐酸溶液（1+1） 量取 100mL 盐酸，缓慢倒入 100mL 水中，摇匀。

（2）氢氧化钠溶液（200g/L） 称取 100g 氢氧化钠试剂，加水溶解并定容至 500mL，摇匀，贮于塑料瓶中。

（3）标准葡萄糖溶液（2.5g/L） 精确称取经 105℃ 以下温度烘至恒重的葡萄糖 2.5g（准确至 0.0001g），用水溶解并定容至 1L。

（4）亚甲基蓝指示液（10g/L） 称取 1.0g 亚甲基蓝，溶解于水中并稀释至 100mL。

（5）斐林 A、B 液

A 液：称取 34.7g 硫酸铜（$CuSO_4 \cdot 5H_2O$），溶于水，稀释至 500mL。

B 液：称取 173.0g 酒石酸钾钠（$C_4H_4KNaO_6 \cdot 4H_2O$）和 50g 氢氧化钠，溶于水，稀释至 500mL。

标定：取斐林 A、B 液各 5.00mL 于 250mL 三角瓶中，加 50mL 水摇匀，在电炉上加热至沸，在沸腾状态下用制备好的葡萄糖标准溶液滴定，当溶液的蓝色消失呈红色时，加 2 滴亚甲基蓝指示液，继续滴至蓝色消失，记录消耗葡萄糖标准溶液的体积。

另取斐林 A、B 液各 5.00mL 于 250mL 三角瓶中，加 50mL 水和比上述试验少 0.5～1mL 的葡萄糖标准溶液，加热至沸并保持 2min，加 2 滴亚甲基蓝指示液，在沸腾状态下于 1min 内以每 3～4s 1 滴的速度用葡萄糖标准溶液滴定至终点，如果达不到滴定速度与时间的要求，则适当调整预先加入葡萄糖标准液的数量，重新试验，直到符合要求，记录消耗的葡萄糖标准溶液的总体积。

斐林 A、B 液各 5mL 相当于葡萄糖的质量 F（g）按下式计算：

$$F = \frac{m}{1000}V$$

式中 F——斐林 A、B 液各 5mL 相当于葡萄糖的质量，g；

　　m——称取葡萄糖的质量，g；

　　V——消耗葡萄糖标准溶液的总体积，mL。

（6）酚酞指示剂（10g/L）　称取 1.0g 酚酞，溶于乙醇，用乙醇稀释至 100mL。

3. 试样的制备

（1）测总糖用试样　准确吸取一定量的样品（V_1）于一定量的容量瓶（V_2）中，使定容后的溶液中含糖量为 2～4g/L，先加水至 25mL，再加入（1+1）盐酸溶液 5mL，摇匀，于（68±1）℃水浴上水解 15min，取出，冷却，加入 2 滴酚酞指示剂，用 200g/L 氢氧化钠溶液中和至显酚酞的红色，加水定容至刻度。

（2）测还原糖用试样　准确吸取一定量的样品（V_1）于一定量的容量瓶中（V_2），使定容后的溶液中含糖量为 2～4g/L，加水至容量瓶（V_2）体积的 70% 左右，用酚酞指示剂显示调至中性，直接加水定容至刻度。

4. 分析步骤与计算

以式样代替葡萄糖标准溶液，按斐林溶液的标定方法操作，记录消耗试样的体积（V_3），样品中的含糖量（X）按下式计算：

$$X = \frac{F}{(V_1/V_2)V_3 \times 1000}$$

式中 X——样品中总糖或还原糖的含量，g/L；

　　F——斐林 A、B 液各 5mL 相当于葡萄糖的质量，g；

　　V_1——吸取样品的体积，mL；

　　V_2——样品定容的体积，mL；

　　V_3——消耗试样的体积，mL。

当样品含糖量很低，如干酒，则应用葡萄糖标准液滴定至终点，其操作步骤同前，只是加入试样于斐林溶液中沸腾 2min 后，用葡萄糖标准液滴定至终点，样品中的含糖量按下式计算：

$$X = \frac{F - \rho V}{(V_1/V_2)V_3 \times 1000}$$

式中 ρ——葡萄糖标准溶液的质量浓度，g/mL；

　　V——消耗葡萄糖标准溶液的体积，mL。

其他符号的含义与上式相同。

所得结果表示至一位小数，平行试验滴定误差不得超过 0.05mL。

（三）　间接碘量法

1. 原理

糖溶液与过量的斐林溶液共沸，二价铜离子被还原为氧化亚铜，剩余的二价铜离子在酸性条件下与碘离子反应，生成定量的碘，以硫代硫酸钠标准液滴定生成的碘，从而计算出样品中还原糖的含量。

2. 试剂与溶液

(1) 硫酸溶液 (1+5)　量取 100mL 浓硫酸，缓慢倒入 500mL 水中，搅拌，防止过热。

(2) 碘化钾溶液 (200g/L)　称取 100g 碘化钾，用水溶解并稀释至 500mL。

(3) 盐酸溶液 (1+1)　同直接滴定法。

(4) 斐林 A、B 液　同直接滴定法。

(5) 氢氧化钠 (200g/L)　同直接滴定法。

(6) 硫代硫酸钠标准溶液　称取 24.8g $Na_2S_2O_3 \cdot 5H_2O$ 或 16g 无水硫代硫酸钠，溶于 1000mL 水中，缓慢煮沸 10min，冷却，放置两周后过滤备用。

称取 0.15g 于 120℃烘至恒重的基准重铬酸钾，称准至 0.0001g，置于碘量瓶中，溶于 25mL 水，加 2g 碘化钾及 20mL 硫酸溶液 (20%)，摇匀，于暗处放置 10min。加 150mL 水，用配制好的硫代硫酸钠溶液滴定，近终点时加 3mL 淀粉指示液 (5g/L)，继续滴定至溶液由蓝色变为绿色为终点。同时作空白试验。

(7) 淀粉指示液 (10g/L)　称取 1.0g 淀粉，加 5mL 水使成糊状，在搅拌下将糊状物加到 90mL 沸腾的水中，煮沸 1~2min，冷却，稀释至 100mL。

3. 试样的制备

同直接滴定法。

4. 试验步骤与计算

在 250mL 标准磨口三角瓶中，准确加入斐林 A、B 液各 5.00mL，50.0mL 水，10.00mL 试样，摇匀，放两粒玻璃珠，装上标准磨口回流冷凝器，在 800W 加热器上，于 2min 之内将溶液加热至沸。从溶液完全沸腾时开始计时，准确保持沸腾 2min，立即取下，在冷水浴中冷却，待溶液完全冷却后，边摇边加入 5mL 碘化钾溶液和 5mL 硫酸溶液，立即用硫代硫酸钠标准溶液滴定，接近终点 (溶液呈淡黄色) 时加入 1mL 淀粉指示液继续滴定至乳白色即为终点。记下硫代硫酸钠标准溶液消耗的体积 (V_1)。以水代替试样做空白试验，得出空白试验所消耗的硫代硫酸钠标准溶液的体积 (V_0)。样品中总糖或还原糖的含量用下式计算：

$$X = \frac{c(V_0 - V_1) \times 63.55 f}{(V_2/V_3)V_4}$$

式中　X——总糖或还原糖的含量，g/L；

c——硫代硫酸钠标准溶液的物质的量的浓度，mol/L；

V_0——空白试验消耗硫代硫酸钠标准溶液的体积，mL；

V_1——试样滴定时消耗硫代硫酸钠标准溶液的体积，mL；

V_2——吸取的试样的体积，mL；

V_3——样品稀释或水解定容的体积，mL；

V_4——测量时吸取的试样的体积，mL；

f——铜、糖之间的氧化还原比值以与 $c(V_0-V_1) \times 63.55$ 值最接近的数，需查表；

63.55——铜的摩尔质量，g/mol。

三、滴定酸

滴定酸是葡萄酒中所有可与碱性物质发生中和反应的酸的总和，主要是一系列的有机酸，包括酒石酸、苹果酸、柠檬酸、琥珀酸、乳酸、醋酸等。其中酒石酸、苹果酸、柠檬酸来源于葡萄浆果。葡萄中的酒石酸和苹果酸占固定酸的90%以上。葡萄酒进行苹果酸-乳酸发酵后，苹果酸被口味柔和的乳酸代替，可降低总酸含量。发酵过程中还产生其他有机酸，如柠檬酸、异柠檬酸、延胡索酸、琥珀酸等，由于这些有机酸的存在，在酒中可形成稳定的芳香成分。

滴定酸是葡萄酒中重要的风味物之一，对葡萄酒的感官质量起重要的作用。通过品尝可以发现，葡萄酒中酸度过高时，会使葡萄酒变得瘦弱、粗糙，酸度过低时，又会使葡萄酒变得滞重、欠清爽。由于各种酸的结构不同，所表现的酸味的特点也不同：酒石酸是一种非常"尖"、"硬"的酸；苹果酸是带有生青味的酸，并有涩感；柠檬酸较清爽，但后味持续时间短；乳酸酸味较弱；琥珀酸的味感较浓，并有苦、咸味。在浓度相同的情况下，酸味强弱的顺序为苹果酸＞酒石酸＞柠檬酸＞乳酸，在pH值相同的条件下，酸味的强弱顺序为苹果酸＞乳酸＞柠檬酸＞酒石酸。所以，不同的葡萄酒中当滴定酸浓度相同时，所表现出的酸味并不一定相同。

我国葡萄酒标准中规定：全汁甜葡萄酒、全汁加香葡萄酒总酸含量为5.0～8.0g/L（以酒石酸计，以下同），其他类型的全汁葡萄酒总酸含量为5.0～7.5g/L，半汁葡萄酒的总酸含量为3.5～8.0g/L。酸与甜两种味感是相互作用的，存在一个相互协调、相互平衡的问题，一般情况下，糖度增加，酸度也应适当增加，这样才有利于口感的平衡。

滴定酸的测定都是基于酸碱滴定的原理，操作比较简单，只是在终点确定上可以采用不同的方式，一是仪器法即电位滴定法；二是试剂法即指示剂法。由于电位滴定法消除了人为因素的影响，比指示剂法更准确、更客观。标准中把电位滴定法作为第一法，而指示剂法较简单，不用购买仪器，可以有效地指导生产，标准中把它列为第二法。

1. 电位滴定法

（1）原理　试样用氢氧化钠标准溶液滴定终点以酸度计显示pH＝9.0为终点，根据NaOH的用量计算试样以主体酸表示的滴定酸。

（2）试剂与仪器　①0.05mol/L NaOH标准溶液；②酸度计：精度为0.01pH；③磁力搅拌器。

（3）测定步骤　按仪器使用说明书安装并校正仪器，使其斜率在95%～105%之间方可进行样品测定。取测定出汁率的果汁5mL于100mL烧杯中，加入50mL水，插入电极，放入一枚转子，置于磁力搅拌器上，用NaOH标准溶液边搅拌边滴定。开始时滴定速度可稍快，当溶液pH值达到8.0后，放慢滴定速度，每次滴加半滴溶液直至pH＝9.0为其终点。

（4）计算

$$总酸（以酒石酸计，g/L）=(V-V_0)cf\frac{1}{V_1}\times1000$$

式中　c——NaOH标准溶液的浓度，mol/L；

V_0——空白试验消耗NaOH标准溶液的体积，mL；

V——样品滴定消耗NaOH溶液的体积，mL；

V_1——吸取样品的体积，mL；

f——消耗1mL 1mol/L NaOH标准溶液相当于酒石酸的质量，g。

2. 指示剂法

（1）原理　利用酸碱中和反应，以酚酞为指示液，用碱标准溶液滴定，根据碱的用量计算以主体酸表示的总酸含量。

（2）试剂

① 0.05mol/L NaOH 标准溶液　称取 2g NaOH，用无二氧化碳水溶解并稀释至 1000mL。

标定：称取预先于 105～110℃烘至恒重的基准邻苯二甲酸氢钾 0.2g（基准 0.0002g），加入 50mL 无二氧化碳水，加 2 滴（10g/L）酚酞指示剂，用配好的 NaOH 溶液滴定至呈粉红色，30s 不褪色，同时做空白试验。

计算公式如下：

$$c_{NaOH}(mol/L) = \frac{m}{(V-V_0) \times 0.2042}$$

式中　m——邻苯二甲酸氢钾的质量，g；

V——消耗 NaOH 溶液的体积，mL；

V_0——空白试验消耗 NaOH 溶液的体积，mL；

0.2042——消耗 1mL 1mol/L NaOH 标准溶液相当于邻苯二甲酸氢钾的质量，g/mmol。

② 10g/L 酚酞指示剂　称取 1.0g 酚酞，用 95%（体积分数）酒精溶解并稀释至 100mL。

测定步骤：取前面测定出汁率的果汁 5mL，置于 250mL 三角瓶中，加水 50mL，加 2 滴酚酞指示剂，摇匀后立即用 NaOH 标准溶液滴定至微红色终点，保持 30s 不褪色。用水代替试样做空白试验。

计算公式如下：

$$总酸（以酒石酸计，g/L） = (V-V_0)cf\frac{1}{V_1} \times 1000$$

式中　c——NaOH 标准溶液的浓度，mol/L；

V_0——空白试验消耗 NaOH 标准溶液的体积，mL；

V——样品滴定消耗 NaOH 溶液的体积，mL；

V_1——吸取样品的体积，mL；

f——消耗 1mL 1mol/L NaOH 标准溶液相当于酒石酸的质量，g。

四、挥发酸

葡萄酒中的挥发酸主要包括甲酸、乙酸、丙酸等，其中乙酸占挥发酸总量的 90% 以上，是挥发酸的主体，来自于发酵。甲酸来源于葡萄汁，含量在 0.07～0.25g/L 之间。正常的葡萄酒其挥发酸含量一般不超过 0.6g/L（以乙酸计）。挥发酸含量的高低，取决于葡萄原料的新鲜度，发酵过程的温度控制，所用的酵母种类、外界条件以及贮存环境等因素。利用挥发酸含量的高低，可以判断葡萄酒的健康状况、酒质的变化、是否存在病害等。

挥发酸的高低，可以从一个方面指示出葡萄酒的质量，当挥发酸的量超过 0.7g/L 时，就开始对酒质产生不良影响，当达到 1.2g/L 时就会有明显的醋感，失去了葡萄酒的典型性。国际葡萄与葡萄酒组织（OIV）规定：当酒精小于或等于 10%（体积分数）时，挥发酸应小于或等于 0.6g/L，当酒精大于 10%（体积分数）时，每增加 1% 酒度，可允许挥发酸增加 0.06g/L，也就是当酒精为 12%（体积分数），挥发酸应小于 0.72g/L。欧共体标准规定：普通白葡萄酒的挥发酸应小于或者等于 1.1g/L，红葡萄酒应小于或者等于

1.2g/L。考虑到我国的实际情况，挥发酸要达到 OIV 的要求还有一定的难度，因为从原料到工艺都有一定的局限，但该项指标属于葡萄酒中的重要指标，必须加以严格控制，逐步提高。在我国的标准中规定，葡萄酒的挥发酸应小于或等于 1.1g/L。

挥发酸可以用水蒸气蒸馏法测定，也可以用测得的总酸减去固定酸（试验测得）计算而得，这两种方法目前都有使用，我国标准中规定采用水蒸气蒸馏法。其水蒸气蒸馏法测定方法如下。

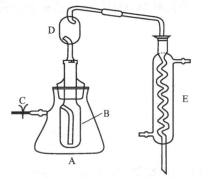

图 5-1　单沸式蒸馏装置
A—蒸汽发生瓶；B—内芯；
C—金属夹；D—筒形氮球；
E—冷凝器

（1）原理　葡萄酒的挥发酸 90% 以上为乙酸，乙酸的沸点为 118℃，用直接蒸馏法很难把它蒸馏出来，利用水蒸气蒸馏可降低溶液的沸点，使原来高沸点的物质蒸馏出来，蒸馏出来的是各种酸及其衍生物的总和，但不包括亚硫酸和碳酸，然后用碱标准溶液滴定。经过计算修正得出样品中挥发酸的含量。

（2）试剂与仪器
①0.05mol/L NaOH 标准溶液；②10g/L 酚酞指示剂；③200g/L 酒石酸溶液；④单沸式玻璃蒸馏装置（如图 5-1 所示）。

符合下述 3 条要求的任何蒸馏装置都可用于本试验：

a. 以 20mL 蒸馏水为样品进行蒸馏，蒸出的水应不含二氧化碳；

b. 以 20mL 0.1mol/L 乙酸为样品进行蒸馏，蒸出的水应不含二氧化碳；

c. 以 20mL 0.1mol/L 乳酸为样品进行蒸馏，其回收率应小于或等于 0.5%。

（3）测定步骤　按图 5-1 所示安装好水蒸气整流器。在蒸汽发生瓶（A）内装入水，其液面应低于内芯（B）进气口 3cm，而高于 B 中样品液面。吸取 20℃样品 10mL 于预先加入 1mL 水的 B 中，再加入 10mL 20% 酒石酸溶液，把 B 插入 A 内，安装上筒形氮球（D），连接冷凝器（E）。将 250mL 三角瓶（在 100mL 处标有标记）置于冷凝器（E）处接收馏出液。待全部安妥后，先打开蒸汽发生瓶排气管（松开 C），把水加热至沸 1min 后夹紧 C，使蒸汽进入 B 中进行蒸馏。待馏出液达三角瓶 100mL 标记处，放松 C，停止蒸馏，取下三角瓶，用于样品的测定。

将蒸馏液加热至沸，加入 2 滴酚酞指示液，用 0.05mol/L NaOH 标准溶液滴至粉红色，30s 不褪色即为终点，记下消耗 NaOH 标准溶液的体积（V_1）。

（4）计算

$$挥发酸含量（以乙酸计，g/L）=V_1 c \times 0.0600 \frac{1}{V}$$

式中　c——NaOH 标准溶液的浓度，mol/L；

V_1——NaOH 标准溶液消耗体积，mL；

0.0600——消耗 1mL 1mol/L NaOH 标准溶液相当于乙酸的质量，g/mmol；

V——取样体积，mL。

若挥发酸含量接近或超过理化指标时，则需进行修正。

$$H = X - (U \times 1.875 + J \times 0.9375)$$

式中　H——样品中真实挥发酸（以乙酸计）含量，g/L；

X——实测挥发酸含量，g/L；

U——游离二氧化硫含量，g/L；

J——结合二氧化硫含量，g/L；

1.875——游离二氧化硫换算为乙酸的系数；

0.9375——结合二氧化硫换算为乙酸的系数。

结合二氧化硫＝总二氧化硫－游离二氧化硫

五、二氧化硫

二氧化硫作为食品添加剂，虽然可以改善食品的品质，但含量过高会对人体产生毒害，国际粮农组织（FAO）和世界卫生组织（WHO）规定每天最大摄入量小于 0.35mg/kg 体重，后来提高到 0.7mg/kg 体重。美国食品和药物管理委员会（FDA）经调查发现食品中二氧化硫含量超过 0.1％～0.25％时，会使人感到不适。

我国食品添加剂使用卫生标准 GB 2760—96 中规定，葡萄酒中二氧化硫的最大使用量为 0.25g/kg，这与葡萄酒标准中总二氧化硫含量小于或者等于 250mg/L 基本相符，葡萄酒标准中还规定了游离二氧化硫小于或等于 50mg/L。

葡萄酒中的二氧化硫以游离态和结合态两种形态存在，两者之和称为总二氧化硫。二氧化硫与水结合形成的各种状态都为游离二氧化硫，其中溶解态二氧化硫即亚硫酸具有挥发性或刺激味，它们具有杀菌作用，称活性二氧化硫。活性二氧化硫的比例决定于酒中的 pH 值。pH 值愈小，活性二氧化硫愈多。与醛基、酮基结合的为结合二氧化硫，两种状态的二氧化硫存在着动态平衡。

结合二氧化硫在很大程度上已失去了防腐性。当酒中游离二氧化硫减少时，不稳定的结合二氧化硫能自动分解，产生新的游离二氧化硫，因此，可把它看做游离二氧化硫的储备库。

食品中二氧化硫的检测方法是盐酸副玫瑰苯胺比色法，而对葡萄酒来说，通常是利用二氧化硫的氧化还原性进行检测的，这也是国际葡萄与葡萄酒组织（OIV）规定的检测方法。

氧化法测定葡萄酒中二氧化硫通常分为游离二氧化硫测定和总二氧化硫测定。

1. 游离二氧化硫测定

（1）原理　在低温条件，样品中的游离二氧化硫与过量过氧化氢反应生成硫酸，再用碱标准溶液滴定生成的硫酸。由此可得到样品中游离二氧化硫的含量。

（2）试剂与仪器

① 0.3％过氧化氢溶液：吸取 1mL 30％过氧化氢（开启后存于冰箱），用水稀释至 100mL。每天新配。

② 25％磷酸溶液：量取 295mL 85％磷酸，用水稀释至 1000mL。

③ 0.01mol/L NaOH 标准溶液：准确吸取 50mL 0.1mol/L NaOH 标准溶液，用水定容至 500mL。

④ 甲基红-亚甲基蓝混合指示剂：将亚甲基蓝乙醇溶液（1g/L）与甲基红乙醇溶液（1g/L）按 1∶2 体积比混合。

⑤ 二氧化硫测定装置：如图 5-2 所示。

⑥ 真空泵或抽气管（玻璃射水泵）。

（3）测定步骤

① 按图所示，将二氧化硫测定装置链接妥当，I 管与真空泵（或抽气管）相连，D 管通

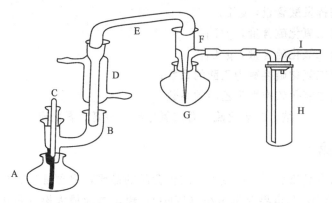

图 5-2 二氧化硫测定装置

A—短颈球；B—三通连接管；C—通气管；D—直管冷凝器；E—弯管；F—真空蒸馏接收管；

G—梨形瓶；H—气体洗涤器；I—直角弯管（接真空泵或抽气管）

入冷却水。取下梨形管（G）和气体洗涤器（H），在 G 瓶中加入 20mL 0.3％过氧化氢溶液、H 管中加入 5mL 0.3％过氧化氢溶液，各加 3 滴混合指示剂后，溶液立即变为紫色，滴入 0.01mol/L NaOH 溶液，使其颜色恰好变为橄榄绿色，然后重新安装妥当，将 A 瓶浸入冰浴中。

② 吸取 20mL 20℃样品，从 C 管瓶上口加入 A 瓶，随后吸取 10mL 磷酸溶液，亦从 C 管瓶上口加入 A 瓶。

③ 开启真空泵（或抽气管），使抽入空气流量为 1000～1500mL/min，抽气 10min。取下 G 瓶，用 0.01mol/L NaOH 标准溶液滴定至重现橄榄绿色即为终点，记下消耗的氢氧化钠标准溶液的体积（mL）。

以水代替样品做空白试验，操作同上。

一般情况下，H 中溶液不应变色，如果溶液变为紫色，也需用氢氧化钠标准溶液滴定至橄榄绿色，并将所消耗的氢氧化钠标准溶液的体积相加。

（4）计算

$$游离二氧化硫含量（mg/L）=(V-V_0)c\times32\times\frac{1}{20}\times1000$$

式中　c——NaOH 标准溶液的浓度，mol/L；

　　V——测定样品时消耗 NaOH 标准溶液的体积，mL；

　　V_0——空白试验消耗 NaOH 标准溶液的体积，mL；

　　32——消耗 1mL 1mol/L NaOH 标准溶液相当于二氧化硫的质量，mg/mmol；

　　20——取样体积，mL。

2. 总二氧化硫的测定

总二氧化硫即为游离二氧化硫和结合二氧化硫的总和。葡萄酒中添加二氧化硫后很快与酒结合，约有 60％～70％的亚硫酸为结合状态。酒中游离二氧化硫和结合二氧化硫可处于平衡状态，当平衡稍有破坏（如游离二氧化硫变为硫酸），结合二氧化硫的某些部分被分解，释放出新的二氧化硫。常用方法为氧化法，下面介绍氧化法测定方法。

（1）原理　将测定游离二氧化硫的残液，在加热条件下，样品中的结合二氧化硫被释放，并与过氧化氢发生氧化还原反应，用 NaOH 标准溶液滴定生成的硫酸，可得到样品中结合二氧化硫的含量，将该值与游离二氧化硫测定值相加，即得出样品中总二氧化硫的含量。

（2）试剂与仪器　同本节"游离二氧化硫测定"中（2）。

（3）测定步骤　继本节测定游离二氧化硫后，将滴定至橄榄绿色的 G 瓶重新与 F 管连接。拆除 A 瓶下的冰浴，用温火小心加热 A 瓶，使瓶内溶液保持微沸。开启真空泵，以后的操作同本节游离二氧化硫的测定。

（4）计算　同本节"游离二氧化硫测定"计算出来的二氧化硫为结合二氧化硫，将游离二氧化硫与结合二氧化硫相加，即为总二氧化硫。

六、干浸出物

干浸出物是葡萄酒中十分重要的技术指标，它是指在不破坏任何非挥发性物质的条件下测得的葡萄酒中所有非挥发性物质（糖除外）的总和。主要包括固定酸及其盐、甘油、单宁、色素、果胶和矿物质等，干浸出物与总糖之和称为总浸出物。

干浸出物含量与葡萄品种、成熟度、加工工艺、贮存方式等有着密切的关系，是体现酒质优劣，判断葡萄酒是否掺假的重要标志。但不是充分的标志。一般来说，干浸出物低于标准值的酒都不会是优质酒，但干浸出物高于标准值的酒未必都是优质酒，这是因为干浸出物的提高可以人为地进行控制。由于干浸出物在一定程度上体现着葡萄酒的优劣，所以不同的酒其干浸出物含量是有差别的。我国 GB/T 15037《葡萄酒》标准中规定，红、桃红葡萄酒的干浸出物大于或等于 17.0g/L，白葡萄酒的干浸出物大于或等于 15.0g/L，在 QB/T 1980《半干葡萄酒》标准中规定，半汁白葡萄酒的干浸出物大于或等于 9.0g/L，半汁红葡萄酒、半汁桃红葡萄酒、半汁加香桃红葡萄酒的干浸出物大于或等于 11.0g/L。从这些规定可以看出，红葡萄酒的干浸出物高于白葡萄酒，因红葡萄酒中含有更多的色素、单宁等物质；全汁葡萄酒的干浸出物高于半汁葡萄酒。

干浸出物的测定法一般是物理法，通过密度换算得出总浸出物含量，然后减去糖含量，得到干浸出物含量。

（1）原理　将蒸馏酒精后的残液移至取样用的原容量瓶中，容量瓶测定酒精后应洗净。加适量水将蒸馏瓶洗涤三次，洗涤液并入容量瓶中。除去 CO_2 用蒸馏水补充至 100mL（20℃）。用密度瓶法测溶液密度。计算出总浸出物的含量，从中减去蔗糖与还原糖的含量，即得干浸出物含量。

（2）仪器

①附温密度瓶；②高精度恒温水浴槽。

（3）测定步骤

①试液的制备：准确量取 20℃酒样 100mL 于蒸发皿中，置于 80℃水浴或石棉网上小心蒸发至约原体积的 1/3，冷却，用水补足至原体积。

②用密度法测得其样品的相对密度，按本章第一节酒精度测定方法 2 测定。根据测得样品的相对密度表得出总浸出物。

（4）计算

$$干浸出物含量(g/L) = J_Z - T_Z$$

式中　J_Z——查表得到的样品中总浸出物的含量，g/L；

　　　　T_Z——样品中总糖的含量，g/L。

七、微量元素的检测

（一）铁

铁是葡萄酒中的微量成分，含量一般为 5mg/L 左右，但由于葡萄品种、地域及生产设备的不同，含铁量也不同。从营养学角度来讲，铁是维持人体正常生理机能不可缺少的元素，对人体是有益的。而造成葡萄酒中铁含量高的原因主要是外界的污染，铁虽然对人体不会构成危害，但是一般认为葡萄酒中含铁量大于 10mg/L 为含铁量高，过量的铁可对葡萄酒产生不良影响，使葡萄酒的稳定性下降，出现浑浊沉淀，称为铁破败病。铁与单宁生成单宁铁为蓝色破败病，与磷酸盐作用生成磷酸铁为白色破败病，另外铁还是一种催化剂，能加速葡萄酒的氧化和衰败，因此必须严格控制酒中铁的含量。

铁元素是地球上分布很广的元素，在很多领域都需要对铁进行测试，因此经典的方法和现代的方法都很多，在葡萄酒标准中选择了原子吸收法、邻菲罗啉比色法和磺基水杨酸比色法三种方法。

1. 原子吸收分光光度法

这属于近代的仪器分析法。它的特点是干扰少、准确、快速，特别是原子吸收直接进样法测定铁含量，使检测步骤大大简化，检测效率大大提高。目前，此方法的运用还受到一定的限制，主要是原子吸收分光光度计的普及程度有限，但是随着生产的发展，检测手段的完善，此方法会得到更广泛的应用。

它的原理就是将处理后的液体样品雾化，喷入原子吸收分光光度计的火焰，由于火焰的热解高，使金属元素变成原子状态。基态的原子吸收特定能量可以变为激发态，吸收能量的大小，与火焰中基态原子的浓度有关。通过测定被吸收的能量，可以求出样品中被测元素的含量。

2. 邻菲罗啉比色法

它是诸多比色法测铁中的一个较好的方法，也是国际标准化组织推荐使用的方法。该法灵敏度高，显色稳定，没有原子吸收分光光度计的实验室大多都采用此法测铁。

它的原理是样品经消化处理后，试样中的三价铁在酸性条件下被盐酸羟胺还原成二价铁，二价铁与邻菲罗啉作用，生成红色螯合物，其颜色的深浅与铁的含量成正比。

3. 磺基水杨酸比色法

此法比较准确、可行，操作简单，一些实验室都采用此法，因此标准把此法列为第三种方法。

它的原理是样品消化后，试样中的三价铁离子，在碱性氨溶液中（pH 值为 8～10.5）与磺基水杨酸反应，生成黄色络合物，可根据颜色的深浅进行比色测定。

（二）铜

葡萄汁中铜的含量依地域、品种的不同有许多差异，使用波尔多液防治病害的葡萄，铜的含量会大大提高，在酿造过程中，绝大部分的铜会随酒泥一道被分离出去。铜是人体内必需的微量元素之一，参与酶的催化功能，但人体内积累过量的铜，会引起中毒，因此，必须控制铜在食品中的含量。

葡萄酒中含铜过高易产生浑浊，出现铜破败病，此外，铜还具有催化作用，可以诱发铁的沉淀。我国葡萄酒标准中虽然对铜含量没有做出限量规定，但控制铜含量对提高葡萄酒的质量，增加其稳定性是十分必要的。

测定铜含量的方法很多，在 GB/T 15038—94《葡萄酒、果酒通用试验方法》标准中列出了两种，一是原子吸收分光光度法，二是二乙基二硫代氨基甲酸钠法。两种方法所得的结果比较接近，误差较小。

1. 原子吸收分光光度法

它的测定是将处理后的样品导入原子吸收分光光度计中，在乙炔-空气火焰样品中的铜被原子化，基态原子吸收特征波长（324.7nm）的光，其吸收量的大小与试样中铜的含量成正比，测其吸光度，求得铜含量。

2. 二乙基二硫代氨基甲酸钠比色法

二乙基二硫代氨基甲酸钠，也称作铜试剂，它在碱性溶液中可与铜离子作用，生成棕黄色络合物，用四氯化碳萃取后比色。

（三）钙

钙能和酒石酸、草酸、有时还有半乳糖二酸形成沉淀，但沉淀形成很慢，通常要在葡萄酒装瓶以后才出现。钙在葡萄酒中的含量，一般为 0.0060～0.165g/L。

经典的钙的测定方法有灰化后的各种滴定法，其中以草酸钙沉淀后用高锰酸钾滴定的氧化还原法和用 EDTA 作滴定剂的络合滴定法，有一定实用价值。目前比较广泛应用的是用邻甲酚酞络合剂显色的比色法，该法对葡萄酒可直接测定，操作比较省时。但较优越的测定方法是用原子吸收分光光度法和离子选择电极法。

1. 原子吸收分光光度法

其原理为试样稀释液中加入氯化镧抑制剂消除磷酸根的干扰，用空气-乙炔火焰原子化，在 422.7nm 测量吸光度，标准曲线法定量。钠、镁、硫酸根、甘油和乙醇不干扰测定。

2. 邻甲酚酞比色法

其原理为钙离子与邻甲酚酞，在 pH＝11 的碱性溶液中，生成黄绿色络合物。钙离子浓度在 0～3.0mg/L 范围内遵守比尔定律，可用于葡萄酒中钙离子含量的直接测定。镁在此pH 值下与显色剂有类似反应，可加入 8-羟基喹啉消除；其他金属离子与显色剂的络合反应，可被缓冲液掩蔽或防止。

（四）钾

葡萄酒中高钾含量会干扰酵母对氨基酸的吸收，影响酒石酸盐的稳定性，造成葡萄酒pH 值过高，而引起白葡萄酒褐变和红葡萄酒颜色不稳定。

它的原理是试样中钾用火焰光度法测定。钾原子在火焰中受热激发，辐射出 768nm 的特征谱线，其强度与钾的浓度成正比。用标准曲线求得含量。

八、其他物质的检测

（一）二氧化碳

葡萄酒中二氧化碳的主要来源于酵母代谢，少量由乳酸菌产生，微量来自于陈酿期间氨基酸和酚的降解。

1. 仪器

起泡葡萄酒压力测定器如图 5-3 所示。

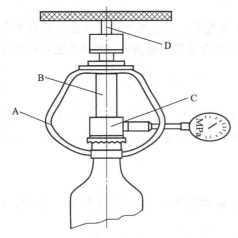

图 5-3 起泡酒、汽酒压力测定器
A—三爪；B—螺杆；C—采气罩；
D—直柄麻花钻

2. 测定步骤

（1）调温 将被测样品在 20℃水浴中保温 2h。

（2）测量 将仪器的三爪（A）套在酒瓶的颈上，调节螺杆（B）使采气罩（C）与瓶盖密合。将直柄麻花钻（D）插入，密封。手持麻花钻柄，向下旋转，将瓶盖（软木塞）钻透，摇动酒瓶，待压力表指针稳定后，记录其压力。所得结果表示至两位小数。

（二） 抗坏血酸

抗坏血酸又称维生素 C。由于具有还原性，在葡萄酒中起着抗氧化作用，同时在酶的作用下，可转化为脱氢抗坏血酸，在人体内具有降低胆固醇、减缓动脉硬化的作用。

1. 测定原理

测定的原理是利用还原型抗坏血酸能还原染料 2,6-二氯靛酚。该染料在酸性溶液中呈红色，被还原后红色消失。还原型抗坏血酸还原染料后，本身被氧化为脱氢抗坏血酸。在没有杂质干扰时，一定量的样品提取液还原标准染料的量与样品中所含抗坏血酸的量成正比。

2. 试剂和材料

（1）草酸溶液（10g/L） 溶解 20g 结晶草酸于 700mL 水中，然后稀释至 1000mL 后，取该溶液 500mL，用水稀释至 1000mL。

（2）碘酸钾溶液（0.1mol/L） 按 GB/T 601 配制与标定。

配制：称取 3.6g 碘酸钾，溶于 1000mL 水中，摇匀。

标定：取配置好的碘酸钾溶液 35.00～40.00mL、碘化钾 2g，置于碘量瓶中，加 5mL 盐酸溶液（20%），摇匀，于暗处放置 5min。加 150mL 水（15～20℃），用硫代硫酸钠标准滴定溶液 $[c(Na_2S_2O_3)=0.1mol/L]$ 滴定，近终点时加 2mL 淀粉指示液（10g/L），继续滴定至溶液蓝色消失。同时做空白试验。

计算：碘酸钾标准滴定溶液的浓度 $[c(1/6KIO_3)]$，数值以摩尔每升（mol/L）表示，按下式计算。

$$c\left(\frac{1}{6}KIO_3\right)=\frac{(V_1-V_2)c_1}{V}$$

式中 V_1——硫代硫酸钠标准滴定溶液的体积，mL；

V_2——空白试验硫代硫酸钠标准滴定溶液的体积，mL；

c_1——硫代硫酸钠标准滴定溶液的浓度，mol/L；

V——碘酸钾溶液的体积，mL。

（3）碘酸钾标准滴定溶液（0.001mol/L）。

（4）碘化钾溶液（60g/L）。

（5）3%过氧化氢溶液。

（6）抗坏血酸标准贮备液（2g/L）。

（7）抗坏血酸标准使用液（0.020g/L）。

（8）2,6-二氯靛酚标准滴定溶液。

（9）淀粉指示液（10g/L）。

3. 分析步骤

准确称取 5.00mL 样品（液温 20℃）于 100mL 三角瓶中，加入 15mL 草酸溶液、3 滴过氧化氢溶液，摇匀，立即用 2,6-二氯靛酚标准溶液滴定，至溶液恰成粉红色，30s 不褪色即为终点。

注：样品颜色过深影响终点观察时，可用白陶土脱色后在进行滴定。

4. 计算

样品中抗坏血酸的含量按下式计算。

$$X = \frac{Vc_2}{V_1}$$

式中　X——样品中抗坏血酸的含量，g/L；

　　　c_2——每毫升 2,6-二氯靛酚标准滴定溶液相当于抗坏血酸的质量（滴定度），g/L；

　　　V——滴定时消耗的 2,6-二氯靛酚标准溶液的体积，mL；

　　　V_1——吸取样品的体积，mL。

所得结果表示至整数。

（三）　灰分

灰分是无机物，是酒样蒸发、灼烧后的残留物，灰分的测定可检出酒中是否加过水、糖、强化剂（如酒精）和用不成熟的葡萄加过糖与水的果汁。

它的原理是试样经蒸干后于高温下灼烧，使有机物质中的碳、氢和氧以二氧化碳和水蒸气的形式逸出，生成的二氧化碳的一部分与试样中一些阳离子，主要是钾、钠、钙、镁等作用，生成相应的碳酸盐。磷和硫则在灼烧过程中变为磷酸盐和硫酸盐。灰分的主要成分为碳酸盐，故用此方法测得的灰分又称碳酸灰。

（四）　蛋白质

蛋白质以及它的化合物是葡萄酒中的重要成分之一，在酒中它和多肽类参与了产品感官特性和物理特性的构成，但葡萄酒中过多的蛋白质会引起葡萄酒的浑浊和沉淀。因此在研究和解决葡萄酒的蛋白质稳定性问题时，蛋白质的定量测定是很重要的方面。而目前多测定粗蛋白含量，即先测定总氮的含量，再乘以蛋白质换算系数，以此来表示葡萄酒中的蛋白质含量。通过对蛋白质测定方法的比较，发现考马斯亮蓝法可用于葡萄酒中蛋白质含量的测定。

考马斯亮蓝 G-250 在游离状态下呈红色，与蛋白质结合后变为青色，前者最大光吸收在 465nm，后者在 595nm。在一定蛋白质浓度范围内（0～1000μg/mL），蛋白质-色素结合物在 595nm 波长下的光吸收与蛋白质含量成正比，故可用于蛋白质的定量分析。蛋白质与考马斯亮蓝 G-250 结合在 2min 左右达到平衡，完成反应十分迅速，其结合物在室温下 1h 内保持稳定，该反应灵敏，可测微克级蛋白质含量。

（五）　多糖

葡萄酒中的多糖包括果胶、树胶、葡聚糖、半乳聚糖、阿拉伯半乳聚糖、鼠李半乳聚糖、甘露糖蛋白等。但多糖不能被酵母发酵利用。

葡萄酒中的多糖来源于果胶，在酸性环境中，随着发酵乙醇的生成会被沉淀下来。但是有些葡萄感染了灰葡萄孢霉（*Botrytis*），由此分泌的 β-葡聚糖会引起澄清过滤的困难。这些物质阻碍其他胶体物质如单宁、蛋白质的沉淀，使葡萄酒无法澄清。另外，β-葡聚糖在过滤介质表面形成一层纤维状的网垫，阻塞滤孔。因此在采摘和压榨时应多加留意，以最大限度地减少其在葡萄浆之汁中的溶解。

1. 葡萄酒中多糖的种类

所有葡萄酒中都含有多糖，并且与酿酒葡萄品种有关，根据其来源可分为如下三类。

（1）葡萄多糖　来自葡萄浆果，在压榨、压帽、旋转发酵罐罐体、榨汁的过程中释放出来，常见的有半乳聚糖、阿拉伯半乳聚糖、鼠李半乳聚糖，分子量在（40～250)k。其中的鼠李半乳聚糖以二聚体的形式在酒中存在，并且能够与铅及其他阳离子形成复合体，酒中的浓度足以结合酒中所有游离状态的铅、钡、锶。

（2）真菌多糖　即感染灰霉病的葡萄浆果由灰霉菌分泌产生的β-葡聚糖，其分子呈线性结构，主链上的葡萄糖单位之间是由β-1,3内链相联结，主链上的分支以β-1,6的形式联结，分子量为1000k。

（3）酵母多糖（复合多糖）　来自酵母细胞壁、酵母细胞壁占酵母干重的15％～25％，由多糖（90％）、蛋白质、脂类等组成，其具体组分与酵母品种有关。多糖部分主要是线性结构的β-葡聚糖［分子量为（25～270)k］、球形结构的甘露糖蛋白［分子量为（10～450)k］和几丁质组成。甘露糖蛋白由5％～20％的肽和80％～95％的D-甘露糖链组成。葡聚糖以二聚体的形式存在，葡聚糖的结构与灰霉菌产生的葡聚糖的结构类似。在酵母细胞的生活周期内，多糖的组分和结构会发生变化。

酵母多糖中的甘露糖蛋白来源于酵母细胞壁，一方面在酒精发酵的过程中，由活的酵母细胞释放到葡萄酒或葡萄汁中。在发酵过程中，酵母所释放的甘露糖蛋白的量，取决于酵母菌的菌系和对葡萄汁的澄清处理。葡萄汁澄清越好，它本身的多糖含量就越低，酵母菌释放的甘露糖蛋白量就越大。另一方面，甘露糖蛋白来源于死酵母细胞壁。自酒精发酵结束后，酵母的生活力迅速降低，产生大量死酵母。在葡萄酒和酒泥一起存放时，在细胞壁β-葡聚糖酶的作用下，酵母发生自溶，甘露糖蛋白以及氨基酸、肽类物质、核苷酸、脂肪酸进入葡萄酒中。β-葡聚糖酶在细胞死亡以后还能存活数月，在酒泥上存放四个月以后，酒中的甘露糖蛋白的含量将增加30％，粗酒泥存放比细酒泥存放将产生更多的多糖，两者相差200mg/L。

2. 测定原理

酒样用80％乙醇提取出单糖、低聚糖、苷类等干扰性成分。然后用水提取其中所含的多糖类成分。多糖类成分在硫酸的作用下水解成单糖，并迅速脱水生成糠醛衍生物，然后和苯酚形成有色化合物，用分光光度计法于485nm测定其多糖的含量。

3. 多糖在葡萄酒酿造过程中的作用

（1）甘露糖蛋白对酒石稳定性的影响　葡萄酒装瓶以后的物理稳定性主要与酒石酸盐的沉淀有关。防止瓶装葡萄酒的这种沉淀是必要的，因为消费者难以接受葡萄酒的这种缺陷。目前主要的解决方法是冷冻结晶过滤法、离子交换法、加入偏酒石酸法等。

法国勃艮第地区生产的霞多丽干白葡萄酒，通常在橡木桶中发酵，然后在酒泥上陈酿数月，并且在陈酿过程中每周搅拌1～2次，统计表明，如果在第二年三月份就将酒与酒泥分离，则大部分酒石不稳定。但如果到第二年七月份再将酒与酒泥分离，即使不进行冷稳处理，酒石稳定性也非常好。在波尔多地区也有类似情况报道。与此相反，相同的酒如果不与酒泥同时贮存，则必须经冷稳处理才能达到酒石稳定。尽管上述现象存在已久，但直到最近，才从理论上将这一现象加以解释。

对国产干白葡萄酒添加甘露糖蛋白的研究表明，添加甘露糖蛋白能够很好地解决冷稳处理不易解决的酒石酸钙沉淀的问题，冷稳处理后的干白葡萄酒中添加 50～150mL 甘露糖蛋白，可有效保证酒的酒石稳定性。

（2）甘露糖蛋白对蛋白质稳定性的影响　葡萄酒中天然存在的蛋白质是引起葡萄酒尤其是白葡萄酒浑浊和沉淀的主要原因之一。因此，必须在装瓶以前对酒中的蛋白质进行处理，以保证装瓶后酒的长期稳定。其解决方法有添加皂土法、加热法、加入蛋白酶法。皂土法的机理是皂土与水接触后能够形成膨胀的网格间隙，可以吸附蛋白质，然后凝聚沉淀。加热法是通过加热使蛋白质凝结变性，然后通过过滤去除蛋白质。加热的温度一般为 75～80℃，时间为 10min～2h 不等，但是 75～80℃ 的高温可能使葡萄酒中的糖焦化而出现焦味，使酒的风味变差。加入蛋白酶是因为有的蛋白酶可以分解酒中的蛋白质，借以避免其蛋白质的浑浊和沉淀。但上述方法去除蛋白质的同时，会造成一部分酒的损失，也去除部分风味物质，对酒的品质产生不利的影响。

实验表明，甘露糖蛋白并不能阻止沉淀的发生，但能减少浑浊颗粒的大小。随着甘露糖蛋白浓度的增加，浑浊颗粒的大小随之减少，浑浊颗粒的大小与甘露糖蛋白的浓度呈指数关系。高浓度的甘露糖蛋白可以使浑浊颗粒的尺寸小于 $5\mu m$，此时，人的肉眼观察不到浑浊颗粒。甘露糖有利于蛋白质稳定性的确切机理尚不清楚，根据实验结果分析，可能是由于甘露糖蛋白与酒中未知组分蛋白质的竞争作用，未知组分蛋白质可形成大的不溶性蛋白颗粒，由于甘露糖蛋白的存在，其可利用的浓度降低，使浑浊颗粒尺寸减小，从而减少可见的沉淀。

（六）　甲醇

葡萄酒中的甲醇主要来自于果胶质降解。甲醇对人体危害很大，在葡萄酒中甲醇含量很少，对葡萄酒风味无促进作用。

1. 气相色谱法

测定原理为甲醇采用气相色谱分析，氢火焰离子化检测器，根据峰的保留值进行定性，利用峰面积（或峰高），以内标法定量。

2. 亚硫酸品红比色法

测定原理为甲醇在磷酸溶液中被氧化成甲醛，用亚硫酸品红显色以比色法测定。先用高锰酸钾氧化甲醇为甲醛。过量的高锰酸钾用草酸除去。甲醛用亚硫酸品红显色，以标准曲线法定量。

试剂碱性品红是盐酸蔷薇苯胺和副盐酸蔷薇苯胺的混合物，它与亚硫酸加成反应后生成非醌型的无色化合物。无色的亚硫酸品红与甲醛作用，先生成无色的中间产物。此中间产物接着失去与碳结合的磺酸基，并发生分子重排而成醌型结构的蓝紫色化合物。

第三节　葡萄酒的微生物检验

食品中的微生物，从卫生学的角度看，一般指菌落总数、大肠菌群和致病菌。葡萄酒的微生物指标直接影响到人体健康，因此必须严格执行。所有食品的卫生指标都是强制性指标，必须无条件的严格执行。根据葡萄酒的特点，卫生指标只要是控制菌落总数、大肠菌群、肠道致病菌和铅含量。肠道致病菌一般很少检出，而普通化验室又较难具备检测致病菌的条件，所以葡萄酒中常检的卫生指标是：菌落总数、大肠菌群和铅。

一、葡萄酒的酿造与人们对微生物的认识

（一）微生物

微生物是指所有形体微小的单细胞或个体结构较为简单的多细胞、甚至没有细胞结构的低等生物的统称。微生物的类群十分复杂，结构多种多样，在自然界中分布极为广泛。

葡萄酒的酿造已经有五六千年的历史，甚至可以追溯到更久远的时代。人们在没有认识微生物以前，就已经不自觉地利用微生物酿造葡萄酒。

人们真正开始观察和认识微生物是由于显微镜的发明，安·范·莱文霍克用他制作的显微镜观察发酵液，可放大 100～150 倍，发现了小小的圆形物，这就是现在所说的酵母菌。高效率的显微镜制成以后，人们对微生物的观察更具备了条件。1803 年，人们第一次把酵母当作发酵的根源来加以研究。

（二）微生物与葡萄酒酿造

葡萄酒酿制过程的本质是从葡萄收集、葡萄破碎成汁、葡萄酒一次发酵、二次发酵直到包装、贮藏整个酿造过程中多种微生物的代谢过程。葡萄酒是酿造酒，是微生物发酵的产物。葡萄酒的酿造过程主要是微生物的应用过程。当然，现代葡萄酒的酿造也涉及其他的应用科学。

1. 葡萄酒酿造过程简介

葡萄酒的酿造始于收集和破碎葡萄。白葡萄酒通过冷沉淀、澄清过滤或离心分离葡萄汁与葡萄皮，然后将葡萄汁移至木桶中。酒精发酵是由果汁中的自带酵母或通过接种酿酒酵母发酵完成的。将葡萄汁中主要的葡萄糖及果糖消耗后，酒被认为是"干葡萄酒"，将酒液与酵母及葡萄的残渣分离。红葡萄酒的生产与白葡萄酒的生产略有不同。葡萄经破碎后葡萄皮浸泡在发酵液中提取颜色。红葡萄酒通过自带酵母或接种发酵剂进行酒精发酵。在葡萄发酵中葡萄皮会漂浮到顶部形成一个"帽子"。为了更好地提取红颜色和丰富葡萄酒风味，酿酒师采取穿孔或从底部泵汁的办法去除"帽子"的影响。一段时间后，葡萄酒与葡萄皮分离，葡萄汁在另一个容器中进行发酵直至完成。酒精发酵完成后，根据葡萄酒的情况通过自带或接种乳酸菌（lactic acid bacteria，LAB）自发或有目的地进行苹果酸-乳酸发酵（MLF），将苹果酸转化为乳酸。待发酵结束后要对葡萄酒中残留的微生物进行处理，防止酒的腐败。

2. 不同酿酒时期的微生物

（1）葡萄园中与酿酒相关的微生物　葡萄中一半的酵母来自葡萄园如尖顶型的无性生殖的酵母，汉森氏酵母属（*Hanseniaspora*）和克勒克酵母属（*Kloeckera*）。葡萄园中还存在一些对酿酒有作用的酵母掷孢酵母属（*Sporobolomyces*）、克鲁维酵母属（*Kluyveromyces*）。

（2）葡萄表面及浆果中的微生物　葡萄中的微生物的类型会影响随后发酵过程中的生态环境尤其是在发酵初期的环境。浆果中的酵母种类有梅奇酵母属（*Metschnikowia*）、假丝酵母属（*Candida*）、隐球酵母属（*Cryptococcus*）、红酵母属（*Rhodotorula*）、毕赤氏酵母属（*Pichia*）等，占主导地位的是梅奇酵母属及汉森酵母属。生长在葡萄上的霉菌产生多种代谢物如真菌毒素赭曲霉素 A 并且干扰葡萄的微生物生态环境并从而影响酒精发酵中酵母的

生长，改变酒的风味。此外，真菌在葡萄表面会创造一种利于醋酸菌生长的环境，醋酸菌数量的增多易造成酒的腐败。

（3）葡萄汁及葡萄酒中的微生物

① 葡萄汁及葡萄酒中的细菌　新鲜无破损的葡萄制成的葡萄汁中只有少量的细菌（<10^3～10^4cfu/mL），当酵母启动酒精发酵后，细菌生长停滞并逐渐死亡。根据葡萄汁及葡萄酒的酸度、营养物质、氧气、酒精浓度，其中生长活跃的细菌通常包括 LAB 及醋酸菌。其他的细菌如梭状芽孢杆菌（clostridia）、放线菌（actinomyces）、链霉菌属（streptomyces）也存在于酒的环境中，但比较少见。

② 葡萄汁及普通酒中的酵母　葡萄汁及葡萄酒微生物中酵母占据主导地位。葡萄汁及葡萄酒中还包含大量的酵母如梅奇酵母属（Metschnikowia）。酿酒酵母对其代谢产物尤其是酒精的高耐受力使它成为发酵中期及后期的优势菌种，浓度达到 10^7～10^8cfu/mL。汉森氏酵母属、假丝酵母属、梅奇酵母属、伊萨酵母属、克鲁维酵母属对浓度超过 5%～7% 的酒精没有耐受力，在发酵中期逐渐减少。这些菌株在低温时对酒精的敏感度降低，当温度低于 15～20℃，假丝酵母及汉森氏酵母发酵一部分酒精。与酿酒酵母一样在发酵后期成为优势菌株。

3. 葡萄酒的发酵

从发酵种类上来分，葡萄酒的发酵可分为自然发酵与纯种发酵。

自然发酵是由葡萄表面或空气中存在的微生物进行发酵的。是一种不接种酵母培养物的自然发酵。在不添加二氧化硫时，自然发酵可以允许野生酵母菌群存活，这可能对葡萄酒总体风味特征有所影响；既对葡萄酒的质量有利，增加酒风味的复杂性；也可能对酒的质量产生不利影响。具体取决于葡萄的类型和发酵过程中实际存在的微生物群落。总之，自然发酵对葡萄酒风味的影响是难以预测的。

纯种发酵是在一个罐中接种纯种酵母，使其发酵到中途然后接种到下一罐中促使发酵快速启动的一种方法。其缺点是：它引入了营养耗尽的接种物，尤其在最初葡萄汁中营养不足的情况下更是如此，这样的接种物中还耗尽了细胞中的生长因子，从而可能加速残存的污染微生物的繁殖，所以生产中要对微生物菌群进行监测，防止污染。

目前采用接种根据需要的已知菌株进行发酵。这些酵母包括能保证将大量的糖迅速转化为酒精，且在酒精发酵过程中形成的副产物极少，不会使葡萄酒有特别感官特征的酵母；同时也可以选择抗酒精能力强的，保证酒精发酵完全的巴格氏酵母；能将苹果酸分解为酒精和二氧化碳，从而起到降酸作用的裂殖酵母；以及可以使葡萄酒产生特殊发酵香气的酒香酵母等。上述酵母菌种均以商品制剂形式上市供应，使用时需先经水化。

4. 对葡萄酒酿造中微生物的研究

葡萄酒酿造以微生物学为基础，法国微生物学家巴斯德是酿酒微生物的奠基人。1860年，巴斯德在巴黎科学院发表的论文及几篇研究报告，证实了微生物在发酵或腐烂过程中的主要作用。1866年，巴斯德出版了《葡萄酒研究》一书，从此，人们对葡萄酒酿造的认识，进入一个完全崭新的境界。在巴斯德的著作中，不仅对葡萄酒作了阐述，还研究出"巴斯德灭菌法"。这种方法，至今在葡萄酒生产中使用。

在巴斯德之后，汉逊在啤酒业推行了单细胞酵母开始的纯粹培养方法。汉逊当时认识到，酵母是不一样的，为了使啤酒保持良好的质量，必须把酵母中的一株分离出来，进行细胞培养，作为菌种保存起来，然后扩大培养，应用到生产上。汉逊的纯粹酵母培养方法具有划时代的意义，给啤酒酿造和葡萄酒酿造带来更大的经济效益。1894 年在德国建立了第一个葡萄酒酵母菌种站。1897 年 F·布赫纳以确凿的实验把发酵的化学论和生物论综合起来。他用无细胞的酵母浆进行发酵，证明酚素，即酶是在酵母体内对糖起化学作用的物质。在第一次世界大战的几年里，葡萄酒微生物学主要在雪利酒方面进行应用研究。研究证明，雪利酒同样也是酵母的发酵产物，这种酵母在酒精发酵时，在葡萄酒表面上形成一层膜盖。1936年香德尔曾指出，若葡萄酒是处于好氧条件下发酵的，发酵基质上的所有葡萄酒酵母都能生成菌膜。1972 年勒德莱对葡萄上的霉菌进行了定量测定。当时他在考虑葡萄上是否有黄曲霉素存在，结果否定了这一推测。因为霉菌在葡萄酒内不能生存，所以在葡萄酒内没有发现黄曲霉毒素。

目前人们在葡萄酒微生物研究方面，对降低葡萄酒中的亚硫酸用量及有关问题很重视，对采用纯粹培养的酵母很关注。

二、影响发酵的因素与发酵控制影响

发酵的环境条件，直接影响酵母的生存与作用，生产中必须了解各种因素对葡萄酒发酵的影响，才能掌握最适当的葡萄酒酿造条件。葡萄酒发酵的因素是多方面的。有些因素，如发酵的温度、发酵时通空气、发酵时添加 SO_2、单宁等，这些因素对发酵过程有直接影响，影响发酵产品的质量，因而在发酵过程必须进行控制才能使葡萄酒产品符合人们的要求。有一些因素从理论上讲也能对葡萄的发酵构成影响，但在生产实践中，这些因素达不到影响葡萄酒发酵的程度，因而可以忽略不计。例如，葡萄汁本身的含糖量，葡萄汁发酵产生的酒精度，发酵产生的 CO_2，葡萄汁的酸度及发酵产生的挥发酸等等，在正常的葡萄酒发酵过程中都有影响，但影响很小，可以不考虑。

（一）　温度的影响与控制

温度控制对于优质葡萄酒的生产是非常重要的。其影响是从葡萄酒的成熟开始的，一直持续到发酵和陈酿期间，如果在整个葡萄酒酿造过程中不保持适当的温度，即便是最好的葡萄品种和高质量的葡萄浆果，也难以生产出优质的葡萄酒。

高温控制在葡萄酒的酿制过程中是重要的，这是因为：在温度高于 29℃ 时，酵母菌发酵变得缓慢，在大约 38℃ 时酵母菌停止活动，这种情况发生将导致葡萄酒留有残糖，并会成为生物不稳定因素；在这样高的温度下便会引起乳酸杆菌的生长及酵母毒素的产生问题；高温会导致酒精损失增大，而葡萄酒的生成量降低；随着发酵温度的增加，白葡萄酒的香味变淡；过高的热量积累，葡萄酒产生总的不稳定性。

此外，低温控制也是必要的。这是因为：温度低于 10℃ 时，酵母菌生长和发酵速度变得极度缓慢；红葡萄发酵在高于 18℃ 时，能够产生出最好的颜色和风味；葡萄酒在太低的温度下陈酿，则进行得非常缓慢，因此不经济。

温度是酵母生长很重要的条件，酵母只能在很狭窄的温度范围内发育繁殖。酵母繁殖最适宜的温度是 25℃ 左右。偏离这个温度越大，对酵母菌的生长和繁殖就越不利。温度低于 10～12℃ 时，葡萄酒醪会迟迟不出现发酵现象，霉菌和产膜酵母就在液面繁殖，必须尽快提高发酵温度，引起发酵，才能防止醪液变质。当发酵温度超过 35℃ 时，也不能顺利进行发酵，在这个温度下发酵，酵母会很快丧失活力而死亡。

在一定的温度范围内，糖的发酵速度，随着温度的提高而加快。发酵速度，30℃ 比25℃ 快，25℃ 比 20℃ 快。在这个温度范围内每增加 10℃，发酵速度提高 10％。

酵母发酵时，能够转化糖分的量和能够达到的酒精浓度是由温度决定的，这是发酵的第一定律。温度越高，发酵的开始越快，发酵停止也越快，达到的酒精度比较低。由此可以得出结论，如果想要获得高酒度的发酵醪液，减少酒精的损耗，必须控制较低的发酵温度。

根据国内外生产葡萄酒的经验，红葡萄酒发酵的最佳温度为 26～30℃，在红葡萄酒发酵过程中，必须把发酵温度控制在此范围内，才能获得最佳质量的红葡萄酒。发酵红葡萄酒需要的温度相对较高，这个温度有利于葡萄色素的溶解和浸提。

干白葡萄酒发酵的最适宜温度为 14～18℃。因为在酒精发酵的过程中产生热量，每发酵生成 1 度酒精所产生的热量，能使其醪液的温度升高 1.3℃。所以在白葡萄酒的发酵过程中，必须采取有力的冷却措施，才能有效地控制发酵温度。目前国内外干白葡萄发酵罐在设计制造时就采取冷却措施，有的采取罐内冷却的方法，在发酵罐内加冷抽板；有的采取罐外冷却的方法，即在发酵罐外面加上冷却带或米洛板。采取这些措施后，就能有效地控制干白葡萄酒的发酵温度。

对葡萄酒的酿造，发酵临界温度是一个重要的基本观点，温度超过某一限度，酵母停止繁殖，导致发酵滞缓与停止。临界温度往往因通风程度、醪液的营养、酵母的营养因子而变化，在大多数葡萄酒产地，临界温度一般为 30～32℃，在炎热的地带稍为高一点。控制发酵醪温度是生产上的一个关键问题，近几年，葡萄酒生产往往是采用较高的发酵温度，以便缩短发酵时间。

（二）通气的影响与控制

酵母繁殖需要空气，在完全隔绝空气的情况下，酵母繁殖几代就停止了。稍微接触空气又能继续繁殖。假如长时期得不到空气大部分酵母细胞就会死亡。要维持酵母长时期发酵必须供给微量的氧。在完全隔绝空气的情况下，酵母就会大量死亡。相反，根据巴斯德的发酵理论，将含糖基质放在很浅的培养皿中，在空气中培养，则酵母用呼吸方式，将糖氧化成水与二氧化碳，发芽繁殖，生成大量酵母细胞；基质经过煮沸，在密闭的容器中培养，则酵母繁殖很慢，活力很快下降，在这种条件下，糖被分解成乙醇与二氧化碳，只产生少量酵母。

葡萄加工时，葡萄要经过破碎、输送入池或皮渣分离、果汁输送入池等。在以后的过程中，酵母菌得到的氧气越多，酵母繁殖得越快，发酵进行得越彻底。

白葡萄酒的发酵，是皮渣分离后，将分离的葡萄汁单独发酵。一般采用开放式或半开放式的发酵罐。发酵旺盛时，醪液在罐中不断地翻腾，产生的 CO_2 随之排走，醪液表面不断地有新鲜的氧气溶入，所以发酵不需要换罐也能保证酵母繁殖所需要的氧气。

红葡萄酒是带皮发酵的。发酵后，皮渣浮在醪液的表面，形成一层盖帽，使空气和盖帽下面的醪液隔离，容易造成酵母缺氧发酵中断。因而在红葡萄酒的发酵过程工艺上要求不断地进行倒罐。所谓倒罐，就是把罐内的发酵液，从罐下部的阀门放出来，放进不锈钢盆里，让发酵汁充分暴露在空气中。然后用泵把盆里的醪液，从罐上面的入孔再泵入同一个发酵罐里。这样反复地进行，一个罐每 24h 至少要倒 2 次，每次要使罐内 1/2 以上的醪液得到循环。倒罐时，要使泵入罐上部醪液，充分地喷淋皮渣盖帽。这样做，一方面能使醪液充分地暴露在空气中，另一方面可以把皮渣上面的色素物质喷淋下来。

倒罐的作用除了能补充氧气，喷淋色素，加强萃取作用外，还能使醪液的浓度及酵母的分布均匀，保证发酵过程的顺利进行。

（三） SO$_2$对发酵的影响与控制

SO$_2$在葡萄酒酿造的过程中具有非常重要的作用。它能杀死或抑制野生的酵母菌和细菌，能防止葡萄酒的氧化。人们在长期的葡萄酒生产中，很重视SO$_2$的合理使用。

1. SO$_2$的作用

SO$_2$的杀菌效果很好。在葡萄酒酿造中所使用的SO$_2$的来源有多种，传统的方法用燃烧硫黄生成的SO$_2$烟杀菌。也可以直接用液体SO$_2$和亚硫酸杀菌。葡萄浆和葡萄醪中添加SO$_2$具有很好的杀菌抑菌作用。相比之下，葡萄酒酵母菌耐受SO$_2$的能力较强，野生酵母及其他的杂菌对SO$_2$更为敏感。利用微生物的这些特性，在发酵时添加适量的SO$_2$，就可以有效地控制野生酵母和杂菌的繁殖，发挥葡萄酒酵母菌的酿酒优势。

2. SO$_2$使用量的计算

在葡萄酒生产实践上，一般在葡萄破碎时，添加60×10^{-6}kg的SO$_2$；白葡萄酒发酵结束后，补加150×10^{-6}kg的SO$_2$；红葡萄酒发酵结束后，分离皮渣，原酒不出桶，留出半个月左右的苹果酸-乳酸发酵时间，然后补加120×10^{-6}kg的SO$_2$。这样操作，基本上可达到既能有效地控制微生物的活动，又能有效地防止原酒的氧化。

3. SO$_2$的使用时间

（1）发酵以前：30～80mg/L　二氧化硫处理应在发酵触发以前进行。但对于酿造红葡萄酒的原料，应在葡萄破碎除梗后泵入发酵罐时立即进行，并且一边装罐一边加入二氧化硫。装罐完毕后进行一次倒灌，以使所加的SO$_2$与发酵基质混合均匀。切忌在破碎前或破碎除梗时对原料进行SO$_2$处理，造成SO$_2$不能与原料混合均匀；由于挥发和固定部分的固定而损耗部分SO$_2$，达不到保护发酵基质的目的；在破碎除梗时，SO$_2$气体可腐蚀金属设备。对于酿造白葡萄酒的原料，SO$_2$处理应在取汁以后立即进行，以保护葡萄汁在发酵以前不被氧化。严格避免在破碎除梗后、葡萄汁与皮渣分离以前加入SO$_2$，因为部分SO$_2$被皮渣固定，从而降低其保护葡萄汁的效应；SO$_2$的溶解作用可加重皮渣浸渍现象，影响葡萄酒的质量。

（2）在葡萄酒陈酿和贮藏时：60～100mg/L　在葡萄酒陈酿和贮藏过程中，必须防止氧化作用和微生物的活动，以保护葡萄酒不变质。因此，必须使葡萄酒中的游离SO$_2$含量保持在一定水平上。在贮藏过程中，葡萄酒中游离SO$_2$的含量不断地变化。因此，必须定期测定，调整葡萄酒中游离SO$_2$的浓度。在进行调整前，应取部分葡萄酒在室内观察其抗氧化能力。

（四）　单宁

葡萄酒中的单宁来自于葡萄皮、梗、种子，并且提取量严重依赖于所用到的特定的酿酒过程。还有一些单宁来自于用来陈酿葡萄酒的橡木桶，尤其是新橡木桶。由于酿造和贮存期间不断地发生各种各样的化学反应，单宁被认为比葡萄发酵更为复杂。

传统观念认为，陈酿中随着时间的流逝，单宁会越来越大，然后变得不能溶解，最后体积大的单宁从溶液中析出，从而使葡萄酒中单宁的口感更柔顺，密实。但是这一观念并不是建立在科学数据基础上的，葡萄酒陈酿过程中实际发生的事情是不确定的，基本上，所有的成分都在改变和重组。典型的例子就是单宁的断裂和重组，这可能让它们变得甘美，可能变大，可能变小。但是也可能是单宁在葡萄酒的酸性环境中断裂并且变小。成功酿制红葡萄酒的关键之一是有效的单宁控制。从葡萄的培养、采摘、酿造每个阶段的操作都会产生影响。

栽培会影响到成功转移到未发酵葡萄汁中的多酚的范围和性质，据知不能充分接受光照的葡萄，葡萄皮中单宁的净含量和品性较低；未成熟的葡萄会含有"绿色"，其内部含有的单宁会对葡萄酒品质产生负面的影响；酿造过程中，要尽量从葡萄皮中提取更多的单宁来提高葡萄酒质量，同时避免提取种子中的粗糙单宁；陈酿的过程中，控制恰当的时间，接触恰当数量的氧气，通过正确的微氧化对红葡萄酒的口感和结构产生积极的影响。

若单宁达到某一浓度则阻滞酵母活力，甚至使发酵停止。有色葡萄及红葡萄的压榨醪中，富含单宁及有色物质，有时会使发酵迟缓而且不完全。这是由于过多单宁吸附在酵母细胞膜表面，妨碍原生质的正常活动，阻碍了透析，使酒化酶的作用停止，这种现象常常出现在主发酵快完毕的时候。

为了降低单宁对酵母的影响，生产中常常通过醪液循环，或和另一个正在旺盛发酵的浅色醪液混合，倒一次桶，使酵母获得空气，可以恢复发酵活力。

三、生产检查和稳定性预测

消费者从市场上购到的瓶装葡萄酒，必须是质量稳定的，在长期贮存的情况下，不会发生浑浊沉淀或发生再发酵现象。如果葡萄酒在保质期内出现上述质量事故，生产厂家应对此负责任，承担由此而造成的全部损失。只有对葡萄酒的生产过程进行严格的生产检查和质量把关，对出厂前的葡萄酒进行稳定性预测，才能有效地防止瓶装葡萄酒的质量事故。造成瓶装葡萄酒浑浊沉淀的因素是多方面的，有物理因素、化学因素及微生物方面的因素。葡萄酒的稳定性预测就是要提前找出影响葡萄酒稳定性的因素，然后加以克服。

葡萄酒中的酵母菌和乳酸菌是引起瓶装葡萄酒浑浊沉淀的主要微生物因素。葡萄酒含有一定的酒精度，具有杀菌、抑菌作用，葡萄酒的酸度高，pH值低，这种环境也不利于微生物的活动；葡萄酒含有一定量的 SO_2 和防腐剂，也能抑制微生物的活动。所以葡萄酒的内部环境不利于一般微生物的生存和繁殖。但葡萄酒内含有一定量的糖分，葡萄酒的含糖量在4g/L 以下，对微生物来说是相对稳定的。但也有糖含量 2g/L 的葡萄酒，引起微生物浑浊的例子。所以对微生物稳定的葡萄酒极限含糖量是难以确定的。

葡萄酒中残存的酵母菌，是引起瓶装葡萄酒再发酵的主要因素。酵母菌把葡萄汁发酵成葡萄酒，没有酵母菌，葡萄酒是酿不成的。成品葡萄酒中残存的酵母菌，又能引起葡萄酒的再发酵，使透明的葡萄酒变得浑浊，浑浊的葡萄酒是无法出售的。酒中的酵母菌发酵后产生大量 CO_2 气体，在瓶内形成压力，有时还会引起酒瓶爆炸，危及人体安全。

从理论上讲，一瓶酒中有一个活酵母菌，就有可能繁殖起来，引起再发酵。但实际上一个酵母细胞在残糖很低的葡萄酒中，一般情况是难以存活和繁殖的。生产检验中要严格质量把关，一瓶酒中如果有一个活酵母菌，就不能放行。

葡萄酒中含糖，除引起酵母菌不稳定外，也引起细菌不稳定。瓶装葡萄酒中的细菌，主要是乳酸菌和醋酸菌。醋酸菌在成品葡萄酒的条件下，难以存活和繁殖，可以不做考虑。乳酸菌则能引起瓶装葡萄酒的发酵与浑浊。

乳酸菌既能引起葡萄酒中糖的转化，同时又具有分解苹果酸的能力。未经灭菌的装瓶葡萄酒，含有乳酸细菌，它们能引起残糖的分解和苹果酸的发酵，从而使澄清的葡萄酒变得失光，微微泛白。乳酸细菌在长时间繁殖后，会使葡萄酒略有辣味，也常发生把瓶塞顶出的现象。这种酒也必须经过一次处理。

只有了解葡萄酒中酵母菌和乳酸菌的感染途径，才能有效地防止葡萄的微生物感染。成品葡萄酒中的酵母菌和乳酸菌，主要来源于葡萄原酒。即葡萄原酒经混合、勾兑后，必须经过杀菌和过滤，把酒中的微生物彻底除去。现代葡萄酒生产一般采用冷过滤工艺，即靠先进的过滤技术，把原酒中的各种细菌彻底除净。首先，未装瓶前的成品酒是有菌的，装到瓶里后才有可能是无菌的。如果装瓶前的成品酒除菌不彻底，装瓶后的成品酒必然发生微生物污染。葡萄酒灌装过程的污染，也是瓶装葡萄酒感染微生物的重要途径。只有做到空瓶灭菌、瓶塞无菌、装酒机无菌、输送酒的管道无菌，这样把无菌的葡萄酒装到瓶里，才能达到装瓶后无菌。现在的葡萄酒工厂，在满酒灌酒机前，一般安装 1 台膜式过滤器，装瓶前的葡萄酒，再经过一次无菌过滤，这样装瓶后的葡萄酒就更安全、更保险。预测装瓶后葡萄酒的微生物稳定性，对生产实践具有重要的意义，可防患于未然。

目前的葡萄酒工厂，对瓶装葡萄酒内配无菌的检验，一般采用整瓶检验的方法。即在无菌室里，采取严格地无菌操作措施，把瓶装葡萄酒开瓶后，整瓶过滤。如果酒中有活酵母，酵母菌就被阻隔在过滤薄膜上。然后取下膜，进行无菌培养，看有无酵母菌落生成（如果培养结果无酵母菌落，说明被检验的葡萄酒里，一个活酵母也没有。培养出几个酵母菌落，相应被检验的瓶装葡萄酒中就有几个活酵母菌）。如果瓶装葡萄酒中无酵母菌，这样的葡萄酒出厂后，微生物是稳定的。

四、菌落总数的检测

菌落总数是指食品检样经过处理，在一定条件下培养后（如培养基成分、培养温度和时间、pH 值、需氧性质等），所得 1mL（g）检样中所含菌落的总数，用 cfu/mL 或 cfu/g 表示。本方法规定的培养条件下所得结果，只包括一群在营养琼脂上生长发育的嗜中温需氧的菌落总数。我国发酵酒卫生标准规定，葡萄酒中的菌落总数应小于等于 50cfu/mL。

按正常工艺加工的葡萄酒一般没有细菌，但由于外界环境的影响、工艺控制不当，会使葡萄酒含有细菌，并在适宜的条件下繁殖。葡萄酒中细菌越多，越容易腐败变质，影响保质期，引起饮用者的不良反应。当菌落总数达到 $10^6 \sim 10^7$ cfu/mL 时，可以引起食物中毒。

（一）基本原理

显微镜直接计数的优点是比较快捷，缺点是不易辨别死、活细胞，使计数结果偏高，计算样品中的活菌数，通常是用平板培养基上生长的菌落数，故又称活菌计数。

平板菌落记数法是根据微生物在平板上所形成的一个菌落数来计算菌数的，即一个菌落代表一个单细胞，计数时，根据检样总的污染程度，做不同倍数的稀释，并尽量使样品中微生物细胞分散开来，呈单细胞存在（否则一个菌落就不代表一个菌），然后做细菌培养，选择其中 2～3 个适宜的稀释度，使至少有一个稀释度的平均菌落数在 30～300 之间，进行菌落计数。

菌落总数是指 1g（或 1mg）食品经过处理，在一定条件下培养后，所得菌落的总数，菌落总数是表示样品中的活菌数。菌落总数在食品微生物学上主要作为判定食品被污染程度的标志。也可应用其观察细菌在食品中繁殖的动态，可以对被检样品进行卫生学的评价。

每种细菌都有其一定的生理特性，培养时，应用不同的营养条件及其他生理条件（如温度、培养时间、pH 值、需氧性质等）来满足其要求，才能分别将各种细胞都培养出来，但在实际工作中，一般只用一种常用的方法进行细菌菌落总数测定，所得结果只包括一群能在营养琼脂上发育的嗜中温需氧菌的菌落总数。

（二） 内容及操作方法

1. 细菌菌落总数的测定

（1）材料及用具　检样（葡萄酒）、移液枪、小勺、量筒、平皿、试管、吸管、营养琼脂培养基、生理盐水分装试管 9mL 及分装三角瓶 225mL（内放适当玻璃珠）。

（2）操作方法及步骤（如图 5-4 所示）

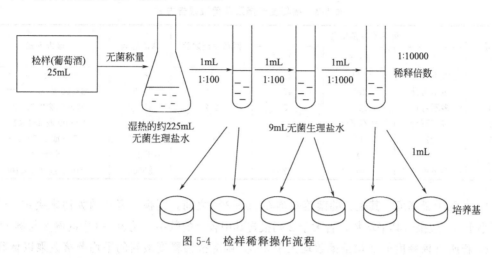

图 5-4　检样稀释操作流程

① 以无菌操作，将检样 25g（或 25mL）剪碎放于含有 225mL 灭菌生理盐水或其他稀释液的灭菌玻璃瓶内（瓶内预置适当数量的玻璃珠）或灭菌乳钵内；经充分振荡或研磨做成 1∶10 的均匀稀释液。

固体检样在加入稀释液后，最好置灭菌均质器中以 8000～10000r/min 的速度处理 1min，做成 1∶10 的均匀稀释液。

② 用 1mL 灭菌吸管吸取 1∶10 稀释液 1mL，沿管壁徐徐注入含有 9mL 灭菌生理盐水或其他稀释液的试管内（注意吸管尖端不要触及管内稀释液）。振摇试管混合均匀，做成 1∶100 的稀释液。

③ 另取 1mL 灭菌吸管，按上项操作顺序，做 10 倍递增稀释液，如此每递增稀释一次，即换用 1 支 1mL 灭菌吸管。

④ 根据食品卫生标准要求或对标本污染情况的估计，选择 2～3 个适宜稀释度，分别在做 10 倍递增稀释的同时，吸取 1mL 稀释液于灭菌平皿内，每个稀释度用两个平皿。

⑤ 稀释液移入平皿后，应即时将冷至 46℃营养琼脂培养基（可放置于 46℃±1℃水浴保温）注入平皿约 15mL，并转动平皿使培养基与样品稀释液混合均匀，同时将营养琼脂培养基倾入加有 1mL 稀释水的灭菌平皿内做空白对照。

⑥ 待琼脂凝固后，翻转平板，置（36±1）℃箱内培养（24±2）h［肉、水产、乳和蛋品为（48±2）h］取出，计算平板内菌落数，乘以稀释倍数，即得每克（或毫升）样品所含菌落总数。

（3）菌落计数方法　作平板菌落计数时，可用肉眼观察，必要时用放大镜检查，以防遗漏，在记下各平板的菌落数后，求出同稀释度的各平板平均菌落数。

（4）菌落计数的报告

① 菌落总数判定标准　选取菌落数在 30～300 之间的平板作为菌落总数判定标准，一

个稀释度使用两个平板应采用两个平板平均数，其中一个平板有较大片状菌落生长时，则不宜采用，而应以无片状菌落生长的平板作为该稀释度的菌落数，若片状菌落不到平板的一半时，而其余一半中菌落分布又很均匀。即可计算半个平板后乘以2以代表全皿菌落数。

② 稀释度的选择

a. 应选择平均菌落数在30～300之间的稀释度。乘以稀释倍数报告之（见表5-3中的例1）

表 5-3　稀释度选择及菌落数报告方式

例次	稀释液及菌落总数			两稀释液之比	菌落总数	报告方式
	10^{-1}	10^{-2}	10^{-3}			
1	多不可计	164	20	1	16400	1600 或 1.6×10^4
2	多不可计	295	46	1.6	37750	38000 或 3.8×10^4
3	多不可计	271	60	2.2	27100	27000 或 2.7×10^4
4	多不可计	多不可计	313	—	313000	310000 或 3.1×10^5
5	27	11	5	—	270	2700 或 2.7×10^3
6	0	0	0	—	小于 1×10	小于 10
7	多不可计	305	12	—	30500	31000 或 3.1×10^4

b. 若两个稀释度，其生长的菌落数均在30～300之间，则视二者比值如何来决定。若其比值小于2，应报告其平均数，若大于2则报告其中较小的数字（见表5-3中的例2与例3）。

c. 若所有稀释度的平均菌落数均大于300，则应按稀释度最高的平均菌落数乘以稀释倍数报告之（见表5-3中的例4）。

d. 若所有稀释度的平均菌落数均小于30，则应按稀释度最低的平均菌落数乘以稀释倍数报告之（见表5-3中的例5）。

e. 若所有稀释度均无菌落生长，则以小于等于1乘以最低稀释倍数报告之（见表5-3中的例6）。

f. 若所有稀释度的平均菌落数均不在30～300之间，其中一部分大于300或小于30时，则以最接近30或300的平均菌落数乘以稀释倍数报告之（见表5-3中的例7）。

③ 菌落数的报告　菌落数在100以内时，按其实有数报告，大于100时，采用两位有效数字，在两位有效数字后面的数值，以四舍五入方法计算，为了缩短数字后面的零数，也可用10的指数来表示（见表5-3"报告方式"栏）。

2. 霉菌和酵母菌落总数测定

各类食品由于霉菌的浸染，常常使食品发生败坏变质，有些霉菌如青霉、黄曲霉和镰刀菌产生毒素，浸染食品机会较多，因此对食品加强霉菌的检验，在食品卫生学上具有重要意义。

霉菌和酵母菌落数的测定是指食品检样经过处理，在一定条件下培养后，所得1g或1mL检样中所含的霉菌和酵母菌菌落数（粮食样品是指1g粮食表面的霉菌总数）。霉菌和酵母菌数主要作为判定食品被霉菌和酵母菌污染的程度的标志，以便对被检样进行卫生学评价时提供依据。

（1）材料和用品

① 用品　9mL无菌水试管、225mL无菌水带塞三角瓶、天平、灭菌称量纸、灭菌剪子、镊子、灭菌1mL及10mL吸管、无菌乳钵。

② 培养基　霉菌和酵母菌落计数用的培养基是孟加拉红培养基和高渗（盐）察氏培养

基，前者培养基含有孟加拉红及氯霉素，可抑制细菌生长，后者培养基可抑制细菌或酵母菌的生长，以达到霉菌计数的目的。也可在察氏培养基中加入青霉素或调 pH＝3.5 的察氏培养基来抑制细菌生长。

（2）检验流程　霉菌和酵母菌检验流程如图 5-5 所示。

① 采样。取样时须特别注意样品的代表性和避免采样时的污染，首先准备好灭菌容器和采样工具，如灭菌牛皮纸袋或广口瓶，金属刀或勺等，在卫生学调查基础上，选取有代表性的样品。样品采集后应尽快检验，否则应将样品放在低温干燥处。

② 以无菌操作称检样 25g（25mL）。放入含有 225mL 灭菌水的玻璃三角瓶中，振摇 30min，即为 1：10 稀释液。

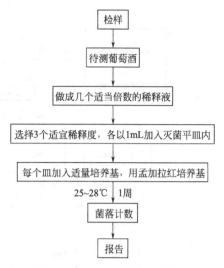

图 5-5　霉菌和酵母菌检验程序

③ 用灭菌吸管吸取 1：10 稀释液 10mL，注入试管中，另用带橡皮乳头的 1mL 灭菌吸管反复吹吸 50 次，使霉菌孢子充分散开。

④ 用灭菌吸管以 1：10 稀释液 1mL 注入含有 9mL 灭菌水的试管中，另换一支 1mL 灭菌吸管吹吸 5 次，此液为 1：100 稀释液。

⑤ 按上述操作顺序做 10 倍递增稀释液，每稀释一次，换用一支 1mL 灭菌吸管，根据对样品污染情况的估计，选择 3 个合适的稀释度，分别在做 10 倍稀释的同时，取 1mL 稀释液于灭菌平皿中，每个稀释度做 2 个平皿，然后将冷至 45℃ 左右的培养基注入平皿中，待琼脂凝固后，倒置于 25～28℃ 温箱中，3d 后开始观察，共培养观察 1 周。

⑥ 计算方法。通常选择菌落数在 30～100 之间的平皿进行计数，同稀释度的 2 个平皿的菌落平均数乘以稀释倍数，即为每克（每毫升）检样中所含霉菌和酵母菌数。

⑦ 报告每克（或每毫升）食品所含霉菌和酵母菌数以个/g（mL）表示。

检样稀释流程如图 5-6 所示。

五、大肠菌群的检测

大肠菌群是指一群能发酵乳糖、产酸产气、需氧和兼性厌氧的革兰氏阴性无芽孢杆菌。一般来说，大肠菌群都是直接或间接来自人或温血动物的粪便。葡萄酒中大肠菌群的数量以相当于 100mL 酒样中最近似的数值来表示，记为 MPN/100mL，国家标准中规定，葡萄酒中的大肠菌群应小于等于 3MPN/100mL。

大肠菌群是较为理想的粪便污染指示菌，它与肠道致病菌来源相同，在体外环境中存活的时间也基本一致，所以它作为肠道致病菌污染食品的指示菌，当检验出大肠菌群时，应进一步进行肠道致病菌的检验。

（一）基本原理

大肠菌群是指一群在 37℃、24h 能发酵乳糖、产酸并产气、需氧和兼性厌氧、革兰氏阴性无芽孢杆菌。该菌群主要成员有产气肠杆菌、阴沟肠杆菌、肺炎克雷伯氏菌以及欧文氏菌属与假单胞杆菌属的个别种。它们主要来源于人和动物的粪便。如果食品中检出大肠菌群，而且超过规定的标准，说明食品被粪便污染了或食品中可能有肠道致病菌存在，故以大肠菌

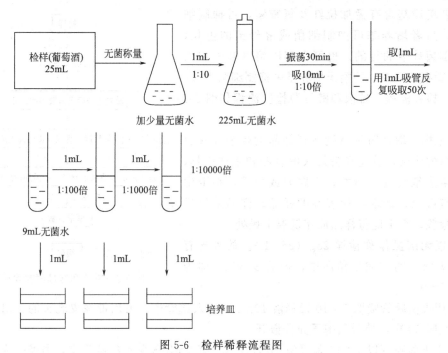

图 5-6　检样稀释流程图

群数作为食品粪便污染指标，来评价食品的卫生质量，具有广泛的卫生学意义。

食品中大肠菌群数以每 100mL（g）检样内发现的大肠菌群最大可能数（MPN）"The Most Probable Number" 表示，据此含义，所有食品卫生标准中所规定的大肠菌群均应为 100mL（或 g）。食品内允许含有大肠菌群数的最近似数值，而不再以发现大肠菌群之最小样品限量（即大肠菌值）为报告标准。

（二）　材料

（1）设备和材料　温箱：（36±1）℃、显微镜、天平、均质器或乳钵、灭菌的小勺、试管、1mL 与 10mL 无菌吸管、平皿及灭菌纸、载玻片、酒精灯、铂耳等。

（2）培养基及试剂　乳糖胆盐发酵管、伊红美蓝琼脂平板（EMB）、乳糖发酵管、革兰氏染色液、灭菌生理盐水等。

（三）　检验程序

检验程序如图 5-7 所示。

（四）　操作步骤

① 样品检样的处理稀释过程同菌落总数测定。

② 根据食品卫生标准要求或对检样污染情况的估计，选择三个稀释度，每个稀释度接种 3 管。

③ 乳糖发酵试验（初发酵试验）：将待检样接种于乳糖胆盐发酵管内，接 1mL 以上者用双料乳糖胆盐发酵管，1mL 及 1mL 以下者，用单料乳糖胆盐发酵管，每一稀释度接种 3 管，置（36±1）℃温箱内，培养（24±2）h，如所有乳糖胆盐发酵管都不产气，则可报告为大肠菌群阴性，如有产气者，则按下列程序进行。

④ 分离培养：将所产气的发酵管分别划线接种在伊红美蓝琼脂平板上，置（36±1）℃温箱内，培养 18～24h，然后取出，观察菌落形态，并做革兰氏染色和证实试验。

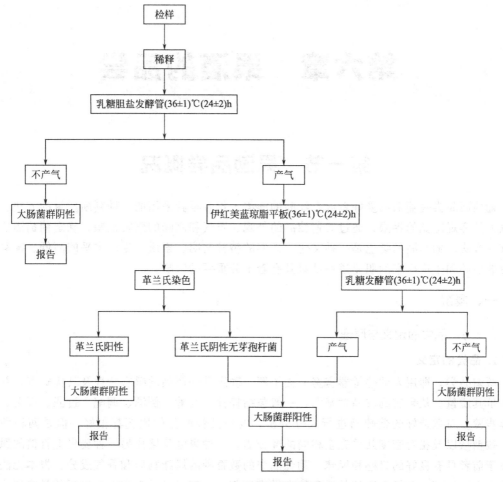

图 5-7　大肠菌群检验程序

⑤ 证实试验（复发酵试验）：在上述平板上，挑取可疑大肠菌群菌落（有金属光泽、紫黑色或粉红色、棕紫色等）1～2 个进行革兰氏染色，同时将每个平板上出现的可疑菌落分别接种于乳糖发酵管中，置（36±1）℃温箱内培养（24±2）h，观察产气情况。凡乳糖管产气、革兰氏染色为阴性的无芽孢杆菌，即可报告为大肠菌群阳性。

⑥ 报告：根据证实为大肠菌群阳性的管数，查 MPN 检索表，报告每 10mL（g）大肠菌群的最近似数。

第六章 果酒的品尝

第一节 果酒品尝概况

葡萄酒品尝是葡萄酒爱好者或有经验的酿酒工作者早就采用的一种判断质量的方法。它是以人的客观感觉的界限，通过对葡萄酒的外观、香气和滋味的感官检验，确定葡萄酒质量的唯一方法。葡萄酒品尝也是一种文化。人们的精神文明、素质、生活水平的高低、国家对消费的引导和生产厂家的职业道德都对其有着十分重要的影响。

一、概况

（一）品尝的定义与原理

1. 品尝的定义

所谓品尝，即用人的感觉器官努力去了解、确定某一产品的感官特性及其优缺点，并最后评价其质量。从果实到成品葡萄酒，一般包括榨汁、发酵、倒酒、调配、过滤、灭菌、装瓶等步骤。对酿造好的葡萄酒进行成分分析，发现其各成分的比例都很好。但是两种酸含量、残糖量以及相对密度几乎完全相同的葡萄酒，一种果酒价格比另一种要贵上百倍的原因就在于前者具有良好的口感和风味。葡萄酒中的数百种的风味物质和香气成分，根本无法在实验室中通过理化分析对酒的品质和特点做出评判，只有通过品尝才能获得酒的最终评价结果，也是最为关键的评价结果。

葡萄酒的品尝是通过人的视觉、嗅觉、味觉对葡萄酒进行观察、分析、描述、定义、归类及分级等。也就是用眼、舌、口、鼻来研究产品的属性和问题；把感觉到的印象用一些专门术语翻译表达出来；通过记忆比较确定它的来源、产区，包括葡萄品种、产地、类别等；综合说明它的产出年代、级别、质量等。

葡萄酒的种类特别多，气味和口感变化最大，也最复杂。比如干酒、甜酒、利口酒、起泡酒、白兰地等，品尝这些非常不同的酒，要具有专业的品尝知识。品尝一般分商业品尝和技术品尝两种。商业品尝的目的是为了迎合消费者的口味，确定市场销售价格，扩大产品销路；技术品尝的目的主要是针对产品的某些缺陷，为了改进工艺技术，提高产品质量。

2. 品尝的原理

品尝是食物作用于人的感觉器官引起感觉的过程，是由化学或物理方面的"刺激"而来。在酒中有各种各样的物质能刺激人体器官，而且不仅仅是各种物质的单一刺激，而是综合的作用，在综合中的不同点，要求能比较正确地察觉与表达出来。在几秒钟内不但要把这种刺激感觉出来、记忆下来，还要用准确的词语描述出来，这也需要有一定的知识，需要有相当时间来熟悉业务，会用行业术语来表达你的感觉，还要有较长时间的练习（如图6-1所示）。有了一定的基本功，就能自如地品尝了。

刺激作用

刺激因素 → → → → → →感官

（呈味或挥发性物质）　　　　　　　↓（味觉或嗅觉受纳器）

　　　　　　　　　　　　　感觉（反射）

　　　　　　　　　　　　　　　↓

意识、经验、记忆 → → → → → 知觉（味觉或嗅觉的解释、辨认）

图 6-1　品尝的神经生理学原理

（二）　概况

就饮用、生产葡萄酒来说，国外发达国家要比我国的普及面广，饮用水平高。广大人民对葡萄酒的知识也有一定的深度。在法、意、德、美、澳等国家，很多居民有在家存些葡萄酒并经常饮用的习惯。家宴、野餐、酒吧、餐馆等处都是饮葡萄酒的好地方，因为喝葡萄酒已成了他们生活中的一部分。国外的葡萄酒品尝会很多，大到国际性的，小到一个小产区二三十家厂子都能举办，也都发牌。目前了解较多的是法国波尔多的国际葡萄酒品评会和比利时布鲁塞尔国际质量评选协会举办的世界评优大会下的世界葡萄酒、蒸馏酒、露酒评选会；还有两个在国内举办的国际评酒会——亚洲葡萄酒学会和香港展览协会组织的评酒会、布鲁塞尔和 OIV 组织的评酒会。参展单位非常积极踊跃，他们除了能够在评酒会上得到自己产品的正确评价外，还或多或少地在商业方面得到好处。

葡萄酒品尝在国内尚不够普遍。目前国内用的品尝评分表是百分制的。这种百分制在一定程度上反映了酒的实质，也在历届评酒会上立下了汗马功劳，但同国际上通用的 20 分制和 OIV 的竞赛评比法相比还有些差距。

二、品尝设备

品尝设备主要是品酒杯、品酒室、品酒桌和其他。

（一）　品酒杯

品酒杯的形状对气味的质量和强度具有极大的重要性。为了浓集气味，品酒杯应该是口小肚大，用"郁金香"来形容这个形状很恰当。品酒杯应该是约含 9％铅的水晶型玻璃杯，这种质量对评判葡萄酒的透明度是重要的。符合国际标准 ISO 3591—1977 的品酒杯已在我国原标准 QB 921—84 和现行的 GB 15037 标准里给出，见图 6-2。口小肚大的郁金香形品酒杯，由于它收缩的开口，对香气有集中作用，并由这种集中作用使被评产品的香气变浓。这样对比的香气流向，可以明显地看出品酒杯的优势，从而使品酒员能准确地评价感觉到的香气。

为了能使葡萄酒在平等的条件下进行比较，葡萄酒品尝杯内的酒倒的要一样水平，按要求应在品酒杯高度 1/3 处（50mL）。倒这么多的酒其目的是能够在嗅香过程中转动杯内的酒。杯子转动时要比静放时的蒸发表面大 2～3 倍，见图 6-3。

酒的颜色和"杯裙"的强度显示出葡萄酒使用的品种，年份和发展阶段的宝贵迹象。高品质的酒通过一种完美的色泽显示它的特性。细小的结晶物不影响酒的质量，但是絮状悬浮物就表明了一种病态，有沉淀不是缺陷。

（1）葡萄酒的黏度　当闻过酒的香味之后，转动玻璃杯中的酒，观察留在杯壁上的酒滴，业内人士称之为"泪"或"腿"。酒的糖度和酒精度越高，这种酒滴越明显。

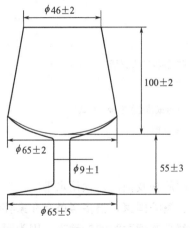

图 6-2　国际标准品酒杯（单位：mm）

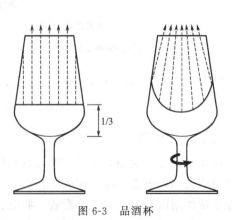

图 6-3　品酒杯

（2）杯裙　白葡萄酒"杯裙"的色泽是透明度非常强的深金黄色。许多白葡萄酒开始是淡黄色，随着时间的增加颜色越来越深。通常，凉爽地区的酒色泽浅淡，"杯裙"为金黄色是高温区的酒。在橡木桶内熟化过的酒，其"杯裙"的颜色较深。非常年轻的酒时常泛出一种青绿色、年长的或者是氧化了的酒呈现为棕色（如图 6-4 所示）。

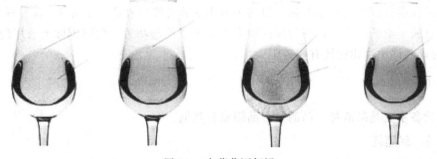

图 6-4　白葡萄酒杯裙

红酒的颜色较复杂，从玫瑰红色经过棕色和橘黄色到蓝紫色（如图 6-5 所示），这大部分取决于使用的葡萄品种，但是酒的生产年代和地域也影响它的颜色。与白葡萄酒相比，红酒越熟化越清澈。倾斜杯子观察酒的边缘：或深或浅，都表明了酒的年龄。深红色的酒说明产地的气温较高。

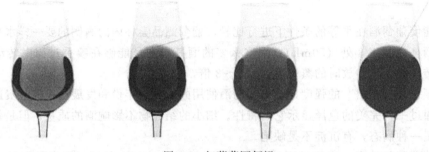

图 6-5　红葡萄酒杯裙

（二） 品酒室

品酒室应有合理的布置，最理想的安排是在葡萄酒化验室近旁设立，划分专业的房间，配有专用设备。品酒室的周围不应有放烟和放带味气体的来源，品酒室内部也不应放带味的东西，如配制酒用的有关药材等，也不应用带味的木材或油漆装饰，房间清洁卫生、优雅肃静，装上空调机和抽风机以控制室温并使室内空气新鲜。总体上要满足GB/T 13868—2009《感官分析建立感官分析实验室的一般导则》及其他相关标准的要求，具体要求如下：

① 气氛平淡、令人愉快。

② 温、湿度控制。室内的温度和湿度应保持稳定和均匀。温度应保持在 20～22℃，相对湿度应保持在 60％～70％，不适宜的温度与湿度易于使人感到身体和精神不舒适，并对味觉有明显影响。

③ 隔音静如医院。

④ 空气洁净，无外来异味。

⑤ 室内用暖色调的无光泽漆装饰（如浅灰色，略带其他颜色的白色、浅黄褐色等），无反射光，采光方式为均匀漫射。

专业的品酒室应具备的条件：

① 室内要适当宽敞，不可过于狭小，但也不宜过大而显得室内空旷。

② 室内的墙壁、天花板宜选择能防火、防湿的材料，涂以单一的颜色，应是闷光（不抛光）或光泽的白色，包括椅凳的颜色，既有适当的亮度又无强烈的反射（反射率在40％～50％为适宜）。避免新涂有味的壁饰。地板应光滑、清洁、耐水。

③ 室内的光线应充足而柔和，不宜让阳光直接射入室内，可安设窗帘以调剂阳光。光源不应太高，灯的高度最好是与评酒员坐下或站立时的视线平行，应有灯罩使光线不直射评酒员的眼部。品酒台（桌）上的照明度均匀一致，用照度计测量时，应有 500lx（勒克斯）的照度。

④ 室内应保持空气清新，不允许有任何异味、香气及烟气等。为了使空气流通，可安装换气设备，但在品尝时，室内应为无风状态。

⑤ 噪声控制。品酒时应选择在环境宁静的地方或有防音装置，噪声应限制在 40dB（分贝）以下。品评室应远离噪声源，如道路、噪声较大的机械等。在建筑物内，则应避开噪声较大的门厅、楼梯口、主要通道等。因为噪声除妨碍听觉外，对味觉也有影响，还使人注意力分散，工作能力下降和易于疲劳。见图6-6。

（三） 品酒桌和其他

品酒桌很像语音实验室里的桌子，每人一个位子，中间用足够宽和高的隔板隔开。品酒座椅最好用可调式的，要舒服。每个品酒桌前上方要有单独的照明，可以考虑 12W 的日光灯。品酒桌应足够宽大而舒适。品酒桌是中性色调，以白色为佳，台面是可以清洗的，台上器材要避免反光。如没安装盥洗装置，品酒时应为每个品酒员配备单独使用的痰盂，见图6-7。

三、品尝前的工作

在品尝以前，需要做很多准备工作，以保证感官分析获得良好的结果。

图 6-6　品酒室　　　　　　　　　　　　　　　　图 6-7　品酒桌

1. 要有好的品尝环境

包括光线、噪声、空气流动、室温、气味等，都会对品尝结果有影响。重要的品尝活动，一般在国际标准品酒室内进行。没有标准品酒室时，也要找一个宽敞、明亮、空气流通、无污染、无噪声、温度适中而稳定的房间，桌上铺白色桌布，有漱口的纯净水和无味面包。酒杯用国际标准玻璃杯。室内不许吸烟，评酒者不许用化妆品，单独操作互不干扰。品酒时间一般在上午 10:00～12:00 午饭前最好，此时感觉最敏感。

2. 品酒之前要观察酒的标签

酒标就是一瓶酒的档案，我们可以通过它了解酒的故事；而且酒标的设计同时也能够体现出酒的风格特色（取决于酿酒者的喜好）。一般国家相关部门都会对酒的标签所要标明的内容做了详细的规定，基本上越是好的酒越会多地在标签上标注关于酒的说明，但并非唯一准则。

酒标一般会标注以下内容：商标、葡萄品种、生产地区、酿造年份、分装年份、葡萄酒名称、酒精度、酒瓶容量、酒的特性、特别设计、酿造厂名称和地址、分装厂名称和地址。

3. 酒的呼吸

品尝前通常要将葡萄酒转换至另一容器，作用除了将酒与酒瓶中所产生的沉淀物分离之外，还有一个重要的原因就是让酒进行"呼吸"。因为一瓶经过长期贮存的葡萄酒在饮用前，为了更好地将它的特色发挥出来，让它与空气接触是必不可少的一道程序。

4. 侍酒温度

葡萄酒根据产品特征的不同，它们的最佳饮用温度也有所区别。为了让葡萄酒充分展示其特色，给品尝者带来最大程度的乐趣，在侍酒时要注意酒的温度。

5. 酒杯的准备

要欣赏葡萄酒的芳香和迷人魅力，合适的酒杯不可或缺。酒杯除了用于盛酒之外，最重要的作用就是展示其状态与色泽，同时还要使酒得到最佳的呼吸和聚拢香气。所以一只好的酒杯应该：无色透明、均匀且薄、高脚、容量大而杯口相对较小。通常选用的酒杯有：波尔多酒杯、花球杯、巴黎高脚杯、布根地杯和阿尔萨斯酒杯等。

6. 选择适宜的品尝方法

品尝的组织者必须根据需要和品尝类型，选择适宜的品尝方法。例如，专业品尝员所参加的品尝，多数是为了确定名次的相互比较品尝。因此，在品尝以前，组织者应将参赛的葡萄酒进行分类，然后按葡萄酒的类别进行比较品尝，以确定出各类型葡萄酒的名次。

四、品酒条件

品酒也必须注重酒本身最适饮用的温度，酒的温度可是会影响酒的品质的。不同种类的葡萄酒有最能表现其质量的温度。出于品尝员是带着挑剔的眼光进行品尝的。所以，并不一定在能减轻葡萄酒缺陷和提高其质量的最佳条件下进行品尝。所以，实际上多数专业品尝都是在酒温为 15～20℃ 的条件下进行的。如果很难将酒温控制在 15～20℃ 范围内，则情愿比 15～20℃ 低一些。因为温度过低的葡萄酒会在酒杯中自然升温，在室温为 21℃ 时，酒液在 4～10℃ 的范围内，每升高 1℃ 需 3～4min；酒液在 10～15℃ 范围内，每升高 1℃ 需 6～8min。因此，如果芳香性干酒的温度为 6～8℃，则需 12～15min 才会达到其最佳消费温度 10～12℃，当然我们完全可以用手掌来掌握酒杯来加速这一升温过程。葡萄酒的最佳品评温度范围应为：

白葡萄酒和桃红葡萄酒的温度范围是 12～14℃，约放置冰箱（不是冷冻室）1h 后的效果；红葡萄酒的温度在 16～18℃，约放置冰箱 1h；起泡葡萄酒的温度在 8～10℃；利口酒和甜酒的温度在 8～10℃。

此外，葡萄酒的最佳消费温度，还受到季节等因素的影响。在冬季，调节去除标贴后的酒的温度，可略高出表 6-1 规定的温度范围，而在夏季则可低于该温度范围。

表 6-1　几种果酒品尝的温度范围

酒的类型	温度/℃	酒的类型	温度/℃
甜葡萄酒	18～20	半干、半甜葡萄酒	16～18
起泡葡萄酒	9～10	—	—

品白葡萄酒时，加上冰筒效果会更好；而红葡萄酒因为有回温的顾虑，建议直接以室温品酒为佳。品香槟时，冰筒加冰块不可少。

葡萄酒的最佳品尝温度和最佳饮用温度不一定完全一样，但葡萄酒若控制在适当的温度饮用，其风味的表现会更加显著。

一般来说，年份近的、清淡的白葡萄酒饮用温度要比浓郁的白葡萄酒更低。甜白葡萄酒应冰到 6℃ 左右，清淡的白葡萄酒可冰到 6～10℃，而酒精度、酸度及品质较高的年份近的白葡萄酒，其适饮温度约在 10～12℃；淡雅的红葡萄酒在 12℃ 左右饮用最佳，酒精度稍高的约在 14～16℃，口感浓郁丰厚的在 18℃ 左右，但最高不要超过 20℃。因为温度太高会让酒快速氧化而挥发，使酒精味太浓，气味变浊；而太冰又会使酒香味冻凝而不易散发，易出现酸味。起泡酒的饮用温度也应在 4～6℃ 左右最佳。

五、评语

评酒用语的使用是品尝中最重要的要点之一。一位评酒员有了经过训练的感官还不够，他还必须具有足够广泛的十分易懂的品尝评语，用来精确地、客观地描述他的感受。每个人都能说某酒好或是不好，而品尝员必须要解释这个酒为什么质量高，或相对有什么不足。因此有必要对一种基本的简单而明确的评语下定义，让大家承认并易懂，这就是本小节讨论的这种共同语言——评酒用语。

（一）观色

观色是对葡萄酒外观的视觉反映。在观察一杯酒时，光线很重要。在自然光或白炽灯光下可以看到葡萄酒的本色。柔和的灯光会更增添情趣，在酒器背后衬白纸或白色餐巾有助于观察葡萄酒的色泽。查看葡萄酒关键要看清晰度和色泽。一杯不清澈的酒是一种警告，提示该酒生物性能不稳定或者受到了细菌或化学物质的污染，从而可以判断它的澄清工序和过滤工序是否完好，保藏条件是否卫生，是否变质。酒的颜色应该明亮，如缺乏亮度是象征其味道也可能呈现单调，因酒的亮度是由其酸和品质所构成的。一瓶正常的酒是明亮的，一瓶好酒其亮度更是明显而具有宝石般灿烂的光泽。白葡萄酒的颜色从年轻时的水白色或浅黄色带绿边到成熟后的禾秆黄、深金黄色。红葡萄酒会因酒的陈年而颜色淡褪，从紫红色变为深红色、宝石红色、桃红色、橙红色，其颜色转变速度视其品种而定。

1. 观察葡萄酒的外观

（1）液面　用食指和拇指捏着酒杯的杯脚，将酒杯置于腰带的高度，低头垂直观察葡萄酒的液面。或者将酒杯置于品尝桌上，站立弯腰垂直观察。葡萄酒的液面呈圆盘状。必需洁净、光亮、完整。如果葡萄酒的液面失光，而且均匀地分布有非常细小的尘状物，则该葡萄酒很有可能已受微生物病害的侵袭；如果葡萄酒中的色素物质在酶的作用下氧化，则其液面往往具虹彩状；如果液面具蓝色色调，则葡萄酒很容易患金属破败病。除此之外，有时在液面上还可观察到木塞的残屑等。透过圆盘状的波面，可观察到呈珍珠状的杯体与杯柱的联接处，这表明葡萄酒良好的透明性。如果葡萄酒透明度良好，也可从酒杯的下方向上观察液面。在这一观察过程中，应避免混淆"浑浊"和"沉淀"两个不同的概念。浑浊往往是由微生物病害、酶破败或金属破败引起的，而且会降低葡萄酒的质量；而沉淀则是葡萄酒构成成分的溶解度变化而引起的，一般不会影响葡萄酒的质量。

（2）酒体　观察完液面后，则应将酒杯举至双眼的高度，以观察酒体，酒体的观察包括颜色、透明度和有无悬浮物及沉淀物。葡萄酒的颜色包括色调和颜色的深浅。这两项指标有助于判断葡萄酒的醇厚度、酒龄和成熟状况等。

（3）酒柱　摇动手中的酒杯，让葡萄酒在杯中旋动起来，你会发现酒液像瀑布一样从杯壁上滑动下来，静止后就可观察到在酒杯内壁上形成的无色酒柱，这被称作"挂杯现象"，是酒体完满或酒精度高的标志。产生挂杯现象首先是由于水和酒精的表面张力，其次是由于葡萄酒的黏滞性。所以，甘油、酒精、还原糖等含量越高，酒柱就越多，其下降速度越慢；相反，干物质和酒精含量都低的葡萄酒，流动性强，其酒柱越少或没有酒柱，而且酒柱下降的速度也快。葡萄酒中的不同液体的挥发性不一样。出现挂杯现象预示着酒的质量不错。但也并不是绝对的，需要整体来鉴别。

（4）起泡葡萄酒　在静止葡萄酒中，CO_2的含量通常应低于200mg/L，因此，如果在外观分析时出现了气泡或泡沫，则表明该葡萄酒中 CO_2 含量过高。但对起泡葡萄酒和葡萄汽酒进行外观分析时，就必须观察其气泡状况，包括气泡的大小、数量和更新速度等。这些气泡根据酒的种类不同或者在酒的表面上形成一层很薄的泡沫，或者形成的泡沫很厚。但这层沫是由均匀的、细小的气泡形成的，且每个气泡持续的时间为数秒钟，当这层沫消失后，则沿酒杯内壁形成一圈"泡环"，不断产生的气泡保证了"泡环"的持久性，"泡环"持续的时间，决定于起泡葡萄酒的年龄。最陈的香槟的泡沫最少。在观察起泡葡萄酒的气泡状况时，酒杯非常重要。湿酒杯不利于气泡的形成；酒杯的温度高于起泡葡萄酒的温度时，会产生大气泡。所以，在品尝起泡葡萄酒时，应等到酒杯与起泡葡萄酒的温度相同时（约需30s），才能观察其起泡状况。当然，更不能用加冰块的方法来降低温度，因为这会使酒杯湿润而影响气泡的形成。

2. 葡萄酒外观的主要特征

（1）颜色

① 白葡萄酒　白葡萄酒实际上是黄色，黄颜色的强度可以是强至弱，即很清澈的近无色的酒至琥珀黄色葡萄酒。白葡萄酒色泽的基本用语：近似无色、浅黄色（为新葡萄酒）、浅绿黄色、禾秆黄色、黄色（为正常陈酿的酒）、金黄色、琥珀色、橘黄色（为过度氧化的酒）、棕黄色、栗色、失光泛白（厉害程度或大或小，此为酿酒的缺陷）。

② 桃红葡萄酒　对桃红葡萄酒的色泽下定义是困难的，其范围较宽，从斑白色一直到浅红色。新酒的色泽可以完全是桃红色的，在陈酿过程中，由于氧化的作用使黄色逐步加深，颜色也变成砖红色或微带紫的葱头皮红色。

桃红葡萄酒色泽的基本用语：桃红色（浅或深，此为新葡萄酒的新鲜颜色）、转黄的桃红色（浅或深，此为正常陈酿的酒）、淡紫的葱头皮红色（为已氧化过度陈酿的酒）、琥珀色（趋于橘黄色和紫色）。

③ 红葡萄酒　和桃红葡萄酒一样，在陈酿时由于氧化的作用，表现出变棕色的趋势。红葡萄酒色泽的基本用语：红色（浅或深）、紫红色（此为新酒）、石榴红色、宝石红色、血红色（此为经过陈酿的酒）、暗红色、棕红色（此为氧化过度、陈酿过分或是坏葡萄酒）。

（2）澄清　澄清情况可以作为葡萄酒品质的一个信号，特别是对罐贮、瓶贮酒的检验。好酒都有澄清透明的液相反映。反之，不良的液相，往往就是"缺点"或是"变质"的象征。澄清情况的评语：沉淀、极浑浊、浑浊、不清晰、失光、微失光、有悬浮物、透明、澄清、透明发亮、晶莹清澈、像晶体、晶亮。

（3）流动性　此现象多是把酒倒入杯中旋转进行的，葡萄酒应该是流动性的，程度不同地存在着稀薄与浓厚的感觉。流动性的基本用语：流动性的（此为正常的酒）、稠密的且浓厚的（此为有缺陷的酒）、油状的、瓢稠的（"油脂病"）。

（4）持泡性　持泡性是由二氧化碳气体的释放所引起的。冒气泡是起泡葡萄酒的特点。持泡性主要由气泡的数量和大小、释放的时间、气泡的质量和数量来判断其特性。在葡萄酒中所含气体量和工艺条件决定了压力和持泡性。持泡性的基本用语：持久的、细致连续的小珠状气泡、形成晕圈、暂时泡涌、泡大不持久、冒细泡的、冒气泡的。

出现小珠状气泡或很轻微冒细泡的特性可以在白葡萄酒、桃红葡萄酒和新红葡萄酒中发现，气体的释放（对舌头的轻微刺扎感，或称"麻酥酥的"）促进了酒香，增加了葡萄酒的凉爽感。

（二）嗅香

摇晃杯中酒，使氧气与葡萄酒充分融合，最大限度地释放出葡萄酒的独特香气。接着把鼻子探入杯中，短促地轻闻几下，不是长长地深吸，因为嗅觉容易疲倦，尤其是当你要评试几种较浅嫩的红酒时。葡萄酒是唯一具有层次丰富的酒香、香气和味道的天然饮料。"nose"一般是来形容综合气味的"酒香"的，这是品酒过程中一个非常重要的步骤。精确地指出酒的 nose，其意义就是让你辨识出酒的某些特性。酒香中包括常提到的果香、芳香和醇香。"果香"（fruit）即葡萄本身散发出的香味；"芳香"（aroma）是指没有经年发酵的新酿葡萄酒的气味；用"醇香"（bouquet）一词来描绘层次更加丰富的陈年葡萄酒的气味。与"芳香"形成鲜明对比的"醇香"是一种复合型香气，由酒中各成分微妙的相互作用而产生。

闻香时，专业人士一般喜欢分两三次来进行香气分析。第一次先闻静止状态的酒，应该是闻到的气味很淡，因为只闻到了扩散性最强的那一部分香气。在酒杯中倒入 1/3 容积的葡萄酒，在静止状态下分析葡萄酒的香气。在闻香时，应慢慢地吸进酒杯中的空气。其法有两种，或者将酒杯放在品尝桌上，弯下腰来，将鼻孔置于杯口部闻香，或者将酒杯端起，但不能摇动，稍稍弯腰，将鼻孔接近液面闻香。使用第一种方法，可以迅速地比较并排的不同酒杯中葡萄酒的香气，第一次闻香闻到的气味很淡，因为只闻到了扩散性最强的那一部分香气，因此，第一次闻香的结果不能作为评价葡萄酒香气的主要依据。

在第一次闻香后，摇动酒杯，使葡萄酒呈圆周运动，促使酒与空气中的氧接触，让酒的香味物质等挥发性弱的物质释放出来，进行第二次闻香。第二次闻香又包括两个阶段：①在液面静止的"圆盘"被破坏后立即闻香，这一摇动可以提高葡萄酒与空气的接触面，从而促进香味物质的释放；②摇动结束后闻香，葡萄酒的圆周运动使葡萄酒杯内壁湿润，并使其上部充满了挥发性物质，使其香气最浓郁，最为优雅。第二次闻香可以重复进行，每次闻香的结果一致。这次闻到的香味应该是比较丰富、浓郁、复杂的。

如果说第二次闻香所闻到的是使人舒适的香气的话，第三次闻香则主要用于鉴别香气中的缺陷。这次闻香前，先使劲摇动酒杯，使葡萄酒剧烈转动。这样可加强葡萄酒中使人不愉快的气味，如乙酸乙酯、氧化、霉味、苯乙烯、硫化氢等气味的释放。

在完成上述步骤后，应记录所感觉到的气味的种类、持续性和浓度，并通过酒香来鉴别酒的结构和协调程度，即酒的味道、酒精以及酸度之间的关系。一般葡萄酒的香气可描述为"不存在"、"微弱"、"适中"或"浓烈"。新酿白葡萄酒如果酸度高，往往很"爽口"，而同样酸度的红葡萄酒却让人感到"不舒服"，甚至使你认为这酒"出了毛病"。有些葡萄酒味道平淡，可以把它们描述为"不含蓄"或者"层次单调"；有些可感受到一系列味道，并且回味细腻绵长，就可以说"该酒层次丰富"；酒中各种成分协调一致，就可以说"其酒体和谐"。专家嗅闻葡萄酒时对酒的描述常用到的词语是最好的酒为"和谐"、"出色"、"完美"；较好的酒为"好"、"正常"、"一般"；而不合格的酒为"糟糕"、"发酸"、"劲儿太大"、"不协调"等。

在葡萄酒的品尝中使用鼻子有两种方式：一是在嗅闻时直接用鼻子感受到的气味；二是当产品在口中时，通过回流到鼻腔通道里感受到的香气，葡萄酒释放出的香气——直流到喉底部，然后沿呼吸道回升到鼻腔中。

1. 葡萄酒的嗅香分类

（1）果香

① 第一果香　这是与原料（葡萄、品种、土壤等）有关的芳香总体。在形容第一果香时可用：似花香（并可具体到哪一种花）、果实香（具体到哪一种果实）、美洲种香（也称狐臭味）、麝香（"玫瑰香"葡萄特有的香味）、山葡萄香、某品种的葡萄香气等。第一果香是不容易长久保持的，它随着酒龄的增长而消失。因此，如何在葡萄酒中保持这种香气是我们在生产中应注意的问题。

② 第二果香　它与发酵相关联并出自于发酵过程之中：酵母在把糖转化为酒精和把葡萄汁转化成葡萄酒时产生出很多香味物质，这是新酿制的葡萄酒所具有的有代表性的香气。为便于理解，第二果香可以称为发酵香或酵母香。

（2）酒香　酒香是在陈酿（罐、桶和瓶）过程中由氧化还原作用和酯化作用所生成的芳香组分构成的。每一种名产葡萄酒均具有自己的独特酒香，能同其他酒区别。故酒香可以说是葡萄酒的最主要的性质。说明酒香可用：酒香不足（普通酒的共同特性，酒香很淡、贮存过久，或生有病害）；新酒（才发酵完半年以内的葡萄酒大多有这种气味，特点是除具有果香外，还有不成熟的新酒味）；成熟酒香（这是经过一段陈酿，已具有一定的成熟度）；酒香和谐（酒香已近成熟，当酒倒入杯内，即能闻到这种香气）；酒香扑鼻（具有完满、幽雅的酒香，当酒开瓶后即可闻到，倒入杯内，可达到满屋生香的境界，这是完全成熟的酒香，只有名酒才能达到这种程度）。

在上述的果香和酒香前，还可以加上表示程度不同的形容词："微有"、"弱的"、"浓的"、"强烈的"、"成熟的"、"完美的"等。如微有麝香的果香和浓厚的陈酒香。

2. 嗅香的一般评语

（1）嗅香的强度 很强、强（果香很强或足够强的果香）、足够强（弱或中等的嗅香）、中等（微弱的香气）、微弱（中等芳香等）、弱、很弱。

（2）嗅香的质量 气味可以是令人愉快的或是令人讨厌的，例如上等的（高贵的、幽雅的）、很丰富的，丰富的或简单的、原生的、普通的、粗糙的、粗劣的等。

（3）嗅香的特性 描述葡萄酒的香气，重要的是要能够和自己熟知的香气（味）联系起来，了解得多、知道得多，自然能够增加自己的能力和水平。

（三）尝味

1. 品尝过程

首先，将酒杯举起，杯口放在嘴唇之间，并压住下唇，头部稍往后仰，就像平时喝酒一样，但应避免像喝酒那样酒依靠重力的作用流入口中，而应轻轻地向口中吸气，并控制吸入的酒量，使葡萄酒均匀地分布在平展的舌头表面，然后将葡萄酒控制在口腔前部。每次吸入的酒量不能过多，也不能过少，应在6～10mL之间。酒量过多，不仅所需加热时间长，而且很难在口内保持住，迫使我们在品尝过程中摄入过量的葡萄酒，特别是当一次品尝酒样较多时。相反，如果吸入的酒量过少，则不能湿润口腔和舌头的整个表面，而且出于唾液的稀释而不能代表葡萄酒本身的口味。除此之外，每次吸入的酒量应一致，否则，在品尝不同酒样时就没有可比性。

当葡萄酒进入口腔后，闭上双唇，头微向前倾，利用舌头和面部肌肉的运动，搅动葡萄酒，也可将口微张，轻轻地向内吸气。这样不仅可防止葡萄酒从口中流出，还可使葡萄酒蒸气进入鼻腔后部。

在口味分析结束时，最好咽下少量葡萄酒，将其余部分吐出。然后，用舌头舔牙齿和口腔内表面，以鉴别尾味。

根据品尝目的的不同，将葡萄酒在口内保留的时间可为2～5s，亦可延长至12～15s。在第一种情况下，不可能品尝到红葡萄酒的单宁味道。如果要全面、深入分析葡萄酒的口味，应将葡萄酒在口中保留12～15s。

在结束第一个酒样后，应停留一段时间，以鉴别它的余味。只有当这个酒样引起的所有感觉消失后，才能品尝下一个酒样，所感受到的味道可用如下语言来描述：

（1）甜味（不甜的称为"干"） 大部分红葡萄酒和某些白葡萄酒属于干性。提前终止发酵的酒会留下一些天然糖分。舌尖若明显感触到糖分，便属于微甜至十分甜的葡萄酒。

（2）酸味 可于舌头两侧和颚部位感觉到。白葡萄酒呈现出酸度非常普遍。

（3）苦涩味 葡萄的皮和籽皆含有单宁（tannin）。单宁是一种可在茶、菠菜等植物中的带苦涩味的化合物。红葡萄酒单宁含量最高，白葡萄酒最低。

（4）酒精 酒液流进喉咙时，会弥漫一股暖气。酒精越多，温暖感越强。

比较起来，味觉好像比嗅觉来的简单，很容易分辨出甜、酸、苦。除了这基本味觉外，在品尝葡萄酒时，亦要同时注意其在口中的触感，如单宁之涩感（astringency）、质感（body）和其结构感（texture）。所谓涩感是指像饮用浓茶般在口中的浓苦味。质感又称酒体，是由葡萄酒中的酒精、甘油以及葡萄榨汁的含量所决定，则可比喻饮用脱脂牛奶、全脂牛奶或鲜奶油时不同的浓度口感。结构感则可指饮用时口中的质地，是否纤细柔滑。浅酒龄的葡萄酒，着重其果香，陈酿老酒则欣赏其在陈酿中进化出来的不同芳香和味道。结构感的不同则描述为其"生硬"、"味涩"、"粗糙"、"柔和"、"可口"、"圆润"或者"滑腻"。

品尝葡萄酒需要用心去描述，呷了一口葡萄酒之后，酒香还会由口腔往鼻腔推，在鼻腔产生香味感觉，然后酒顺着喉咙吞下，通常会感受到一种绵长的回味，被称作"余味"（finish）。特别是一些成熟的好酒所留下来的浓郁饱满、复杂多变的余味，会带给你无限的满足感。"余味"常被描述为"长久"、"绵长"、"短暂"或者"不存在"。与此表示时间的形容词相伴的是"浓郁"、"发酸"、"辛辣"或"平淡"。

2. 酒在嘴里的时间和感觉

葡萄酒在口中保留香味的时间和它们的质量成正比，即质量越好、越出名的葡萄酒，喝到嘴里后保持香味的时间越长。这个"味持值"测量的时间单位是秒（s）：

0s，普通葡萄酒。

2～3s，轻型葡萄酒，保祖利（也称薄酒来，下同）类酒，以地区命名的酒。

3～5s，以村庄命名的葡萄酒。

10～12s，最有名的葡萄酒。

这样，香味的滞留时间，即"味持值"构成了一个重要的质量标准。

国际葡萄与葡萄酒组织（OIV）于 1971 年 5 月在瑞士洛桑召开的葡萄酒酿造专家会议上，对"味持值"的说法做了研讨，并推荐在 1972 年于匈牙利的布达佩斯召开的第一届世界葡萄酒比赛会上采用。

此法是根据"味持值"的大小区分质量级："一星"酒，0～3s；"二星"酒，4～8s；"三星"酒，9s 以上。"味持值"完成后再按先低后高的次序，将每个类型的酒进行评分。

因此，我们可以说，在葡萄酒的分类中所说的葡萄酒的长或短是根据它的"味持值"而言的。"味持值"也是由不同感觉构成的。一般说来，以某优质干红葡萄酒为例，品尝滋味最初的感觉是醇和、圆润；接下来是酸、单宁的收敛感、微苦、不算明显的复杂感，酒香从喉底涌向鼻腔，鼻腔微有酒的冲感；随后是少量口水的涌出，"味持值"的降低，直至平淡、平静下来。如果把这口酒咽下去，细细玩味它的回味，会有一个新的天地——酒的回味。在品尝后的滋味和"味持值"相吻合时，我们说这个酒最终是好的。

（四）　葡萄酒的平衡状态

葡萄酒的平衡状态由几个基本因素构成：乙醇、单宁、酸、柔软指数，如果是甜酒，还应加上糖分。

酒精度－（总酸＋单宁类）＝柔软指数

由上式计算出的柔软指数能很好地表现出红酒味的调和。

总酸是以 1L 酒中的硫酸质量（g）计算的，单宁类（以酚类为基础的化合物）是以 1L 中的质量（g），这个质量（g）是以相当于多酚指数（polyphenl index）而测定得出的；1g 单宁人为表示为 20 点。优质酒从陈酿中得到柔软指数，常常和富含干浸出物（原料质量）

以及单宁（浸渍程度）相关。

假设有种红酒，酒精度 11%、酸 4.0g、单宁 3.0g。其柔软指数是 11－（4.0＋3.0）＝4.0，说明这是一种瘦酒，还有点硬的感觉。相对的另一种红酒，酒精度 12%、酸 3.3g、单宁 2.0g，这个柔软指数就是 12－（3.3＋2.0）＝6.7，给人的印象是圆润的和"肥"的。红酒的柔软指数小于 5 通常就瘦和坚硬，大于 5 的就软了，大于 6 或 7 的则肥或酒体丰满。

与这四种因素有关的滋味平衡评语见表 6-2；不同的平衡特性创造的大量葡萄酒类型见表 6-3。

表 6-2　四种因素有关的滋味平衡评语

评语　平衡状态	成　分			
	酸	单宁	酒精	柔软指数
不够	平淡的 软弱的	无力收缩的 不定形的	弱的	辛辣的 发干的
可能平衡	凉爽的 有活力的 易激动的	好喝的 可口的 含单宁的 涩口的	淡的 一般的 热的	硬的 坚实的 融合的 圆厚的 脂滑的 油腻的
过多	发青的 很发青的	涩的 收敛的	灼口的	糊状的

表 6-3　不同的平衡特性创造大量的葡萄酒类型

含量　成分	酒的类型		
	白葡萄酒和桃红 葡萄酒(干的)	保祖利型红酒和 较新红酒	陈酿葡萄酒
酸	凉爽或有活力的	凉爽或有活力的	有活力的
单宁	无	好喝的、可口的	含单宁的
乙醇	淡的	足够淡的	一般的
柔酸指数	坚实的	坚实或融合的	圆厚的或脂滑的

（五）　葡萄酒的酒体和后味

对于有经验的品酒员来说，酒体这个术语可以称为容积或浓厚度。和酒体有直接联系的成分常常是干浸出物，如果一个酒干浸出物低，得出的评语可以是"酒体淡薄"或"酒体瘦弱"，这在用不成熟的葡萄做成的酒里出现。但如果一个酒干浸出物高就可用"酒体丰满"来形容了。

专门用于描述酒体的评语：

酒体瘦弱——指葡萄酒缺乏酸度，缺乏干浸出物。一般组成成分不足，即使陈酿也不能改善的葡萄酒。

酒体轻弱——指颜色浅弱，干浸出物含量少，酒度也不高，具有轻弱感受的葡萄酒。这种酒不耐陈酿，应适时饮用。

酒体娇嫩——指葡萄酒嫩而轻，是一种可以感到愉快，稍带稠和性，但干浸出物较少的酒。

酒体丰满——这种酒各组分协调无缺陷，入口圆满、充实、充分、完整，具熟葡萄的成熟感。这样的评语只有最具质量价值的酒才适用。

酒体滞重——指颜色浓深，酒质厚重，干浸出物很高的葡萄酒。这种酒不易使人有高度的愉快感，但佐以重味食品常常受到欢迎。

形容酒体好的评语还有：充盈、结构丰满、坚实、结实。

有关葡萄酒的后味，有时叫回味。葡萄酒在口腔中，受到了口腔温度的影响及口腔摩擦的作用，就发出了香气，先传到鼻咽头及后鼻腔中，并上升到上鼻腔中与嗅膜接触而产生回味。回味不一定每一种酒都有；即使有也有大小、好次之分。一种具幽雅回味性的葡萄酒，使人们产生愉快的感觉。这种感觉多发生在名产葡萄酒中。

品尝员常用的评语有：回味绵长，回味悠长，回味可口，回味短，回味淡等等。葡萄酒的回味是由持久性的不同感觉构成的。

（六）综合评语

为了便于对葡萄酒的感官质量加以总体判断，分别对其色、香、味、总体判断的评语整理归纳，便于统一和对照。

在质量方面的一个重要概念是"和谐"。在产品个性方面的重要概念是"典型性"。和谐是平衡状态上的水平再提高。当达到平衡状态，所有的成分特别是芳香组分结合得完美时，在口中感觉的强度和质量水平一直连续时就达到了和谐。一个好的酒像人一样有个性，它完全能够作为一个单独的概念被提出来，但很多酒缺乏自己的个性，这样的酒往往工艺雷同、品种雷同，缺乏典型性。表6-4为葡萄酒品尝的综合评语。

表6-4　葡萄酒品尝的综合评语

观　色		
颜色	白葡萄酒	浅黄色—淡黄色(带绿色调)—浅绿色—禾秆黄色—金黄色—琥珀色—棕黄色—栗色
	桃红葡萄酒	桃红色(浅或深)—转棕的桃红色(深或浅)—淡紫洋葱皮红色—琥珀色(趋于橘黄色或栗色)
	红葡萄酒	浅红色—宝石红色—深红色(有紫色调)—砖红色—石榴红色—棕红色
透明度		浑浊加沉淀—浑浊—不清晰—失光—微失光—透明—透明发亮—晶莹清澈(有沉淀或无沉淀)—晶亮
流动性		流动性的—稠密的—浓厚的—油状的—黏稠的
持泡性		持久的—连续的—迅速或缓慢形成—大气泡或小气泡
嗅　香		
强度	果香或酒香	无—很弱—弱 有点弱—中等—足够香(或足够强) 香(或强)—很香(或很强)—极香
质量		很好—好 高贵的—优雅的—优美的 原生的—普通的—粗俗的—粗劣的 令人愉快的—令人讨厌的—沉闷的 单一的—丰富的—复杂的
特性		花味的—果味的—植物性(青草味、叶子味) 动物性—香辛佐料和香料—干果或煮果味—蜂蜜—咖啡—烟等等 新酒或陈酿过的酒
香味或特殊气味		二氧化硫—硫化氢—硫醇 苯酚味—腐烂味—发霉味 醋味—酒变味(变质)的特征—变酸—乙酸乙酯 变质—氧化—青草味 木头味—瓶塞味等等

尝 味					
	成分评语平衡状态	酸	单宁	酒精	柔软指数
与平衡状态有关的主要品尝感觉	不够	平淡 软弱	无力收缩的 不定形的	弱的	辛辣的 发干的
	可能平衡	凉爽的 有活力的 强烈的 易激动的	好吃的 可口的 含单宁的 涩口的	淡的 一般的 热的	硬的 坚实的 融合的 圆厚的 脂滑的 油腻的
	过多	发青的 很发青的	涩的 收敛的	灼口的	糊状的
芳香特性	强度 质量 特性	同嗅香			
特殊的味道	二氧化硫—硫化氢—硫醇—皮渣味 含苯酚的—腐烂味的—霉味 醋味—乳酸味—酒变味(变质)的特征—挥发性的—变酸 酒桶味—水泥的干燥味—涂料味 青草味—腐败味 氧化味—变质—青草味 木头味—木塞味—滤纸味—胶皮味 异味等等				
平衡状态的评价	瘦的—贫乏的—严重的—尖刻的(酸+单宁—低柔酸指数) 剧烈的—刺激神经的—生硬的(主要是酸—缺少柔酸指数) 柔顺的—温柔的—薄的—无东西的—轻微的(含单宁不足) 浑厚的—肥硕的(柔酸指数比酸多—平衡的单宁) 醇厚的—密实的(主要是酸和酒精) 发干的—酸涩的(单宁和酸—缺少柔酸指数) 雄浑的葡萄酒—温柔、绵软的葡萄酒(单宁为主—柔酸指数为主) 淡的(酸为主—柔酸指数平滑—单宁缺少) 浓厚的(酸和柔酸指数为主—单宁缺少) 新葡萄酒—保祖利酒—新鲜的—成熟的—处于丰满状态的酒—达到最佳状态的酒 过时的—陈旧的—陈坏的—氧化的酒				
味持值	以秒为单位的强的芳香 很长—长—中等—短—很短				
品尝后的后味	纯净的—不纯净的—不干净的—苦的等等				
总体判断	和谐:很和谐—和谐—缺少和谐 评判等级:很好—好—可以—中等—勉强及格—坏—很坏				

六、看酒瓶识酒

图 6-8 看酒瓶识酒

由于长期的历史沿革和传统的风俗习惯，葡萄酒行业的绝大部分产品仍然按照惯例把产品装在相关的被消费者认可的瓶子里面，人们仅仅通过瓶子就可以大致了解这个产品产自哪个国家或地区及其类型。用图 6-8 表示如下，自左至右为：Tokay、Verdicchio、Chianti、Alsace/Rhin、Bordeaux、Bourgogne、Champagne、Ice wine。虽然葡萄酒的瓶子千千万万、婀娜多姿，但常用的只有 4 种，即香槟、波尔多、布尔高尼和莱茵瓶。莱茵瓶就是目前国内市场最常见的装白葡萄酒的那种无肩瓶。

第二节　影响品尝的因素

在这里我们将着重介绍影响葡萄酒感官特性的诸多因素。

一、葡萄原料对感官特性的影响

葡萄原料和葡萄酒工艺与葡萄感官特性的关系是：葡萄酒质量好坏，先天在于葡萄，后天在于工艺。

（一）品种

葡萄品种是长期种植和培育并适于某地土壤和气候的，它的特点是每一个品种给出了一种真正特有的葡萄酒特征。品种的感官特性是很多人了解的，如龙眼干白葡萄酒（不是高产园的），在两年之内它给人的感觉是果香文雅、酒体快调、细腻，回味绵长，而如果把"玫瑰香"做成的干葡萄酒和龙眼干白葡萄酒对比，会感到完全不同的香气和滋味：后者果香浓郁似花香、酒体力度好、干净细腻的风味典型突出。酿酒葡萄的高产会明显影响葡萄酒的感官质量，这也是我国很多葡萄酒质量上不去的主要原因之一。因此，我们强调酿酒葡萄是为酿造葡萄酒而种植的，应该在优先考虑葡萄酒质量的前提下确定其产量。

（二）气候

气候对葡萄生长的影响在诸多因素中排在第一位。一个优良酿酒葡萄品种是否能在某地栽培成功，取决于它是否能适应这个地区的特定气候条件，换句话说，就是这个地区的气候是否能够允许葡萄健康生长和使果实体现该品种的特性。一般说来，受气候的影响，葡萄品种由北向南转移变粗重，相反由南向北转移，只要确定不超过正常的成熟界限，葡萄品种变纤细，葡萄酒的感官特性也有相应的变化。

（三）土壤

这里指的土壤，主要包括土壤类型、成分、土壤厚度、渗水性和持水量。土壤因素对葡萄酒感官的影响较品种和气候要小些，但却能产生一些不可忽视的重要区别，尤其表现在成品酒的典型性上面。著名产区的葡萄品种、气候和土壤构成了名葡萄酒的感官特性，形成了名葡萄酒的先天要素，从原料上奠定了名酒高雅独特的感官特性。若不尊重客观实际，不考虑当地的条件，错误地选择品种，使葡萄酒先天不良，即使工艺、设备再好，也做不出好酒来。

二、葡萄酒类型对感官特性的影响

我国原轻工业部的《葡萄酒及其试验方法》（QB 921—84）标准和后来的国家标准 GB/T 15038—94《葡萄酒、果酒通用试验方法》，准确客观地根据葡萄酒的色泽风味、成分及加工方法三方面对其进行了分类，并在相应的表格内对这些类型葡萄酒的感官指标作了具体介绍。我们根据这样的分类引申开来，针对这些类型酒的感官特性分类加以讨论。

（一）干白葡萄酒

1. 定义

干白葡萄酒是用不接触皮渣或部分接触皮渣的葡萄汁发酵酿制的。其颜色不含红的成分，白葡萄酒可以产自白葡萄或红皮白肉的红葡萄。

2. 感官特性

一般说来，干白葡萄酒适合于年轻人和高知识阶层的人饮用。因为氧化作用，会使这类葡萄酒变化得很快，使整个的新鲜感消失。然而某些干白葡萄酒是可以陈酿的，如龙眼就比"玫瑰香"陈酿期长，同时只有在适当的陈酿期才能提供很好的产品。干白葡萄酒应该是：

——芳香的（有平静文雅的水果香）。

——未氧化的。

——凉爽的（酸度高点、酒精含量低些会有好的效果）。

——不含或微含单宁的。

——口中回味足够长。

（二） 桃红葡萄酒

1. 定义

这种酒具有很浅的红色色彩、漂亮透明。它是在果汁和皮渣接触一定的时间浸提出适量色素，然后分离果汁，用酿造白葡萄酒方法造出的介于红、白葡萄酒之间的一种酒。

它的颜色接近红葡萄酒，而感官特性则接近白葡萄酒。这种酒的消费对象是喜欢靓丽色泽，觉得红葡萄酒太浓而白葡萄酒太淡的那部分人。

2. 感官特性

桃红葡萄酒应该是：

——有香味（有水果味或花香味）。

——未氧化，新鲜。

——具凉爽的酸度，最好是酸度大些而酒精少些。

——柔顺（没什么单宁）。

——口中后味长。

和白葡萄酒一样，桃红葡萄酒有时会氧化过头，故应该喝新鲜的这种酒（1～2 年的）。桃红葡萄酒应该趁新鲜卖出和趁新鲜喝掉。

（三） 干红葡萄酒

1. 定义

干红葡萄酒是在浸渍红葡萄的固形物质（部分或整个酒精发酵时、有或无葡萄梗）后制得的，即在葡萄的不同部分和葡萄汁接触期间，获得了该类型酒一些有用物质的溶入，如色素和单宁。

2. 感官特性

干红葡萄酒的感官特性随酒的类型不同而变化很大，分别讨论。

（1）保祖利　以法国中部里昂附近葡萄酒产区 Beaujoulais 命名的葡萄酒，以其独特的"二氧化碳浸渍"酿造方式和新鲜的风格著称。它具有的特点是：

——有水果香，香气丰满。

——较淡的。

——凉爽而有活力。

——很少量单宁＝可口且好喝。

一般说来，保祖利酒的颜色不太深，应该在第 2 年的 5～6 月份以前喝掉。但据实地考察，一些保祖利地区的厂家也卖前两年生产的这种酒，并不能一概而论。它们的色泽不太深，酸足够高，如若陈酿，将变得枯燥乏味，丧失其魅力。

（2）陈酿红酒　这种红酒在新鲜的时候，它们是厚实的、含单宁较高的，酒精含量丰富，并没有什么个性，为了体现出它们的个性，需要培养。要求进行陈酿，直至表现出该酒因陈酿得来的色浓、全面的、醇厚的、强有力的，有着丰富且复杂芳香的，常常演变成有成熟的水果味（注意：不是普通的果香）、动物性的或植物性气味的成熟的好酒。

（3）其他干红　这里面主要是年轻的、无需长期陈酿的、尽快喝掉的红酒。这些红酒的共同特点是介于（1）和（2）之间，陈酿期在 6 个月到 2～3 年以内。我国大部分自酿红酒均属这种类型。其感官特性是：

——色凋中等，漂亮的鲜红色。

——有水果香味，芳香味。

——酒精度中等。

——单宁含量可口。

——优雅且淡、精美。

昌黎产区的干红和天津产区的干红属于这一类型，它们已获得国内外宾客的一致好评。其主要特征是：品种香（解百纳）新鲜、突出，色为纯正的宝石红色。

（四）　起泡葡萄酒

1. 定义

这里不含所谓的葡萄汽酒和小香槟。起泡葡萄酒是在第 1 次发酵后再经第 2 次发酵（瓶式或罐式）或以人工加二氧化碳的方法酿制成的。起泡葡萄酒的二氧化碳气体压力在 20℃ 时大于 $3.5 \mathrm{kgf/cm^2}$（$1 \mathrm{kgf/cm^2} = 10^5 \mathrm{Pa}$）。

2. 感官特性

气泡应该是细小而持久的（气泡状况与质量有关系）。

好的起泡酒应该是芳香的（有水果味或花香味），未氧化，在酸度方面是凉爽的，有时甚至是足够酸的，并具有独特的酵母自溶香气，其释放出的二氧化碳气体增加了总体感觉。

（五）　甜葡萄酒

1. 定义

甜葡萄酒是用鲜葡萄、葡萄汁或自然总酒度至少为 12％（体积分数）的葡萄酒制成的，在酿造过程中加入葡萄酒精、食用精馏酒精或浓缩葡萄汁（过熟的鲜葡萄汁、掺酒精的未发酵葡萄酒）、蔗糖，使成品含糖、酒精量增高并经陈酿，所使用的葡萄、葡萄汁或葡萄酒的原含糖量部分或全部发酵，所得酒精含量不应低于 4％（体积分数）。此种方法先做干酒，如再加糖则为甜酒，此做法是我们自己的特点。

2. 感官特性

由于甜酒含酒精和糖量较高，又由于陈酿期较长，使甜酒形成了深厚醇和的感官特性，它主要用于餐后饮用，故称餐后酒，也有叫待散酒、点心酒的。喝下去有热、浓、酒意重的感觉，盛放甜酒的杯子也较小，比我们喝白酒的杯子稍大。

（六）　加香葡萄酒（开胃酒）

定义：应用植物的根、茎、叶、花、籽等经粉碎后用葡萄酒或葡萄酒精或食用酒精浸提植物中的芳香物和其他有用物质，再经调配即为加香葡萄酒。这种酒多在餐前饮用，达到开胃作用，故称开胃酒或餐前酒。

三、葡萄酒成分对感官特性的影响

（一） 基本成分

这些成分构成基本的葡萄酒感官特性（典型特性）。由于有足够的含量，很容易进行化学分析，这些基本成分是：水、酚类（色素和单宁）、乙醇、甘油、酸、二氧化碳和糖。

1. 水

葡萄的大部分是由水构成的，所以，葡萄酒含水 75%～90%。

2. 醇类

（1）乙醇　它是用酵母对葡萄汁里的糖进行作用得到的。这就是酒精发酵。这种醇在量上是最多的，在葡萄酒中为 50～140g/L。

（2）甲醇　这是由葡萄的果胶水解而成的。对于产自酿酒葡萄的葡萄酒来说，甲醇的含量是很少的，在 0.02～0.2g/L 之间。

（3）醇类对感官特性的影响

① 甜味　浓度在 10%～13% 的乙醇具有一种甜味；

② 热感　对口中黏膜和对舌头尤其是舌前部的刺激；

③ 触感　乙醇增加了葡萄酒的黏度，因此给酒带来圆厚感和脂滑感。

3. 酸

葡萄酒含有机酸和无机酸，含量在 3～10g/L（以酒石酸计）之间，pH 值：2.7～3.0。

（1）最重要的酸

① 酒石酸　这种酸在成品葡萄酒中量最多，在 3～7.5g/L；

② 苹果酸　在青葡萄中它的浓度很大。随着葡萄的成熟它的浓度下降。这种酸滋味最强，具刺激性的尖酸感。

（2）对感官特性的影响

①酸味；②使舌前部和牙龈发干；③它们提供凉爽和烦躁感。酸浓度过大时，酒变成绿色，这种酒令人讨厌，常被评为"刺激的"，"不能接受的"。

4. 糖

葡萄的糖被转化为酒精，在干酒中，实际上已不再有糖或者还原物低于 4g/L。经验数据是：1L 白葡萄酒形成 1% 酒精需要 17g 糖、红葡萄酒则需要 18g 糖。生产上常用此法计算葡萄汁里的潜在酒精度。

一般甜葡萄酒、葡萄露酒含糖量较高，可达 90g/L。

糖对感官特性的影响为：①甜味，在某些酒里有"遮丑"的作用，品尝甜酒时要特别注意透过甜味寻找里面的不足和缺陷，不要被甜味所迷惑；②甜葡萄酒的美味，脂滑感。

5. 酯类

（1）单宁　它们构成了葡萄酒中多酚的大部分，有着收敛的特性，含量在 0.1～5g/L 之间。单宁对感官特性的影响只要为收敛感、涩味（有涩口的感觉，可从吃生柿子和嚼葡萄皮上体会，它使面颊内部和舌头发干）。

（2）色素　色素给葡萄酒带来颜色。它们分为黄酮（黄色色素）和花色素（红色色素），它们存在于葡萄皮中。色素对感官特性的影响是色素是收敛性的，它们在形成滋味和香气中有作用。它们主要作用于视觉，使人产生对某样品的好或恶。

6. 甘油

在葡萄酒中它的含量在 4～20g/L 之间，甘油对感官特性的影响为：①甜味，甘油的稠厚和属性产生了一种甜的感觉；②触感，甘油是一种糖浆状的稠厚液体。它给出了柔软脂滑和圆厚的感觉。

7. 二氧化碳气体

它来自酒精发酵，苹果酸-乳酸发酵或人工添加，其对感官特性的影响为：①对舌头有针扎似的麻酥酥的感觉；②二氧化碳气体带有凉爽感，能增加静止酒中白、桃红或保祖利酒的芳香。但不应该超过一定的量，因为过量的 CO_2 会使酒变味并增加酸度。

（二） 微量成分

主要是芳香成分，虽然量非常少，但鼻子的极高灵敏度可以察觉到它们。这些成分主要构成了香气和滋味，使成品具有很大的变化性，因而提供了无数的差异和众多的名贵葡萄酒。

要检出和分析它们是非常困难的，目前已知的有 300 多种。在实践中，评酒员用综合方式感受这些成分的平衡感觉，这个平衡感觉显示了葡萄酒类型的特点，例如：

——酒精降低了酸感，增加了酒的柔软；

——单宁用它们的收敛性降低了酒的柔软；

——酸提供了凉爽和坚实感，降低了酒精的感觉；

——甘油以它的柔软降低了收敛性，等等。

因此，葡萄酒的不同组成分可以得到无数的不同平衡感觉。

四、葡萄酿酒工艺对感官特性的影响

不同的酿酒工艺能造就具备不同感官特性的葡萄酒。

（一） 平静葡萄酒

1. 干白葡萄酒

① 应从葡萄园开始控制原料，包括产区选择（不太热的小气候和疏松的土壤）、品种、栽培方式、采收期、采收方式、运输方式等等。这些都关系到成品的感官特性。

② 应该避免高温和空气的氧化作用，注重惰性气体的使用。

③ 根据品种的具体情况安排浸渍还是立即分离果汁。

④ 直接压榨不用破碎，这是最大限制氧化作用的方法。

⑤ 控温发酵温度（10～25℃，一般为 18～20℃），以得到最大香气，不致在快速高温的情况下使细致的香气随气体的挥发而消失殆尽。

⑥ 适当的陈酿，掌握每一个品种的陈酿期，根据其特点决定陈酿工艺。

⑦ 前期的极度还原，酒对氧是敏感的。

2. 干红葡萄酒

① 葡萄要充分成熟甚至过熟点儿。

② 传统法，同皮、渣接触发酵，注意冲帽操作，避免造成浸渍不足和醋酸含量高。接触时间长，单宁含量高，需要陈酿时间长；接触时间短，单宁含量低，几乎不需要什么陈

酿，喝新酒就行。

③ 热浸法，注意温度和时间的控制，如掌握得好，它的优点起码有：节约发酵容器、卫生、操作简便、质量均一。

④ 碳浸泡法（二氧化碳浸渍），适合于保祖利新酒。

⑤ 要了解红酒品种的特征尤其是陈酿期的特点。

3. 桃红葡萄酒

① 把破碎去梗后的红皮葡萄放入大罐，用几小时达到所要求的颜色，用控汁的方法取出葡萄汁，这是能得到最好结果的传统方法。

② 做红酒时，抽出部分果汁做桃红葡萄酒，剩下的同皮渣接触发酵做红酒。

③ 二氧化碳浸渍法，整个葡萄和二氧化碳气体装入酒罐，一定的温度，一定的时间，压榨取汁发酵。

④ 发酵等其他处理和干白葡萄酒相似。

⑤ 做桃红葡萄酒的葡萄不能过熟，这是为了保证香气和它的清爽感，因此和干白葡萄酒相似，高质量的桃红葡萄酒生长在较冷的小气候和疏松的土地（砂土）。

⑥ 不能陈酿，喝新酒。陈酿会使酒色变黄、香气消失。酸度下降。这时的酒有氧化味，变得柔弱，完全丧失了这个酒的个性。尤其是露香葡萄做的桃红酒，2 年以后就会出现那种特有的"煮地瓜味"。

（二） 起泡葡萄酒

香槟法——即传统的瓶内二次发酵法。

转移法——在瓶内发酵，保压倒瓶，重新装瓶，适于现代生产。

罐式法——大罐内发酵，保压处理和装瓶，适于现代生产。

加气法——一般质量的酒，没有二次发酵，故典型性差，没什么酵母香味。

起泡葡萄酒的感官特性，除了几个固有的葡萄品种外（霞多丽、黑品乐等），就是它那细小而持久的气泡和特殊的酵母香。

（三） 加香葡萄酒

这里讨论的加香葡萄酒。不包括靠添加香精而获得香味的酒类。国外常见的加香葡萄酒分两大类：以药材加香和以水果加香。

1. 以药材加香

按国际葡萄酒分类有三种：

① 干味美思，通常含糖不超过 50g/L，糖能掩盖苦和涩。

② 半干味美思，含糖在 50～100g/L。

③ 甜味美思差不多全都是琥珀带红色调。它很甜，含糖在 100g/L。以上苦和涩已不是什么问题了，但常出现的是一些生产者使用焦糖太多，以致产生焦糖味，或配方里某一、两种药材用的过量，使味不协调。

2. 以水果加香

如黑加仑酒、桃酒和草莓酒等，我国的加香葡萄酒较多，主要有：桂花酒——北京葡萄酒厂生产的较有特色；甜味美思——烟台张裕公司生产；人参葡萄酒——通化葡萄酒公司生产；五味子酒——长白山葡萄酒厂生产。

第三节　对评酒员的主要要求及注意事项

一、有专业的品酒队伍

建立正规的、专门化的评酒委员会或小组。从事葡萄酒品评的人员应该经过培训或专业训练，取得行业领域中葡萄酒评酒员资格证书的人员优先，确保掌握品评方法和流程，具有良好的语言表述能力，能够给出正确的评价结论。

二、挑选符合条件的评酒委员

挑选符合条件的评酒委员，对品酒员的要求：实事求是，除去主观偏见。

健康：生病、不健康、胃病、牙疼、失眠、精神不振、病劳、谈废话都不能得出正确的结果。

食物及饮料：食清淡食物，饭后刷牙漱口，休息1～2h，禁忌食咸、辣、油性大及腥臭的、酒度高的饮料及食物，如葱、蒜、酸辣汤、啤酒、海米、腐乳等。

烟及香料：吸烟影响他人，要求不吸烟，不施香水。

了解葡萄酒的类型及生产工艺：如换桶、下胶、二氧化硫等处理。

GB/T 15038—2006《葡萄酒、果酒通用分析方法》标准的附录F中对葡萄酒和山葡萄酒的品评人员要求如下：必须由取得相应资质的人员进行品评，一般掌握单数，人员尽可能多，最少不得低于7人。

评酒时评酒人员应遵循以下规则：品评之前，评酒员要休息好；品评期间禁用有气味的化妆品，应擦去口红，不能携带气味浓的食品，以免干扰品评；品评期间不允许食用刺激性食品，如生姜、生蒜、生葱、辣椒等和过甜、过咸、过油腻的食品；品评前30min期间和品评中不得吸烟；品评前要刷牙漱口，不吃口香糖等，防止出现嗅觉和味觉迟钝；品评过程中要保持安静，不得大声喧哗，交头接耳；各自独立思考和品评，认真填写品评单；未经允许，品评员不得进入准备室。品评时，酒样入口以布满舌面为宜，尽量少吞酒，不可暴饮；经常注意健康，保持身体状况良好，当身体不适、头疼、疲倦、感冒等应退出品评。

三、有符合品酒要求的物质条件和环境

有必要的设备和工具，房间不宜过大，墙壁、天花板为防火、防湿材料，一色，有适当亮度，又无强烈的反射。空气清新，无其他气味，温度以15～20℃为宜，相对湿度以50%～60%为宜，噪声限制在40dB以下。有适当的照明设备，带有遮暗设备当光源与品酒员坐下或立着时视线平行时装上灯，室内以白色较好。对光源反射的对象和表面必须尽可能避光。

温度：冷天15～18℃；9℃以下不适于品尝。

酒温：香槟酒9～10℃；干白葡萄酒（一般）9～11℃；桃红葡萄酒12～14℃；优质白葡萄酒13～15℃；干红葡萄酒16～18℃；浓甜葡萄酒最高18℃。

四、评酒要有科学的方法

评酒要有科学的方法，一般在上午8时、9时左右或下午午觉后的14时左右为好。时

间以两小时左右为好，评酒时间如下：

春季上午：9～11时，必要时也可在下午15～17时，中午有充足的休息时间。

夏季：9～11时；秋季：9～12时；冬季：10～12时；空气：清洁无外来臭、流通。

葡萄酒感官品评步骤如下：

1. 开瓶

2. 酒样的排列

品酒时，只有当后一种感觉与前一种感觉不同或更强时，才能准确地感知后一种感觉。如果需要品尝多个酒样，必须遵从以下原则：只有具有可比性的果酒才能相互比较。不用酒样的排列顺序，应从淡到浓，从弱到强。在一次品尝中有多种类型的样品时，其品尝顺序为：先白后红，先干后甜，先淡后浓，先新后老，先低度后高度；按顺序给样品编号，并在酒杯下部标注明同样编号。

3. 倒酒

将调温后的酒瓶外部擦干净，小心开启瓶塞（盖），不使任何异物落入；将酒倒入洁净、干燥的品尝杯中，倒酒量应为酒杯容积的1/3，即在标准品尝杯中倒入70～80mL；起泡和加气起泡葡萄酒的高度为1/2。

4. 观色

葡萄酒的颜色取决于原料品种、酿造方法和葡萄酒的年龄；葡萄酒的颜色，实际上包括色度和色调两方面。在形容色度方面的词汇包括：深、浅、浓、淡、暗等；在色调方面，葡萄酒包括一系列各种各样的颜色及其不同的组合。具体见本章第一节评语部分。

5. 外观

对葡萄酒外观的欣赏，是从倒酒入杯时开始的。往酒杯里倒酒时，不能倒得太满，倒酒量应为1/3杯。这样不仅看上去比较优雅，同时，也便于观色、闻香和品尝。主要包括：观察酒的流动性及气泡，观察葡萄酒的液面，观察酒体，观察酒柱与挂杯现象，具体见本章第一节评语部分。

6. 闻香

香气是酒的灵魂，葡萄酒的香气极其复杂、多样，这是因为数量众多的物质参与了葡萄酒香气的构成。这些物质不仅气味各异，而且它们之间还通过累加作用、协同作用以及抑制作用等，使香气多种多样。优质干白葡萄酒的香气比较浓郁、雅致，表现为清香宜人的果香，没有任何异味。优质干红葡萄酒的香气表现为浓郁的醇香，无任何令人不愉快的气味。闻香方法一般分为三步闻香，关于闻香具体步骤、葡萄酒香气种类以及对葡萄酒香气的描述见本章第一节评语部分。

7. 品尝

葡萄酒品尝主要分为：喝酒、进行口腔分析、鉴别尾味等步骤，具体见本章第一节评语部分。

五、做好评酒前的准备工作

在品尝以前，我们要做好准备工作，以保证感官分析获得良好的结果。在这些准备工作中，最重要的是品尝的组织者必须根据需要和品尝类型选择适宜的品尝方法。在一次品尝检查有多种类型样品时，其品尝顺序为：先白后红，先干后甜，先淡后浓，先新后老，先低度后高度。按品尝顺序给样品编号，并在酒杯下部标注明同样编号。

此外每天品评不宜超过 24 个酒样，4 个轮次。注入酒杯的容量不超过五分之三。温度：白酒 15～20℃ 最好，黄酒 38℃ 以下，啤酒 15℃ 以下，葡萄酒、果酒 9～18℃，香槟酒 9～10℃。

1. 酒杯的清洗

酒杯是品尝员工作的唯一工具。所以，酒杯必须清洁，无任何污染物或残痕或水痕。酒杯的清洗工作程序如下：

在洗液中浸泡→流水冲洗→在纯棉布上沥干→使用前用干净细丝绸擦净

2. 葡萄酒的温度

不同葡萄酒最佳品酒温度不同，此外不同时间、环境等因素下的品酒温度也不同。通常专业品尝都是在 15～20℃ 的条件下进行的。

葡萄酒的最佳品评温度范围应是：

白葡萄酒和桃红葡萄酒的温度范围是 12～14℃，约放置冰箱（不是冷冻室）1h 后的效果；

红葡萄酒的温度在 16～18℃，约在冰箱放置 1h；

起泡葡萄酒的温度在 8～10℃；

利口酒和甜酒的温度在 8～10℃。

3. 开瓶

优质高档葡萄酒，一般都采用软木塞。在瓶塞外部套由热收缩性胶帽。开瓶时，应用小刀在接近瓶颈顶部的下陷处将胶帽的顶盖划开除去，再用干净细丝棉布擦除瓶口和木塞顶部的脏物，最后用起塞器将木塞拉出。但是，在向木塞钻进时，应注意不能过深或过浅。过深会将木塞穿透，使木塞屑进入果酒中，如果过浅，启塞时可能将木塞拉断。启塞后，同样应用棉布从里向外将瓶口的残屑擦掉。

4. 倒酒

将调温后的酒瓶外部擦干净，小心开启瓶塞，不使任何异物落入，将酒倒入洁净、干燥的品尝杯中。在往酒杯里倒酒时，不能倒的太满，一般酒在杯中的高度为 1/4～1/3，起泡和加气起泡葡萄酒的高度为 1/2 最多不能超过 2/5，即在标准品尝杯中倒 70～80mL。这样在摇动酒杯时才不至于将葡萄酒洒出，而且可在酒杯的空余部分充满果酒的香气物质，便于分析鉴赏其香气。此外，同一组的不同葡萄酒在酒杯中的量应尽量一致，在给不同品尝员倒酒时，也应使酒尽量一致，以避免人为的取样误差对于一些在瓶内陈酿时间较长的葡萄酒，可能会有少量的沉淀物。在这种情况下，开瓶后应将酒瓶尽量直立静置，使沉淀物下沉到瓶的底部；在倒酒时应尽量避免晃动，将沉淀物到入酒杯中。

六、严格的评分标准

葡萄酒评分即是指葡萄酒评论家在品尝完一款酒后，依据一定的评分准则，对此款酒的质量进行综合评估判断，而后给出一个分数。对大多数购买者、投资者来说，他们需要一份买酒的参考和决策，以免买到了自己完全不了解的东西，而照着分数买酒，绝对比去读一大堆葡萄酒书籍、研究一堆酒庄产区介绍要轻松得多。尤其令缺乏专业葡萄知识的投资者可以根据简单明了的分数判断葡萄酒的"价值"。很多葡萄酒商在葡萄酒单上标明某知名的葡萄酒专家或杂志对其葡萄酒的评分，利用这些评分来推动葡萄酒的销售。由此可见，评分不仅让优秀的新葡萄酒生产商快速地建立知名度，同时使分数高的葡萄酒的价格变得也相应高涨。

目前，众多评分中葡萄酒评论家罗伯特·帕克评分最为引人瞩目。他首创了100分制的评分体系。甚至美国的葡萄酒商展示葡萄酒时都会配上带有帕克评分的卡片，从这点可以看出他对葡萄酒消费者、收藏者和投资者的影响程度。当然，他意识到评分系统的局限性，因此坚持认为品尝纪录和评分一起才能对葡萄酒有更精准的评价。帕克曾说："品尝葡萄酒最重要的是自己的味蕾，没有什么比自己品尝更好的培训"。

帕克将葡萄酒分成四个档次（从50~100分），具体的打分体系如下：

96~100　extraordinary　　经典：顶级葡萄酒。
90~95　 outstanding　　　优秀：具有高级品味特征和口感的葡萄酒。
80~89　 above average　　 优良：口感纯正、制作优良的葡萄酒。
70~79　 average　　　　　 一般：略有瑕疵，但口感尚无大碍的葡萄酒。
60~69　 below average　　 低于一般：不值得推荐。
50~59　 unacceptable　　　次品。

评酒方法：无论哪一类酒种，其评酒的顺序都是一看、二嗅、三尝、四综合、五评语。

看——评色泽：观察酒的色泽，有无失光、浑浊，有无悬浮物和沉淀等。

嗅——评香气：要先淡后浓，先优后劣。酒杯放在鼻孔下方7cm距离，轻嗅气味，共分两次进行。

尝——评口味：根据评香气排列的顺序，由淡到浓，由优到劣。一般也需品评两次。

体——评酒体风格：体，即酒体，总体之意。是感官对酒的色、香、味的综合评价，是感觉器官的综合感受代表了酒在色、香、味方面的全面品质。

计分方法：每个评酒员按细则要求在给定分数内逐项打分后，累计出总分，再把所有参加打分的评酒员分数累加，取其平均值，即为该酒的感官评分。

不过，纵使酒评家各自有其过人之处，但仍无法面面俱到，消费者必须把评分的相关影响因素考量进去，加上酒评家各自的喜好和对于分数的严谨度也不尽相同，即使面对同一瓶酒，有的人给80分，也有的人给92分。所以葡萄酒的分数其实非常主观。分数可以当一个参考值，但不是判断一瓶酒好坏的绝对指标。

第七章　葡萄酒再加工

第一节　香　槟　酒

香槟酒，在国外曾被誉为"吉祥之酒"。每当新海轮下水时，总要举行隆重的典礼。在新轮船滑离船坞台之前，一个重要的礼仪必不可少，就是由船主的夫人在船首击碎一瓶香槟酒。伴随着一声巨响，酒的醇香弥漫在船头。人们深信，袭人的香气可以起到"驱邪消灾"的作用。传统的习俗认为，香槟在船头被摔得越碎越好，预示着新轮船一路顺风，平安远航。今日，人们在欢庆胜利时，喜欢喝香槟酒来表达兴奋激动的心情，似乎只有那启封拔出软木塞时喷射四溢的香槟酒酒花，才能形象地表现出自己的心花怒放。据统计，2005 年全世界一共消费了 3 亿瓶香槟酒，超过了 1999 年，创下历史最高纪录。

一、香槟酒的定义和分类

（一）　定义

香槟酒是法国一位郝特威尔修道院中名叫柏里容的修士于 1670 年发明的。香槟酒是一种含 CO_2 的优质白葡萄酒，因起源于法国香槟省而得名。在法国，酒法规定，只有在香槟省生产的含 CO_2 的白葡萄酒，才许可称香槟酒，而其他地区生产的只能称起泡酒。香槟酒或起泡酒开启时带有特殊的声响，成为特殊场合应用的"庆贺酒"。现今世界上有很多国家采用相同工艺酿制的起泡酒，因不受法国酒法约束，故都叫香槟酒。香槟不是酒的通用名称，只是原产地名称。原产地名称是工业产权保护的内容之一。

《保护工业产权巴黎公约》明确规定，各成员国有义务保护原产地名称。中国是巴黎公约的成员国，有保护原产地名称的义务。因此，国家工商行政管理局于 1988 年 10 月发出禁止在酒类上使用"香槟"字样的通知。世界各国对香槟酒或起泡酒中 CO_2 含量的要求不相同。在美国，将 10℃下具有 0.1247MPa 压力的酒称为起泡酒，在此温度下，其 CO_2 含量约 3.9mg/L。国际葡萄及葡萄酒协会的标准则为，在 20℃时具有 0.392MPa 压力的酒称为起泡酒。对比之下，美国规定的 CO_2 压力在 20℃时仅为 0.196MPa，约等于国际葡萄及葡萄酒协会标准的一半。

（二）　分类

（1）按二氧化碳来源分类

① 酒中的 CO_2 是由第一次发酵后残留糖分的发酵产生的。这包括法国东北部和罗亚河地区的香槟酒以及德国、意大利的香槟酒。

② 酒中的 CO_2 是从苹果酸-乳酸发酵获得的。葡萄牙北部的 Vinho Verde 酒是这一类型的代表。在意大利或欧洲的其他地区也有属于这一类型的酒。

③ 酒中的 CO_2 是由发酵后加糖，再经发酵而产生的。全世界大部分的含气酒属此类。

④ 酒中的 CO_2 是人工加入的。

（2）按生产方法分类　瓶式发酵法香槟酒和罐式发酵法香槟酒。

（3）按含糖量多少分类　甜型香槟酒、半甜型香槟酒、干型香槟酒、半干型香槟酒。

（4）按基础酒的颜色分类　红色香槟酒、桃红色香槟酒、白色香槟酒。白色香槟酒比例最大，是香槟酒的代表产品。

二、瓶内发酵香槟酒

传统香槟酒通常采用主发酵后的干白葡萄酒，再加糖加酵母装瓶，在瓶中进行再发酵制成。香槟酒工艺虽复杂，但设备并不复杂，大、小厂均可生产。

（一）香槟酒生产工艺流程

香槟酒生产工艺流程为：酿造葡萄品种→取汁发酵生产白葡萄酒原酒→化验品尝→调配加糖加酵母→装瓶二次发酵→装瓶发酵后倒放集中沉淀→去塞调味→压入木塞、罩铁丝扣→冲洗烘干→贴商标装箱→成品。

（二）传统香槟酒生产工艺

传统香槟酒的生产工艺如图 7-1 所示。

图 7-1　传统香槟酒的生产工艺

（三）工艺流程说明

1. 葡萄品种

酿造优良的香槟酒，首先要挑选好的优良葡萄品种，才能酿制出优质的干白葡萄酒。在欧洲主要品种有黑比诺（Pinot-noir）、霞多乐（Chardonnay）等。我国主要是采用龙眼。黑比诺制出的香槟酒果香味大，酒体醇厚。霞多乐制成的香槟酒细致、柔和。由龙眼制出的香槟酒的优点是酸甜适宜，酿造出来的香槟酒味道清淡细致。

2. 糖浆

一般制糖浆用蔗糖，将糖溶化于酒中，经过滤除杂质，按发酵生成的二氧化碳需要量加入到澄清的酒液中，原酒在瓶内发酵要达到 0.49～0.588MPa。每升酒形成 0.098MPa 气压需消耗 4g 糖，形成 0.588MPa 气压需消耗 24g 糖。要保证香槟酒二氧化碳的压力符合质量标准，需要准确计算加糖量。加入糖量不足，酒中二氧化碳含量过低；加糖量超过 24g/L，瓶内产生的二氧化碳压力太大，酒瓶容易爆破。如原酒含糖 0.5%，则需加糖量为 24－（5－1）＝20（g/L）。式中减 1 为发酵完后残留于酒中的糖分。

3. 原料白葡萄汁的生产

（1）压汁　分选好后的葡萄经压榨出汁，可得到质量不同的原汁，用来制造质量不同的香槟酒。先流出的葡萄汁称为 1 号汁，其重量不超过葡萄重量的 50%，这部分葡萄汁含糖、酸高，色泽清亮，质量好，杂质少，可生产出优质香槟酒。以后流出的葡萄汁，糖分与酸很少，色泽深，单宁含量高，质量差，只能生产一般质量的香槟酒或用来做调整用酒。

（2）沉淀　为了使酿制的香槟酒色浅，味道纯正，压榨后的葡萄汁必须在沉淀槽中沉淀12～24h或更长时间，以除去葡萄汁中的不溶性微粒。为了提高沉淀效率，一般采用三种方法：①用离心机与过滤机进行强迫分离的机械处理法；②用冷冻法促进不溶性蛋白、果胶质等自然凝聚的物理处理法；③用亚硫酸盐处理葡萄汁，防止病菌繁殖，延迟葡萄汁发酵，使蛋白质等有足够的沉淀时间的化学处理法。

（3）杀菌　制香槟酒用的葡萄汁，在1907年以前是不杀菌的，1907年以后，经沉淀澄清的葡萄汁，必须经套管连续杀菌或薄板杀菌机进行杀菌处理。其杀菌目的是：①杀死葡萄汁中的各种病菌；②破坏葡萄汁中的氧化酶，以保存葡萄汁中的色素；③促进葡萄汁中一部分蛋白质凝固沉淀。用杀菌后的葡萄汁生产的香槟酒与未经杀菌葡萄汁生产的香槟酒相比，不但更细致、香味大，而且发酵也更快、更安全。杀菌温度一般采用65℃、70℃、75℃三种温度，杀菌后直接送入预先消过毒的贮存容器中。

（4）成分调整　葡萄汁所含的主要成分是糖、酸、单宁和色素。在正常的情况下，一般不做调整，但如果某一成分不合标准则应加以调整。

① 糖分　当葡萄含糖量在17.2%～20.5%时不用调整，否则，用甘蔗糖及甜菜糖调整。

② 酸　1L葡萄汁含酸量（按硫酸计）不能低于6g，否则用酒石酸来调整。

③ 单宁　一般100L葡萄汁含单宁5～8g之间，否则用酒精溶解的单宁来调整。

④ 色素　葡萄酒色泽过深必须进行脱色，脱色方法有通风法、活性炭法、亚硫酸法等。

（5）发酵　葡萄汁成分调整到符合要求后，即可加入酵母装桶发酵。香槟原酒发酵一般采用200L的小桶，酵母使用量为每100L加5L。发酵温度一般不低于12℃。

（6）澄清　当葡萄汁主发酵结束后，香槟酒原酒温度便会慢慢下降。酒中的酒石酸盐一部分凝结成块而同原酒中的悬浮物一起逐渐沉降于桶底，酒也逐渐变澄清。

（7）换桶　在发酵完全后，应换桶分去酒脚。一般进行两次换桶，一次在调配时，一次在下胶后。必要时，在第一次换桶后加入单宁澄清酒。用量应由酒中浸出物多少而定。浸出物多，一般需要0.03%的单宁；浸出物少，一般需要0.01%的单宁。然后酒再用明胶、鱼胶等下胶澄清。经换桶后，可及时调整原酒成分，以达到要求的口感，并将桶中澄清的酒与浑浊的酒分开，以得到清澈、透亮的原酒。原酒加强稳定性的处理方法与一般白葡萄酒处理方法相同。

4. 检查

香槟酒装瓶前必须进行检查，以确保香槟酒的发酵质量。检查项目包括色、香、味检查、成分检查和微生物检查。合格后才可装瓶。

5. 调配、加糖、加酵母

（1）调配　单一品种的原白葡萄酒，很难具备所需的各种理想品质。因此须将各类原酒进行调配，才能保证质量并稳定质量。调配应先在实验室进行小型调配，原酒的酸度不应低于0.7%，酒精分为11%～11.5%，淡黄色，口味清爽。原料的香气应平衡协调，没有明显突出的单品种葡萄的香气。调配出的样品经过反复品尝，确定各占比例，便可正式进行。

（2）加糖　香槟酒中的压强是由糖经过发酵而产生的。因此，要使香槟酒具有一定的压强，事先要计算好所用糖量。按经验，在10℃时，每产生0.098MPa（1atm）压力的CO_2需0.4%的糖（4g/L），为获得0.588MPa（6atm）压力的CO_2，则1L酒中需消耗24g糖。加糖前应先分析原酒中所含的糖分，然后计算出要加的糖量。例如原酒含糖5g/L，考虑到发酵后有 1g/L 的残糖，则加糖量为 24－（5－1）＝20（g/L），即 1L 酒中需加入 20g 的糖。

如精确计算，则 1g 糖在瓶中发酵产生 0.247L CO_2，1L 香槟酒吸收 CO_2 能力是 0.9L，则 0.588MPa（6atm）的香槟酒中 1L 酒含的 CO_2 量为 6×0.9＝5.4（L），所需的糖量为 5.4/0.247＝21.86（g），如原酒中有残糖存在，必须将这一部分糖扣除。加糖制成糖浆。其过程是将糖溶于酒中，最好是溶于陈化的酒中，制成 50％ 的糖浆，并放置数周，使蔗糖被转化。如酒在加糖时酒度稍高，则可将部分糖溶于水中，加酸加热转化后，再用酒调配至含糖 50％。酸的使用量应结合原料酒的酸含量来进行。转化糖浆不应含铁，否则会引起雾浊，即磷酸铁的形成。转化糖浆经过滤后贮存，使用时应充分混合。

（3）加酵母　香槟酒发酵使用的酵母比较理想的有：亚伊酵母、魏尔惹勒酵母、克纳曼酵母、亚威惹酵母 4 种。可单独使用，也可几种混合使用。香槟酵母的培养，在瓶中发酵开始前 8 日，就应开始培养。

培养基为原料酒，将斜面上的酵母接入以原酒配成的含 5g/L 葡萄糖的培养液试管中培养，再经三角瓶扩大培养后，移接于酵母繁殖罐或酒母桶，待发酵至糖分为 1％～2％ 时，可接入同类的原料中。酵母加入量一般为 2％～3％。培养温度先是 21℃，后逐渐降低以适应低温发酵。大规模生产香槟酒的工厂，要留一部分发酵旺盛的酵母培养液，以便下次继续使用。培养时也可加些 $(NH_4)_2SO_4$ 或尿素，加量 0.5mL，培养温度也应逐渐降低，并保证培养液的氧含量。在装瓶时要使原酒中溶入适量的氧（泵送、泼溅或直接通气），以利于酵母生长。

6. 装瓶发酵

（1）装瓶　香槟酒的瓶子分大瓶、小瓶两种，有弹性，耐压，一般耐 0.98MPa，高者可耐 1.47MPa。因此，香槟酒的瓶子是特殊设计的，壁很厚，退火良好，能保证瓶子强度。瓶子检查分重量检查、厚薄检查及耐压检查。将加入糖液混合均匀的原料酒装入酒瓶中，每瓶加入 30mL 的酵母培养液（约为 4％），使瓶内酒液中含细胞数达到 600 万个。用软木塞塞紧，外加倒 U 形铁丝扣卡牢。然后将瓶子平放在酒窖或发酵室，每个瓶子间保持 3mm 距离，瓶口面向墙壁，并堆积起来，一般可堆放 18～20 层。

（2）发酵　一般发酵温度保持在 15～16℃，这样可防止爆瓶和促进 CO_2 的溶解。发酵中定期从瓶堆中抽样检查其发酵情况。有些国家（如美国）采用的发酵温度稍高，这必须加强管理。低温发酵酒质好，瓶破损少。不论低温、高温都需恒温。酒发酵完后，在瓶中与因养分缺乏而自溶的酵母接触 1 年以上，可获得香槟之香。瓶内压力应达到 0.588MPa。

7. 完成阶段

在此阶段，必须完成沉淀与酒的分离。

（1）集中沉淀　将发酵完毕的、CO_2 含量符合标准的香槟酒从堆置地方取出，瓶口向下插在倾斜的、带孔的木架上，木架呈 30°、45°、60° 斜角。按时地转动（左右向转），以便使沉淀集中在瓶颈上（主要是塞上）。在瓶底做一记号，以便转动者清楚转动方向和距离。一般开始每天转 1/8 转，逐渐增加到 6/8 转至 1 圈。转动开始时次数多，摇动用力大些。以后逐渐减少次数及摇动力。熟练工人每天可转 3 万瓶。大颗粒沉淀一周就可转至塞上，而细的沉淀则需一个月或更长些时间才能转至塞上。

（2）沉淀去除　将酒冷至 7℃ 左右，以降低压力。将瓶颈部分浸入冰浴中使其冻结，然后使边缘部位溶化，立即打开瓶塞，利用瓶压将冰块取出，用残酒回收器回收。将瓶直立，附于瓶口壁的酵母用手或特殊的橡皮刷去。将酒补足后加塞。

8. 调味

香槟酒换塞时，根据市场需求和产品特点分别加入蔗糖浆（50%）、陈年葡萄酒或白兰地，进行调味处理。加糖浆可以调整酒的风味，增加醇厚感或满足一些消费者的爱好；加入陈年葡萄酒可以增加香槟酒的果香味，有些国家以老姆酒代替陈年葡萄酒加入香槟酒调味，也是为了使香槟酒有一种特殊香味；加入白兰地主要是补充酒精含量不足，防止香槟酒在加入糖浆后重新发酵，同时也增加香槟酒的香味，提高了香槟酒的口感质量。只有精心的调味处理，才能富有特色，成为一种适应市场需要的，为消费者欢迎的产品。

三、在罐中发酵的香槟酒

为了弥补瓶式发酵法产量小、生产周期长、劳动强度大等缺陷，不少国家在总结传统的瓶式发酵法生产香槟酒的基础上，研究用大容器进行二次发酵。我国青岛等葡萄酒厂也已成功地用罐式发酵法生产香槟酒。（瓶、罐两种方法前一段工作，包括破碎、压榨、葡萄汁处理，发酵等均一样，即所用原酒是一样的。所不同的是把瓶改用大罐，在工艺上把瓶发酵的许多工序简化了。）其生产工艺流程如图 7-2 所示。

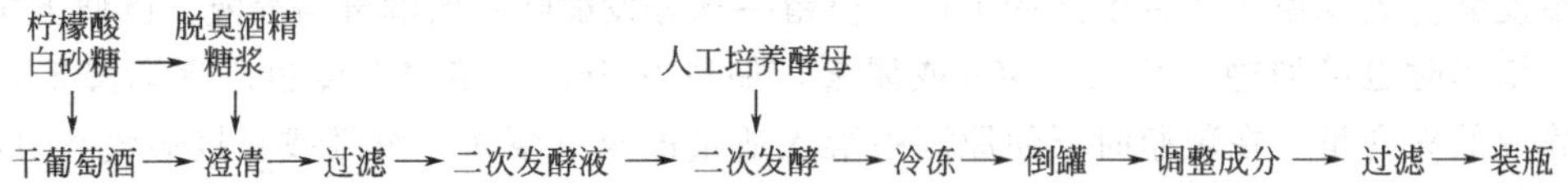

图 7-2　罐中发酵香槟酒的工艺图

调配后的二次发酵液，从发酵罐底接入纯种培养的酵母，接种量 5%。发酵温度控制 18℃，待压力上升到 0.078MPa 时，温度控制在 15℃，发酵 20d 左右，每日增加压力 0.029MPa。温度低、时间长可以酿出优质酒，提高温度到 20℃以上，发酵快，但酒质粗糙。发酵好的酒，测定成分并根据成品质量标准调整成分。装瓶前再进行一次冷冻处理，温度控制在 -4～-6℃，保持 5～7d，并趁冷过滤。装瓶时控制温度 0～-2℃，压力 0.49～0.588MPa，装瓶后在 15℃左右的房间内贮存。

大罐发酵具有几个优点：可用安全阀放去超过压力的 CO_2；通过控制温度来掌握发酵率；劳动费用低。但也有不足：沉于罐底的酵母必须除去，而在除去前，由于罐的深度造成了还原条件，而形成了 H_2S；在 0.49～0.588MPa 压力下，很难去掉新酒中所有酵母。

为了增加大罐发酵氨基酸的含量，可在罐中安装较高速度的搅拌器。在陈化时，氨基酸转而形成香槟香，其含量逐步下降。发酵罐为圆柱形，不锈钢制，夹层中可通冷冻液，罐体外部有保温层，罐体上部有压力表、安全阀、温度计，罐旁有液位管，罐内带有搅拌器。罐式发酵有三罐式流程和两罐式流程。

三罐式发酵法生产过程：酒在一密闭的罐中加热预处理，压力为 0.931～1.078MPa，温度为 60℃，时间为 8～10h，用内部加热器加热。加热后的酒通过夹层中的盐水冷却。冷却后，将酒转至发酵罐中，同时加入必需的糖和酵母。发酵温度在 24℃左右，时间 10～15d。如经济上允许，低温长时间发酵会提高酒的质量。糖的加入量也按 0.49～0.588MPa 计算得出，如超过，可通过安全阀放出 CO_2。已发酵完的酒和加糖所需的物料，从发酵罐转至冷冻罐，将酒冷冻至 -5.5℃，保持此温度数日，过滤，装瓶。这几次转罐，接受罐应先背压。

两罐式发酵法生产过程：将酵母（占酒的 3%～5%）培养物和加了糖的酒，放入 1 号罐，在 10～15.5℃发酵。不超过两周即可达到需要的压力。通过分析之后，加入需要的糖，冷至 -4.4℃停止发酵。酒在低温下停留 1 周。将 2 号罐冷却，并背压。将酒过滤至 2 号罐，已澄清的冷酒在 2 号罐中等待装瓶，当调节至过滤压力大于 2 号罐压力时装酒开始。加糖同样用两种方法：开始时加入足量的糖，控制温度，停止发酵而使酒中含有必需的糖，而较好的办法是使酒发酵充分，然后再加入需要的糖，但这样做时，必须搅拌。加了糖的酒在背压下过滤。背压用氮气最理想。

装酒、压盖都在低温和背压下进行。大罐生产香槟酒的全过程需 1 个月左右，劳动费用大为降低，生产规模可以扩大。大罐发酵生产香槟酒，如在完成阶段进入氧，则会导致酒中醛类含量增加，酒色加深。因此，有时在罐式发酵的香槟酒中加 SO_2 或抗坏血酸来降低氧的含量，提高酒的质量。

四、人工加入 CO_2 法生产香槟酒

采用该方法生产香槟酒时，可以用原酒不经发酵，而直接加入 CO_2 的方法来生产。严格地说，用这种方法生产的酒只能叫"香槟法"起泡酒。中国最早生产该酒的是北京葡萄酒厂，后来大连、青岛、烟台等地也相继生产起泡葡萄酒。其生产工艺流程如图 7-3 所示。

葡萄原酒→调整成分→冷冻过滤→装瓶→充 CO_2→压塞→加铁丝扣→倒放装箱检查→贴标→成品

图 7-3　人工加入 CO_2 法生产香槟酒工艺流程

在充气前按照香槟酒的理化指标，合理调整成分。如果酸不高，一般不加柠檬酸，而调入同品种同酒龄酸度稍高的原酒；如果加糖，则应提高酒度，以防瓶中发酵。然后冷冻过滤、装瓶充 CO_2。也可以使澄清透明的酒在 $-4.4 \sim -5℃$ 下充气，而后放置一段时间，待酒和充入的气体平衡后再进行装瓶（在低温下进行）。人工充气的香槟酒在 $10℃$ 时应具有 $0.49MPa$ 压力，制备费用低，质量也可保证。

第二节　白　兰　地

白兰地是英文 Brandy 的译音。Brandy 一词在法国被称为"科涅克的烈酒"，又叫做"科涅克的生命之泉"。在法国当地流传这样一句谚语"男孩子喝红酒，男人喝跑特（Port），要想当英雄，就喝白兰地。"人们授予白兰地至高无上的地位，称之为"英雄的酒"。"白兰地"一词分狭义和广义之说，从广义上讲，所有以水果为原料发酵蒸馏而成的酒都称为白兰地。但现在已经习惯把以葡萄为原料，经发酵、蒸馏、贮存、调配而成的酒称作白兰地。若以其他水果为原料制成的蒸馏酒，则在白兰地前面冠以水果的名称，例如苹果白兰地、樱桃白兰地等。

白兰地主要是由果实的浆汁或皮渣经发酵、蒸馏而制成的蒸馏酒。白兰地分两种，葡萄白兰地及果实白兰地。葡萄白兰地数量最大，往往直接称之为白兰地。而以葡萄以外的水果为原料制成的白兰地则应冠以果实名称，如苹果白兰地、樱桃白兰地等。葡萄经过发酵、蒸馏而得到的葡萄酒精，无色透明，酒性较烈，这仅仅是一种原白兰地。原白兰地必须经过橡木桶的长期贮藏，调配勾兑，才能成为真正的白兰地。白兰地的特征是具有金黄透明的颜色，并具有愉快的芳香和柔软协调的口味。

一、白兰地的生产

（一）白兰地的分类

1. 按产地分类

法国高级的白兰地是以产地取名的，如科涅克白兰地和阿尔马涅克白兰地，其中科涅克

白兰地是用科涅克地区所产的葡萄酿成的白兰地而得名的。它的香醇受到了世界各地的称赞，后来逐渐变成了白兰地的代名词。

2. 按生产所用的原料分类

如前述，有葡萄白兰地和果实白兰地。

3. 按原料性质分类

有葡萄原汁白兰地、葡萄皮渣白兰地和葡萄酒泥白兰地。葡萄原汁白兰地是指用葡萄的自流汁或压榨汁发酵成原汁葡萄酒，而后蒸馏贮藏成白兰地，这种白兰地质量较好。用发酵后的葡萄皮渣蒸馏成的白兰地，叫葡萄皮渣白兰地。用葡萄酒泥蒸馏成的白兰地叫葡萄酒泥白兰地，后两者的白兰地质量较差。

（二） 酿造白兰地的葡萄品种的要求

白兰地生产的实践证明要生产好的白兰地必须使用好的原料葡萄品种。不是所有的葡萄品种都适合加工白兰地。适合加工白兰地的葡萄品种在浆果生理成熟时应具有以下要求。

1. 糖度较低

葡萄品种含糖较低，发酵成的白兰地原料葡萄酒的酒度也就低。用这样的原酒蒸馏原白兰地，消耗的原酒数量要增多，相对需用鲜葡萄的数量要增多。这样就能够把较多的葡萄浆果中的芳香物质，集中到原白兰地中，提高白兰地品种香的典型性。

酿造白兰地的葡萄品种，在充分成熟期，糖度在 $120\sim180g/L$ 为宜。

2. 酸度较高

葡萄品种含有较高的滴定酸，用这样的葡萄做成的白兰地原料酒自然酸度也高。酸的含量与蒸馏时酯的形成有密切关系，而这种酯是形成白兰地芳香的主要成分。适合做白兰地的葡萄品种，达到生理成熟时，滴定酸含量不低于 $6g/L$。

3. 没有特殊的香味

适合做白兰地的葡萄品种，应该具有弱香和中性香，品种香不宜太突出。如玫瑰香、黑狐香等具有特殊芳香的葡萄品种，不能作酿制白兰地的原料。

4. 高产抗病

高产抗病也是决定栽培的重要条件。酿造白兰地应选择高产抗病的白色品种或浅红色的品种。

（三） 白兰地生产工艺

白兰地作为一种高贵典雅的蒸馏酒，生产工艺可谓独到而精湛，其工艺流程如图 7-4 所示。

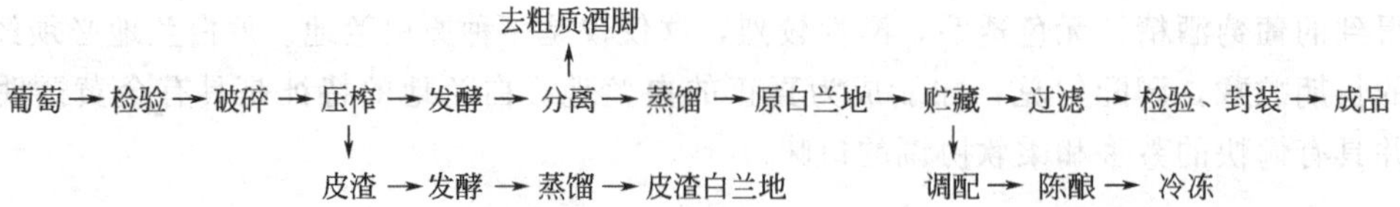

```
                        去粗质酒脚
                          ↓
葡萄 → 检验 → 破碎 → 压榨 → 发酵 → 分离 → 蒸馏 → 原白兰地 → 贮藏 → 过滤 → 检验、封装 → 成品
                     ↓
                  皮渣 → 发酵 → 蒸馏 → 皮渣白兰地        调配 → 陈酿 → 冷冻
```

图 7-4　白兰地生产工艺流程

1. 预处理

白兰地以葡萄为原料，在它的工艺中发酵前几步工序基本上和发酵白葡萄酒相同，在破碎时应防止果核的破裂，一般大粒葡萄破碎率为 90%，小粒葡萄破碎率为 85% 以上，及时

去掉枝梗，立即进行压榨工序。取分离汁入罐（池）发酵，将皮渣统一堆积发酵或有低档白兰地生产时并入低档葡萄原料。

2. 发酵

从破碎到满罐发酵不应超过 2d，葡萄汁（浆）占罐容量的 80%，发酵过程应尽可能缩短时间，这样可防止氧化，生产高档白兰地应进行榨汁、分离、发酵，而普通白兰地生产可采用破碎去梗后的葡萄浆直接发酵。

采用自然发酵法，温度不超过 34℃，时间为 4～6d，即可发酵完毕，发酵后理化指标为酒度 6%～9%（体积分数），残糖<3g/L。

3. 分离

发酵结束后进行一次倒池，以除去大粒酒脚，保留轻质酒脚，满罐贮藏，由于发酵季节温度较高，而葡萄原料酒酒度又较低，因而可用酒精封顶来防止原料酒变质。整个葡萄加工以及发酵、贮存期间不得使用 SO_2、偏重亚硫酸钾等防腐剂，因 SO_2 气味可通过蒸馏而进入原白兰地中，使原白兰地产生刺鼻的气味，并有硫化氢臭味以及令人作呕的硫醇类气味。

4. 蒸馏

蒸馏工艺在白兰地生产环节中起着承前启后的重要作用，它可将生产白兰地的葡萄品种固有的香气以及发酵时所产生的香气成分以一种最优的比例保留下来，并给以后的贮存提供前期芳香物质，因而白兰地的蒸馏绝不仅仅是单纯的发酵酒的酒精提纯。

白兰地的蒸馏酒度不可太高，法国对白兰地原料酒的蒸馏酒度要求为不可高于 86%（体积分数），一般是在 68%～72%（体积分数）范围内，这样，才可将发酵原料酒中的芳香成分，有效地保留下来，并得其精华，以奠定白兰地芳香物质的基础。

白兰地是葡萄酒的蒸馏酒。用来蒸馏白兰地的葡萄酒叫做白兰地原料葡萄酒，简称白兰地原酒。由白兰地原酒蒸馏得到的葡萄酒称为原白兰地。白兰地原酒的生产工艺与传统法生产干白葡萄酒相似，但原酒加工过程中禁止使用二氧化硫。白兰地原酒是采用自留汁发酵的，原酒应含有较高的滴定酸度，口味纯正，爽快。滴定酸度高能保证发酵过程顺利进行，有益微生物得到充分繁殖，有害微生物受到抑制。在贮存过程中也可保证原料酒不变质。当发酵完全停止时，白兰地原酒残糖在 0.3% 以下，挥发酸在 0.05% 以下，即可进行蒸馏，得到质量很好的原白兰地。白兰地原酒的化学组成见表 7-1。

表 7-1　白兰地原酒的化学组成（可涅克原酒）

成分	最低	最高	平均
酒精含量/%	5.3	10.9	7.9
总酸含量/(g/L)	3.8	11.9	6.9
无糖浸出物/(g/L)	12.6	22.8	18

白兰地原料酒中，含有一些挥发性物质，蒸馏时随乙醇一起转入馏出液里。白兰地原料酒中的挥发性成分，主要有醛类、酯类、高级醇类及其他成分。这些物质具有不同的沸点，在水和酒精的混合液中，具有不同的溶解度。所有这些物质都能很好地溶解于纯酒精，但在水里的溶解情况是不相同的。

白兰地原料酒中各种挥发性成分，由原料酒转入馏出液的顺序不仅取决于它们的沸点，也取决于它们与水分子之间的亲和力，以及它们在水和酒精混合液里的溶解度。如果按照沸点的高低的顺序来排列原料酒中基本的挥发性物质成分，见表 7-2。

表 7-2　原料酒中挥发性混合物的沸点温度和感官特征

物质名称	沸点温度/℃	特　征
乙醛	20	无色液体,有尖锐的不愉快气味
丙醛	50.0	无色液体,有尖锐的不愉快气味
甲酸乙酯	54	液体,有愉快气味
乙酸甲酯	56	液体,有愉快气味
甲醇	65	口味烈,几乎无闻香
丁醛	75	有尖锐刺鼻气味
乙酸乙酯	77	具有愉快香气的液体
乙醇	78.3	口味烈,有微弱的愉快闻香
丙醇	97.4	闻香愉快而尖锐
水	100	无色无臭液体
缩醛	102.9	强烈的气味
异丁醇	108.4	口味烈,气味强烈
异丁酸乙酯	110.1	有愉快的气味
丁醇	117.5	有愉快的气味
乙酸	118.1	有尖锐的气味
丁酸乙酯	121	有愉快的气味
戊醇	128	有不愉快的气味
异戊醇	132	杂醇油的主要成分,气味不愉快
异戊酸乙酯	134.3	有愉快的香味
乙酸异戊酯	137.6	有愉快的香味
丙酸	140.9	有尖锐的香味
己醇	157.2	有愉快的香味
糠醛	162	苦巴达杏味
丁醛	162.8	有不愉快的烧油味
异戊酸	177	有不愉快的气味
异戊酸异戊酯	190	有愉快的气味
己酸	205	有愉快的气味
庚酸	223.5	有愉快的气味
辛酸	237.6	有愉快的气味

表 7-2 中所列的各种挥发性成分,在蒸馏的过程中转入馏出液,这些成分对形成白兰地特有的口味和香味具有重要的作用。

蒸馏方法有两种为壶式蒸馏和塔式蒸馏,但典型的白兰地蒸馏仍停留在壶式蒸馏器上。

壶式蒸馏器(夏朗德蒸馏锅)如图 7-5 所示。由蒸馏器、鹅颈管、预热器、冷凝器组

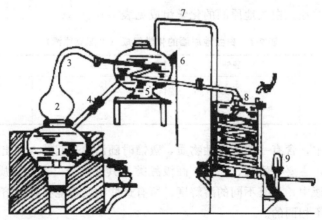

图 7-5　壶式蒸馏器

1—蒸馏锅;2—锅帽;3—鹅颈管;4—温酒进管;5—酒预热器;
6—冷空气管;7—回收酒气管;8—冷凝器;9—验酒器

212

成。为了使白兰地有一股特殊的香味，大都使用直接火、燃料不用煤炭而用木炭。尽管壶式蒸馏器近年来有了不少改革，但实际上仍大同小异。

壶式蒸馏器属于两次蒸馏设备，即白兰地原料酒用这种蒸馏器需经两次蒸馏才得到质量好的白兰地。第一次蒸馏白兰地原酒，得到粗馏原白兰地，然后将粗馏原白兰地进行一次蒸馏，掐去酒头和酒尾，取中馏分，即为原白兰地。

壶式蒸馏和塔式蒸馏的区别在于：①所用设备不同；②生产方式不同，壶式蒸馏是间断式蒸馏，而塔式蒸馏是连续式蒸馏；③热源不同，壶式蒸馏采用的是直接火加热，塔式蒸馏则采用的是蒸汽加热；④壶式蒸馏产品芳香物质较为丰富，塔式蒸馏产品呈中性，乙醇纯度高。

5. 陈酿

新蒸馏出的白兰地在品质上很难表现出酒体复杂高雅的特性，香味单调尚未成熟，色泽为无色透明并没有炫丽的琥珀色和金黄色，只有经过漫长的橡木桶陈酿，通过木桶内的单宁和其他有机物质及酶的生命活动后，才能得到品质优良的白兰地酒。

白兰地在贮藏过程中的主要变化包括：对橡木桶的成分萃取；化学变化；物理变化以及物理化学变化。

（1）橡木桶及处理　不同的国家贮存白兰地桶的形状和大小有所不。新中国成立前烟台张裕葡萄酿酒公司所使用的白兰地贮存桶，主要是从意大利进口的。桶的形状为鼓形卧式桶，新中国成立后张裕葡萄酿酒公司加工制作了大量新木桶，多是梯形立式桶，容量一般在4～5t。容量大的木桶，贮存白兰地的效果不如小木桶。小木桶贮存白兰地，酒与木板接触的面积比大木桶贮存效果好，300L 的木桶贮存 3 年，可相当 500L 的木桶贮存 5 年的效果。

前苏联白兰地工厂通常采用 300～500L 的鼓形桶。为了制作相应容量的木桶，所需要的标准桶板的长、宽、厚如表 7-3 所示。法国、西班牙等国家，贮存桶容量更小一些，多采用 250～300L 的小木桶。

表 7-3　白兰地贮存木桶的容量与桶板规格

桶容量/L	侧面的板/mm			堵头底板/mm		
	长	宽	厚	长	宽	厚
350	900	70～140	45～50	600	70～150	45～50
400	950	70～140	45～50	650	70～150	45～50
450	1000	70～140	45～50	700	70～150	45～50
550	1050	70～140	45～50	750	70～150	45～50

新桶在使用前，必须经过严格的处理，符合要求时方可使用。处理的目的是要从橡木板中除去多余的单宁物质。橡木中的单宁，分水溶性和醇溶性两种形式。为了排除容易溶解于水的单宁物质，新制的木桶首先要用水处理。用自来水泡桶 10～12 昼夜，每 2～3 昼夜换水一次。自来水泡过以后，往桶里加入 30～40L 开水，塞紧桶口，晃动木桶，使桶内每个地方都洗遍，刷洗 15～20min 以后，把水留在桶里过夜。第二天把过夜的水放走，再重复用30～40L 开水洗桶，一直进行到从桶里放出来的水不带颜色为止。很热的水洗涤以后，再用自来水洗两次。

为了从橡木板中除去多余的醇溶性单宁，新桶在用水浸洗之后，还要用酒精水溶液浸泡。一般用 65～75 度的精馏酒精浸泡 3 个月左右的时间，然后把酒精蒸发走，用自来水洗刷干净即可使用。

生产普通质量的白兰地，可以把原白兰地贮存在装有橡木板的密闭容器里。为此利用的橡木板规格可为长 400～1150mm，宽 60～150mm，厚 18～36mm。板条应垛在棚子里，不少于 3 年的存放期。应用前采用下面的方法加工（或者按照新木桶的处理方法进行）。

在 0.3％的氢氧化钠溶液里贮存 2～6d，温度 10～20℃。然后排掉碱液，在通风的屋子里风干 6d，或者在 45℃的烘干室里烘干一昼夜。

把经过加工的橡木板放进要贮存原白兰地的容器里并垛起来，原白兰地的加入量，按表面积的比率为 80～100cm/L，装入量占容积的 95％，在整个贮存时间里，要维持原白兰地中的氧气达到饱和的水平。久而久之，橡木板条的表面就缺乏了单宁物质，除去表层的 3～5mm，即可重新使用。

（2）白兰地在陈酿过程中的变化　陈酿过程中，白兰地会发生体积减小、酒度降低和一系列的生物、物理、化学等变化过程。

① 体积减小　在陈酿过程中，由于橡木本身纤维组织排列的生物学特性，即橡木纤维素组织中有横向的气孔使桶壁内外有较强的透气性，以利于酒的呼吸成熟，这也就形成了特有的选择性渗透膜的特点，即气态的可以通过，液态的不可以通过，由于这种特性，经过漫长的陈酿的白兰地酒，在成熟过程中酒的体积不断减少。而减少的幅度和速率主要决定于陈酿环境中的温度、湿度以及通风强度等条件变化。

② 酒度降低　在陈酿过程中，由于酒精的挥发，白兰地的酒度逐渐降低。其降低的速度平均为每 15 年 6°～8°。为了调控这个作用，贮藏木桶的陈酿环境的空气湿度应保持在 70％～80％。反之，则水的挥发量会比酒精的挥发量大，导致白兰地酒度的上升，影响白兰地质量。

③ 其他变化　在陈酿过程中，白兰地还会发生一系列的物理、化学变化，主要包括白兰地对橡木桶壁中单宁的浸提溶解，酸度、高级醇及色素等含量的增加，以及由于氧化、水解、缩醛等化学反应，引起白兰地化学成分的变化。

6. 白兰地的人工老熟

白兰地的自然老熟需要很长的时间，不仅占用大量的贮存设备和资金，而且在贮存过程中由于挥发，也会损耗大量的白兰地。因此对白兰地人工老熟的研究一直极为活跃，人们采用各种机械的、物理的、化学的方法对白兰地进行处理，以加速其老熟。

（1）橡木片的使用　在白兰地的成熟过程中加入未经处理或经碱处理的橡木片，以加速老化。因为白兰地颜色的加深主要是由于单宁的氧化；而木质素和半纤维素的醇结合水解则是形成香草醛和使白兰地口味醇厚的主要原因。研究结果表明，采用特制橡香粉并辅以热处理进行人工老熟，其效果较好，但新白兰地在处理前，应在木桶中贮存两年以上，并且认为橡木品种对白兰地的成熟有一定影响。

（2）温度处理　将新白兰地在 38～40℃下处理 30d 或与橡木片一起在相同温度下处理 30d，与对照白兰地比较，其高级脂肪酸乙酯、醛类和糠醛的含量较高，而挥发性高级醇的含量较低，因而其感官质量较好。

（3）其他处理　包括机械振动、变温、超声波、离子交换、紫外线及红外线等处理等，以及高锰酸钾、臭氧、过氧化物、电解及生物和金属催化剂处理等，都曾用于白兰地的人工老熟。

二、白兰地的贮存工艺

贮藏白兰地时，应在桶内留有1%～1.5%的空隙，这样既可防止受温度影响发生溢桶，另一方面还可在桶内保持一定的空气，利于氧的存在以加速陈酿，每年要添桶2～3次，添桶时必须采用同品种、同质量的白兰地。

原白兰地贮藏时，酒度的处理一般有以下几种：

① 蒸馏好的原白兰地不经稀释，直接贮藏，达到等级贮藏期限后进行勾兑配制，经后序工艺处理封装出厂，此法一般生产中低档的产品。

② 将蒸馏好的原白兰地不经稀释，直接贮藏到一定年限（视产品档次及各厂调酒师经验），调整至40%（体积分数）左右进行二次贮藏，达到年限后，调整成分进行稳定性处理，然后封装出厂。

③ 法国优质白兰地所常采用的贮藏工艺，即将原白兰地原度贮藏，然后分阶段进行几次降度贮藏，待酒度达50%（体积分数），但贮藏时间较长。专家们认为50%（体积分数）最有利于陈酿，去除了原白兰地的辣喉感，增强了白兰地的柔和性，几次降度可减少对酒体的强刺激，使白兰地在较为平稳的环境中熟化，最后调整到40%（体积分数）装瓶出厂，这样不仅使经陈酿的酒酒质优异，而且由于50%（体积分数）贮藏期长，木桶利用率相对来讲是提高了。在降度前应先制备低度的白兰地，即将同品种优质白兰地加水软化稀释至25%～27%（体积分数），然后贮藏，在白兰地酒度降低时加入，以减缓直接加入水对白兰地的刺激。

贮藏期间应有专人负责定期取样观察色泽，品尝口味、香气，注意酒质的变化，一旦发现有异常现象，应及时采取补救措施，要及时地将熟化的酒倒入桶径大、容积大的木桶里，防止酒过老化。贮藏中应随时检查桶的渗漏情况，以及桶箍的损坏情况，桶箍应采用不锈钢材质，若采用铁箍则定期油漆，以防铁箍在地窖中因潮湿的环境而生锈，随倒桶等操作被带入酒中，致使酒中铁含量超标。

三、勾兑、调配及稳定工艺

（一） 勾兑、调配工艺

单靠原白兰地长期在橡木桶里贮存，想得到高质量的白兰地，在生产上是不现实的。因为这样做会延长白兰地的生产周期，还会导致白兰地的质量不稳定。因此在白兰地生产中勾兑和调配是必需的，也是得到高质量白兰地的关键所在。

白兰地酒的勾兑、调配是一个关键的技术，它具体地体现了白兰地酒经过十几年的精心酿造并以完整的风格反映酿造白兰地酒的风格和水准。而形成这些特点主要取决于如何勾兑、调配。而哪一个年份的酒取多少实际上没有一个准确的标准。标准只是调整后形成一个稳定的风格和级别。

1. 原白兰地勾兑

原白兰地的勾兑有以下几种情况：

（1）不同品种原白兰地的勾兑　用不同的葡萄品种发酵蒸馏的原白兰地，其质量是不同的。不同葡萄品种的原白兰地互相勾兑，能取长补短、提高原白兰地质量。

（2）不同木桶贮存的白兰地的勾兑　同一种原白兰地，贮存在新旧不同、大小不同的橡木桶内，陈酿的效果是不一样的。小的木桶贮存白兰地比大的木桶陈酿效果好。新桶含有大量可溶性物质，用新桶贮存原白兰地，橡木的可溶性物质大量地被酒浸取，很快就会达到或超过标准。老木桶贮存原白兰地的情况正相反。所以新桶和老桶、小桶和大桶贮存的原白兰地相互勾兑，也能取长补短，得到恰到好处的原白兰地。

（3）不同酒龄原白兰地的勾兑　原白兰地的酒龄不同，质量也就不同。新酒和老酒勾兑，可以提高新酒的质量，使勾兑后的酒具有老酒的风味。不同酒龄的白兰地勾兑时，成品白兰地酒龄，一般用相互勾兑的几种白兰地的平均酒龄来计算，平均酒龄的计算公式为：

$$T = \frac{a_1 t_1 + a_2 t_2 + a_3 t_3 + \cdots}{12(a_1 + a_2 + a_3 + \cdots)}$$

式中　a_i——相互勾兑的几种白兰地酒的数量，L；

t_i——相应的白兰地的酒龄，月；

T——勾兑后的白兰地的平均酒龄，年。

2. 勾兑工艺

勾兑工艺主要分为以下步骤：

① 勾兑师一般按既定工艺选择可参入勾兑的不同年份、不同罐区的白兰地半成品，进行品评筛选，从理化指标到口感均进行检验和平衡。

② 可根据现存需勾兑级别白兰地的各贮存年份的数量及大、小、新、旧木桶贮存量，在保证平均酒龄达到 GB 11856—1997 标准以上的条件下，进行口感品评上的优化组合成，新老酒搭配在 2∶1 为佳。

③ 色泽一致性调整，各桶内白兰地贮存中色泽变化不同，因而需人工调整，以保持批与批之间产品色泽的一致性，普遍采用的是加糖色，加入的糖色可采用市售的焦糖色素（食用）也可企业自制，糖色制备采用铜制夹层汽锅熬制，在锅内放入 10% 的水，再加入白砂糖，然后升温，边加热边搅拌，直至糖溶解并且颜色渐渐变成棕褐色时加入软化水，改急火，使糖色溶解，立即出锅。

④ 为了增加白兰地的醇厚感和圆润感，还可加入一定量糖浆，加量视各自产品而定，但一般糖度不超过 15g/L。

3. 白兰地的调配工艺

白兰地经过几年时间的贮存后，需经调配，再经橡木桶短时间的贮存，再经调配方可出厂。一般需经二次调配。其工艺流程如图 7-6 所示。

软化水、糖色、糖浆
↓
贮存原白兰地 → 调配 → 酿成白兰地 → 过滤 → 热处理 → 贮存 → 二次调配 → 冷冻 → 过滤 → 装酒

图 7-6　白兰地的调配工艺流程

（二）　稳定工艺

因白兰地是包容了许多芳香成分的蒸馏酒，而不是单纯的提纯酒精，因而它的稳定性在封装前也需经加强处理。白兰地产生不稳定的主要因素有：①存在高级不饱和脂肪酸，可用冷冻方法除去，将白兰地冷冻范围在 $-10 \sim -15$℃，若干小时；②因酿造过程及勾兑用水不慎会有微量钙离子，酒中则含有酸类物质，可产生不溶性钙盐，因而要严格控制酿造用水，如半成品白兰地已发现钙离子过高，可进行离子交换处理，离子交换柱同生产用软化水离子交换柱可采用同一型号,树脂为 732 强酸型。

（三） 白兰地酒的冷冻处理及过滤

白兰地酒勾兑、调配后为了使酒体澄清稳定,需进行冷冻处理,由于白兰地酒精度较高,所以冷冻温度设定在 -15℃,冷冻到设定温度后,一般稳定 7～10d。根据需要进行过滤,过滤后的酒经过国际检测合格后方可灌装。

第三节　味美思和滋补酒

一、味美思

味美思属于苦味加香型葡萄酒,苦艾为其主要香料。它是以葡萄酒为酒基调以一定比例的呈色、呈香、呈味物质,按产品特点规定的工艺过程调制并经贮藏、陈酿而成的一种具有特殊芳香风味,并具有开胃滋补作用的葡萄酒。

（一） 味美思分类

1. 依其颜色和所含糖量分类

（1） 干味美思　含糖量 4% 以下,酒度 18 度,色泽淡黄绿色,口味干涩,香气突出。

（2） 白味美思　含糖量 12% 左右,属于半甜型,酒度 16～18 度,色泽浅金黄色,口味清香甜润。

（3） 红味美思　含糖量 15%,酒度 18 度,干酒因加入焦糖,色泽棕红色,具有焦糖的风味,香气温浓郁,口味独特。

（4） 玫瑰红味美思　该酒以玫瑰红葡萄酒为酒基,调入香料配制而成,口味微苦带甜,酒度 16 度,酒液呈玫瑰红色。

2. 按生产国分类

（1） 意大利味美思　意大利以生产甜型红、白味美思著称,其中以意大利都灵市所生产的最为有名气,其酒品风格要比法国同类产品更具特色。按酒法规定,意大利味美思必须以 75% 以上的干白葡萄酒为酒基,调入芳香植物多达三四十种,并以苦艾为主,故成品酒具有特殊的香味。著名品牌有:

① 仙山露（Cinzano）:是意大利最著名的味美思之一,所属公司"仙山露"创立于 1754 年,历史悠久,在国际市场上名气很大,主要产品有干型、白色、红色味美思三种。

② 千加（Cancia）:是意大利著名品牌之一,所属"千加"公司创立于 1805 年,创始人为卡罗宾·千加先生。

③ 马天尼（Martini）:是世界最著名的味美思品牌之一,所属"马天尼·罗西"公司（Martini&Rossi）创立于 1800 年,生产各种类型的味美思,产品在世界市场上有相当大的份额。

（2） 法国味美思　法国以生产干型白色味美思见长。按规定,法国味美思必须以 80% 以上的干白葡萄酒为酒基,所用香料也以苦艾主,但含糖量较低;其生产中心位于法国的马赛市,著名品牌有:香百丽（Chambery）、杜法尔（Duval）、诺瓦丽（Noilly）、圣拉斐尔（St. Raphael）。其中诺瓦丽味美思最有名气,干型诺瓦丽是世界调酒师必备的材料之一。

除意大利和法国以外,美国、阿根廷也生产味美思。现在世界上每个生产葡萄酒的国家都生产不同风格的味美思，我国张裕味美思就是其中一种。味美思在葡萄酒工业中已成为一个独立的酿造工业部门，其地位可与香槟酒、白兰地、威士忌相提并论。

中国味美思属意大利型，在近百年的生产过程中，通过对中草药配比和加工工艺等多方面的摸索，使产品独具风格，可称为中国类型。其典型产品为张裕味美思。张裕味美思，至今已有百余年历史，自 1915 年在巴拿马万国商品博览会上荣获金章，遂蜚声于世界。建国后于 1952 年在首届国家评酒会上被评为国家八大名酒之一，1963 年、1979 年、1983 年又连获国家金奖，1988 年在英国伦敦第十九届世界葡萄酒、烈性酒竞选会上荣获银奖（该会只设一个金奖，一个银奖），1989 年比利时第 27 届优质产品评选会又获金奖。1993 年，由于张裕味美思和张裕公司的其他几种产品多年来被列为国家名酒并深受消费者喜爱，从而"张裕"商标被国家评为"驰名商标"。

张裕味美思系选用烟台地区生产的优质白葡萄为原料，经破碎分离，发酵贮藏酿制成的白葡萄原酒为酒基，加入肉桂、藏红花、豆蔻、苦艾等十余种名贵芳香植物药材浸汁配制而成的一种加香葡萄酒。张裕味美思分红、白两种，红味美思酒液呈棕红色，白味美思酒液呈淡黄色，清亮透明，酒香药香协调，甜酸适口，微苦爽口，滋味丰满，余味绵延，具有张裕味美思的典型风格，红味美思酒精度 18％（体积分数），糖度 150g/L，白味美思酒精度 16％（体积分数），糖度 170g/L。该产品长期以来，质量稳定提高，目前技术指标已采用国际标准。

（二） 味美思的生产

1. 味美思的生产工艺

制造味美思的酒基就是葡萄酒，其制造可参考干、甜葡萄酒制备，再加计算量的白兰地或精制酒精加强后，加入转化糖或葡萄糖浓缩液达到一定糖分。由于白葡萄酒比较清雅纯正，有利于芳香植物的香气充分表现，故是最理想的酒基，其生产工艺如图 7-7 所示。

调香香料(植物性药材、香料)

原酒 → 成分调整 → 澄清 → 陈化(贮藏) → 稳定性处理 → 过滤 → 杀菌 → 成品

图 7-7　味美思（苦艾）酒的生产工艺流程

2. 味美思的贮藏

味美思酒生产一般选用弱香型的白葡萄原料，原酒生产工艺与白葡萄酒原酒生产工艺基本相同。不同的产品根据其特点，可采用不同方法贮藏。对于白味美思，特别是清香产品，一般采用新鲜的，贮存期短的白葡萄原酒。为此，贮存期间应添加二氧化硫，以防止酒的氧化，一般控制游离二氧化硫量为 40mg/L。红味美思和酒香、药香为特征的产品往往采用氧化型白葡萄原酒，原酒贮存期较长，酒精含量为 11％～12％的原酒用白兰地或食用酒精加强到 16％～18％之后贮存。新木桶中鞣质及可浸出物含量高，原酒贮存时间不宜过长，一般在新木桶中贮存一段时间后移到老木桶中继续贮存。原酒经稳定性处理（澄清与降酸），若色泽较深，可采用脱色剂进行脱色处理。

味美思酒的贮藏容器一般采用橡木桶，其原因为：①通过木桶壁的木质微孔完成酒体的呼吸陈化过程；②为了浸提木质中呈香成分；③使药香成分进一步融合，使酒体更加柔和、协调；④使酒中各种成分经贮藏达到一个新的平衡，使胶体趋于稳定状态，起澄清作用；⑤为了完成部分生物和酶的生物转化过程，使酒达到生物稳定状态。

味美思的冷冻处理与澄清过滤处理参见葡萄酒生产制作。味美思酒的生产设备参见葡萄酒生产设备。表 7-4 为味美思酒成品成分分析。表 7-5 为味美思酒的酒精体积分数与对应的冰点参考值。

表 7-4　味美思酒成品成分分析

项目	要求指标
酒度	红:15%～18%(体积分数);白:12%～18%(体积分数)
酸	4～6g/L
糖	<180g/L
二氧化硫	红:游离<30μL/L,总<250μL/L;白:游离<50μL/L,总<250μL/L
挥发酸	0.8g/L
固形物	红:>20g/L;白:>15g/L
酚	<0.7g/L
铜	<0.5g/L
铁	<8mg/L

表 7-5　味美思酒的酒精体积分数与对应的冰点参考值

酒精体积分数/%	8	10	12	13	14	15	16	17	18
对应的冰点/℃	−4	−5.3	−6.9	−7.8	−8.9	−9.7	−10.7	−11.8	−12.9

3. 味美思配方

味美思没有固定的配方，根据各国、各地区饮用习惯可自行设计。各厂生产的味美思，风味各异，主要是选择的芳香植物或药料的品种不同，用量不同。配方是生产的专利，有很大的保密性，但只要掌握味美思的典型风格，呈香、呈味的物质可自行研究拟定配比，通过实践逐步完善。意大利、法国生产味美思有悠久的历史，配方也有很多种，每个产品各具特色。我国生产的味美思，选用我国传统的中药材，调配出的酒，色、香、味独具一格，已畅销国内外。

(1) 中国式味美思　配方：10%～11%白葡萄酒 90L，85%脱臭酒精 9L，大茴香 350g，白菖 150g，苦橘皮 350g，威灵仙 125g，大黄 25g，矢车菊 150g，苦黄木 15g，迷迭香香料 50g，白术 125g，香草（预先溶解于酒精中）0.25g。该酒糖分在 150g/L 左右，酒精含量 18%。

(2) 意大利式味美思　配方：甜白葡萄酒 380L，85%精制酒精 20L，苦艾 450g，勿忘草 450g，龙胆根 40g，肉桂 300g，白芷 200g，豆蔻 50g，紫菀 450g，苦橘皮 1kg，橙皮 50g，葛根 450g，矢车菊 450g。该酒酒精含量为 15%～18%，糖分为 180～200g/L，总酸为 50～55g/L。

(3) 法国式味美思　配方：干葡萄酒 400L，胡荽子 1500g，苦橘皮 900g，矢车菊 450g，石蚕 450g，鸢尾根 900g，肉桂 300g，那纳皮 600g，丁香 200g，苦艾 450g。该酒糖分低，一般在 40g/L 左右，酒精含量在 10%以上。

4. 味美思的加香处理

常采用的方法是先将药材预制成浸提液，再与原酒配合加香，直接用原酒浸泡提香的方法需增加搅拌、澄清、过滤等工作，再则直接浸泡法容器利用率低，不便于大规模生产。味美思的加香可采用如下方法：

① 在已制成的葡萄酒中加入药料直接浸泡。这种方法的优点是所有药料可以充分浸出。

其不足是药料残渣处理比较麻烦。为了解决这个不足可以采用装袋浸渍法。用这种方法酿造味美思最普遍。

② 预先制成香料按比例配入的方法。即先把香料预先用酒精或白兰地浸渍制成味美思香料，再加入酒基中。

③ 葡萄酒发酵时加入药料而制成味美思的方法。

④ 制成的味美思还可加入 CO_2，制成起泡味美思。新制成的味美思经 6 个月贮存，使芳香成分与葡萄酒充分平衡与协调，即可为成品。

目前国外已生产出商品味美思调合香料，用于生产可简化药材的处理过程。味美思的配方根据地方习惯、民族特点、不同的场合，可自行设计。

5. 调配

味美思的调配分两个方面：①药香的调配；②糖、酒、酸、色度的调配。经调配的原酒再经冷却处理、澄清过滤等工序即为成品。

二、滋补酒

滋补酒，是以发酵酒、蒸馏酒或食用酒精为酒基，加入可食用的花、果、动植物或中草药，或以食品添加剂为呈色、呈香及呈味物质，采用浸泡、煮沸、复蒸等不同工艺加工而成的改变了其原酒基风格的酒。滋补酒分为植物类滋补酒、动物类滋补酒、动植物滋补酒及其他滋补酒。

（一） 滋补酒的发展

早在中国古代，就有在各类酒中添加药材和其他营养物质的做法。相当一部分常饮用酒类的消费者，都有自己泡制药酒和滋补酒的习惯，但因其不了解各类添加成分的相佐配伍关系，饮用后没有明显作用或产生特殊反应而不敢长期使用。而且我国在有酒出现的几千年历史里，就与药密不可分，古代就有"酒为百药之长"的说法，治疗各种单一疾病的药酒方曾在很多古代名家著作中记载，并作为药材的一种炮制方法为古今中外广为流传。随着现代科学技术的发展，药酒更显出巨大的生命力和市场潜力。例如前几年黑龙江的"五加白酒"，曾畅销大江南北，至今尚有很多滋补酒如"十全大补酒"、"莲花白"、"人参酒"、"鹿茸酒"等在全国仍有相当大的消费市场。此外滋补酒在有些方面不但能治疗疾病，还能预防疾病，延年益寿，同时具有单独的"药"所不能具备的优点——药食同源。这些优点逐渐为人们所认识、研究，对于开发研制滋补酒的功能性产品提供良好的理论依据及较大的市场价值。

随着人民生活水平提高，对酒类认识也不断提高，已从单独的嗜好品，转向于强身、滋补的要求。另外，我国地域辽阔，物产丰富，应用各种动植物入药，用于医疗或保健，有丰富的经验，流传民间的奇方、偏方甚多，因此采用葡萄酒为酒基加工配制的各种类型的滋补酒，具有广阔的发展前景。

（二） 滋补酒的开发条件

开发滋补酒能否成功，检验的标准是市场反馈信息，有市场或市场前景的才能进行开发。在这个大前提下，开发滋补酒的具体工作就是选择添加物质、酒基和炮制方法的确定，确保添加成分的最大利用率和作用效果。制作滋补酒所用的酒类，不论是白酒、黄酒、葡萄酒还是啤酒，都具有其固有的感观指标要求。如白酒要求无色透明或略有微黄色，无沉淀杂质，无异臭异味，理化指标要符合国家标准等。而制作滋补酒要区别于药酒，既要求有一定的营养成分，又要求具有所用酒类的基本特性。感观上可完全保持所用酒类的风味特点，也可体现添加成分和所用酒类的复合风味特点，不能一味压制一味，完全失掉所用酒类的风味特点（例如某些药酒完全是药物的味道），制作滋补酒应首先具有所用酒类的基本风味或两者兼而有之。如我国的细鳞片营养型细鳞春酒，添加成分为牛磺酸，牛磺酸本身除略有酸味外，无其他异味，添加到酒中完全感觉不出添加成分的味道。但从消费者角度看，这种类型的营养滋补酒就是白酒，怀疑其营养滋补作用。而具有复合风味特点或感观带有添加剂色泽的滋补酒直接给消费者一种真实感，心理上可以接受。因此制作滋补酒要做到色泽上要有自然感，香气上要有和谐感，口味上要有舒顺感；风格上要有独特性，不可药味过重，产生服药感；添加糖分也不可糖度过高，避免甜腻感。

1. 添加成分的选择

选择添加成分首先要考虑添加剂在所用酒类中的感观效果；其次添加剂能否充分溶解或其中有效成分是否浸出，否则其滋补酒就是有名无实；再次是添加剂对人体的作用效果，作用效果越大或滋补范围越广，其消费者接受能力越强，具有强身健体、延缓衰老和调节人体机能作用的滋补酒，永远是人们所能接受的；最后是经济性和实用性，经济性是适合于大众消费，实用性是适用范围要广，不能有副作用或对常人没有副作用。选用中药材要用药性温和具有补益性的，不能采用性热燥烈之药。采用多种添加成分时要对药性、剂量和相佐配伍关系弄清，以取得显著的效果。

2. 所用酒类的选择

滋补酒所用的酒基应符合国家标准，在感观上要求色泽一致，基本澄清，成品久置后允许少量沉淀。滋补酒根据其制作方法的不同可采用当今社会上所能消费的各种酒类。如白酒、黄酒、葡萄酒及啤酒等。采用各种酒类制作的滋补酒都有其独特的风格特点。如用白酒的"五加白"、"莲花白"、"参茸酒"、"竹叶青"；用葡萄酒的"味美思"。南方也有相当多的滋补酒用黄酒做酒基，最近，又有厂家推出用啤酒做酒基的滋补酒（如安庆啤酒厂的"伟哥啤酒"）。但在北方大多数还是用谷类酿制的白酒，优点之一是白酒作为北方寒冷地区的主要消费酒类，有祛寒暖体的作用；优点之二是白酒的酒精度较高，有利于所添加物中有效成分的析出，同时可以保证滋补酒的长期贮存而不发生变质等问题。因此，应因地制宜，根据所添加物的特性选择酒基。以白酒为例，选择酒基时应注意酒的度数，一般以 $50\sim60$ 度的优质酒较合适。特别是制作用酒，应保证滋补酒的质量和作用。成品滋补酒可根据市场消费趋势勾兑成消费者所能接受度数的产品。

3. 滋补酒的制作方法

滋补酒基本上是一种浸出制剂，无论添加何种物质，总体要求是添加物必须能够完全溶解或添加物的有效成分溶解析出到酒中，并且常温下不出现反应或析出。它的制作浸出过程原理如下：

所添加的物质一般都是干燥的植物药材，其组织细胞萎缩，细胞液中的各种成分已结晶或以无定形沉淀的方式存在于细胞中。为浸出其有效成分，首先需要作为溶剂的酒液浸润药材，并进入细胞中，继而发挥乙醇良好的解吸作用，克服细胞内各种成分间亲和力，溶解可溶性成分，使之转入溶剂之中。溶剂在细胞内溶解了很多物质后，使细胞内溶液浓度显著高于细胞外，形成浓度差。正是靠这种浓度差，使细胞内的高浓度浸出液不断向低浓度的细胞外扩散，同时，稀溶液又不断进入药材细胞内，这样就使药材的可溶性有效成分逐渐溶于酒液中。

为了促进上述浸出过程，提高浸出效率，可以采取适度粉碎、提高浸出温度、掌握适宜的浸出时间、扩大浓度差等方法。

适度粉碎植物药材，可扩大药材与溶剂的接触面，有利于增加扩散。但并非越细越好，过细的粉碎，使大量细胞破坏，细胞内的不溶物质、粉碎质会进入酒液中，不但不利于扩散，还会使酒液浑浊。

适当提高浸出温度，可促使药材软化、膨胀，有利于可溶成分的溶解、扩散，促进浸出。但加热可使药材中易挥发成分、不耐热成分散失、破坏，对此类药材不宜加热或不宜过度加热，加热也要采用间接封闭加热。

适度延长浸出时间可使有效成分浸出充分，但扩散达到平衡后，延长浸出时间即不起作用，时间过长还有可能使大量杂质溶出、某些有效成分破坏。

浓度差是扩散以便细胞内、外溶液趋于平衡的主要动力，适时搅拌或使溶剂处于流动状态，进行渗漉可以扩大细胞内与周围溶液的浓度差，提高浸出效果。此外用绢袋将药材装好，悬于酒中浸泡也有利于保持较大的浓度差，这是由于从细胞中扩散出来的浸出液，因相对密度较大，向容器底部沉降，较低浓度的溶液向药材周围靠近，形成容器内部的一种对流，从而在药材周围溶液与细胞内溶液间保持一个较大的浓度差，促进扩散的进行。

具体制作时应根据所添加物的性质，采用冷浸法、热浸法、渗漉法、酿造法等不同的处理方法，这里不一一叙述。

制作滋补酒所用的工具，应按着祖国医学的传统习惯，如煎煮药材一般选用砂锅，这里是有一定科学道理的。一些金属如铁、铜、锡之类的器皿，煎煮药材时容易发生沉淀，降低溶解度，甚至器皿本身和酒液发生化学反应，影响药性正常发挥。所以制作滋补酒时要用一些非金属的容器，诸如砂锅、瓦坛、瓷瓮、玻璃容器等。当然，如一些药物的制作有特殊要求，那就另当别论了。

（三）部分滋补酒选例

1. 中国滋补酒特点

中国的滋补酒的主要特点是在酿酒过程中或在酒中加入了中草药，或者以滋补养生健体为主，有保健强身作用。滋补酒用药，讲究配伍，根据其功能，可分为补气、补血、滋阴、补阳和气血双补等类型。《博物志》曾记载道："昔有三人冒雾晨行，一人饮酒，一人饱食，一人空腹。空腹者死，饱食者病，饮酒者健。此酒势辟恶，胜于他物之故也"。从这则记载可以看到酒对于健康的作用，但更能说明酒与药之密切关系的内在因素还可从以下几点得到发掘：

（1）食药合一 药往往味苦而难于被人们接受，但酒却是普遍受欢迎的食物，酒与药的结合，弥补了药的苦味的缺陷，也改善了酒的风味。相得益彰。经常服药，人们从心理上难以接受，但将药物配入酒中制成药酒，经常饮用，既强身健体，又享乐其中，却是人生一大快事。

（2）酒为百药之长 《汉书·食货志》中说"酒，百药之长"。这可以理解为在众多的药中，酒是效果最好的药，另一方面，酒还可以提高其他药物的效果。酒与药有密不可分的关系，在远古时代，酒就是一种药，古人说"酒以治疾"，本身就是一种酿造酒。古人酿酒目的之一是作药用的。可见古代酒在医疗中的重要作用。远古的药酒大多是酿造成的，药物与酒醪混合发酵，在发酵过程中，药物成分不断溶出，才可以充分利用。

2. 几种典型滋补酒

中国药酒种类繁多。按功效分，有祛风湿类药酒和滋补类药酒；按使用方法分，有内服类药酒和外用类药酒；按炮制工艺分，有酿制酒、浸制酒和渗漉酒。其具体操作程序大多是按配方先将药物适当粉碎，或与谷米一起酿制，或直接加入白酒浸渍、渗漉，制出酒剂，再经过静置、澄清、过滤、分装而成的。有些药酒还须配加冰糖或蜂蜜调味，改善口感。药酒的机理主要是使药物之性借助酒的力量遍布到身体的各个部位，它对于风湿痹痛以及气滞血瘀之症多有良效。

（1）人参枸杞酒

配方：人参 200g，枸杞子 3500g，熟地 1000g，冰糖 4000g，白酒 100kg。

制法：人参烘软切片，枸杞去杂装袋。两者随同白酒装入酒坛，加盖密闭 10～15d，每日搅拌 1 次。待到药味泡出，滤去渣滓，用炼过的冰糖搅匀，再过滤装瓶即成。

功效：适用于诸虚劳损之食少、乏力、自汗、眩晕、失眠、腰痛等症。

（2）延寿酒

配方：黄精 30g，天冬 30g，松叶 15g，枸杞 20g，苍术 12g，白酒 1000g。

制法：黄精、天冬和苍术切块，松叶切节，连同枸杞、白酒一起装入瓶中，浸泡 10～12d，滤汁饮用。

功效：补虚、强筋、滋肺肾，益精血。

（3）鹿血酒

配方：鹿血 200g，白酒 1000g。

制法：新鲜鹿血注入酒坛，注进白酒搅匀，静置 24h 后取上层清液在温水中烫热饮用。

功效：补虚弱，理血脉，散寒邪，止疼痛。

第四节　冰　　酒

一、冰酒的起源与发展

（一）冰酒的起源

冰酒，最早起源于德国，在德语中冰酒的德文"EISWEIN"。冰酒来源于一个美丽的故事，在 1794 年的冬季，一场早霜突然袭击了德国的弗兰克地区，几乎毁了当年的酿酒葡萄，酒农们迫于无奈只能将半结冰的葡萄进行榨汁，并用来酿酒。但是，出乎所有人的预料，酒农们酿制出了一种具有独特风味的葡萄酒——冰酒。这就是冰葡萄酒的来源，一个偶然的错误成就了冰酒。后来人们才逐渐发现，由于挂在树上的葡萄在经过冰冻及解冻过程后，使得葡萄里面的糖分及其他有益物质得到了浓缩，这造就了冰酒的独特风味，目前世界上最大的冰酒产区有英属哥伦比亚省和加拿大安大略省的尼亚加拉地区。中国也有部分地区能够生产冰酒，如云南的德钦、辽宁的桓仁等地区。

冰酒属于优质葡萄酒 Qualitatswein 中的最高级，天然果糖含量较高，酒色如金，口感滑润，甜美厚醇，香似柑橘和蜂蜜，入口后久久留香，被誉为"液体黄金"。由于生产工艺复杂、产地要求苛刻、产量极低，因此具有不菲的价格。冰酒的主要生产地有德国、奥地利和加拿大，其中加拿大的安大略省最负盛名。现在国内的一些企业也开始研发冰酒，但由于不同产地适合种植的葡萄品种不同，因此不同的冰酒生产国酿造冰酒采用的葡萄品种各异，如德国冰酒主要用"雷司令"（Riesling），加拿大则主要用"威代尔"（Vidal）。

（二）冰酒的发展概况

冰酒生产受自然气候条件的严格制约，国际上也只有加拿大等几个国家的条件较适合生产，但我国地域辽阔，地区气候差异显著，一些地区的气候完全具备生产冰酒的条件，如辽宁省灯塔市、吉林省长白山地区、甘肃省武威地区和高台县等，都具有生产冰酒所要求的冬季既早且漫长、骤冷骤热等气候特点。目前，国内不少企业纷纷涉足冰酒生产，也推出了数十个品牌，比如华东枫情冰白、祁连冰酒、通化雅仕樽冰酒、莫高冰酒、太阳谷冰酒等，但由于生产工艺不同，冰酒质量也有较大差异，与加拿大、德国的冰酒相比，差距就更大了。我国企业自主推出的几个品牌的冰葡萄酒在品质上的主要问题在于原料来源和葡萄品种，只要解决了这些问题，培养出特色品种的葡萄，我国也能生产出高质量的冰酒。如辽宁亚洲红企业集团生产的太阳谷冰酒在 2005 年获得伦敦国际评酒会金奖和 2006 年第 13 届布鲁塞尔国际评酒会金奖，伊犁葡萄酒厂生产的伊珠冰白、伊珠冰红，在第 2 届亚洲评酒会上也获得了金奖称号。这就充分证明我国有能力也有条件生产高品质且具有中国特色的冰酒。

1. 国内冰酒发展概况

目前，国内冰酒可分为 4 个层次：一是原装进口的正宗冰酒，主要来自加拿大和德国，代表品牌有浪力、圣劳伦斯、蓝冰博士等；二是非原装进口冰酒或从加拿大等冰酒生产国进口原料在国内稀释后灌装的冰酒产品；三是国内品牌冰酒，主要由国内通化雅仕樽、长白山、莫高、祁连等少数拥有冰酒生产所需条件和技术设备的厂家生产；四是类、仿冰酒，即打着冰酒的旗号，用糖、葡萄汁、酒精等调配出来的或是采用人工冷冻葡萄等不合标准的方法生产的葡萄酒，这些产品在市场上颇为常见，售价较低。

我国对于葡萄酒生产及葡萄种植的历史可以追溯到 2000 多年前的汉朝，那时是从宛国（今新疆）引进葡萄并开始种植葡萄，酿造葡萄酒，进入到唐朝后，更有了著名诗句"葡萄美酒夜光杯"的美誉。随着历史车轮的向前推进，在 1892 年的烟台，张弼士先生创办的张裕葡萄酒公司开启了近代中国葡萄酒工业的大门。与此同时，他还引进了蛇龙珠、雷司令等优良品种并栽植在其兴建的葡萄园中。

由于葡萄酒在我国的历史十分的久远，人们对于葡萄酒已较为熟悉。然而"冰酒"一词，在我国听到的时间并不长。冰酒的历史，在国外已经有大约 200 多年了，而我国冰酒行业的生产历史却只有 10 年左右，但是发展势头较为迅猛，且广受消费者欢迎。

中国生产冰酒的地区有：新疆伊犁河谷地区、辽宁的桓仁、云南的德钦、甘肃河西走廊、黑龙江等。新疆作为我国主要的葡萄生产基地，有着悠久的葡萄酒生产历史，又拥有着得天独厚的光热资源优势。其中新疆伊犁的河谷地区有着类似于加拿大安大略省（国际著名冰酒产地）尼亚加拉半岛的气候条件，其四周天山环绕，冬季降温缓慢，气候温和潮湿。农四师 70 团研究人员充分利用当地特有的气候优势于 2002 年开始研究冰酒的生产，并成功生产出冰酒。目前，农四师 70 团所在地同时被国家农业部列为"冰葡萄酒之乡"。

辽宁的桓仁地区是我国的冰酒生产地区之一，在那里由于冬季气温通常会低于 -20℃，但是如此的低温会造成葡萄枝和芽的冻伤。因此，冬季需要进行埋藤处理。而埋藤存在两个问题：第一，过早埋藤，将间接影响冰酒的品质，这是因为此时的果实尚未完全成熟，营养物质不足；第二，过晚埋藤，将会加大埋藤操作难度，这是因为温度过低会造成土壤冻结。针对于葡萄在树体上结冰与葡萄树埋土防寒之间的矛盾，专家根据当地的气候特点，给出创造性的解决办法，即提出了在自然条件下进行离体冷冻，这样一种创造性的冷冻方法。该离体冷冻方法的具体操作为在葡萄藤埋土之前，连葡萄浆果和枝条一同剪下，绑在铁线上，并在自然条件下让葡萄结冰。2006 年，张裕葡萄酒公司与加拿大最大冰酒生产企业之一奥罗丝公司合作，在辽宁东部桓龙湖畔建成了全球最大冰酒酒庄。

甘肃河西走廊一带是酿酒葡萄产区，且是中国最好的产区之一，其中莫高葡萄庄园就建于此处。莫高庄园充分利用这一带的地理优势，并生产冰酒。由于有沙枣、白杨等树木作为防护带，而形成了较多的小气候，在每年的 11～12 月，通常温度可达−12℃并可持续 6～8h，在这种条件下，葡萄可自然结冰，且随着采摘时间推迟，葡萄果汁的浓度越浓，所酿造的葡萄冰酒品质越好。

学术界曾一度认为北纬 40°以下的地区不适合酿酒葡萄的种植，但是有 100 多年酿酒葡萄种植历史的云南，彻底否定了这一看法。云南最早的酿酒葡萄是由一位法国的传教士带入的，他将法国野和玫瑰蜜等酿酒葡萄引入到云南德钦县茨中，目前那里还存有百年历史的葡萄树。在云南省的德钦县，不仅可以酿制出干红葡萄酒，而且还酿制出了有着"液体黄金"之称的冰葡萄酒。从气候条件因素来看，在德钦的布村，赤霞珠葡萄的生长成熟期与云南其他地方相比，晚了至少两个月以上，这主要是因为这里相对独特的高原气候造成的，同时，由于雪山环绕，气温在 10 月的下旬下降较快，11 月至来年的 3 月气温普遍较低，其中 12 月的平均气温均低于−3℃，夜间温度经常在−8℃以下，这样的气候条件是完全满足作为冰酒葡萄原料的种植及冰酒的酿制。从葡萄原料的糖分来看，在德钦县布村，9 月份成熟的赤霞珠葡萄，其葡萄汁糖分可超过 210g/L。在 9～12 月期间，葡萄与葡萄藤仍然保持物质交换，这保证了冰酒葡萄原料的品质。在葡萄经过 30 多天的自然冰冻及脱水后，到 12 月的中下旬，葡萄经采收并压榨得到的葡萄浓缩汁可达 350～500g/L，其所含糖分远远高于 320g/L，酿制冰葡萄酒所需糖分的要求。云南省德钦县布村酿制的梅里圣地冰红酒，经专家鉴定其色泽为宝石红色；口感细腻、柔软滑嫩、余味长久；香气浓郁、且蜜香、干果香及果香优雅协调。另外，在我国东北长白山种植的山葡萄，由于长白山区的自然条件及气候与加拿大冰酒产区相近，故而可以将山葡萄用来酿制山葡萄冰酒。也有专家认为，秦岭北麓一带（西安）是生产冰葡萄酒原料的优良产区。

自我国加入世界贸易组织后，我国的经济发展更为迅速。葡萄酒业也是如此，纷纷引进国外的先进工艺和生产设备，同时引入优良的葡萄品种，构建和完善自身的葡萄园，竞相生产出具有各自特色的优质葡萄酒。其中，冰酒的发展也是如此，当然也存在着不足，比如，国内对于冰酒市场缺乏足够的监管力度，致使冰酒市场较为混乱。

2. 国外冰酒发展概况

德国——冰酒的故乡，也是冰酒生产的传统国家。冰酒在德国有着相关的法律进行规范和约束，是优质高级葡萄酒中的最高级。众所周知，冰酒有着较为苛刻的自然条件限制，使得冰酒并不是年年都能够生产的。在德国，每 10 年中约有 6～7 个年份能够生产冰酒，然而即便是较适宜的冰酒生产年份，其产量是非常低的，大概不足 100 瓶每公顷葡萄园（而一般优质葡萄酒可生产 6000 瓶每公顷）。因此，德国的冰葡萄酒都是十分珍贵的，再加上每一瓶冰酒中所蕴含的工艺成本、劳动价值、风险投入等都铸就了德国冰酒的高贵品质。所以，德国冰酒的昂贵是物有所值的。如果要从众多的德国冰酒中，要选择一款好的冰酒，那么首先就要看其葡萄品种了，雷司令是德国白葡萄品种中当之无愧的无冕之王，漫长而寒冷的气候使其具有雅致的风味，她具有的自然酸度能够平衡酒中的甜度，让酒甜而不腻，并增强了酒的结构美感，她还具有让人迷恋的水果和鲜花香气。

毫无疑问，加拿大在生产冰酒方面有着得天独厚的自然气候条件，这是德国和奥地利所不能比拟的。加拿大冰酒有4个产区：安大略省、英属哥伦比亚省（BC省）、魁北克省和新斯科舍省，其中安大略省冰酒产量占全国的80%以上，且符合VQA冰酒标准的产区只有安大略省和BC省。现在，冰酒已成为安大略省的拳头产品和加拿大的液体宝藏。加拿大冰葡萄酒每年产量约为23000箱，仅占全部葡萄酒产量的2%。因此，冰葡萄酒便成了高位产品，平均价格为135加元（＄103），而相应的夏敦埃葡萄酒仅为17加元（＄13）、墨尔乐葡萄酒21加元（＄16）。加拿大冰葡萄平均年产量超过其他国家，在德国赶上好年月能生产一些，但由于气候的缘故产量不很稳定。这4个酿酒产区中，最为重要的是安大略省，其冰酒产量超过加拿大冰酒产量的80%，而英属哥伦比亚省和安大略省是符合VQA冰酒标准的产区，所谓VQA是指葡萄酒商质量联合会体系。在1973年，BC省的沃特·海恩勒葡萄酒厂酿制出了加拿大的第一支冰酒——雷司令冰酒，而安大略省则是在1983年开始生产冰酒的。虽然安大略省生产冰酒的历史短暂，但由于安大略省生产的冰酒屡次在各种国际大赛上荣获最高大奖，从而奠定了安大略省在冰酒中的霸主地位。据悉，安大略省每年都会在1月的时候举办冰酒节，涵盖有各种娱乐活动还有美食、及冰雕等，当然还会有冰酒节里最重要的活动——品尝冰酒。

奥地利，最著名的葡萄酒生产国之一。其中奥地利生产的甜酒和冰酒更是享誉世界，这主要得益于其严厉的生产管理及葡萄酒法律。奥地利也有四个冰酒产区，他们分别是：Wachau产区、Burgeland产区、Styrie产区、Vienna产区。奥地利冰酒的特点：其色泽呈现为深琥珀色或者为金黄色，其口感甜蜜（通常含糖量≥115g/L），包含着柔和而又强烈的果香，如李子、杏、荔枝、梨等水果香气。

二、冰酒的生产

（一） 冰酒的标准

在不同国家，冰酒有着不同的标准。按德国的葡萄酒法律，酿造冰酒的葡萄需要在自然状态下，经过−8℃以下的低温，且最少经过6h的自然冰冻。葡萄的采摘应在凌晨的3点左右，因为阳光的照射会使冰融化导致葡萄腐烂。葡萄被采摘后应尽快送入酿酒场所，进行压榨。压榨时应保留住结冰状态的水分，并使浓缩的果汁从葡萄内压榨出来，而后将浓缩的果汁进行发酵，得到的葡萄酒称之为冰葡萄酒。

冰酒在加拿大被定义为使用的葡萄必须是在−8℃以下，挂在葡萄枝上，经过自然冰冻的葡萄，用这样的葡萄酿造，得到的葡萄酒才称为冰酒。其大概流程是将还处在冰冻状态的葡萄进行压榨，得到少量葡萄浓缩汁，将其用来进行低温发酵，经过数月的陈酿后装瓶。

我国作为世界冰酒的产区之一，也对冰酒的定义做出了界定。冰酒在《中国葡萄酿酒技术规范》中是指葡萄的采收期被向后推迟，并在低于−7℃的气温时，让葡萄在葡萄藤上保留一定的时间使其结冰，再进行采摘、压榨、发酵，用此种方法酿造的葡萄酒称为冰酒。

（二） 酿造冰酒的葡萄品种

可用于酿造冰葡萄酒的葡萄品种主要有：威达尔（Vidal）、雷司令（Riesling）、霞多丽

（Chardonnay）、米勒（Muller Thurgau）、白品乐（Pinot Blance）、贵人香（Italian Riesling）、赤霞珠（Cabernet Sauvignon）、琼瑶浆（Gewurztra miner）、灰品乐（Pinot Gris）、美乐（Mer-lot）、长相思（Sauvigon Blance）等。

（三） 酿造冰酒酵母

适宜的酵母对酿造优质葡萄酒很重要，有酵母才有葡萄酒是现代葡萄酒界的共识。葡萄酒酵母属子囊菌纲，酵母属，啤酒酵母种。有卵形、椭圆形、柠檬形、圆球形和圆柱形。菌落为圆形，奶黄色，边缘整齐，表面光滑，中心部位略凸，明胶状，培养基颜色不变。细胞的大小由于种类、环境条件的不同而有较大差别，一般为（3～10）μm×（5～15μm）μm。

冰酒酵母的筛选首先要考虑发酵速度和总酸挥发酸的情况，其次冰酒酵母要能在发酵过程中充分的释放冰葡萄的典型性香气，尤其是其突出的细腻优雅的花香和果香。冰酒全程在10～13℃下低温发酵，高渗胁迫作用使冰酒挥发酸高于一般葡萄酒，并且冰葡萄含糖量一般高于350g/L，所以要求冰酒酵母能耐低温、产挥发酸少并且在高糖度条件下保持活性。综上，选择适宜的冰酒酿造酵母相比选择其他酒类酿造酵母需要考虑更多方面也更加重要。

加拿大、德国等冰酒生产大国从酿酒酵母中分离出了多种适合于酿造酒的酵母，下面介绍几种酵母的基本情况。

1. K1 适合酿造新鲜优雅富香型干白/干红/桃红/冰酒

该酵母能突出表现白葡萄品种的优雅特质，与其他酵母菌株相比较，使用此酵母所酿的干白葡萄酒果香更加清新和持久。在低于16℃的发酵温度和提供充分营养的情况下，它能产生丰富的花香酯类，这些酯类能够赋予葡萄酒新鲜和芬芳的香气。它属于嗜杀性菌株，低氮源需求，宽发酵温区（10～42℃），高酒精耐受度（18%）。K1酵母是对困难发酵条件最具抵抗力的高产酯酵母，即使所处环境是低浊度、低脂肪酸含量或低温，亦表现出一定的发酵综合优势。此酵母还适用于酿造干红、桃红和冰葡萄酒。

2. R2 适合酿造优质干酒/冰酒/再重启

此酵母有良好的低温发酵能力，在5℃时还能继续发酵，发酵速度适中，迟滞期短。如果发酵环境营养缺乏，添加酵母活化剂 Go-Ferm 和营养剂 Fermaid K，能预防挥发酸的生成。它能促进花香和果香前体释放，因此特别适合果香型葡萄品种的发酵，如贵人香、霞多丽、白诗南、长相思、雷司令、玫瑰香和白玉霓等，能充分表现这些品种的香气特质。由于这些特点，它可以用来重启发酵，也是加拿大生产高档冰酒使用的主要菌种。

3. DV10 酿造高档浪漫优雅香槟/干白/冰酒/果酒

该酵母属嗜杀菌株，具有优秀的发酵能力，即使处于低 pH 值、高 CO_2 或低温环境，亦能完成发酵，其抗压力强，酒精耐受度高（18%），发酵温度范围宽（10～35℃），氮源需求较低，挥发酸产量低，陈酿时自溶作用良好，突显酒的雅、爽、润。酵母可以二次发酵，是起泡葡萄酒（如香槟）的重要酵母品种。此外，其适用于各种水果酒发酵，亦可用于重启发酵和冰酒发酵。

4. R-HST 酿造鲜香型干白/冰酒

此酵母即使在低温条件下也能起酵迅速，酒精耐受度15%，发酵温度范围10～30℃。它具有嗜杀性，竞争活力超过腐败酵母菌（如柠檬形克勒克酵母），强于其他酿酒贝酵母。R-HST 能够突出表现黑品乐、贵人香、雷司令等葡萄品种典型香气，作为酿造优雅鲜香型白葡萄酒的首选酵母，它能极大地提升酒体结构和口感饱满度。此酵母能够充分表现果香特质、突显不同葡萄产地带来的差别，并且可以使包装出厂的葡萄酒保持最初的果香，同时担当着德国高档冰酒发酵的重任。

（四） 冰酒的工艺流程

冰酒的工艺流程为：冰冻葡萄→采摘、分选→压榨→浓缩葡萄汁→澄清→控温发酵→葡萄原酒→陈酿→澄清→冷冻→过滤除菌→灌装→成品。

1. 采摘分选

延缓葡萄采收期至严冬，让葡萄经过几次冰冻和解冻的过程。采摘分选冰葡萄必须在夜间进行，次日上午 10 时之前完成。选择无生青、病腐果立即压榨。

2. 压榨取汁

在压榨过程中，外界温度必须保持在 −8℃ 以下。同时，按 80mg/L 计算添加亚硫酸。压榨出冰葡萄酒中的黏稠汁液需要施加较大压力，榨出来的葡萄汁只相当于正常收获葡萄的五分之一，却浓缩了很高的糖、酸和各种风味成分。浓缩葡萄汁含糖量为 320～360g/L（以葡萄糖计），总酸 8.0～12.0g/L（以酒石酸计）。

3. 发酵控制

将浓缩汁升温至 10℃ 左右，按 20mg/L 添加果胶酶澄清。澄清后，按 1.5％～2.0％ 接入酵母培养液进行控温发酵。控制发酵温度在 10～12℃，缓慢发酵数周。

4. 后加工处理

发酵原酒经数月桶藏陈酿后，用皂土下胶澄清。澄清温度不超过 8℃，同时调整游离 SO_2 至 40～50mg/L。然后经冷冻、过滤除菌、无菌灌装，制得成品冰酒。

（五） 冰酒的理化指标

冰酒的理化指标见表 7-6。

表 7-6　冰酒的理化指标

理化指标	参数	理化指标	参数
还原糖/(g/L)	125.0	游离二氧化硫/(mg/L)	50
蔗糖/(g/L)	10	挥发酸/(g/L)	2.1
酒精度(体积分数)/%	9.0～14.0	干浸出物/(g/L)	30
总二氧化硫/(mg/L)	200		

（六） 冰酒的特点

冰酒被誉为"液体黄金"有着不同于其他葡萄酒的独特风味。冰酒含有较高含量的天然果糖和葡萄糖，同时又富含矿质元素、维生素和多种活性物质，是优质葡萄酒中的上品。其口感细腻、圆润、甜而不腻、柔软滑嫩、余味长久等特点，香气浓郁、蜜香、果香和干果香协调。冰酒对于预防心脑血管疾病、延缓衰老、减少脂肪堆积、保护视力等具有的作用，目前，冰酒已然成为人们热衷消费的新宠儿。

三、影响冰酒品质的因素

（一） 渗透压-糖度

在葡萄浆果中，糖类主要有：葡萄糖、果糖、少量的蔗糖及其他糖类。葡萄浆果中，葡萄糖与果糖大致比例在 0.7～1.4 范围内，且葡萄的成熟度越高，果糖含量越高，在发酵时，酵母更倾向于利用葡萄糖，之后才是果糖。众所周知，在葡萄酒的酿造过程中糖是酵母生长繁殖的能量来源。如果发酵液中缺乏糖的存在，那么酵母就会很快死亡，导致发酵停止。只有在适宜的糖浓度的情况下，才有利于酵母的生长繁殖，使得酒精发酵顺利进行。若发酵液中糖浓度过高，将使酵母菌个体失去水分，体积萎缩等，对酵母的生长繁殖造成不利的影响，可能会使的酒精起始发酵缓慢。

冰酒的酿造过程中，糖是酵母生长繁殖所不可或缺的。另外，对于酵母的而言，冰酒发酵液中的糖度可达到 $350\sim500g/L$ 的高浓度，是冰酒发酵液中高渗透压的主要来源，这对于酵母的生长繁殖具有一定的胁迫抑制作用。因在酿造冰酒时，酵母应选择具有耐高渗透压的酵母。

冰酒发酵液的高糖度，虽然对酵母进行酒精发酵具有一定的影响，但是对于冰酒品质而言同样存在有利的一面，如高渗透压有利于海藻糖、甘油等的生成。有研究表明，发酵液中的渗透压对酵母内甘油的浓度起着调节作用，甘油对于可以增加葡萄酒口感的复杂性，降低葡萄酒中酸的刺激感，使葡萄酒在入口时变得圆润，冰酒中含有一定的甘油有利于提升冰酒的品质。海藻糖是生物应激性的代谢产物，普遍存在于自然界的微生物中，研究指出了近百余种植物、藻类、真菌、酵母、细菌和无脊椎动物如虾、昆虫、线虫等都含有一定量的海藻糖。值得注意的是有些真菌的海藻糖含量可超过其自身干重的 $1/5$，如霉菌、酵母等。由于海藻糖具有较多的生物活性功能，被广泛应用于各个行业。因此，海藻糖的存在无疑将为冰酒品质的提升起到推动作用。

（二） 二氧化硫

在葡萄酒的生产过程中，作为添加剂的二氧化硫有着许多的作用，包括有杀菌、抗氧化、澄清、提高色素浸出率等多重功效。然而二氧化硫在葡萄汁与葡萄酒中以两种方式存在：一种是以游离态存在；另一种则是结合态存在，其中作为游离态存在的二氧化硫更为有效。众多作用中，最为人们所熟知的就是二氧化硫的杀菌及抑菌作用，已被广泛应用在各个行业。游离二氧化硫能够有效地抑制各种微生物的生长繁殖，但酿酒用的商业活性干酵母对二氧化硫具有一定的抗性。在各种微生物当中，细菌对于二氧化硫最为敏感，很容易被二氧化硫所杀死，接着便是柠檬形克勒克酵母。二氧化硫是一种酸性氧化物，易溶于水，可以降低葡萄汁或葡萄酒的 pH 值，加强葡萄汁或葡萄酒对微生物生长的抑制作用。因此，可以通过调节二氧化硫用量来达到抑制杂菌的生长，来降低挥发酸并提高冰酒品质。

二氧化硫还具有抗氧化作用，保护葡萄汁不被氧化。在常温没有二氧化硫的保护下，成熟的葡萄会在破碎 8h 后就发生氧化"褐变"，而过度成熟的葡萄会在破碎 4h 后出现"褐变"。这主要是由于葡萄原料中存在的多酚氧化酶的催化作用，出现的"褐变"将严重影响葡萄酒的质量，若发酵基质中存在足够的二氧化硫，即可防止"褐变"的产生。这是因为二氧化硫可以抑制多酚氧化酶的活性，二氧化硫还可以和发酵基质中的氧结合，防止酒中的其他物质被氧化。因此，在酿造冰红葡萄酒时，为防止氧化通常采用边破碎边滴加亚硫酸的方法。

二氧化硫还有助于提取色素，Mazza 和 Miniati 研究表明，当溶液中有二氧化硫存在时，提取葡萄皮中的花色苷效果较好分析。原因认为：首先，可能是由于葡萄浆果中果皮细胞被二氧化硫破坏；其次，可能是由于氧化酶被二氧化硫破坏或其活性被二氧化硫抑制了。前者有利于色素的提取，后者可保护色素不被氧化。

二氧化硫对葡萄酒品质改善具有重要作用，正确地使用二氧化硫会给葡萄酒带来以下有利影响：提升葡萄酒的色度、澄清葡萄汁、挥发酸下降、改善葡萄酒的口感，如减轻醋味、氧化味、泥土味等，还可保持果香；但是若二氧化硫使用不当将产生不良效果，如产生刺激性气味（H_2S）并对人体产生不良后果、二氧化硫添加过量将对酵母的生长繁殖产生抑制作用导致发酵迟缓等。

（三） 温度

在葡萄果实的成熟过程中，温度就已经开始发挥作用了，并贯穿于冰葡萄酒的整个发酵过程、陈酿过程及瓶贮过程，发酵过程的温度控制尤其重要。如果在冰葡萄酒的酿造阶段就没有控制好温度，那么即便是优良的葡萄品种、最好的葡萄原料，也无法酿造出高品质的冰葡萄酒。首先，不同的发酵温度将产生不同的香气物质，如较低温度时得到的更多是酯类物质；较高温度时，高级醇含量增加。其次，当温度较高时，发酵液中产生的挥发性香气物质，会随着 CO_2 的排出而损失掉一部分，造成葡萄酒中香气物质含量降低。因此，在葡萄酒的酿造过程中温度的控制对葡萄酒的品质具有重要作用。

（四） 搅拌次数

冰酒酿造过程中搅拌的作用，首先，搅拌可以使发酵液和葡萄皮充分的接触，有利于葡萄皮中的花色素等其他有益物质的溶解。其次，搅拌可以为发酵液中提供适量的氧气，特别是在高糖低温的环境中，这对于酵母菌的生长繁殖尤为有利。酵母菌在完全无氧的条件下，只能繁殖几代，便停止了，这时提供少量的空气，它们便可恢复繁殖能力，但是若处于长期缺氧的状态，那么酵母容易死亡。再次，搅拌可以将发酵物质充分搅匀，有利于发酵的进行。最后，搅拌可以降低温度，防止发酵液局部过热。

当然能够影响酵母生长繁殖和冰酒品质的因素还有很多，如酵母菌自身的性质、冰酒发酵液的 pH 值、冰酒发酵液营养，发酵后期的酒精浓度等。

四、冰酒品质的评定指标

（一） 酵母生长情况

在葡萄酒酿造工业中，酵母无疑扮演着一个不可或缺的重要角色。葡萄酒中的酒精（当然包括冰酒），就是由酵母将葡萄汁中糖分转化而来，而且葡萄酒中的某些香气成分及口感等都会因为酵母品种的不同而不同，而且不同的酵母的发酵能力也不相同，也会对葡萄酒的品质产生影响。因此，可以说酵母在一定程度上影响着葡萄酒的品质优劣。对于酵母生长情况可以通过以下几个因素判断：第一，酵母的形态，如果酵母生长良好，其形态饱满，而病态的酵母，则矮小，瘦弱；第二，酵母的死亡率；第三，酵母的总数。

（二） 海藻糖含量

在冰酒中，存在一种被誉为"生命之糖"的二糖——海藻糖。海藻糖（trehalose）是非还原性双糖，其分子式是 $C_{12}H_{22}O_{11} \cdot 2H_2O$，并由两分子的糖结合而成的，且存在三种空间同分异构体。因为海藻糖属于生物应激代谢产物，故而冰酒中的海藻糖来源，主要是冰酒发酵液中酵母应激代谢产物。之所以成为"生命之糖"是因为海藻糖具有多种生物活性功能，对生命体具有保护作用。研究指出，失去 90% 水分的酵母，在遇水后仍能复活，后发现这是因为有海藻糖的存在，这说明其具有抗脱水功能。对于海藻糖的抗脱水功能，存在 3 种假说，包括有"优先排阻"假说、"水替代"假说和"玻璃态"假说。海藻糖还对生物的核酸、蛋白质和生物膜等生物大分子良好的保护作用。另外，海藻糖作为一种潜在的自由基清除剂，同样具有重要作用，如酿酒酵母和白假丝酵母菌在海藻糖的保护下能免受氧化应激的损伤。海藻糖也可保护生物体免受热、干燥和缺氧的损伤，如在长时间遭受缺氧或缺血的情况下，动物组织将产生不可逆转的损伤，然而体内海藻糖浓度较高的果蝇可处在完全氮气的环境中 4h 却不受损伤。海藻糖的具有抗辐射功能特性，可保护 DNA 免受放射性物质损伤。如当海藻糖为 10mmoL 时，DNA 可抵抗 4 倍剂量的 β-射线及 γ-射线，并且随着海藻糖含量的升高，保护作用增强，基于海藻糖的功能的优越性，且被广泛应用于各个行业。因此，冰酒中海藻糖含量的高低将对于冰酒的品质产生重大的影响。

（三） 挥发酸含量

挥发酸是评定和鉴别葡萄酒品质的重要指标之一。主要包括有乙酸、甲酸、丙酸及丁酸等，不包含琥珀酸、乳酸以及亚硫酸和碳酸等。挥发酸中最主要的是乙酸，其含量大概超过 90%。少量的挥发酸有利于增强葡萄酒的结构感，但过量的挥发酸会对葡萄酒的品质产生极大的负面影响，如可能掩盖葡萄酒具有的怡人果香及酒香，而散发出乙酸味。对于冰酒，OVI 标准对规定了严格的挥发酸上限为 2.1g/L。在发酵过程中，挥发酸的来源主要有两大类，一类是正常发酵产生的，包括有酒精发酵阶段和苹果酸-乳酸发酵阶段产生的；另一类是由于感染病害所产生的，包括有苦味病、甘露糖醇病、酒石酸发酵病以及醋酸病害等。

在实际生产中，通常可以发现冰酒挥发酸的含量普遍高于其他品种的挥发酸含量。如云南太阳魂酒庄生产的干红葡萄酒的挥发酸含量普遍在 0.4~0.6g/L；而云南梅里酒庄生产的冰酒挥发酸则大概在 1.0~2.0g/L。对于冰酒具有高挥发酸原因，研究人员发现，在含糖量高的发酵液中，酵母将产生挥发酸来抵消外界一部分的高渗透压。因而有研究人员开始寻求产生低挥发酸的酵母，其中酵母 Zymaflore ST 便是该类酵母代表，该酵母由 Barbe 等人从贵腐葡萄汁中分离出来，其挥发酸产生量较低，该结论也被其他的研究人员所证实，如在冰葡萄酒的酿造过程中 Zymaflore ST 产生的挥发酸是最少的。Masneuf 等研究指出，在冰葡萄酒的发酵过程中，随着起始发酵液中二氧化硫含量的增加，乙酸含量呈线性减少。鉴于挥发酸对于评价冰酒品质的重要性，如何降低其含量还有继续待于深入研究。

第八章　其他果酒加工工艺

　　水果酒是人们喜爱的饮料酒之一，它不仅能振奋人的精神，还具有一定的营养功能和某些特定疗效。水果酒酿造简单、营养丰富、品种繁多、酒体中酒精含量适中，是饮料酒中不可缺少的组成部分。

　　我国水果（包括栽培和野生两大类）资源丰富、种类繁多、产量大，例如苹果、梨、桃、橘子（广柑）、杏、葡萄、山楂、草莓、杨梅（香梅、金梅）、石榴、大枣（山枣）、猕猴桃、沙棘果、樱桃哈密瓜、西瓜、橄榄、蜂蜜等，利用各类水果酿造口味不同，风味各异的各种果酒在我国已有悠久的历史。随着经济的发展，生活水平的提高，开发、利用各类资源（包括各类野生资源）已成为必然的趋势，由于水果中含有大量的糖类物质、有机酸、维生素等可被人类食用及利用和人体必需的物质，所以利用各种水果酿造果酒以满足不同品位的需求者的消费。此外，果酒还可作为鸡尾酒的调配酒基。

　　现代果酒的酿造工艺主要由以下几种方法：

　　（1）传统发酵法　是指果浆或果汁经酵母（自然酵母或人工培养酵母）在一定的温度条件下，将果酱或果汁中的糖发酵终了而自然终止的方法。发酵法是酿制干型果酒的唯一有效方法，发酵结束后原酒残糖含量低，便于储藏与管理，发酵法生产的果酒具有浸出物丰富、口感醇厚、厚味绵长、酒香优美、水果味鲜明等特点。

　　（2）浸泡法　用高糖度糖液或高酒精度的食用酒精（酒精体积分数为 40%～60%）浸泡果实的方法，果汁含量少的水果（如山楂、红枣等）适用此方法。果汁含量少的水果适用此方法（如山楂、红枣等），其特点为操作简单、浸出率高、成本低、色泽较好、不易受微生物侵害、能保持较好的水果香味等。

　　（3）发酵法与浸泡法结合　兼顾两种方法的优点，生产出既经济、口感又好的果酒。

　　大部分的果酒生产工艺与葡萄酒的酿造工艺相似，所以果酒的酿造大都可以参照葡萄酒的酿造工艺，由于各种水果的理化特征差异，在工艺流程上有所区别。

　　果酒来源于果实植物的果实酿制，其含有丰富的营养成分、很多种类的氨基酸，特别是硫、磷、钠、钾等以及微量元素锌、铜、氟、硒等。研究表明，果实酿制后在果酒中还含有丰富的维生素 A、维生素 C、维生素 D、维生素 E、维生素 B_1、维生素 B_3、维生素 B_5、维生素 B_{12}、叶酸等，这些物质在人体生理代谢过程中起着重要作用。同时维生素在酿造过程的微生物发酵中也得到强化。

第一节　苹果酒加工工艺

　　苹果酒是以新鲜苹果为主要原料酿造的一种果香芬芳、酸甜适口、营养丰富的饮料酒。苹果酒（法语叫做 Cidre，从英语 Cider 音译也叫"西打酒"）是世界第二大果酒，产量仅次于葡萄酒，生产遍布于世界各地的苹果产区。英国、法国、德国、西班牙、爱尔兰、瑞士、丹麦、南非、澳大利亚、新西兰、北美各国、中国等都有苹果酒的生产。

一、苹果酒的起源与发展

一般认为，苹果酒最早出现于公元 1 世纪 Pliny 时代的地中海盆地，是人们在保存苹果汁过程中不经意得到的一种饮料。公元 3 世纪苹果酒流行到欧洲，4 世纪 St. Jerome 用"Sicera"来描述用苹果制造的饮料，这也许就是"Cider"一词的由来。但它真正兴盛于中世纪早期（公元 8 世纪）的法国西北部诺曼底和不列塔尼地区以及西班牙北部的巴斯克地区。公元前 55 年，罗马人入侵大不列颠时，为了使退伍士兵定居下来，在英国建起了苹果园，但是直到诺曼征服时期（公元 1066 年）法国人将适合酿酒的苹果品种 Pearmain 和 Costard 带到英国，英国才有了酿造苹果酒的历史记载。从 11、12 世纪开始，欧洲苹果酒的酿造形成产业化，并且越来越受到重视。修道院的修士在其领地种植苹果，酿造成酒出售给民众，每个农场主都自己酿造苹果酒，到收获季节它常常作为劳动报酬的一部分，供自己家人及工人们消费。但那时的苹果酒与现在的苹果酒大不相同，它更像酒精和醋的混合物。到了 19 世纪末，由于铁路运输和灌装业的发展，1887 年英国的 Percy Bulmer 在赫勒福德郡建立了第一个工业化的苹果酒厂，现今已成长为世界上最大的苹果酒酿造公司——HP Bulmer 公司。那时苹果酒的价格比啤酒便宜，酒精度大约在 7％（体积分数），从那以后，苹果酒的消费量持续增加，但 1919 年后，由于美国一度禁止生产和销售苹果酒，使苹果酒消费量有所下降。近几年历史又循环回来，传统的苹果酒制造业正经历一个复活期，一方面是因为设备的现代化和产品质量的提高；另一方面由于开展了以年轻人为目标的强有力的促销活动。

目前世界上苹果酒的生产已覆盖了世界上大部分温带地区，欧洲苹果酒主要生产国有英国、法国、西班牙、德国和瑞士。而美国、加拿大、中美洲各国、南美洲各国和澳大利亚的苹果酒酿造工艺由欧洲移民引入，尤其由那些来自法国的诺曼底地区、布列塔尼地区、德国的威士伯登地区、西班牙的巴斯克地区和英国的北爱尔兰地区的移民。目前在国际酒类市场上，苹果酒是一种重要的水果类酒，属于大宗流通商品。

英国苹果 40％用于苹果酒加工，为了满足苹果酒酿造商对不同品种的需求，英国栽培有超过 350 种的苹果，包括一些诸如猫头、羊鼻子等奇怪名字的品种。英国西部的德文郡、萨默塞特郡、赫勒福德郡、伍斯特郡、格洛斯特郡为酒用苹果的主要产区。从 1995 开始，英国苹果酒的年产量为 500 万吨左右，占欧盟总产量的 60％以上，目前是世界上最大的苹果酒生产国。

法国苹果酒的年产量约为 30 万吨，是紧随英国、南非之后的第三大苹果酒生产国，仅诺曼底地区年产万吨以上的苹果酒厂就有六个之多。除了工业化生产的苹果酒外，法国还以其有淡淡香味、起泡、贮存于香槟风格瓶子中的传统法国苹果酒而著称。它采用类似于香槟的"留糖法发酵工艺进行发酵，注重专用酿酒苹果品种的选用和混合，并且在酿造过程中通过各种方法控制苹果汁发酵速度，使其缓慢进行，留部分糖不被发酵，作为酒灌装后最终甜味和 CO_2 的来源。与英国苹果酒相比法国苹果酒更具有文化气息，有一种特别的苹果酒之旅，在游客欣赏大自然、领略乡村风情的同时，你可以欣赏到传统的法国苹果酒及其制造工艺。法国北部的诺曼底地区、不列塔尼地区是苹果酒主要产区，而诺曼底的 Pays d' Auge 是最重要的苹果酒生产地。

作为苹果酒起源国家之一的西班牙，以其传统的西班牙苹果酒而著称。它用不同品种苹果混合发酵而成，贮存于传统风格的果酒瓶中，由于干、酸并有柔和的单宁而具有绿苹果、香草、李子和蜂蜜的复合风味。

苹果酒在美国一度是最为普通的酒精饮料，但今天它只占据市场的极小部分。苹果树种子是英国移民带到马萨诸塞的第一批货物之一，苹果和苹果酒曾经是美国历史的一部分。早期移民刚到新大陆时，因为害怕感染疾病很少饮用牛奶；茶和咖啡对一般人来说又过于昂贵；啤酒虽然很普遍但都是当地的产品。因为无需像制作啤酒时的煮制糖化，也无需像制作白兰地时的蒸馏，苹果酒和梨酒容易制作，价格便宜，成了移民们的首选饮料。1775 年新英格兰 10% 的农场拥有自己的苹果酒作坊。1790 年的美国，农业仍占据主导地位，96% 的人口以农业为生，在农场里自己酿造苹果酒是很普遍的。因为它容易得到，在农村又是非常有用的日用品，而货币又十分稀少，它就像当年在英国那样很快成为一种商品交换单位，被农民当作报酬支付给医生、教师和其他为他们提供服务的专业人员。

中国的苹果酒加工开始于新中国成立以后，辽宁生产的熊岳牌苹果酒在 1963 年、1979 年、1984 年的全国评酒会上被评为国家优质酒。此外，辽宁瓦房店酿酒厂生产的高级苹果酒和四川江油酒厂生产的苹果酒也曾获得省优和部优称号。1981 年，一种半甜性的起泡酒——烟台苹果香槟在胶东半岛问世，它标志着我国苹果酒的开发迈上了一个新台阶。河南省济源市宫殿酒业公司，从 1996 年下半年开始苹果干酒的开发，并于 1998 年春节前夕推出了苹果干白。青岛琅琊台酒厂、烟台金波浪酿造公司、泰山生力源公司、烟台张裕公司在最近几年也相继开发出各具特色的苹果酒，并且得到市场认可。

二、苹果酒的分类

（一） 按来源不同分

根据原料来源的不同可以将苹果酒分为以下四类：

① 天然苹果酒　由纯苹果汁酿造而成，在酿造过程中不外加糖以提高酒度或发酵后往酒内补加酒精，自然发酵或添加酵母发酵而酿造出的苹果酒为天然苹果酒。

② 加强苹果酒　以苹果为主要原料，添加白砂糖、蜂蜜或其他糖类物质进行发酵，添加苹果酒精及中性谷物酒精以提高酒度的苹果酒为加强苹果酒，其特点是酒度较高。

③ 加香苹果酒　以苹果为原料，在发酵或贮存过程中添加芳香物质，制成风味各异的苹果酒。如百里香型、薄荷型及丁香型等。

④ 复合苹果酒　由于苹果本身香气较弱，将其与其他水果混用酿制复合苹果酒不仅可以增加苹果酒花色品种，也能赋予其特殊的香味。

（二） 按工艺不同分

1. 静苹果酒

静苹果酒是用苹果汁发酵，不含二氧化碳。静苹果酒又可分为低酒精度苹果酒和高酒精度苹果酒。如果用新鲜的不加糖纯苹果汁或新鲜梨汁和苹果汁混合进行发酵，发酵在相对密闭的容器中进行。发酵完成再经过滤、灌装后，酿成不含二氧化碳，酒精含量不超过 8.5%（体积分数）的苹果酒，称为低酒精度苹果酒。如果采用苹果鲜汁或稀释的苹果浓缩汁发酵，为了达到较高的酒精度，给发酵醪液中补加糖或糖浆，必要时采用二次加糖发酵过程，最后得到酒精含量为 11%～13%（体积分数）的苹果酒，称为高酒精度苹果酒。如果含糖量低于 2g/L，则称为干苹果酒。

2. 起泡苹果酒

根据酒中 CO_2 的来源，可分为人工起泡苹果酒与天然起泡苹果酒。天然起泡苹果酒保留了发酵过程中产生的全部或部分 CO_2，根据酿造工艺又可分为甜起泡苹果酒、罐发酵起泡苹果酒及香槟型起泡苹果酒。人工起泡苹果酒一般是将苹果原酒稀释，调整糖度、酸度，添加赋香剂，人工碳酸化到 0.35MPa。严格地讲，甜起泡苹果酒应称为甜起泡发酵苹果汁。此类苹果酒的酒精含量不超过 1%（体积分数），酒中的压力为 0.2～0.3MPa。甜起泡苹果酒的生产方法是：苹果汁在压力容器中密闭发酵，保留发酵所产生的所有 CO_2，当发酵刚刚起发时终止发酵，保压过滤、罐装。罐发酵起泡苹果酒是静苹果酒发酵完成后，添加糖浆及酵母，在发酵罐中进行二次发酵，使成品酒酒精含量比酒基上升 1%（体积分数）左右，CO_2 压力达到 0.5～0.6MPa，然后终止发酵，保压过滤、罐装。用于二次发酵的苹果酒，基应风味良好、澄清透明、酒精含量在 7%～10%（体积分数）之间。香槟型起泡苹果酒是传统的起泡苹果酒，是根据香槟的酿造工艺酿造而成的。将完全发酵好的干苹果酒过滤至澄清透明，加入经过精确计算的糖，灌入瓶内，并添加少量的香槟酵母菌种，盖上皇冠盖，将苹果酒卧放于 15～18℃环境下发酵 1～2 个月；然后将瓶子倒置在 A 形架上，每天将瓶子转动，使沉淀缓慢移向瓶口塞子处，这个过程大约需要 2 个月；经过吐渣过程，需将瓶颈插入 −30℃冰盐水中冷冻，使瓶塞、酒液、沉渣等迅速形成一个长约 2.5cm 的冰塞，然后打开盖子，去掉冰塞，同时不能使瓶中 CO_2 溢出，保证瓶内的 CO_2 压力达到 0.5～0.6MPa，再添加少量由酒精、苹果汁、糖混合而成的糖浆，打塞，捆扎铁丝网，贴标签。

3. 苹果蒸馏酒

苹果蒸馏酒也称苹果白兰地，它是将苹果原酒蒸馏，得到酒精含量为 50%～70%（体积分数）的苹果蒸馏酒，再经过勾兑、贮存，而得到类似于白兰地的产品。如法国有名的 Calvados，美国的 Apple brandy 等。

4. 冰苹果酒

冰苹果酒的英文名称为 Applejack，它是依赖于特殊地区的气候，通过对酿造好的苹果酒进行冷冻和水分结晶而制成的。酒精含量一般为 33%（体积分数）。这种酒可以柔和如葡萄酒，也可以强烈得如同白兰地。

5. 苹果利口酒

苹果利口酒是用苹果蒸馏酒与其他果汁进行调配而成的，类似于我国的水果露酒，如法国的 Pommeu。利口酒是一种特殊的甜酒，它有几个显著的特征：一是调香物品采用浸制或兑制的方法加入酒基内（一般不做任何蒸馏处理）；二是甜化处理使用的添加剂是食糖或糖浆；三是利口酒大多是在餐后饮用。

三、苹果酒的酿造工艺

（一） 工艺流程

苹果酒酿造的一般工艺流程如图 8-1 所示。

（二） 操作要点

1. 分选

生产优质苹果酒要选用充分成熟、健康、无腐烂、晚摘的、含糖量高、风味色泽优良的

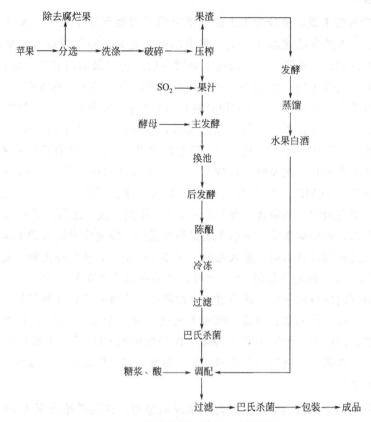

图 8-1 苹果酒酿造的一般工艺流程

果实。由于产量的原因，我国用于酿制苹果酒的苹果品种以富士为主。以鲜果为原料酿酒时，既适合做静酒，也适合做起泡酒。做静酒时，半干型酒口感优于干型酒；做起泡酒时不宜做成干型的。浓缩苹果汁既可以与新鲜苹果配合使用酿酒，也可单独酿酒，既可以酿制静酒，也可以酿制起泡酒。浓缩果汁中绝大多数的苹果风味物质已经挥发，单独酿酒时在成酒以后，多添加食用香精或色素，制成特色苹果酒。英国从 17 世纪已经开始培育酒用苹果，迄今为止，这类研究仍然在继续。用于酿造苹果酒的苹果通常是一些非常传统的品种，它们含糖量与鲜食品种接近，酸和单宁含量均高于鲜食品种，难以适口，但却香味浓郁，特别适合酿制苹果酒。

　　酿造苹果酒应选用充分成熟、健康、无腐烂与病虫害的苹果。选用香气浓、肉质紧密、成熟度高、含糖多的苹果，要剔除腐烂、干巴和受伤的果子。干巴果会给酒带来苦味，腐烂果、受伤果容易使杂菌繁殖，影响发酵正常进行。果实的大小对苹果酒的质量有一定影响，这是因为苹果果实外层汁比内层汁多，苹果的香气又都集中在果皮上，小果实的相对表面积大于大果实的，所以用小果实酿酒不仅出酒多，并且果香芬芳。

　　目前，常采用的分选方法是人工分选，即将苹果放在输送带上，输送带的传送速度一般为 0.2~0.5m/s，工作时工人站在传送带的两侧将不合格的果实剔除。也可以采用机械分选，效率更高。

2. 洗涤

苹果原料的洗涤主要有以下两个方面的作用：一方面，果实清洗前其表面携带的微生物

量一般有 $10^4 \sim 10^8$ 个/g，通过清洗可将苹果原料携带的微生物量降低到原来的 $2.5\% \sim 5.0\%$；另一方面，可洗去附着在苹果表面的杀虫剂。

苹果的清洗方法有流槽式清洗、刷洗、喷淋等，一般将几种方法结合起来使用。首先通过流槽式清洗设备对苹果进行初步清洗，同时将苹果从原料间输送出来，然后由斗式提升喷淋机将苹果从流槽内掏出并进一步清洗，若仍未清洗干净可以经辊轴式喷淋机再清洗一次。一般用清水冲洗干净、沥干。若遇农药较多的苹果时，应先用 $0.5\% \sim 1\%$ 的稀盐酸浸泡，然后再以清水冲洗、沥干。

3. 破碎

苹果是仁果类水果，它比浆果类水果的硬度高，肉质紧密。为了提高出汁率，在榨汁前要进行破碎。破碎的果块要大小适宜。将洗净的果实用破碎机破碎成 $0.15 \sim 0.2cm$ 大小的块状。破碎越细小，出汁率越高。但不宜过细，否则苹果籽可能被压碎，使果汁呈苦味，影响酒质，另外给压榨也带来困难。破碎时应尽量避免物料与空气接触，以防止果肉的褐变。同时在果实破碎时一定要加护色剂如维生素C、柠檬酸等，一般采用喷淋式添加方式。

现在常用的破碎设备有锤式破碎机、齿板式离心破碎机、筛筒式离心破碎机。锤片式破碎机的破碎能力强、生产效率高，遇到刚性杂物如石头时，可被推起，而不至损伤机器，锤片磨损后可以更换。但是物料在机器内要被破碎到小于筛孔时才能被排出机外，在机器内停留时间长，与氧气接触时间长，褐变严重。此设备价格便宜，适合小型果酒加工厂使用。齿板式离心破碎机可将苹果破碎成要求的果块尺寸，并且大小均匀，由于被破碎的果粒能立即排出机外，果肉与空气的接触时间较短。齿板式离心破碎机适合大型苹果酒加工厂使用。筛筒式离心破碎机工作质量较好，机器成本低，但筛筒材料要耐磨，强度也要高，否则筛筒容易变形，刀刃磨损快。常用于实验室及加工量不大的果酒加工厂。

4. 压榨

破碎后的果肉应及时送压榨机压榨，果浆的压榨多采用带式榨机或筐式榨机。一般压榨两次，一次榨完后将果渣收集起来，添加榨量 10% 的水，混匀后进行二次压榨，将两次压榨的果汁混合后再进行下一步处理，这样提高了出汁率，但降低了苹果汁的糖度，香气和风味也有所损失。也可以只取一次压榨汁。苹果渣用来发酵蒸馏酒精或作其他用途。在国外，有的厂家将第一次压榨后的苹果渣进行逆流梯度浸提，设置数个浸提槽，用最后一级的浸提液浸提前一级果渣中的可溶性固形物，依次类推，第一级槽流出的浸提液中的糖浓度已经很高，可与第一次榨出汁混合，也可以单独处理。做高档苹果酒时，一般只取前 $50\% \sim 60\%$ 的榨出汁，剩余的果汁可用来做普通酒或单独发酵后蒸馏。

压榨所用的设备有古老的筐式榨汁机（如图 8-2 所示），裹包式榨汁机，1928 年出现了可连续榨汁的螺旋式榨汁机（如图 8-3 所示），为了进一步提高出汁率，减轻劳动强度，人们将筐式榨汁机进行改进，形成了目前广泛应用的卧式圆筒榨汁机。另一种较为先进的榨汁机是带式榨汁机（如图 8-4 所示），带式榨汁机吸取了裹包式榨汁机和螺旋式榨汁机的优点。商业化生产的带式榨汁机的带宽是 $60 \sim 180cm$，相应处理的苹果量为 $5.0 \sim 15.0t/h$，出汁率在 70% 以上，产品的含气量较低，操作的劳动强度较低。但这种榨汁机每工作循环一次后，必须将压入带面和带孔内的果渣彻底清洗干净，否则，带子再次进入榨汁工作区时，果汁不能透过带孔，带上的物料会被挤向两侧，甚至排出机外，不能正常工作。为了彻底清洗带子，一般要采用 $3.5MPa$ 左右的高压水从带下向上冲洗带孔。

图 8-2　筐式榨汁机

图 8-3　螺旋式榨汁机

图 8-4　带式榨汁机

5. 静置澄清

榨出的果汁泵入澄清罐中静置，若苹果汁的 pH 值高于 3.8，添加苹果酸等有机酸调节果汁的 pH 值至 3.8 以下。压榨所得果汁加 SO_2 60～100mg/kg、果胶酶，必要时可添加淀粉酶以分解果浆中的淀粉。最好将果汁温度降至 10～15℃，以加速果汁澄清，防止微生物生长。

6. 主发酵

当果汁澄清后，将澄清的果汁转入发酵罐中，装液量为发酵罐有效体积的 85% 左右。发酵罐应事先清洗干净，并用硫黄熏蒸消毒。果汁入罐后，加入 4%～5% 酵母液，必要时添加硫酸铵或磷酸二铵等酵母营养物质。接入酵母后，循环果汁，使酵母在苹果汁中分布均匀。采用低温发酵，控制发酵温度为 16～20℃，时间 15～21d，待发酵糖分降至 0.5g/100mL 时，主发酵结束，分离酒脚进行后发酵。

7. 后发酵

为防止酒的氧化，采用密封换池，可充二氧化碳保压绝氧。后发酵温度应不超过 16℃，发酵时间为 25～30d，当残糖含量达到 0.2g/100mL 以下、挥发酸在 0.06g/100mL 时，后发酵结束。

8. 陈酿

陈酿就是酒的老熟。目的是使果酒经过长期的密闭贮存，使酒质澄清、风味醇厚。发酵原酒泵入经洗涤及杀菌的贮藏容器内，一定要装满，并用栓塞紧，避免氧化。原酒在贮存过程中，体积会逐渐减少。因此，应勤检查并勤添酒，添桶用的酒尽量是同品种同质量的酒或者是同一品种的陈酒。另外，在贮藏过程中要换桶，目的是使澄清的原酒与酒脚及时分离，防止酒脚给原酒带来异味和有害微生物。一般新原酒每年换池 3 次，第 1 次在当年的 12 月份，第二次在来年的 4～5 月份，第 3 次在来年的 9～10 月份。陈酒每年换池一次。贮藏期间温度不要超过 20℃。为加速原酒澄清，提高其透明度和稳定性，在贮存期结束后，应采用人工（或天然）冷冻方法，使原酒在 −10℃ 左右存放 7d，然后冷过滤。

9. 调配

成熟的苹果酒在装瓶之前需要根据品种、风味、成分等的不同，对其中的糖度、酒度、酸度等进行调配，使其达到成品酒的要求。为确保酒的稳定性，调配好的酒再进行一次过滤、杀菌，然后包装出厂。

（三）　苹果酒的澄清

苹果酒在其加工、贮存及销售过程中，容易引起失光、沉淀、腐败、浑浊等现象，严重影响了苹果酒的感官和品质。如何得到澄清透明，并能长期保持稳定的果酒，是生产高质量果酒的关键所在。澄清效果的好坏，直接影响苹果酒的最终质量。

1. 苹果酒浑浊的原因

（1）由不溶性物质引起的浑浊　苹果醪中的微细纤维、酵母或细菌细胞，由于它们的沉降速度很慢，或由于静电排斥作用而的不能形成较为紧密的沉淀，所以会在酒中保持悬浮状态。可以利用冷处理或加入消除静电下胶剂来加速它们的沉降。

（2）由蛋白质引起的浑浊　由蛋白质引起的浑浊，主要来源于原料苹果、酵母，以及发酵过程中添加的果胶酶等蛋白质类物质。这些蛋白质类物质往往短时间内以溶解的状态停留在酒液中，但随着时间的推移，可以缓慢地与苹果酒中的单宁等多酚类物质结合形成不溶性物质，造成酒体的浑浊。蛋白质可被具有吸附能力的土类吸附。

（3）由单宁物质引起的浑浊　用高单宁含量苦甜型苹果酿造苹果酒时，会出现由单宁引起的浑浊。单宁引起的浑浊常常表现为冷浑浊，如将一瓶苹果酒在夏天饮用前贮存在冰箱中，拿出来时产生浑浊，很可能是由单宁物质引起的浑浊。苹果酒装瓶后，可用冷热交替处理实验判断是否由单宁过多引起浑浊。

由单宁物质引起的浑浊很容易消除，如果由于单宁含量过高引起新酒浑浊，可通过贮存方法澄清，经过一段时间，单宁物质互相聚集成大分子物质沉淀到桶底，装瓶时有可能已完全澄清；也可用蛋白类下胶剂将单宁除去，但单宁减少的同时也会使酒味平淡。

（4）由果胶物质引起的浑浊　因为果胶溶于水而不溶于酒精，因此发酵后随着发酵醪中酒精含量升高，果胶渐渐沉淀出现浑浊。由果胶引起的浑浊容易鉴别，用1份样品兑2～3份甲醇振荡，如果有浑浊产生则证明浑浊是由果胶物质引起的。可以添加果胶酶分解它，但在酒精存在的条件下，果胶酶作用不一定理想，比较好的办法是在发酵前，彻底用果胶酶将果汁中果胶物质降解掉。

2. 下胶

常用于苹果酒澄清的下胶剂有明胶和硅溶胶。传统的澄清剂有鱼胶、鸡蛋清和新鲜牛血，由于成本较高，目前在工业生产上已经很少使用。

（1）明胶　商业上常常用明胶进行澄清。明胶是从动物的骨、皮、筋、腱中提取出来的一种凝胶蛋白质，像所有蛋白质一样可以与果酒中单宁发生反应。用于果酒加工业的明胶在水中首先形成胶体溶液，分散蛋白质分子又称为微胶束，带有正电荷，互相排斥，肉眼可见，常使胶体溶液浑浊不清。因其带有正电荷，是去除带有负电荷多酚类（单宁）物质的下胶剂，常与其他下胶剂混合使用。

（2）鱼胶　鱼胶是从某些鱼的鱼鳔中提取出来的鱼明胶，它是一种从中世纪就开始使用的果酒澄清剂，通常是淡黄色的透明片状物质，与明胶类似，也有条状和粉状商品。鱼胶是由纯蛋白质组成的，在冷水中膨胀，在热水中形成溶胶并完全溶解而失去澄清作用，在温水中形成胶体溶液。鱼胶分子带有正电荷，互相排斥，因为此原因所形成的胶体溶液十分稳定。在果酒的澄清过程中，果酒可与带有负电荷单宁物质相互聚集成絮状物，沉淀至桶底。

（3）干酪素　干酪素是牛奶中的主要蛋白质，是另一种澄清剂。由于纯干酪素不溶于水，在使用前须先溶于碱水中。

（4）蛋清、新鲜牛血　蛋清和新鲜牛血均为蛋白质，可与果酒中的单宁发生反应，澄清原理与上述几种蛋白质相似。

（5）膨润土　膨润土是一种胶质黏土，在水中有巨大的膨胀性。主要成分是蒙脱土，一种属于硅铝酸盐的矿物质。膨润土为灰白色粉末，它通常是 Na^+ 型和 Ca^{2+} 型膨润土的混合物，其颗粒非常小。当吸附水或酒时，颗粒剧烈膨胀并带有负电荷。它们将吸附带有正电荷的蛋白质，中和电荷并使之沉淀到底部。膨润土是一种被广泛使用的下胶剂，但其使用受到了一定的限制，当已确定果酒的浑浊是因为有蛋白质存在时才可用膨润土进行澄清。

（6）果胶酶　果胶酶是一种复合酶，按其对果胶的作用可分为 4 类：多聚半乳糖醛酸酶（简称 PG）、多聚甲基半乳糖醛酸酶、原果胶酶和果胶甲酯水解酶。果胶酶法是利用分解酒液中果胶的方法使其在酒液中的含量下降，有害物质悬浮能力下降而沉淀的方法，使酒液达到澄清的目的。果胶酶的用量过多时会使酒液中蛋白质含量增高，给后期贮酒带来蛋白质浑浊等不利影响。

（7）壳聚糖　壳聚糖是碱性生物多糖，为白色、淡黄色片状或青白色粉末，不溶于水，可溶于醋酸和无机酸等稀酸溶液中。由于壳聚糖分子结构中大量游离氨的存在，使其成为天然的阳离子型絮凝剂，具有独特的生物吸附功能，对蛋白质、果胶有很强的凝集能力。壳聚糖能有效去除苹果酒中可溶性蛋白、酚类物质和果胶等非稳定性成分，提高苹果酒的稳定性，并且对苹果酒中的主要营养成分没有影响，经壳聚糖澄清后的苹果酒室温下存放 1 年，透光率基本没有变化。因而壳聚糖是一种优良的澄清剂。

3. 苹果酒常用的沉降方法

（1）自然沉降　在自然状态的重力场中使苹果酒中密度不同的悬浮固体与酒分开，被称之为自然沉降。苹果酒依靠自然沉降完全澄清所需时间是很长的。悬浮颗粒的沉降程度和时间与多种因素有关。我们经常可以观察到的一个现象是经过冬贮已基本澄清的苹果酒，在第二年春天因为发酵重新启动，会出现沉渣上浮的现象。

（2）利用沉降设备沉降　改变自然沉降最直接的方法就是采用离心设备，它可以使沉降力增加几百乃至数千倍，这样的沉降力大大增加了沉降速度，缩短了沉降所需的时间，这种离心力也能克服重力沉降时明显存在的阻力，即使在颗粒之间存在相互斥力的情况下，也能获得更为稳定的澄清效果。用于苹果酒澄清最常见的是碟式离心机和卧式螺旋离心机，它们可以除去细小而浓密的颗粒物质，有效改善除菌过滤器的工作环境。

四、质量标准

苹果酒是世界上流行的酒种之一，长期以来深受消费者的青睐。目前在我国只有葡萄酒的质量标准，对于其他的果酒如苹果酒、梨酒、猕猴桃酒等还未制定相关的标准，主要参照国家葡萄酒标准执行。表 8-1 和表 8-2 分别是张裕起泡苹果酒的感官指标和理化指标。

表 8-1　《张裕起泡苹果酒》（Q/CYJ 009—2006）感官指标

项目		优级	一级
外观		澄清、透明，无明显悬浮物、无沉淀	
色泽		淡黄色	
香气		具有清雅、新鲜的苹果香及和谐调的酒香，无异香	具有明显的苹果香及和纯正酒香，无异香
滋味	干、半干酒	果味柔协、甜酸适口、清爽味正、无异味	果味柔和、甜酸适口、较清爽味正、无异味
	半甜、甜酒		
	起泡酒	果味柔协、甜酸适口、清爽味正、具有二氧化碳刺舌感、无异味	
泡沫（起泡酒）		注入洁净杯中应有细微的串珠状汽泡升起，并有一定的持续性	注入杯中应有串珠状汽泡升起
风格		具有本产品典型风格	具有本产品明显风格

表 8-2 《张裕起泡苹果酒》（Q/CYJ 009—2006）理化指标

项　　　目		要　　　求
酒精度(20℃,体积分数)/%		18(GB/T 17204—1998《饮料酒的分类》7%～18%)
总糖(以葡萄糖计)/(g/L)	干型	4.0(《葡萄酒》)
	半干型	4.1～12.0(《葡萄酒》)
	半甜	12.1～45.0(《葡萄酒》)
	甜	45.1(《葡萄酒》)
	起泡、加气起泡苹果酒　　天然	12.0(《张裕起泡苹果酒》、《葡萄酒》)
	绝干型	12.1～20.0(《张裕起泡苹果酒》、《葡萄酒》)
	干型	20.1～35.0(《张裕起泡苹果酒》、《葡萄酒》)
	半干型	35.1～50.0(《张裕起泡苹果酒》、《葡萄酒》)
	甜型	50.1(《张裕起泡苹果酒》、《葡萄酒》)
滴定酸(以酒石酸计)/(g/L)		2～7(《张裕起泡苹果酒》)
挥发酸(以乙酸计)/(g/L)		0.6(《张裕起泡苹果酒》)
干浸出物/(g/L)	起泡苹果酒	10(《张裕起泡苹果酒》)
	加汽起泡苹果酒	5(《张裕起泡苹果酒》)
二氧化碳(20℃)/MPa	低起泡苹果酒	<250mL,0.05～0.29(《葡萄酒》)
		250mL,0.05～0.34(《葡萄酒》)、0.15～0.35(《张裕起泡苹果酒》)
	高起泡苹果酒	<250mL,0.30(《葡萄酒》)
		250mL,0.35(《葡萄酒》、《张裕起泡苹果酒》)

　　为了迎合国际贸易和提高我国苹果酒的质量，我国应尽快制定出相应的标准。为了控制苹果酒生产加工，保证苹果酒产品的质量，需要通过化验室的检测，对原料成熟度、果汁的性质及其与酿酒的关系、发酵的进展及完成情况、新酒的构成情况及苹果酒在贮藏过程中的变化情况等有所了解。因此，必须要对果酒做出理化分析。对于苹果酒质量标准有关参数的测定方法参照 GB/T 15038—2006，苹果酒微生物学检验参照食品卫生微生物学检验酒类检验 GB/T 4789.25—2003。

第二节　梨酒加工工艺

　　梨除了鲜食外，还有多种加工产品，如梨脯、梨汁、梨膏糖、梨罐头、梨果脆片等。还可以用来酿酒、酿醋，明代《花木考》中就有关于山梨酒的记载。关于梨酒的记载，最早见于古罗马博物学家普林尼（Pliny）所著《博物志》（Naturalis Historia，又叫《自然史》）中，之后又盛行于法国、英国，在 18 世纪达到鼎盛。到 20 世纪后半叶，由于大众偏好和农业生产的变化，以及火疫病的爆发，梨酒酿造业一度遭到重创。最近，梨酒又开始流行，不只在英、法等地，在瑞典、澳大利亚、新西兰等地也受到人们的喜爱。

一、原料介绍

　　梨是蔷薇科（Rosaceae）梨属（*Pyrus*）植物，多年生落叶乔木果树，是人类最早栽培的果树之一，有果树祖宗之称。全世界梨属植物大约有 30 余种，我国是梨属植物中心发源地之一。我国梨树栽培的历史已有 4000 年以上，早在《诗经》、《齐民要术》等古籍就有所记载。我国梨树栽培面积与产量居世界第一位，分布遍及全国大部分地区，而且种类繁多。我国梨产量最多的省份是河北、山东、辽宁、江苏、四川、安徽等。山东烟台，栽培品种有黄县长把梨、栖霞大香水梨、莱阳茌梨（慈梨）、莱西水晶梨和香水梨。河北省保定、邯郸、石家庄、邢台一带，主要品种为鸭梨、雪花梨、圆黄梨、雪青梨、红梨。安徽省砀山及周围一带为酥梨产区。安徽砀山是世界上最大的连片梨园，约占全县耕地面积的百分之七十，素有"中国梨都"之称，是吉尼斯纪录认定的世界最大的连片果园产业区。砀山酥梨年产量 15 亿斤左右，占全国梨总产量的八分之一，系全国水果生产 10 强县之一，是全国水果加工第一大县。辽宁省绥中、北镇、义县、锦西、阜新等地主产秋白梨、鸭梨和秋子梨系统的一些品种。山西高平为唯一的大黄梨产区，山西原平则以黄梨和油梨为主载品种。甘肃兰州以出产冬果梨闻名。四川的金川雪梨和苍溪雪梨。浙江、上海及福建一带的翠冠梨，新疆的库尔勒香梨和酥梨，大连的西洋梨，洛阳的孟津梨也都驰名中外。

（一）梨的营养价值

梨既是一种鲜食果品又是重要的加工原料，除生食外，还可以加工成梨罐头，生产梨膏，酿造成梨酒等。梨果实营养十分丰富。梨是令人生机勃勃、精力十足的水果。据测定，梨含有 85% 左右的水分、6%～9.7% 的果糖、1%～3.7% 的葡萄糖、0.4%～2.6% 的蔗糖，约含钙 5mg/100g、磷 6mg/100g、铁 0.2mg/100g、维生素 C 4mg/100g。此外，梨的营养成分还有蛋白质、脂肪、碳水化合物（糖）、硫胺素（维生素 B_1）、核黄素（维生素 B_2）、尼克酸（维生素 PP）、苹果酸、柠檬酸、果糖、蔗糖、葡萄糖等有机成分；还含有钾、钠、钙、镁、硒、铁、锰等无机成分及膳食纤维等人体必需的营养成分。梨具有"百果之宗，天然矿泉水"的美誉。

（二）梨的保健功能

梨还有一定的药用价值，可助消化、润肺清心，化痰止咳、退热、解毒疮的功效，还有利尿、润便的作用。梨味甘微酸、性寒、无毒，具有"润肺凉心，消炎降火，解疮毒、酒毒"的作用。《本草通法》中讲到，梨"生者清六腑之热，熟者滋五脏之阴"。生梨去火，熟梨补阴。梨性寒味甘，汁多爽口。食后满口清凉，解热症，止渴生津，清心润喉，降火解暑，润肺、止咳、化痰，对感冒、咳嗽、急慢性气管炎有功效。另外，梨还有降压、静心之功效。对肝炎患者有保肝、助消化、增食欲的功效。《罗氏会约医镜》指出：梨"外可散风，内可涤烦。生用，清六腑之热，熟食，滋五脏之阴"，梨的保健功能具体有以下几个方面：

（1）增强免疫功能　梨对动物非特异性免疫功能影响明显，如增强巨噬细胞吞噬功能，提高血清溶菌酶水平；对特异免疫功能也有作用，可使 B 淋巴细胞增多，分泌抗体的功能增强，还可使小鼠外周血 T 淋巴细胞增加。

（2）抗肿瘤、抗癌作用　梨可阻断亚硝胺的体内合成，减少亚硝胺在人体内合成量，从而使肿瘤发生率降低。

（3）降低机体内重金属负荷　梨汁能显著降低机体内铅、锰、镉、汞等重金属元素的负荷。能增加铅中毒大鼠的铅排出量，补充体内 SOD（超氧化物歧化酶），显著升高 SOD 活性和减少脂质过氧化物（LPO）含量，增强小鼠免疫功能；还可增加粪锰排出量，降低血清和脑组织锰含量，并可补充血清和脑组织锌的含量；此外，刺梨汁还有驱镉作用，能拮抗自由基、脂质过氧化的损害和保护肾功能，可显著增加尿汞排泄和血清维生素 C 含量，并使慢性汞中毒引起的血清、肝、脑和肾 GSH（谷胱甘肽）含量显著回升。

（4）抗动脉粥样硬化　梨汁可以显著降低血浆甘油三酯水平、氧化低密度脂蛋白（LDL）水平及 LDL 氧化程度，LDL 氧化延滞时间亦明显延长。所以，梨汁可提高患者血浆 LDL 抗氧化剂水平及抗氧化能力，导致氧化 LDL 水平降低，进而预防动脉粥样硬化的发生。

二、梨酒的工艺流程

梨酒呈金黄色，清亮透明，具有梨特有的香气和独特风格，滋味醇和柔协，酒体完整。梨酒生产工艺流程如图 8-5 所示。

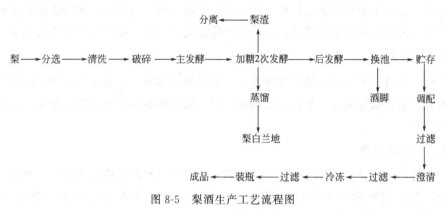

图 8-5　梨酒生产工艺流程图

三、酿造工艺

（一）　分选

梨的好坏，直接影响到梨酒的质量，因此必须进行分选。选用新鲜、成熟度好、含糖量高、出汁率高的果实，去除霉烂和病虫果作为酿酒原料，将符合要求的梨果实倒入浸泡池，浸泡后再用清水反复冲洗，除去黏附在皮上的尘壤、泥沙、污物等，减少非酿酒微生物，以利发酵的正常进行。沥干水分备用。

（二）　破碎入池

将选出洗净的梨用破碎机打成均匀的小块，梨块直径以 1～2cm 为宜。然后入池发酵，入池量不应超过池容积的 80％，以利于发酵及打耙搅动。每池一次装足，不得半池久放，以免杂菌侵入。入池过程中每池分 3～5 次均匀地加入偏重亚硫酸钠进行杀菌，其用量一般小于 14g/kg。

（三）　主发酵

发酵可利用梨本身带有的野生酵母在较低温度下进行。若野生酵母繁殖不旺，发酵缓慢，可适量加入 5％～10％的人工培养酵母。发酵温度 20～25℃，发酵时间 10～15d。

（四）　分离

主发酵结束后，梨渣全部沉入池底，此时即可进行分离。其方法是：将渗出筒置于池内清汁中，使清汁渗入筒内，再用酒泵陆续从筒内将清汁抽入经清洗杀菌后的另一池中，进行后发酵。残渣及酒脚可加糖进行二次发酵，然后蒸馏得到梨白兰地。

（五） 后发酵

经主发酵分离后的清汁入另一发酵池进行后发酵。后发酵的温度为 15～22℃，时间 3～5d。在后发酵期间，发酵池应保持无空隙，尽量缩小发酵原酒与空气的接触面，避免杂菌侵入，但不能把酒口闭得过严，否则将导致新产生的二氧化碳不能逸出池外，而发生事故。

（六） 换池、贮存

后发酵结束后，立即换缸，除去酒脚，添加酒精，使原酒酒精分提高到 16%～18%，以防杂菌感染，将新酒置于贮存缸灌满，补加二氧化硫，贮存时间一年以上。满缸贮存减少了氧的含量，防止酒液发生氧化浑浊，二氧化硫也能防止酒液氧化，特别能阻碍和破坏多酚氧化酶活性，减少单宁和色素的氧化，提高产品的稳定性。经过长时间的陈酿，有利于芳香成分的平衡，去除新酒的不良风味，促进悬浮物的充分沉淀，提高梨酒的澄清效果。

（七） 调配

经贮存一年以上的原酒已经老化成熟，具有陈酒的香味，为达到成品梨酒的理化指标，对其中的糖、酒、酸等成分，进行一次调配，糖、酸的调整参照本书第三章第三节中葡萄酒的糖、酸调整。

（八） 澄清处理

梨汁中的可溶性物质及浮游物较多，原酒在贮存中虽经多次换池除去了一部分，但仍剩下一部分，需在调配后加干蛋白或明胶进行澄清处理。澄清剂的用量一般为 12～14g/100kg，下胶后一般静止 7～10d 后进行过滤。

（九） 冷冻、过滤

过滤澄清的原酒，再进行冷冻，降温至 -4℃，冷冻 5d，迅速过滤，装瓶。

目前市场上冷冻设备一般有夹层冷冻罐；冷冻保温罐（内装冷却管及搅拌器）；管式交换器、套罐式冷冻器、薄板式交换器；梨酒稳定系统（由速冷机、结晶罐、小型硅藻土过滤机等组成）；无结晶除酒石速冻系统（由制冷系统、保温罐、换热器、酒石分离器、硅藻土过滤机及酒石计量器组成）。

涡轮刮板式冷冻机适合于冷却果汁、果酒和含酒精产品，工程师按照不同的要求设计了多种机型，它们拥有不同的结构和冷冻量，用以满足市场的需要，可以提供 $2×10^4$～$12×10^4$ kcal/h 冷冻量的机器，均可以冷却到 -5℃。市场上常用的冷冻设备主要有：C10 中央制冷设备（整体空气冷冻室）、C10 空气自动冷热调节机等。

过滤是生产梨酒过程中重要的操作流程，主要的目的是得到澄清美观、口感较好的梨酒。目前市场上常用的过滤设备主要有以下几种：棉饼过滤机、硅藻土过滤机、超滤膜过滤机、真空过滤机等。

四、质量指标

（一） 感官指标

酒液呈微黄色，清亮透明，无悬浮沉淀物；有浓郁果香、酒香，甜酸适口，柔和，具有梨酒的特有的风格。

（二）　理化指标

酒精度（20℃）16%±0.5%；挥发酸小于 0.07g/100mL；糖度（10±0.5）g/100mL；总酸 0.5～0.6g/100mL。

第三节　山楂酒及枣酒加工工艺

一、山楂酒

山楂果胶含量高，出汁率低，针对山楂这一特点，目前多采用发酵法、浸泡法或相结合的方法来生产山楂酒。

（一）　原料简介

山楂（*Crataegus pinnatifida* Bunge）原产我国，属于蔷薇科（Rosaceae），山楂属（*Crataegus*），别名山里红，又名红果。山楂果实近球形或梨形，直径约 1.5cm，深红色，有浅色斑点。栽培简便，结果早，适应性强，分布在我国东北、华北、西北、华东等一些地区。山楂果实是一种食用、药用两用的水果，在欧洲也作为观赏植物种植。目前，已有超过 20 种山楂用作药物，并写入中国、德国、法国、英国等国家药典。近年来，随着对山楂研究的深入，山楂的营养及功能性成分渐渐被人们认知，使其在医疗保健中的作用得到了更大的发挥，也使山楂制品的生产得到了广泛的重视。

我国种植的山楂品种繁多，主要有：白瓤绵、敞口、大金星、大旺、九山红、滦红、毛红、紫肉红、大绵球、溪红等。

山楂果实营养丰富，含有 17 种氨基酸，其中 7 种为人体必需氨基酸，矿物质、维生素含量较丰富，还含有苹果酸、柠檬酸、山楂酸、氯原酸等有机酸类物质和 30 多种黄酮成分、黄烷及其聚合物、三萜类化合物、甾体类化合物等成分。山楂药用价值较高，具有健胃补脾、活血散淤、消食化滞、降血压等功效。据《本草纲目》记载，山楂能"化饮食、清内积、痰饮、痞满、吞酸、滞血痛胀"。此外，山楂的根、茎、叶、花、种子也可入药，早在东晋《肘后方》中有山楂叶"莲叶煮汁，洗漆疮"的记载，所以山楂叶可用于活血化瘀，理气通脉。广西、江西的地方药材标准都有记载山楂叶，2005 年版《中国药典》也正式收载了山楂叶。山楂叶近年来被广泛用于治疗心血管疾病，山楂叶的研究也取得了较大的进展。

山楂能加工多种产品。随着加工技术的发展，山楂加工品越来越多。东南亚许多国家对我国的山楂类产品都十分喜爱。目前我国市场上较多的有山楂片、山楂糕、山楂酱、蜜饯山楂脯、果丹皮、山楂饼、山楂罐头、山楂酒、山楂汁、山楂饴等 10 余种。其加工制品营养丰富，色泽艳丽，酸甜可口，果香浓郁，风味特殊。但山楂含酸量高，多数制品在加工时需添加大量糖类才能平衡其酸度。

（二）　山楂酒的工艺流程

因山楂酸高糖低，汁含量少，通常采用脱臭酒精浸泡法较为实际，但由于浸泡原酒口感淡薄，欠醇厚，只限于生产低档产品；如采用发酵法，生产过程中需要补加大量蔗糖，产品成本较高，而且原酒也有其不足之处。因此，要生产优质山楂酒，必须采取脱臭酒精浸泡法和发酵法两者相结合，然后利用勾兑使产品优质化。河北省涿鹿酿酒厂就是采用这种工艺生产出神州山楂酒的，曾荣获河北省和原轻工业部优质产品奖。山楂酒生产工艺流程如图 8-6 所示。

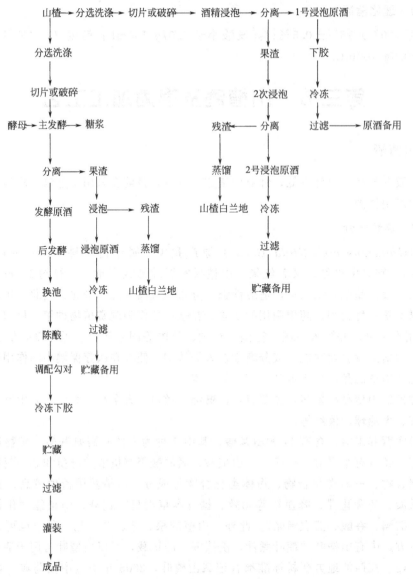

图 8-6 山楂酒生产工艺流程

（三） 酿造工艺

1. 分选洗涤

酿造山楂酒要求山楂成熟度高，不然会影响成品酒的风味。其次要求无腐烂果，杂质要少，虫蛀山楂应严格控制，因为他们会导致山楂的苦味增大。选用符合上述要求的新鲜山楂果，剔除霉、烂、病虫果及其他杂质，然后用清水漂洗干净，控去余水备用。

2. 破碎或切片

用破碎机将果实破碎，以将山楂皮渣挤破而不破碎果核为宜，或用切片机将果实切成薄片。在选择设备时需要注意以下几点：

（1）山楂破碎机的破碎效果 国内有些设备制造企业随意标定除梗破碎机的产量，在使用过程中，不得不依靠提高除梗轴转速和筛桶转速来提高产量。这就会带来一些副作用。

（2）设备生产能力与酒厂产量的匹配　山楂酒的破碎机生产能力的选择，通常情况下要依据自身加工的能力选择生产能力匹配的破碎设备。

（3）传动系统的安全可靠性　减速机、链条、链轮、轴承和轴承的润滑系统，构成了传动系统的总体。减速机的故障多来自于机油更换不及时。链条的强度是保障整个机器正常运转的关键。轴承润滑系统是一项和设备制造厂家水平有关的最直观的比较。国外进口的除梗破碎机，大部分的润滑系统都有比较人性化设计。

（4）螺杆泵　螺杆泵是山楂破碎机里面的有一个核心装置。螺杆泵的螺杆（转子）和胶套（定子），尤其是胶套的质量，是保证螺杆泵输送距离和寿命的关键。依据经验，螺杆和胶套的配合有一定的过盈量，合理的过盈量大约在 1mm。过盈量小，安装方便启动灵活，但是扬程会受到影响；过盈量太大则安装较困难。

螺杆泵属于容积泵，容积的变化和转速有关。当流量要求一定时，直径和转速成反比。转速和胶套的寿命成正比。直径小，转速高的螺杆和胶套肯定会磨损快一些。胶套是整个破碎机中价值最高的易损件。所以在选择时，建议选择直径大转速低的转子和定子。比如 20t/h 的螺杆泵，通过提高转速同样能达到 30t 的流量，但是使用寿命会大大降低。

目前市场上常用的山楂破碎设备主要有 DMN60 皮渣泵、Manzini 蠕动泵等。

3. 浸泡

第一次浸泡用 25％的脱臭酒精，山楂与酒精的比例为 1：2.5，浸泡 5d。浸泡过程中用泵翻池 2～3 次，以利于浸出山楂中的色素、香气和营养成分。然后分离果渣，得到 1 号浸泡原酒，对 1 号原酒下一次明胶，用量在 0.01％左右，再进行冷冻过滤处理。第二次浸泡用 20％的酒精，山楂与酒精的比例为 1：1.5，浸泡 3d 进行分离得到 2 号原酒。根据河北涿鹿酿酒总厂经验为，浸泡时间越长，单宁含量越高，口感严重发涩。因此浸泡时间应掌握在 3～5d。1、2 号浸泡原酒可分开贮藏半年备用，也可混合贮藏半年以上备用。

对主发酵结束后分离的果渣也可按上述方法浸泡。残渣都用于蒸馏白兰地。

4. 发酵

山楂破碎或切片后加入 10％～12％的糖水，山楂：糖水的比例为 1：(1.5～2.5)。加入糖水后即添加酵母 5％左右，一般控制发酵温度在 18℃～22℃，也有的工厂采用低温 15℃发酵。主发酵周期一般 7～10d。每天测定发酵液糖度或相对密度及温度。当发酵液糖度降至 0.5％～1％时，分离除去果渣进行后发酵。后发酵一个月左右后换池，并满池贮藏，到第二年 3～4 月份进行下胶或用皂土澄清，分离后陈酿 1 年左右。必要时，在发酵阶段可在发酵罐顶充入 CO_2 和 N_2 将酒液与空气隔离，防止酒液氧化。

5. 调配勾兑

由于原料的处理方法不同，发酵原酒和浸泡原酒各具备了不同的风格和特点，所以调配勾兑是生产工艺中不可忽视的一个步骤。表 8-3 是神州山楂酒勾兑比例方案。

由表 8-3 可知，用发酵原酒 80％和浸泡原酒 20％勾兑最理想，发酵原酒在产品中是酒体的骨架，浸泡原酒起到了画龙点睛的作用。调配勾兑后，尚需再下明胶，经半个月贮藏，才可以过滤，灌装。为了防止氧化，抑制杂菌以及有利于果中色素、呈香物质的溶解，原料在处理过程中调入二氧化硫 80～100mg/L。

表 8-3　神州山楂酒勾兑比例方案

品名	勾兑比例/%	产品风格特征
发酵原酒	60	果香突出,酒精味大,酒体欠醇厚,不自然
浸泡原酒	40	
发酵原酒	90	酒体醇厚,细腻,果香不足
浸泡原酒	10	
发酵原酒	80	酒体醇厚自然,无异味,果香突出,具有山楂酒的典型风格
浸泡原酒	20	

（四）　质量指标

山楂酒的质量指标如下：酒精度（体积分数）16%～20%；总酸（以柠檬酸计）6～7g/L；总糖（以葡萄糖计）90～110g/L；总二氧化硫量小于 250mg/L；总浸出物大于 36g/L。

（五）　注意事项

（1）发酵法酿造酒醇厚协调，但是颜色浅，果香不如浸泡法浓郁，因此实际加工过程中可以采取浸泡法和发酵法相结合的方式生产山楂酒，调配山楂酒时要注意两种原酒的比例。

（2）存在于山楂的果皮和果肉中的花色素与铁、铜、锡等金属接触时会变色，因此，在山楂破碎的过程中，加工设备和器具与山楂果直接接触的部位禁止使用铁、铜、锡等材料，以保证山楂酒具有鲜艳的红色调。

（3）刚发酵完的山楂酒中会有悬浮的物质，我们需要清除这些物质，以获得良好的澄清度。山楂酒是一种复杂的胶体溶液，含有大量多酚类物质、有机酸及金属离子，这些物质长时间共存时，就会引起胶体溶液的不稳定，从而导致果酒的浑浊沉淀。

① 山楂酒浑浊原因　引起山楂酒浑浊的原因主要包括物理化学因素以及微生物因素。新酒中通常含有悬浮酵母及细菌等微生物，由于微生物对山楂酒组分进行代谢作用，破坏了酒的胶体平衡，从而造成雾浊、浑浊或沉淀。此外，山楂酒生产中的微生物污染也会导致微生物的大量繁殖，引起山楂酒澄清度下降、酒体浑浊失光。造成山楂酒浑浊的非生物因素包括物理因素和化学因素。物理因素比如温度、光照等，都是造成果酒浑浊的原因，高温和光照能诱发铜破败病，而低温则会导致铁破败病的发生。化学因素主要包括两部分：第一是由于酒中某些金属离子含量过高所致，其中铁的氧化、铜的还原是这类浑浊的主要表现；第二是酚类物质的聚合所致。另外，山楂新酒中还含有含量较高的果胶，也是引起新酒浑浊的原因。

② 山楂酒澄清方法　山楂酒的澄清本质就是一种混合物分离的过程，一般有自然澄清法、机械澄清法及澄清剂法等。

自然澄清法是通过采用自然静置沉降的方法促进果酒的澄清。其作用机理是通过重力沉降作用使果酒中的悬浮物自然凝聚下沉使酒澄清。一般将果酒盛放于密闭的容器中，选择较低的温度，经过一定时间的静置，使酒中的悬浮微粒和大分子物质凝聚沉降，自然澄清一般结合过滤手段，滤掉沉淀，从而得到澄清透明的果酒。虽然自然澄清法简单易行，但难以除去山楂酒中一些相对稳定的悬浮微粒和大分子物质，经此方法处理的山楂酒稳定性较差，一般与其他澄清方法结合使用。

机械澄清是通过适当的过滤器、离心机等机械设备，将果酒中已有的悬浮物和微生物除去而达到澄清的目的。酒厂中常用过滤法，常见的过滤设备有硅藻土过滤机、板框过滤机、膜过滤机和错流过滤机等。

果酒的澄清常使用澄清剂法，澄清剂法即在果酒内添加的亲水胶体，使其在酒液中与胶体物质和蛋白质、果胶质、色素、单宁发生絮凝反应，并将本来浮在果酒中的大部分悬浮物，包括有害微生物，一起固定在胶体沉淀上，下沉至容器底部，然后过滤，使果酒澄清并改善酒的稳定性。常见的澄清剂有明胶、蛋清、鱼胶、牛奶、干酪、壳聚糖、皂土、高岭土、硅藻土、凹凸棒石等。

二、枣酒

以大枣为原料制作枣酒，酒性温和，枣香浓郁，醇柔甜润，风味独特，保留了红枣的营养价值及药用价值，是更易于人体全面吸收的一种典型保健饮料酒。

（一）原料简介

枣（*Z. jujuba* Mill），鼠李科（Rhamnaceae），枣属（*Z. izyphus* Mill.）（袁树森，1983）。原产我国，不仅是我国重要的种植果树，也是世界上起源最枣的果树之一，至今已经有四千多年的种植历史。早在三千年前西周时代，《诗经·幽风篇》记载有"八月剥枣"的词句。秦汉时期，我国枣树种植规模已有很大发展。《史记·货殖传》中记载："安邑千树枣、燕秦千树栗、蜀汉江陵千树橘，……其人与千户侯等。"在《战国策》中记载了苏秦对燕文侯说的一段话："北有枣栗之利，民虽不由田作，枣栗之实，足食于民。"可以见得枣、栗在当时的北方作为粮食作物的地位是很重要的。鼠李科枣属植物广泛分布在热带、亚热带和温带地区，全世界约有170种，我国约有14种，全国除黑龙江省外，从山区到平原，自城市到农村，都有枣树生长。枣属植物药用历史悠久，是传统中药和滋补保健佳品，具有镇静、安神、补血、健脑、抗癌、增强免疫力的功效。枣果营养丰富，药用价值高，是集营养和医疗保健于一体的优质滋补果品，深受人们的喜爱，素有"营养保健丸"和"木本粮食"之称。

枣树在栽培上的特点是适应性强，结果早，收益快，寿命长，易管理。在我国不论南方、北方，山地、沙地、盐碱地，均易于栽培。枣树种植历史悠久，且适应性强，在东经76°～124°，北纬23°～42°地理区域内广泛种植。另外，枣树栽培区域在高纬度大多数分布在海拔200m以下的平原、丘陵以及河谷地带，在低纬度的地区，分布在海拔1000～2000m的山丘坡地上，而在华北、西北等主要产区，主要种植在海拔100～600m的平原、丘陵地带。

由于各地区的自然条件不同，一般以年平均温度15℃等温线为界，分为南枣和北枣两大类，实际是两个生态型。南枣品系能耐高温、多湿和酸性土壤，北枣品系则较耐低温、干旱并抗盐碱。

枣果营养丰富，用途广泛。以红枣为例，鲜枣含糖达20%～36%，干枣含糖量55%～80%。含有17种氨基酸，有7种是人体必需氨基酸。维生素的含量也较丰富，特别是维生素C含量高达220～600mg/100g，故有"天然维生素丸"之称。矿物质中的微量元素锌、碘等含量也较高。在枣果中除上述营养成分以外还含有枣多糖、黄酮类和酚类化合物、五环三萜类化合物和环磷酸腺苷、膳食纤维等功能性成分。因此枣和枣酒有很高的药用价值，枣在中药中是一味常用滋补剂，有健脾、补血、缓和药性的功效，用于治疗脾胃虚弱、气血不足、贫血、肺虚咳嗽、倦怠乏力、血小板减少、肝炎、高血压等症。

一直以来我国枣加工都是北方以干制为主、南方以加工果脯为主，但近年来，这种形势被逐步打破，北方枣区已凭借其丰富的枣资源在主要加工品方面占据主导地位，但果脯经营方面仍是以南方的企业为主。据不完全统计，目前在我国以枣果为主要原料的加工有果脯、罐头、饮料、色素、果酒、香精等上百个品种。最近，也开发出了枣膳食纤维、枣环核苷酸、枣多糖和枣三萜酸等功能性新产品。

（二）枣酒生产工艺流程

枣酒通常是以鲜枣为原料，采用浸泡与发酵相结合的工艺酿制而成的，其工艺流程如图 8-7 所示。

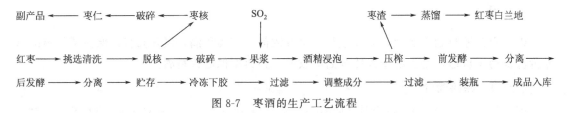

图 8-7 枣酒的生产工艺流程

（三）酿造工艺

1. 原料

用高质量的红枣或充分成熟的其他鲜枣配制的枣酒品质都上乘，但枣的品种不同，酿制的枣酒风味也有差别。如用骏枣酿制的酒绵甜爽净，用木枣酿制的酒酸甜适口，用鸡心枣酿制的酒枣香浓郁。酿造枣酒的原料可以是干枣，也可以是鲜枣。冬枣不耐贮藏，所以选用冬枣来酿酒可以提高冬枣的附加值。干枣要求色泽鲜亮，不可以使用发霉变质和虫蛀的枣酿酒，否则酒质低劣，有霉苦味且不易消除。

2. 挑选清洗

原料进厂后严格挑选，将霉烂、虫蛀、变质的原料一律清除。用清水把果皮表面的泥土、杂质及附着的微生物清洗干净，以防带入果液中，影响浸渍发酵，造成酒液浑浊现象。

3. 脱核和破碎

通过破碎机破碎脱核，使果肉完全从果核上脱掉，并除去果核。果肉破碎度宜适中，过大过厚，糖分不容易浸泡出来，同时给过滤带来困难，对发酵有影响。破碎后果浆中加入 30mg/L 二氧化硫。

4. 浸泡

采用 25％～35％的脱臭酒精和清香型高粱白酒对破碎后的果浆进行浸泡，时间为 7d 左右。然后进行压榨，除去枣渣。

5. 前发酵

发酵前需要对压榨汁的成分进行调整。首先，测定果浆汁液的含糖量和含酸量。然后根据实际情况将果汁的含糖量和含酸量调整到标准值，以便酿成成分含量接近，质量稳定的枣酒。一般应使酿成枣酒的酒精含量为 16％，因为这一酒精度是果糟在常温开放贮存条件下变质与否的分界点，一般酒精度在 16％以上的果酒，可久贮不坏，酒精度低于 16％的果酒容易变质。因此，需将糖度用白砂糖调整到 270g/L。为了使果汁发酵能正常进行和使酒具有适宜的口感，应用柠檬酸将酸度调整到 0.8％。

按上述要求完成成分的调整以后，接种 10％～15％的人工培养酵母进行发酵，发酵温度控制在 20℃ 以下，发酵 7～10d 后进行分离，分离出的汁液即为原酒。

6. 后发酵和贮存

后发酵温度略低于前发酵，发酵速度缓慢，时间也略长，为一个月左右。后发酵结束后，再次分离除去酒脚，进入贮存阶段，1 年后进行冷胶下胶，过滤。

7. 下胶澄清、过滤

一般采用明胶作为澄清剂澄清，先将单宁（8～10g/100L）用少量酒溶解后，加入枣酒中搅匀；再将明胶（10～16g/100L）放在冷水中浸泡小时，以除去腥味；然后将浸泡水弃去，重新加水，在微火上加热，并不断搅拌，促使其溶解后倾入少量酒中搅匀；再将明胶酒液加入酒中，搅匀，静置 2～3 周；待沉淀完全后，即虹吸上层酒液过滤。

8. 调配、装瓶

成品枣酒要求酒精含量达到 16%，含糖量达到 80g/L，含酸量（以柠檬酸计）达到 2g/L。可以用蔗糖溶解过滤后加入枣酒中进行糖度的调整。酒精可用精制酒精来调整。酸含量可用柠檬酸进行调整。调配后的酒有很明显的不协调生味，也容易产生沉淀，需贮存 1～2 个月后即可杀菌、装瓶，包装得成品。

（四）质量指标

感官特征：果香与酒香协调，有枣的浓香气；枣味浓厚、酸甜可口、滋味绵长，具有枣酒的典型风格。

第四节　黑加仑酒加工工艺

黑加仑是世界三大奇果之一，在欧美各国的寒冷地区早已人工栽培。适应在山区逆温带生长，果实呈紫红色，含丰富的维生素、微量元素、氨基酸和蛋白质。尤其是维生素 C 的含量居我国现有野生浆果之首，被誉为"维 C 果王"。黑加仑含有 12 种氨基酸，其中 7 种为人体必需氨基酸。独特的绿色生长条件，造就了黑加仑果极高的营养价值。黑加仑具有开胃、助消化、补血、降压和提神的作用。同时黑加仑含硒，所以又具有防癌、抗癌作用，可阻断致癌物质亚硝基吗啉的合成。黑加仑酒是以黑加仑为原料，经发酵、浸泡、陈酿、调配而成的具有独特风格的野生果酒。黑加仑发酵酒由于糖的降低，酸味突出，需要添加蔗糖调整口感，含糖量大于 50g/L，因此把黑加仑果酒归入甜型果酒。

一、原料介绍

黑加仑（blackcurrant），分类种名黑穗醋栗（*Ribes nigrum* L.），别名黑豆果，哈萨克语"卡拉哈特"，属虎耳草科，茶藨子属，为多年生小灌木。该属植物约有 160 种，广布于北半球温带和寒温带。黑加仑的野生种分布在欧洲和亚洲。16 世纪开始在英国、荷兰、德国驯化栽培，至今只有 400 余年历史。有关黑加仑栽培的首次记录，出自英国 17 世纪初的药物志上，因为它的果实和叶片的药用价值而受到重视。目前在我国黑龙江、辽宁、河北、山西、甘肃及新疆等地有栽培，其中黑龙江的品种资源最为丰富，蓄量也居首位。

黑加仑为多年生灌木，其果实为深褐色小浆果，株丛高 1.4m 左右，株丛直径 1.2m 左右，寿命可达 50 年之久，结果盛产期 30 年。黑加仑主枝寿命 6～10 年。主枝顶芽延长生长，侧生顶芽抽生分枝。顶芽延长生长仅能维持 2～3 年，第 3～4 顶芽只形成簇状花芽，并逐渐衰老死亡。

黑加仑在当年枝上形成花芽,第二年开花结果。花芽为混合芽,萌发后产生花序和带叶簇的短枝,结果后形成短果枝群。短果枝寿命4~5年,逐渐衰弱,产量也逐年遁减。黑加仑的花为两性花,总状花序。每个花序上有5~18朵花,花期15d左右。自花授粉结实率低,需配置授粉树。果实紫黑色,圆或长圆形,平均重0.7~1.9g。果皮韧性强,较耐运输。

茶藨子属植物大约有160个种,我国有57个种,其中半数为我国特有,分布在西南、华中、西北、东北各地区。新疆有7个种一个变种。7个种为黄果茶藨、黑果茶藨、小叶茶藨、天山茶藨、高茶藨、红花茶藨。1个变种是天山毛茶藨。这些野生种主要分布在阿尔泰山、塔城及天山山区。

黑加仑现在正受到众人的普遍重视,受到商家的青睐,经过有关科研机构研究表明:人体从植物中摄取的18种氨基酸在黑加仑果实中俱全;黑加仑鲜果中含有大量的维生素A、B族维生素、维生素C、维生素D、维生素E、维生素F、维生素P等,尤其是维生素C的含量高于绝大多数水果,比苹果、桃和葡萄中的含量要高出几倍至上百倍;含有较高比例的矿物质钙、镁、钠、钾、铁、磷和锌等,其中钙的含量为水果之冠,对幼儿及老年补充钙质十分合适。黑加仑果汁中含有丰富的矿物质和维生素C,从而保持并协调了人体组织的pH值的正常,维持了血液和其他体液的碱性特殊性特征。黑加仑果汁中含有相当多的钾盐和镁盐,钾盐的主要功能是加强肌肉的兴奋性,稳定心肌肉细胞膜,改善心律失常;镁盐对高血压和心肌梗死有一定的预防和治疗作用,人们脑力或体力超负荷时,进入血液中的一种荷尔蒙"可的松"物质可以造成心肌坏死,经医学专家临床证明,饮用含钾和镁的饮料可以抑制"可的松"的生成,故对心脏病患者有一定的保健作用。黑加仑鲜果中含有较高量的生物类黄酮。生物类黄酮对毛细血管的脆性和渗透性有改善作用,能够降低血清胆固醇,降低动脉硬化程度,使变脆的血管软化变薄,改善血管的通透性,预防动脉粥样硬化;生物类黄酮还具有阻断亚硝胺的生成作用;生物类黄酮具有抗生素和抑制细菌的作用,可增强抵抗传染病的能力,增强人体的免疫力。此外,黑加仑提取物还能通过调节肿瘤细胞周期和诱导肿瘤细胞凋亡来抑制肿瘤生长及保护血管内皮细胞氧化损伤。

黑加仑口味独特,营养价值高,医疗保健效果好,已受到越来越多国内外消费者的青睐。黑加仑除可鲜食外,还可用于后期深加工。目前,市场上可见的黑加仑产品有果酒、果酱、浓缩果汁、果汁饮料、糖果、果脯、果丹皮、果醋等。还可以黑加仑干果为原料,加以蛋白糖等辅料,加工出黑加仑果茶。

二、黑加仑酒的工艺流程

黑加仑酒的工艺流程如图8-8所示。

三、酿造工艺

(一) 原料的选择与处理

选择成熟度适宜,肉质多、汁液多、风味甜酸适宜,含糖量在8%以上,酸度为2g/100mL,成熟度一致的新鲜果实。去除腐烂果、青粒果、杂质,并清洗干净,然后进行破碎,使果实破碎度在98%以上。当天采收的果实当天加工完毕。

破碎后进行成分调整,加入100mg/L的二氧化硫;按自身含糖量和前发酵要求达到的

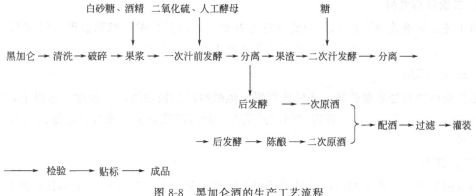

图 8-8 黑加仑酒的生产工艺流程

酒度加入适量白砂糖和相当于果浆含量 4% 的脱臭酒精。搅拌均匀。

为了提高果汁的含量，在溶解糖时需采用黑加仑果汁作溶剂。

（二） 发酵

1. 主发酵

将汁液放置于发酵罐内。发酵罐可用水泥池或金属罐，使用前，必须先对罐的内壁进行涂蜡或涂料处理。

涂料配方：6101 环氧树脂 100 份；邻苯二甲酸丁酯 20 份；乙二胺 6～7 份。

涂料方法：先将涂料置于水浴上加热至 50～60℃，使之全部熔化，再加入增塑剂，然后冷却至 35℃，再加入乙二胺，搅拌均匀后立即涂刷于池的四壁及池底使之形成隔离层，以防止漏汁和漏酒。这一道工序非常重要，一定格外注意，万万不可忽视，否则会造成重大的经济损失。除了防止汁液渗漏，涂层还可以防止变色。如果用蜂蜡涂覆，注意在熔蜡的同时，必须用喷灯烘烤池壁及池底，使温度均匀后，再把熔化的蜡液均匀地、薄薄地刷在上面，然后再用喷灯烘烤使之均匀附着上面。如此反复涂蜡 3～4 层，可使蜡的厚度达 0.3～0.4mm 即可。灌入发酵液前，先用清水将发酵罐浸泡 2d，仔细检查是否有渗漏，同时浸出蜡中的异味。如利用不锈钢或橡木桶生产，只进行清洗消毒即可，最后用清水清洗干净。

接种 10% 的人工培养酵母进行前发酵，将发酵品温控制在 25～28℃ 范围内，不能超过 30℃，发酵时间 3～4d，当发酵液酒度达 8%～10%、残糖为 4%～5% 时，前发酵结束，进行分离。注意在发酵中每天倒汁 1～2 次，每次 30min。

2. 后发酵

按最终酒度达 15% 的指标要求补加白砂糖（糖分的调整参照第三章第三节中葡萄酒的糖分调整），用分离汁溶化糖，边加糖边搅拌。将品温用分离汁溶化糖，边加糖边搅拌。将品温控制在 24～26℃，发酵时间 4～7d，当酒度达到 14% 左右、残糖降至 1% 以下时，后发酵结束，为一次汁原酒。将发酵液泵入地下室专用桶（池）内，进行陈酿。后发酵也可在 18～20℃ 下进行一个月左右的缓慢发酵。

3. 二次汁前发酵

将一次发酵分离出的果渣，加入 30% 的水，按要求得到的酒度添加白砂糖进行二次前发酵，品温控制在 25～28℃，发酵时间 36～48h，当酒度达到 6%～7%、残糖为 3%～4% 时，进行二次分离。

4. 二次汁后发酵

将上述分离液按酒度达 12％的要求进行补糖，进行后发酵，控制温度、时间与一次汁相同。当酒度达 11％，残糖在 1％以下时送入地下室进行陈酿。

（三） 陈酿

黑加仑原酒总酸含量较高，成熟比较慢，陈酿时间要长一些，一般在一年以上，以 4～5 年为最佳原酒，酒香浓郁。陈酿期间注意倒酒，及时清除酒脚，并吸收适量的氧气，注意避免污染。

（四）调配

将发酵原酒和浸泡原酒（用脱臭酒精浸泡黑加仑果而制得），按 3∶1 的比例进行调配，可得到协调的黑加仑酒。

（五）过滤

在此过程中可采用硅藻土作澄清剂，用真空抽滤的方法进行过滤。真空抽滤过程中需要用到真空过滤机器，目前常用的真空过滤机为 C26 真空转鼓式过滤器。C26 真空转鼓式过滤器主要由旋鼓、真空系统、料槽及刮板等组成。

（六）灌装

经过滤后的酒液一般采用 73℃进行巴氏杀菌，时间保持 30min 效果最好。灭菌完毕即可灌装。

四、质量标准

（一） 感官指标

色泽呈深宝石红色，澄清透明，无明显的悬浮物和沉淀物；风味酸甜适口，后味绵长。果香与酒香协调，有明显的黑加仑果香和风格。

（二） 理化指标

酒精度为 14％～15％，单宁小于 0.04g/mL，糖度为 22g/100mL，挥发酸（乙酸）小于 0.06g/100mL，酸度（柠檬酸）为 0.8～0.9g/100mL。

第五节　蓝莓酒加工工艺

蓝莓果酒是用蓝莓作为原料酿造的饮料，酒精度低，一般在 12％（体积分数）左右，同时保留了水果原有的糖类、有机酸、维生素、氨基酸和矿物质等较以粮食为原料的蒸馏酒有较高的营养价值。研究表明，蓝莓具有防止脑神经衰老、增强心脏功能、明目、抗癌等独特功效，果酒中含有的多种天然营养成分和酿造过程中产生的营养物质，对人体具有滋补、强身作用；果酒中的有机酸含量较高，饮用后能够增加胃液形成量，有助于消化；果酒中含有的不饱和脂肪酸，能够减少血管壁内的胆固醇，从而防止血管硬化；另外果酒中的多酚物质具有一定的杀菌作用，能够预防或治疗感冒。

随着人们生活水平的提高以及对生活质量的更高要求，蓝莓果酒因其具有低酒度、高营养、益脑健身等优点和独特保健功效而受到越来越多的重视。作为果品生产大国，我国的果酒开发研究也已取得较大进展，并且在生产上采用了一些先进技术，如果汁前处理、酵母选育、酶工程的应用、控温发酵、全过程隔氧防褐变措施及多级膜过滤等，这些技术的应用大大提高了产品的质量，再加上包装新颖大方，花色品种繁多，果酒不仅作为饮用酒也成为馈赠的礼品之一。

一、原料介绍

（一）概述

蓝莓（Bilberry），学名越橘（*Vaccinium citisidaea*），杜鹃花科（Ericacea），越橘属（*Vaccinium*）多年生落叶或常绿灌木。蓝莓果实呈深蓝色至紫罗兰色，又名蓝浆果，其色泽美丽、悦目，蓝色的果皮常被一层白色果粉包裹，果肉细腻，种子极小。蓝莓果实均重0.5~2.5g，可食率100%，酸甜适口，香爽宜人，既可鲜食，亦可加工成果汁或果酒等，是近年来世界上发展最迅速的第三代果树品种之一，风靡欧美世界。我国的蓝莓种植主要集中在北方长白山一带，近年来，蓝莓在南方得到迅速发展，目前我国蓝莓种植面积达到800hm²，总产量达10万吨。蓝莓中的糖、酸、花色苷等含量均适于酿酒，蓝莓果酒酒体呈红玫瑰色、香气宜人、高雅，以其独特的风味和营养保健功能备受人们青睐，符合现代人们追求绿色、健康的消费理念，发展潜力巨大。

（二）营养价值与保健功能

1. 营养价值

成熟的蓝莓果实为深蓝色，是世界上不多见的具有真正深蓝色泽的植物。蓝莓果实不仅口感好，而且具有极高的营养价值，其碳水化合物、蛋白质、维生素等含量明显高于其他水果。据分析测定，每100g蓝莓鲜果中含碳水化合物12.3~15.3g、蛋白质0.4~0.7mg、脂肪0.5~0.6mg、维生素A 81~100国际单位、维生素C 9mg、维生素E 2.7~9.5μg、SOD 5.39国际单位、钙8mg、铁0.2mg、锌0.26mg、磷9mg、硒0.1mg、锗0.09mg等。蓝莓果除含有这些丰富的常量维生素等，还富含花青素、鞣酸、尼克酸、黄酮类化合物等物质，使蓝莓具有防止神经衰老、增强心脏功能、明目及抗癌的独特功效。蓝莓常被誉为"浆果之王"。

2. 保健功能

蓝莓果实营养丰富，具有很多保健功效，现根据研究报道将蓝莓的保健功能总结如下：

（1）抗氧化，增强人体免疫力　蓝莓果实含有丰富的花青素，每100g鲜果花青素含量最高可达3.38g，花青素是目前发现的最有效的自由基清除剂，其抗自由基能力是维生素C的20倍、维生素E的50倍，蓝莓中花青素的活性异常之高，其他水果无法比拟。最近研究发现，花青素联合体内胶原蛋白形成一层特殊的抗氧化保护膜，随时阻断自由基的干扰，并协助维生素C、维生素E，增强它们的抗氧化功效。

（2）保护和提高视力　蓝莓中所含花色素苷对眼睛有保健作用，可促进并活化视网膜中视红素的再合成，改善人眼视觉敏锐度，强化人眼适应环境的能力，利用此特点可以蓝莓为原料开发出有利人类视力健康的保健食品，目前市场上已有用蓝莓为原料开发的缓解视疲劳、预防白内障的功能性保健药品。1999年美国和日本的研究资料表明，蓝莓提取液对视疲劳和弱视有辅助治疗作用。

（3）预防肿瘤和心脑血管疾病，延缓衰老　蓝莓中的花色苷可预防肿瘤，防止血管瘤发病。蓝莓中的钾元素有利于调节人体体液，提高蛋白质利用率，维持血压和肌肉的正常应激性，促进人体造血功能并参与解毒，另外蓝莓中的花青素可通过抑制毛细血管通透性从而强化毛细血管壁，预防脑血栓，延缓脑神经衰老，改善帕金森症状等。

此外，蓝莓还具有降血压、降血脂、降胆固醇、抗菌、抗发炎等作用。

（三） 蓝莓的加工现状

随着社会经济能力的加强，人们生活质量显著提高，对于健康的要求也越来越高了，蓝莓这种高营养、低脂肪的健康水果，逐渐引起了人们的关注，蓝莓的开发利用逐渐实现大规模生产。

在蓝莓产品加工方面，在欧美各国蓝莓营养物质提取工艺已经日趋成熟，且已经广泛应用于商品开发中，主要体现在保健食品、营养配餐、合理膳食等方面。在北美、欧洲各国及日本，蓝莓原料可以加工制成果汁、果酱、果冻、糖果、馅饼、冰激凌、酸奶、果酒等基本产品，以蓝莓风味为特色加工而成的食品，不但口感新颖愉悦，而且营养价值也较高，所以也备受市场青睐。同时，蓝莓功能性深加工产品也相继在市场出现，且产品种类也越来越丰富，如保留大量活性成分的蓝莓冻果、蓝莓果酒、蓝莓浓缩果汁、速溶蓝莓粉、蓝莓活性物质提取物、蓝莓花青素提取物等药品或保健品。

目前，我国对蓝莓的深加工研究，起步要较晚。我国国内市场上的蓝莓加工产品，除鲜果和速冻果以外，主要有果汁饮料、果酱、乳制品、果酒、冰激凌、保健食品等；花青素用来制药、生产食用色素、加工成保健食品或精细化工产品；加工剩余果渣用来提取红色素、酿醋和生产酶制剂；种子中 30％的干性油用于制涂料和提炼一些有价值的药用成分；叶片中的鞣质可提取单宁，作为烤胶原料。就目前蓝莓市场销售形势来看，蓝莓产品以外销为主，国内市场不受重视。但是随着我国消费者对蓝莓的认识逐渐提高，国内蓝莓产品开发拥有巨大潜力。

近几年，我国蓝莓加工产业仍存在一些亟待解决的问题：蓝莓的种植产业和加工产业缺少衔接，不能形成产业化链条；深加工能力相对落后，深加工产品不多；利用蓝莓生产功能性食品的关键技术尚不成熟，高附加值的产品数量较少；蓝莓风味模拟产品居多，且产品品质良莠不齐；综合利用程度较低，容易造成原料浪费，引起环境污染。

二、工艺流程

蓝莓酒的生产工艺流程如图 8-9 所示。

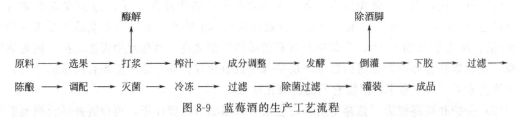

图 8-9 蓝莓酒的生产工艺流程

三、操作要点

（一） 选果

要求用于酿酒的蓝莓果实要求完全成熟、新鲜、干净，无霉烂果、病果，糖、酸度符合酿酒要求（糖含量 550g/L，酸含量 15g/L）。根据上述要求选择符合要求的蓝莓果实，备用。

（二） 破碎、打浆、压榨

通过输送带将蓝莓果实送入破碎机内，调节破碎机转速与破果齿的长短调节进果速度，保证每个果实充分破碎。得到蓝莓果浆。目前市场上常用的蓝莓破碎机器与葡萄破碎机器大致相同，压榨设备主要分为连续压榨机和间歇式压榨机两大类。

1. 连续压榨机

（1）螺旋压榨机　这种机器使用一个螺旋形物上下抽动将蓝莓在一个有空容器中榨出汁来，优点是速度快，但是这种方式会造出更多的杂质。冲压压榨机是螺旋压榨的一种改进版本，使得蓝莓的移动量变小，但是同时效率也就变低了。

（2）带式压榨机　将蓝莓放在可过滤的带子上，然后用机器压过使蓝莓汁滤出。常见于酿制起泡酒时，但因为暴露在氧气中的蓝莓太多，且会产生大量沉淀物，故很多蓝莓酒产区都不采用该法。

（3）气囊压榨机　气囊压榨机由机架、转动罐、传动系统和电脑控制系统组成。有果汁分离机和蓝莓压榨机的功能，在欧洲使用较普遍。主要有全封闭式气囊压榨机、半封闭气囊压榨机两种，目前市场上还出现了新型全封闭式压榨机，设备功能更加完善，操作更加方便，运作更加高效。

2. 间歇式压榨机

通常间歇压榨法比较"温和"，可以减小压榨过程蓝莓皮的受损程度，从而更好地保证蓝莓酒的口感，但相对应地也就需要更多的时间。目前市场上常用的为间歇式筐式螺旋压榨机。间歇式筐式螺旋压榨机主要由筐身、压汁板、底座、动力传动等部件组成，适用于小厂。

（1）筐式压榨机　筐式压榨机是最早的机械压榨机之一，由木头制成的筐子和一个提供压力的绞盘组成。这种机器进一步发展出了摇头压榨机。

（2）气控压榨机　这种机器所用的仪器中央有一条橡胶制成的皮管，随着空气的进入而向外挤压容器中的蓝莓。其优点是可以使蓝莓均匀受压，而且当皮管中注入冷水时也可以起到降温的作用。其缺点是清理时耗费劳力，也有可能使蓝莓暴露在空气中。

（3）隔膜压榨机　隔膜压榨机通过将容器中的蓝莓和可渗透的隔膜相互挤压而作用。产生的杂质更少，同时其密封性也更好。其缺点是花费时间太多（有时一次压榨可能持续2～4h），同时机器价格也相对更贵。

（三） 酶解

为了使果浆中果胶的分解，降低果浆黏度，可在果浆中加入果胶酶，充分混匀，然后于常温下静置酶解24h。当酿酒原料为种植蓝莓带皮果实时，果胶酶添加量为0.06%；酿酒原料为野生蓝莓带皮果实时，果胶酶添加量为0.08%。

（四） 成分调整

如果原料含糖量达不到成品酒的酒度要求，需要对果汁（浆）的含糖量进行调整。一般使用白砂糖进行调整。可以在接种酵母前加糖，最好在酵母刚开始发酵时加糖。因为这时酵母正处于旺盛繁殖阶段，能很快将糖转化为酒精。如果加糖太晚，酵母菌发酵能力降低，常常发酵不彻底。由于白砂糖的密度比果汁的大，在加糖时应首先用果浆将白砂糖在发酵器外充分溶解后再与果浆混匀，否则未溶解的糖将沉淀在容器底部，酒精发酵结束后糖也不能完全溶解，造成新酒的酒精度低。

（五） 发酵

将 1g 酵母溶于 2L 5％糖水中，活化 30～40min 后，立即加入发酵液中（发酵液为成分调整后的果浆），循环 20～30min，开始发酵，控制发酵温度。

（六） 倒罐、除酒脚

发酵后分离酒脚，原酒并罐，为了防止氧化褐变需要将罐的空余部分用 CO_2 充满，避免与氧气的接触。

（七） 下胶

下胶是指向果酒中有意添加有吸附能力的化合物，然后利用沉降或沉淀的作用除去部分可溶性组分的操作。是否采用下胶处理要根据两个方面来确定：一是根据组成成分，二是根据所采用的生产工艺的实际情况。下胶剂是用来进行下胶操作的化合物，下胶剂所属的类别和除去杂质的机理不同。下胶操作所涉及的化学反应包括以下几个方面：用蛋白类下胶剂（例如酪蛋白、鱼胶、鸡蛋清和明胶）除去单宁等引起褐变的多酚类物质；具有吸附能力的皂土等可以吸附果酒中的蛋白质；单体酚和小分子多酚被聚酰胺类物质聚乙烯基吡咯烷酮和尼龙反应转化；细微的胶体颗粒和沉淀物被其他凝胶物质的筛分作用而除去。

在蓝莓酒的酿制过程中，可选用皂土作为下胶剂。当酿酒原料为种植蓝莓带皮果实时，皂土添加量为 0.06％，为野生蓝莓带皮果实时，皂土添加量为 0.08％。按工艺要求将下胶剂事先溶好后再与原酒充分混合，循环 30～60min。

（八） 澄清过滤

下胶 15d 左右开始分离，要求将纤维素和硅藻土或单独将硅藻土在搅拌罐内用果酒搅拌均匀，做好涂层后，利用硅藻土过滤机进行果酒的过滤。

（九） 陈酿

在 25℃ 以下温度条件陈酿 6～12 个月，期间进行理化及卫生指标的检测，主要包括游离 SO_2、挥发酸和细菌总数。每年 6～9 月份，每隔半个月测定一次指标，10 月份至第二年 5 月份每隔一个月测定一次，做好记录。陈酿期还要进行挥发酸的预测试验，其方法是向洁净酒瓶中倒入半瓶原酒，放在 25℃ 保温箱中敞口培养 7d 左右，培养期间通过测定挥发酸含量的变化和观察液面是否生长菌膜来判定陈酿期间酒的安全性。

（十） 调配

对各种原酒成分进行检测，根据蓝莓酒的风味要求，将各类型的原酒按比例进行混合，保证内在品质一致。在白砂糖中加入少量纯净水，再用蒸汽溶解，煮沸 30min，冷却至 20～30℃。

（十一） 灭菌、冷冻、过滤

将调整好的蓝莓酒灭菌以后，进行冷冻，冷冻的目的是加速冷不溶性物质的沉淀析出，提高果酒的稳定性。具体的操作是：利用冻酒罐冻酒，要求速冷，冷冻温度为冰点以上 0.5～1℃，保温一周左右，趁冷过滤，要求酒体要彻底清澈。判断方法为：将过滤好的果酒用小烧杯装满，于暗室内用手电筒侧照烧杯，若在杯中有可见光束，即可判定酒液浑浊；若见不到光束，即可判定酒液清澈。

（十二） 灌装

将澄清后的酒样装瓶。

四、质量标准

1. 感官指标

色泽呈红玫瑰色；澄清度为澄清透明，有光泽，无明显悬浮物；具有纯正、优雅、和谐的果香与酒香；酸甜和谐适中，有甘甜醇厚的口味和陈酿的酒香，果香悦人，回味绵长；具有蓝莓果酒突出的典型风格。

2. 理化指标

酒精度：10%～12%；总糖（以葡萄糖计）：≤3g/L；总酸（以柠檬酸计）：5～8g/L；挥发酸（以乙酸计）：≤1.2g/L。

第六节　山葡萄酒加工工艺

山葡萄酒是一种特殊的葡萄酒。山葡萄酒的历史大概可追溯至东汉时期，当时我国西北地区可能生产一些葡萄酒了。唐朝由于"丝绸之路"葡萄酒逐渐由西域传入中国。但我国实现工业化生产始于20世纪30年代。当时，日本人在吉林省建立了两家有一定规模的山葡萄酒厂：一个是建在吉林市的新站葡萄酒厂，即现今的长白山酒业集团有限公司；另一个是建在通化市的山葡萄酒厂，即通化葡萄酒有限公司。这两个葡萄酒厂的建立，开创了工业化生产山葡萄酒的新时代。

山葡萄酒是以野生或人工栽培的东北山葡萄、江西刺葡萄、秋葡萄及其杂交品种等为原料，经发酵酿制而成的饮料酒。山葡萄酒按不同的方法可分为以下几种：按色泽分有白山葡萄酒、桃红山葡萄酒、红山葡萄酒；按二氧化碳压力分有平静山葡萄酒、山葡萄汽酒；按含糖量分有干山葡萄酒、半干山葡萄酒、半甜山葡萄酒、半甜山葡萄汽酒、甜山葡萄酒。山葡萄酒其色泽浓艳，余味绵长，酒体丰满，在葡萄酒中独树一帜，是我国的特产。山葡萄酒中富含的糖、有机酸、多种维生素和无机盐等250多种成分的营养价值已经得到充分的肯定。特别是山葡萄酒中含有大量的原花青素和白黎卢醇等多种能防治心血管疾病作用的元素。

生产山葡萄酒的主要原料山葡萄仅在世界上为数不多的几个国家和地区生长，除日本、俄罗斯外就只有我国出产。山葡萄在中国东北蕴藏量大，东北山葡萄主要生长在长白山脉积温较低的地区，它的抗寒能力极强，可以在−40℃的恶劣气温下奇迹般的实现露地越冬。山葡萄酒品质的好坏与山葡萄的品种有直接的关系。人工培育的"双庆"、"左山一"等优良酿酒品种，既具有野生山葡萄的特点，又有果香好的优点，其酿酒质量优于野生山葡萄。野生山葡萄是木质藤本植物，藤长达15m以上，单叶互生，叶长10cm，宽8cm，雌雄异株，花期5～6月，果期8～9月。山葡萄具有"四高二低"的特点：酸高、单宁多酚高、干浸物高和营养成分高；糖低、出汁率低。

一、山葡萄酒酵母的驯养

随着生物技术的进步，国内外已利用现代酵母工业的技术培养了大量葡萄酒酵母，这就解决了酵母不易保存的问题，应用非常方便。目前美国、法国、德国、荷兰、加拿大及我国等均已有优良的葡萄酒活性干酵母，在国外使用活性干酵母酿制葡萄酒很普遍，而我国只有部分生产高档葡萄酒的厂家使用。产品除基本的酿酒酵母外，还有杀伤性酵母、增果香酵母、耐高温酒精酵母等许多品种。

原料与酵母是决定酒质的重要基础。为使酵母适应山葡萄酸高（20g/L）、糖低（100g/L）、单宁多的特点及适应含二氧化硫的环境，需对酵母进行驯养。其驯养方法为：

① 取优质的山葡萄，除梗取汁，置三角瓶中煮沸无菌棉塞口，自然冷却。另用含糖 140～150g/L 的麦汁作为培养基。用 5 支试管分装：1 号试管装入麦芽汁，2 号试管装入葡萄汁与麦芽汁各 1/2，3 号试管内的麦芽汁减为 1/3，按这样增减，到 5 号试管便全用葡萄汁。

② 培养基经杀菌，将欲驯养的酵母移入 1 号试管内，25～30℃培养 24h。如此类推，一直移至 5 号试管内，若在 5 号试管内山葡萄酒酵母繁殖良好，证明此酵母能适应山葡萄浆的环境。

③ 取果香好的新鲜山葡萄汁，调整糖度达 100～120g/L。高压灭菌，冷却后加入葡萄汁量 0.1%～0.15% 的 6% 的亚硫酸。4～6h 后，加入 5 号试管内的酵母，反复摇匀，塞上棉塞。每日摇动 2～3 次，4～5d 内出现旺盛发酵，扩大培养，一部分做酒，一部分做菌种。

驯养酵母是山葡萄发酵中的重要一环，经驯养的酵母发酵力强、产酒精量较高，酒液挥发酸低、发酵时间短。酒母经镜检其要求为：细菌数 7×10^7 个/mL；芽生率不少于 40%；死细胞率 0.1%；发现杂菌，要立即更换。

二、山葡萄酒发酵

（一）山葡萄酒的酿造工艺

以干红山葡萄酒为例简要介绍山葡萄酒的酿造工艺，干红山葡萄酒发酵工艺流程如图 8-10 所示。

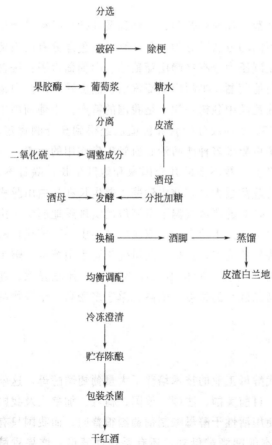

图 8-10　干红山葡萄酒的生产工艺流程

（二）发酵方法

第一种方法：山葡萄浆加果胶酶 0.1%～0.2%，控制温度 30～35℃，保持 3h，分离自流汁入板式热交换器 73℃、30s 进行瞬时消毒。用酒石酸钾降酸，添加活性干酵母，分期加入砂糖，使酒精含量达到 12%～13%，冷处理澄清后进入贮存。这种方法适用于酿制全汁酒或秋季雨淋葡萄的酿酒，但对工艺设备卫生要求严格。它的优点是果香明显，出汁率高。酒质成熟快，圆润爽口。其缺点是容器壁热量不均，投料需及时搅拌。

第二种方法：山葡萄浆加适量果胶酶，控制温度 30～35℃，保持 3h，压榨分离取汁，添加亚硫酸，以碳酸钙和苹果酸调整酸度，添加山葡萄酵母，分期补加砂糖使酒精含量达 12%～13%，残糖 5g/L 时发酵终止。冷冻澄清处理后贮存。其优点是酒呈宝石红色，澄清，柔和爽口，清新幽雅，山葡萄果香典型突出。

发酵过程中，无论采取哪种发酵方法，

一次葡萄汁应在室温 16～24℃分批加入砂糖，使原汁含酒从 6％～7％达到 12％～13％。皮渣进行二次发酵时，参考一次汁补加亚硫酸和含糖 100g/L 的糖水，按 1kg 果渣补加 3L 糖水计算。

（三） 注意事项

（1）由于山葡萄穗小、形散、粒小、籽大，除梗破碎机的除梗螺旋的速度须调至最小，以免过多的果梗、青果带入果浆中，破碎辊间距依正常进行，过小会压破籽实。

（2）山葡萄皮厚渣多，发酵中应加强喷淋工作，发酵旺盛时可将所有果汁先抽至一空罐中，结合第 2 次加糖，再泵回原罐中，保证皮渣与汁的充分接触，其余时间每天循环喷淋皮渣 3 次。

（3）山葡萄酒容易产生苦涩味，主要原因是单宁类物质含量过多、氧化过重、苦味病菌、果梗或种子中的糖苷进入酒中等引起的，采取下列措施可减轻或除去苦、涩味。

① 由单宁类物质引起的苦涩味可以采取以下三种方法来解决：采用三段发酵工艺，缩短醪液与皮糟的接触时间；通过下胶处理，减少单宁的含量；延长陈酿期，一般刚刚发酵完的新酒既苦又涩，在含量不是过多的情况下，经过长期陈酿，单宁色素等经氧化而沉淀，通过除酒脚、过滤方法即可除去。

② 在山葡萄酒的贮存期要隔绝空气，经常做到满桶，并使之含有一定量的 SO_2，以避免因过度氧化而引起的苦涩味。

③ 为了避免果梗或种子中的糖苷进入酒中而引起苦涩味，可以进行不带梗发酵，并且要注意山葡萄不能过度破碎，避免把种子压破。

三、山葡萄浆的改良

山葡萄皮厚，果汁少，含糖量低，往往不能满足酿造要求。为达到酿酒要求，要对其进行改良，通常采用加砂糖、脱臭食用酒精的方法进行改良，以提高原酒酒精度，有利于酒石酸盐的析出，提高酒的稳定性，并且发酵后原酒的味正、爽口、香味浓。

1. 补加砂糖

《中国葡萄酿酒技术规范中》规定，酿造葡萄酒时白砂糖的添加量不得超过产生 2％酒精的量。将砂糖直接撒入葡萄浆中，搅拌均匀，使总糖达 120～140g/L。一般加糖是在第二发酵阶段的净汁中加入，以防酒精损失。加糖要分两次加，否则糖浓度过高会抑制发酵的进行。如果山葡萄汁的总酸含量在 3％以上时，可以加糖水。

2. 添加脱臭食用酒精

用脱臭食用酒精将葡萄浆酒精含量调整到 4％～5％，此法适用于成熟度较高的山葡萄。
加入脱臭酒精量＝原酒量×（增加酒度－原酒酒精度）/（脱臭酒精酒精度－增加酒精度）

四、山葡萄酒的贮存

新鲜的山葡萄汁经发酵而得的原酒需经过一定时间的贮存和适当的工艺处理，使酒质逐渐完善，最终达到商品山葡萄酒应有的品质。葡萄酒在贮存过程中发生一系列的物理、化学、生物化学的变化，以保持酒体的果香和酒体醇厚。

干红山葡萄酒地下贮存 2～3 年，温度 8～16℃，甜红山葡萄酒地上贮存 2～5 年，温度 16～28℃。贮酒室的湿度以饱和状态为宜（85％～90％），室内需有通风设施，保持室内空气清新，室内保持清洁。贮酒容器一般为橡木桶、水泥池、金属罐。山葡萄酒的 pH 值低，单宁含量较高，原酒抗氧化，贮存时游离二氧化硫控制在 10～15mg/L。

山葡萄酒在贮存期间经常要换桶。所谓换桶就是将酒从一个容器换入另一个容器的操作，也称为倒酒。换桶的目的是分离酒脚，去除桶底的酵母、酒石等沉淀物质，并使得桶中的酒质混合均一；使酒接触空气，溶解适量的氧，促进酵母最终发酵的结束；此外由于酒被二氧化碳饱和，换桶可以使过量的挥发性物质挥发逸出。换桶的次数取决于山葡萄酒的品种、葡萄酒的内在质量和成分。

五、山葡萄酒的质量指标

（一） 感官指标

山葡萄酒色泽呈深宝石红色，略带棕色；澄清透明，晶亮，无明显悬浮物和沉淀物；具优美酒香和悦怡果香，香气谐调，无醋味感，口感爽顺，具有轻微的苦涩余味，具体的感官指标应符合 GB/T 27586—2011 的规定。

（二） 理化指标

山葡萄酒的理化指标应符合 GB/T 27586—2011 的规定。

第七节　猕猴桃酒加工工艺

随着我国农业产业结构调整，各种水果酒发展迅速。猕猴桃属于浆果，营养丰富，果肉多汁，种植面积大，适合酿造低度营养保健酒，近年来除了鲜食和深加工以外也有猕猴桃酒生产的研究。

最早开始使用猕猴桃进行酿酒的国家是新西兰，猕猴桃酒在新西兰很受欢迎，1894 年 Graebener 首先提出使用中华猕猴桃进行酿酒，Znkovskij 于 1950 年陈述了 "中华猕猴桃加工优质果酒"，Vitkovskij 在 1972 年也有关于用中华猕猴桃酿造特级香槟酒的论述，新西兰用于猕猴桃酒加工的猕猴桃不足产量的 5％，并且产酒量低；1980 年 Heatherbell 等报道用中华猕猴桃加工成一种果酒，具有雷司令、赛尔凡纳葡萄酒的风味；Withy 等在 1982 年利用果胶酶提高猕猴桃的出汁率，发酵果汁至还原糖含量为 1％，加工的猕猴桃酒维生素 C 含量高，感官评价具有良好的口感和风味；在我国，欧阳德山等在 1984 年开始研究发酵生产猕猴桃果酒，从此猕猴桃酒开始蓬勃发展起来。

猕猴桃属呼吸跃变型果实，不易长期存放，可加工成果脯、果汁、果酒、软糖、罐头等产品，来弥补鲜食供应期短的不足。猕猴桃产品的开发应根据不同品种的特性进行。中华猕猴桃果型椭圆、甜酸爽口，可加工成罐头和饮料；毛花猕猴桃果实酸度高，糖分少，鲜食口感较差，可加工成果脯蜜饯类产品；秦美、海沃特等含糖量较低的品种，如用于酿制果酒则酸度较高；红阳猕猴桃不仅含糖量高，而且还含有红色素，用该品种发酵制成的果酒含酸量低，产品口感较好，还能赋予猕猴桃酒特有的外观品质，是较理想的猕猴桃酿酒品种。

一、原料介绍

（一） 概述

猕猴桃（学名：*Actinidia chinensis*），属于猕猴桃科（Antinidiaceae）、猕猴桃属（An-

tinidia），又有藤梨、木子、羊桃、猕猴梨、阳桃与毛木果等之称。明代的李时珍在《本草纲目》中曾有过这样的记载："猕猴桃，其形如梨，其色如桃，而猕猴喜食，故有诸名。"目前，猕猴桃属全世界约有 66 种，猕猴桃分布范围很广，包括印度、西伯利亚地区、朝鲜、日本、泰国和马来西亚等都有分布。我国是优势主产区，全世界猕猴桃属植物中除尼泊尔猕猴桃（*A. strigosa*）、越南沙巴猕猴桃（*A. petelotii*）、日本山梨猕猴桃（*A. rufa*）及白背叶猕猴桃（*A. hypoleuca*）4 种外，其余 62 种均分布在中国，绝大部分为中国所特有，故亦称为半特有属。自然分布非常广泛，自热带赤道 0°至温带北纬 50°均有分布，其自然分布区纵跨了泛北极和古热带植物区。我国除青海、新疆、内蒙古以外，其他各地均有猕猴桃的分布。其集中分布区在中国的秦岭以南和横断山脉以东的地带（北纬 25°～30°）以及中国南部温暖、湿润的山地林中。

（二） 猕猴桃的加工现状

猕猴桃的表皮薄，而且果肉多汁，对乙烯非常敏感，采后的猕猴桃果实极易变软腐烂，难于贮藏。将猕猴桃鲜果加工成猕猴桃系列产品，不仅可提供人们食用的方便，长年供应市场，而且也解决了鲜果不宜贮藏的难题。目前市场上常见的猕猴桃加工制品有果脯、罐头、果汁、果酒、果醋、软糖、果干、果酱、脆片、果茶、果糕等产品。猕猴桃产品具有良好的市场前景和开发价值，猕猴桃的资源随着现代技术的发展被有效地利用，因此，以猕猴桃加工而成的产品种类将会更繁多，质量也会更高。

二、工艺流程

猕猴桃酒的生产工艺如图 8-11 所示。

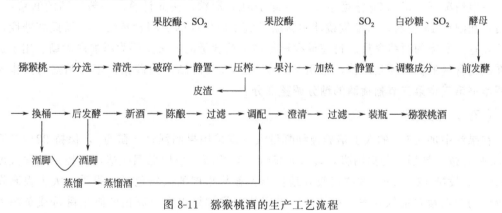

图 8-11　猕猴桃酒的生产工艺流程

三、酿造工艺

猕猴桃酒的酿造工艺又分为发酵法、半发酵法和酒精浸泡配制法三种，其中后两种方法已逐步被淘汰，绝大多数酒厂采用发酵法酿造。发酵酿造猕猴桃酒的工艺有两种：一种是按照白葡萄酒的生产工艺，采用清汁发酵；另一种是按照红葡萄酒的生产工艺，采用带皮渣发酵。清汁发酵工艺如下。

（一） 原料分选

猕猴桃果实的成熟与否，与果酒质量的优劣有着密切关系，因此必须选用成熟柔软的果实，同时除去霉烂果、变质果、病虫果、未熟果。

猕猴桃果实酸度较高，对于坚硬未熟的果实，可以通过 4～7 天的后熟处理。经过后熟处理的果实含糖量升高，总酸、果胶和单宁的含量均降低。

（二） 清洗

用清水洗去表面附着的尘土、泥沙、部分微生物及其他污物。洗净沥干后备用。

（三） 破碎榨汁

由于猕猴桃果实中含有较多的果胶，因此它的果汁黏度大，果肉中的纤维素及木质素比一般的水果多，结构又脆弱，在破碎或挤压果肉时，若破碎太细，许多细小的纤维物质易于将滤布孔眼堵住，造成过滤困难，若将果肉破碎得较大，其组织内部汁液因黏性作用，单靠外加的挤压力是难以完全把汁液从果肉破碎块组织中分离出来的。一般果酒厂是采用先用破碎机把果实破碎成果浆，同时加入果胶酶 100mg/kg，二氧化硫 50mg/kg，搅拌均匀静止 2～4h 后进行榨汁。加入果胶酶的目的是水解果胶物质，使果胶在果汁中的含量减少到 0.1％以下，降低果汁的黏度和浊度，有利于果汁的澄清，缩短果汁与空气接触的时间，对保护维生素 C 有很大好处。在榨出的果汁中再加入果胶酶 15～20mg/kg，并加温到 45℃，静止澄清 4h 以上，使果胶充分水解。与此同时，加入 5mg/kg 的二氧化硫。

果渣含有残余糖和淀粉，经发酵、蒸馏后得到的猕猴桃酒精，可以用于原酒的酒精度调整。

（四） 调整成分

将澄清果汁适当稀释，并根据发酵要达到的酒精度，分次加入一定量的白砂糖，加入二氧化硫 30mg/kg。猕猴桃的成分调整主要是增加猕猴桃汁中糖的含量。

一般情况下，每 1.7g 糖可生成 1°（即 1mL）酒精，按此计算，一般干酒的酒精在 11° 左右，甜酒在 15°左右，若猕猴桃汁中含糖量低于应生成的酒精含量时，必须提高糖度，发酵后才达到所需的酒精含量。目前猕猴桃汁增加糖含量的方法主要为添加白砂糖。用于提高潜在酒精含量的糖必须是蔗糖，常用 98.0％～99.5％的结晶白砂糖，糖分调整的操作步骤参照本书第三章第三节葡萄酒的糖分调整部分。

（五） 前发酵

在果汁中加入 5％的人工培养纯种酵母液（或采用果酒活性干酵母），保持 22～25℃ 发酵 7d 后，进行换桶，分离酒脚，转入后发酵。有的酒厂采用低温酿造法，控制发酵温度在 7～10℃，发酵 12～15d。这样能较好地保留猕猴桃果肉的天然色泽和果香，大大提高发酵过程中的维生素 C 的保存率。有的酒厂采用从猕猴桃果皮中分离出的野生酵母或黄酒酵母进行混合酵母低温发酵，发酵原酒果香味有明显提高。

（六） 后发酵

保温 15～20℃，进行后发酵 30～35d，即分离酒脚。酒脚经蒸馏后得蒸馏酒，用来调酒精度。目前果酒的加工工厂在发酵过程中采用的设备主要有发酵池、橡木桶、发酵罐，发酵设备的详细介绍见本书发酵设备一节。

（七） 陈酿及后处理

后发酵后的新酒，需陈酿贮藏 1～2 年，再进行第一次过滤，同时根据成品酒的要求进行调酒精度，有时还需要调糖、调酸。经下胶澄清，进行第二次过滤，加入 50mg/kg 的二氧化硫，立即装瓶。在整个酿造过程中，几乎在所暴露空气中的每个场合都要添加二氧化硫

（或亚硫酸），这是保护维生素 C 和预防猕猴桃酒氧化褐变、防止杂菌污染的重要措施。

四、质量指标

（一） 感官指标

色泽呈微黄带绿色、微黄色、浅黄色；澄清透明，无悬浮物和沉淀物；酒香和果香谐调，具猕猴桃的清雅；风味甜酸适口、柔和，果香味浓，具有猕猴桃酒典型风格。

（二） 理化指标

猕猴桃的理化指标见表 8-4。

表 8-4　猕猴桃酒理化指标

指标＼类型	干猕猴桃酒	半干猕猴桃酒	半甜猕猴桃酒	甜猕猴桃酒
酒精(20℃)/%	8～13	8～13	12±0.5	13±0.5
糖度/(g/100mL)	<0.5	0.5～1.5	4.5±0.6	12±0.5
酸度/(g/100mL)	0.6～0.8	0.6～0.8	0.5～0.6	0.6～0.7
挥发酸/(g/100mL)	0.1	0.1	0.08	0.08
维生素 C/(mg/100mL)	10	10	10	10

第八节　橘子酒加工工艺

柑果类果实的外果皮和内果皮界限不明显，外层具有许多细胞，有许多维管束，内果皮的内侧生长许多肉质化的囊状物，称做砂囊，富浆液，为主要的食用部分，因此风味优良，营养丰富。柑果是我国具有悠久栽培历史的果树之一，在我国种植范围很广，主要产区在长江以南，其中以川、粤、桂、闽、湘、赣、浙以及台湾为最多。根据其特征又分为橘、柑、橙、柚、柠檬、金橘等。橘子酒的开发为橘子的深加工找到一条出路，为增加农民收入开辟一条新路径。

一、原料简介

橘子原产地为中国，我国栽培橘子已经有 4000 多年历史，主要产自长江中下游和长江以南地区。橘子后经阿拉伯人传遍欧亚大陆，橘子至今在荷兰和德国都还被称为"中国苹果"。我国也是柑橘的重要原产地之一，柑橘资源丰富，优良品种繁多。橘子是世界性重要果树，用途甚广，除供鲜食外，也是酿酒、食品、医药和化学等工业原料。橘子品种比较多，红橘是其中的一种。红橘适应性强，耐寒、耐旱力强，丰产稳产，果大色鲜，品质较好，寿命长。果实扁圆形，单果重约 100g，顶部平或微凹，蒂部往往呈乳头状突起；果面鲜橙红色，皮中等厚，较易剥离；囊瓣肾型，8～13 个，整齐、橙红色，汁多。我国柑橘分布在北纬 16°～37°之间，海拔最高达 2600m（四川巴塘），南起海南省的三亚市，北至陕、甘、豫，东起台湾省，西到西藏的雅鲁藏布江河谷。但我国柑橘的经济栽培区主要集中在北纬 20°～33°之间，海拔 700～1000m 以下。全国生产柑橘包括台湾省在内有 19 个省（自治区、直辖市）。其中主产柑橘的有浙江、福建、湖南、四川、广西、湖北、广东、江西、重庆和台湾等 10 个省（市、区），其次是上海、贵州、云南、江苏等省（市），陕西、河南、海南、安徽和甘肃等省也有种植。

橘子营养价值很高，含有非常丰富的蛋白质、有机酸、维生素以及钙、磷、镁、钠等人体必需的元素。此外，橘子含有170余种植物化合物和60余种黄酮类化合物，其中的大多数物质均是天然抗氧化剂。橘子中丰富的营养成分有降血脂、抗动脉粥样硬化等作用，对于预防心血管疾病的发生大有益处。果实可食部分70.9％，果汁51.5％，果汁含可溶性固形物12％左右。每100mL果汁含葡萄糖、果糖、蔗糖等共9.8g左右，含苹果酸、柠檬酸、琥珀酸等共0.5g左右。含有17种氨基酸，其中7种为人体必需氨基酸。另外还含有维生素A、B族维生素、维生素C、维生素H及矿物质等。橘汁中含有一种名为"诺米林"的物质，具有抑制和杀死癌细胞的能力，对胃癌有防治作用。

二、工艺流程

橘子酒生产工艺流程如图8-12所示。

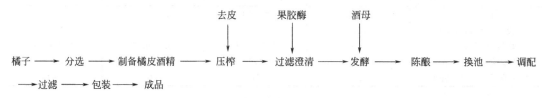

图8-12　橘子酒生产工艺流程

三、酿造工艺

（一）　原料处理

挑选果实充分成熟且色泽鲜艳的橘子，剔除伤残的果实，用90℃热水浸泡5min，去皮后进行压榨，需注意不可把核压破，否则会增加苦味。出汁率一般为65％～70％。

（二）　橘子香酒精的制备

将剥下的橘皮，放在算子上面，算下加入一定量的60℃清香型白酒或脱臭酒精，盖好蒸馏锅，蒸馏30min。经冷凝器，获得橘子香酒精，保管妥当，备调酒和调香使用。

（三）　除果胶

加入0.3％的果胶酶，保持温度在20～40℃，经8～10h，即可得到透明又澄清的果汁。此外，果胶含量的降低有利于酒体的稳定性，也有利于苦味物质柠碱的沉淀。

（四）　发酵

在经过滤澄清的果汁中，加入0.5％～1％酒母，保温25～28℃，经48～56h发酵终止。测定发酵液的酒精含量和酸度。根据测定结果，决定是否需要加糖和酸，是否需要加橘子香酒精，使其酒精含量达到规定要求。

橘子酒目前常用的发酵设备主要有发酵池、发酵罐及橡胶桶，目前常见的新型的发酵罐有：旋转发酵罐、多功能发酵罐、Ganimcde发酵罐、COSVAL型发酵罐等。

（五）　陈酿

发酵结束后，换池去酒脚，在12～15℃的温度下贮存1个月后换池，经3～6个月再换池，陈酿期1年，以改善酒的风味。陈酿期间应定时抽样检测理化、感官与微生物的质量。

（六） 调配

陈酿期满后，去酒脚。根据各类橘子的具体情况、产品质量要求及当地人民的口味习惯而确定调配方案。

（七） 包装

调配合格后，快速过滤、灌瓶，包装成品入库。

（八） 注意事项

(1) 选择合适的柑橘品种　影响柑橘酒品质的因素很多，如柑橘品种、酵母种类、加糖方式、发酵温度等。我国柑橘品种多，风味各异，南丰蜜橘和柑适合于做干酒，酿造出来的柑橘干酒风味典型浓郁，苦味不明显。甜橙不太适合做干酒。

(2) 减轻柑橘干酒苦味的措施　柑橘果实中的苦味物质柠碱是一类极苦的柠碱类化合物。主要存在于果实的皮层、种子中，果肉中也有，并且随果实的成熟而减少。减少苦味的措施如下：

① 成熟度　柑橘中主要苦味成分柠碱的含量会随着果实成熟而减少，因此酿制柑橘酒要求果实充分成熟。

② 剥皮　由于柠碱主要存在于柑橘果皮的白皮层中，为了去除这种令人讨厌的苦味物质，柑橘榨汁前剥去表皮可大大减轻酒的苦味。

③ 慢速、钝刀打浆　很多柑橘品种都有种子，种子也是柠碱的主要来源。为了避免种子破碎而将柠碱带入果汁，打浆速度要慢，刀片不要太锋利。

④ 灭酶　有研究表明，在完整的果实中柠碱在本质上是以柠碱酸芳香环内酯盐类存在的（柠碱的前体，无苦味）。加工期间，果汁中酸和酶的作用将转化这个前身物质成为极苦的柠碱。因此，果汁榨汁后要迅速灭酶，以阻止这种转化作用的进行，减少柠碱的生成。

⑤ 陈酿　由于柠碱的生成反应需要合适的温度，温度高反应速率加快，苦味增加；陈酿温度高，酒的氧化过程加快，导致酒体粗糙。此外，陈酿温度高，还会增加酒的挥发，损失酒的香气，容易引起染菌。因此果酒陈酿期间应尽可能采取低温陈酿的方法。可在 15℃以下，有条件温度低些更好。

四、质量指标

（一） 感官指标

呈淡黄色或橙黄色；澄清透明，无悬浮物和沉淀物；具浓郁的果香和优美的酒香，风味甘甜爽口，醇厚柔和，具有橘子酒的独特风味，酒体纯正，协调适口。

（二） 理化指标

酒精度（20℃）：12%～16%；糖度：15～18g/100mL；酸度：0.6～0.7g/100mL。

第九章 副产物的综合利用

随着国家酒业政策的调整，随着消费者绿色、天然、健康、时尚、享受意识的提高，低酒精度、高营养的营养酒类表现出巨大的市场潜力。2004年国内酒类消费市场布局继续调整、产品结构不断优化，非粮食酒比例快速上升，其中葡萄酒、啤酒份额增长6%～7%，高度白酒下降8%～11%，果酒的市场占有率开始攀升。随着人们生活水平的提高和消费及保健意识的增强，葡萄酒的销量大幅度增长，2012年3月24日糖酒会正式发布《中国葡萄酒市场白皮书（2011～2012）》，书中指出2011年全国共消费19亿瓶葡萄酒，成为全球第五大葡萄酒消费国。尽管果酒在酒类市场中仍属弱小品种，但果酒业正欣欣向荣地朝着健康的方向发展壮大。

果酒需求量的增加势必会带动果酒产业的进一步发展，而酿酒过程中产生大量废弃物带来严重的环境压力，如何正确处理这些废弃物已成为葡萄酒加工业亟待解决的问题。目前我国大多数的果酒企业对于酿酒水果的利用都还仅仅停留在酿造果酒的层面，而对于果酒酿造副产品的深层面开发利用至今还少有厂家涉入。我国果酒厂在酿造果酒的同时，每年将产生数万吨的酿酒废渣。对于这些酿酒废渣或用作动物养殖饲料，或被施入葡萄园中，用来肥田，或用于其他方面的综合开发利用，但较深层次综合利用的比例和程度都很低。通过对我国酿酒水果的利用现状进行研究，发现尚存在着以下几个方面的问题。

1. 酿酒副产品丰富的营养价值和药用价值没有得到充分利用

在此以葡萄为例简要说明，一般葡萄的出籽率为4%，梗6%，皮8%，据了解我国葡萄酒厂都是将这些酿酒废渣的80%简单地作为饲料和肥料利用。而相关研究表明，葡萄皮中含有丰富的维生素C、酒石酸、白藜芦醇、其他有机酸等，它们都有着优良的生物价值和药理作用，而葡萄籽中含有丰富的油脂和粗蛋白，可作为榨油和提取蛋白质的原料。我国葡萄酒厂却将这些具有极高经济价值的酿酒副产品简单处理，使得它们丰富的营养价值和药用价值得不到利用。

2. 缺少酿酒水果综合开发利用的技术设备

我国现有果酒酿造厂所利用的酿酒设备大多数都是从国外进口的，而这些进口的设备很多都是由于不够节约能源或在某些方面存在缺陷已被国外酒厂所淘汰的。并且在我国目前还没有开始实施对酿酒副产品的开发利用，所以像适合国内酿酒企业的酒石提取设备、葡萄籽的深加工设备、皮渣的综合利用设备、节约能源的速冻设备等目前在国内还很少有厂家生产。

3. 产业关注度低，产业滞后

果酒在各类酒中所占的份额虽呈逐年扩大的趋势，国家也加强了这方面的政策扶持力度，但因发展起步较晚，果酒副产物的加工业仍有待发展。果酒副产品由于产业重视度不够、设备、工艺等的缺乏而发展缓慢。我国当前的这种酿酒水果的开发利用已经不能满足人们对于酿酒水果价值开发的需要，急切需要有更深层的开发利用体系对酿酒废渣进行综合开发利用，更加全面地实现它的生物价值、经济价值和社会价值。

从水果废弃物中提取多种生物活性物质一直是国内外研究热点。我国对水果废弃物的研究才刚刚起步，大部分被用于饲料和肥料，有些则被焚烧，甚至直接丢弃，利用率极低。这不仅是一种能源的浪费，还会对环境造成一定的威胁。随着科学技术的发展，人们也开始逐渐重视水果废弃物的开发和利用，一方面可以延伸水果产业链，变废为宝，提高收益；另一方面使废物得到充分的循环再利用，对提高资源的利用率和促进地方经济的发展具有重要的作用。

酿酒原料副产物的综合利用（comprehensive utilization）是根据酿酒原料的各个不同部分所含成分及特点，对其进行高效利用。使原料各部分所含有的有用成分，都能被充分合理地利用。通过综合利用技术，可以变无用为有用，变小用为大用，变一用为多用。不但可以减轻其对环境的污染，更重要的是可以从这些被废弃的生物资源中得到大量的非常好的生理活性物质，实现酿酒原料的梯度加工增值和可持续发展，提高经济效益和生态效益。

第一节　果渣及籽的利用

一、果渣及籽的生物价值

（一）　葡萄果渣的生物价值

葡萄皮和葡萄籽占整个葡萄果实质量的 11％以上，葡萄皮渣其本身就含有大量的对身体有益的营养物质和化学物质，如果胶、酒石酸、低聚原花青素、油脂、蛋白质等。其中低聚原花青素、白藜芦醇、齐墩果酸、葡萄籽油等多种功能性成分，具有优良的生物价值和药理作用，因此葡萄皮渣蕴含着巨大的经济效益。

1. 葡萄皮中天然食用色素

葡萄皮中的天然红色素可广泛用于果酱、酸性饮料、果酒中，其色泽鲜艳，与合成色素相比，具有一定的营养价值，且使用安全。葡萄皮提取物以花色甙或双糖甙形式存在，易溶于水、甲醇、乙醇等溶液，酸性条件下最稳定。

2. 葡萄皮中的果胶

果胶是一种杂多糖衍生物，即由半乳醛酸、L-鼠李糖等组成的杂多糖衍生物，在食品工业、医药、轻工业生产中具有很高的利用价值。果胶一直以来都是人类自然饮食的一部分，是 FAO/WHO 食品添加剂联合委员会推荐的安全无毒的天然食品添加剂，对其无每日添加量限制。果胶是一种天然的植物胶体，可作为一种胶凝剂、稳定剂、组织形成剂、乳化剂和增稠剂广泛应用于食品工业中；果胶也是一种水溶性的膳食纤维，具有增强胃肠蠕动，促进营养吸收的功能，对防治腹泻、肠癌、糖尿病、肥胖症等病症有较好的疗效，是一种优良的药物制剂基质。同时，果胶是一种良好的重金属吸附剂。

3. 葡萄皮中的白藜芦醇

葡萄皮中含有白藜芦醇（分子式为 $C_{14}H_{12}O_3$），它是葡萄对于真菌侵染做出反应而产生的一种植物抗毒素。20 世纪 80 年代中期以来，国外很多学者对白藜芦醇的生物学功能进行了研究，这些研究包括脂类代谢、花生四烯酸代谢等，发现其具有：①抗炎作用；②神经细胞保护作用；③阻碍血小板凝聚；④防止低密度脂蛋白（LDL）的氧化；⑤抗癌作用等保健功能。

白藜芦醇是一种天然的抗氧化剂，因其具有多种生物和药理活性，而受到广泛关注。目前已有大部分国家和地区都开发了白藜芦醇及其制品，其主要应用于食品、化妆品、医疗保健品等领域，美国已将白藜芦醇作为膳食补充剂，日本从植物提取出白藜芦醇后将其作为食品添加剂，我国主要将从植物中提取的白藜芦醇制成降脂美容的天然保健食品。

4. 葡萄皮中的酒石酸

酒石酸是一种多羟基有机酸。由葡萄皮渣提取的酒石酸系 D-酒石酸，是一种无色透明的白色结晶细粉，无嗅，有酸味，大部分用作食品添加剂（酸味剂、膨化剂），在医药工业也有广泛的用途。

5. 葡萄皮中其他物质

葡萄皮中除了含有一定量的营养素和丰富的芳香物质外，还含有较高的对人体代谢有益的药理成分。现代科学研究发现，适量使用存在于葡萄皮中的花青素、可溶性单宁、类黄酮等物质，能够延缓动脉粥样硬化，减少血栓的形成和由动脉变窄而引起的血流堵塞等。另外，葡萄皮纤维素不但能降低血液中的胆固醇与血糖，而且对糖尿病、便秘和结肠癌等也有一定的预防作用。

（二） 籽的生物价值

1. 葡萄籽的生物价值

（1）葡萄籽油

① 葡萄籽油的营养成分　葡萄籽油（grape seed oil）是从葡萄科植物葡萄（*Vitis vinifera*）的种子中提取而得到的，经过精制的葡萄籽油呈澄清透明漂亮而自然的淡黄色或淡绿色，无味或有淡淡的葡萄籽味的液体，葡萄籽油含有以亚油酸为主的多种不饱和脂肪酸，其中亚油酸含量高达 70％以上，此外还含有维生素 A、维生素 E、维生素 D、维生素 K、维生素 P，多种矿物元素如钙、锌、铁、镁、铜、钾、钠、锰、钴等。

葡萄籽油的脂肪酸主要是以亚油酸为主，其含量在 58％～78％之间。亚油酸是人体必需脂肪酸，曾被命名为维生素 F，具有重要的生理功能，如可预防动脉粥样硬化、高血压和高胆固醇等疾病。同时，亚油酸又是人体合成花生四烯酸的主要原料之一，而花生四烯酸是人体合成前列腺素的主要物质，它具有扩张血管、防止血栓形成的作用。此外葡萄籽油中还含有人体必需的维生素和微量元素等。因此，葡萄籽油是一种优质的食用油脂。

② 葡萄籽油的生理功能

a. 抗氧化作用　葡萄籽油能促进谷胱甘肽过氧化物酶、超氧化物酶的活性的提高具有一定抗氧化作用。

b. 防治心血管疾病　葡萄籽油能降低低密度脂蛋白胆固醇（LDL-C）的同时，使高密度脂蛋白胆固醇（HDL-C）升高，对防治心血管疾病十分有利。LDL-C 易析出胆固醇，而沉积于血管壁上，造成血管壁增厚，弹性下降，引起冠心病、中风、动脉瘤等疾病。而HDL-C 不仅不易析出胆固醇，还能清除血管壁上沉积的胆固醇，送回肝脏分解。

c. 营养保健作用　对葡萄籽油经过动物的急性毒性、积蓄毒性、亚急性、致突变及致畸等试验，证明葡萄籽油无毒、无致癌成分，宜长期食用。王敬勉等对葡萄籽油的营养及食疗价值进行了研究，结果表明，葡萄籽油无毒、无害，完全符合食品卫生标准，含有人体必需的矿物质元素钾、钠、钙和铁以及维生素 A、维生素 D、维生素 E，特别是维生素 E 含量较高，可以抗衰老、增强体质、防病、治病、促进生长发育和提高健康水平。葡萄籽油可作医药保健品，是老人、幼儿以及航空作业飞行员的保健油。此外，葡萄籽油中还含有丰富的维生素 K 和一定量的脂溶性维生素 A、维生素 D 以及各种微量元素，是一种不可多得的纯天然保健食品。

d. 生成花生四烯酸　葡萄籽油的脂肪酸主要以亚油酸为主，亚油酸是人体必需脂肪酸，是人体合成花生四烯酸的主要原料，而花生四烯酸又是人体合成前列腺素的主要物质，它具有防止血栓生成、扩张血管和营养脑细胞的作用，对软化血管、降低胆固醇也有非常好的效果。

e. 其他作用　葡萄籽油具有降低血脂、软化血管、预防血管硬化、降低血压、降低血液黏度和防止血栓形成等各种生物功效，还具有维持上皮与神经细胞正常结构的功能及抗氧化、抗衰老、保护视力、促进儿童生长发育等生理作用。同时，葡萄籽油可直接用作皮肤保护剂，不仅可经皮肤吸收，营养皮肤细胞，防止皮肤粗糙和角化，而且无刺激，是一种良好的天然护肤剂。

③ 葡萄籽油的特点　与其他食用油比较，葡萄籽油具有产品纯度高，避免了过多脂肪的摄入；降低血脂、防止血管硬化；降低血脂黏度，具有防止血栓形成，扩张血管的作用；营养皮肤，延缓衰老；维护神经细胞，促进生长发育；唯一含有 OPC（低聚原花青素）的食用油；可促进血液循环，带动淋巴循环，促使脂肪自行燃烧，可以起到减肥瘦身的功效；用量少，葡萄籽油烹饪仅用其他油的 1/2～1/3 就可以达到同样的烹调效果，可与其他食用油调和使用；其中亚油酸含量高，作为食用油热稳定性好，－10℃不凝固，烟点高达 248℃，高温烹调不污染环境，具有环保性，是良好的保健食用油。

(2) 维生素 E　葡萄籽油中维生素 E 含量达到了 360.20μg/g。维生素 E 又被称为生育酚，具有促进性激素分泌、保护心血管等诸多生理功能。

(3) 葡萄籽多酚类物质　葡萄籽中的多酚类物质是葡萄中重要的次生代谢产物，按其结构的不同可分为酚酸类（phenolic acid）和黄酮类（flavonoids）两大类。酚酸类主要包括羟基肉桂酸（hydroxy-cinnamic acid）和羟基苯甲酸（hydroxy-benzoic acid）的衍生物。黄酮类化合物的母核总是由 15 个碳原子组成，具有 C_6-C_3-C_6 骨架。也就是说，两个芳香环由一个成环或不成环的 C_3 单元联结起来。黄酮类化合物主要是黄酮醇（flavonols）、花色素苷（anthocyanins）、黄烷醇（flavanols）等几类。葡萄籽中的多酚成分主要是黄烷醇单体及其低聚物。黄烷醇单体即儿茶素、表儿茶素和表儿茶素没食子酸酯。不同数量的黄烷醇单体聚合构成原花青素（proanthocyanidins）。根据聚合度的大小，通常将二至四聚体称为低聚原花青素（oligomeric proanthocyanidins，OPCs），而将五聚体以上称为高聚原花青素（poly-meric proanthocyanidins，PPCs）。其中生物活性最强的是 OPCs。

(4) 低聚原花青素　提取葡萄籽油后的葡萄籽残渣，还含有低聚原花青素。原花青素是植物中广泛存在的一大类多酚化合物的总称。低聚原花青素是一种新型高效抗氧化剂，是目前为止所发现的最强效的自由基清除剂，具有非常强的体内活性。实验证明，低聚原花青素的抗自由基氧化能力是维生素 E 的 50 倍，维生素 C 的 20 倍，并且吸收迅速完全，口服 20min 即可达到最高血液浓度，代谢半衰期达 7h 之久。

(5) 膳食纤维　葡萄籽中粗纤维含量很高，达到 30％以上，它可以提供大量的膳食纤维。膳食纤维具有很多生理功能：预防冠动脉硬化引起的心脏病、预防便秘和大肠癌、降低血糖、预防脂肪肝、减缓农药的毒害作用、抗突变、降低血压、增强人体的抗癌能力、预防癌症、治疗肠炎、促进离子吸收，改善心血管疾病、保护肝脏等。

（6）葡萄籽中的单宁　提取葡萄籽油后的葡萄籽残渣，还含有一定比例的单宁。单宁又称单宁酸、鞣质，长期以来单宁仅被我国人民用来鞣制生皮使其转化为革。自20世纪50年代后，单宁能与蛋白质、多糖、生物碱、微生物、酶、金属离子反应的活性以及它的抗氧化、捕捉自由基、抑菌、衍生化反应的行为被揭示后，其应用前景和范围迅速扩大。目前它在食品加工、果蔬加工、贮藏、医药和水处理等方面已取得重要突破，近年来它在化妆品生产中也崭露头角。

（7）葡萄籽中大量的蛋白质　葡萄籽榨油后的饼粕中含有13%～16%的蛋白质，采用脱壳榨油工艺可使饼粕蛋白质含量高达30%，且葡萄子蛋白质含有18种氨基酸，人体必需的8种氨基酸俱全，其中缬氨酸、精氨酸、蛋氨酸和苯丙氨酸含量都相当于大豆蛋白的含量。因此葡萄籽蛋白质是一种优质的蛋白质资源。

（8）葡萄籽饼粕的生物价值　葡萄籽破碎、除油后得饼粕，饼粕中含18种蛋白质氨基酸，且富含维生素和微量元素。饼粕中蛋白质比玉米、小麦、稻米（一般含蛋白质8%左右）中的含量高，尤其是赖氨酸、色氨酸及类胡萝卜素的含量很高，这是玉米中所缺乏的。测得除油后的葡萄籽粕中尚含有1%～2%的油脂和13%～16%的蛋白质。

由此可见，葡萄酿酒后，会产生可以充分利用的大量的副产物，其中含有丰富的、具有极高生物价值的物质成分，如果将葡萄皮、籽等酿酒后形成的副产物进行合理的综合开发，变废为宝，将具有非常广阔的前景。

2. 苹果籽的生物价值

（1）苹果籽油　苹果籽是苹果酒加工的副产物质之一，其含油率约为27%，高于一般大豆的含油量（18%～22%），是一种宝贵的资源。苹果籽油中不饱和脂肪酸含量约占脂肪酸总量的90%，其中亚油酸占50%左右、油酸占40%左右。近年来大量试验证明，共轭亚油酸具有调节物质代谢，增强免疫调节，预防动脉粥样硬化，抑制前列腺素E2合成，促进淋巴细胞及白细胞介素2生成，激活过氧化物酶体增生因子受体a，诱导肿瘤细胞系PPAR响应的mRNA的积累，抑制皮肤癌、胃癌、肠癌等重要生理功能。另外，苹果籽油中还含有大量的植物甾醇，该物质是食品中天然存在的微量成分，具有降低血脂和胆固醇、抑菌、消炎退热、抗氧化、抗肿瘤、免疫调节等功效，可用作食品的天然甜味剂和抗氧化剂，对人体非常有益。因此苹果籽油是国际生命科学学会推荐的十大功能性食品之一。

（2）苹果籽蛋白质　苹果籽蛋白质中含有18种氨基酸，包括人体所需的8种必需氨基酸和2种半必需氨基酸，氨基酸种类齐全，属于完全蛋白质。其中必需氨基酸含量为113.2mg/g，占到总氨基酸含量的34.32%，必需氨基酸与非必需氨基酸的比例达到0.52，接近FAO/WHO提出的氨基酸模式，即必需氨基酸总量应达到氨基酸总量的40%以上，必需氨基酸量与非必需氨基酸总量的比值应在0.6以上。从氨基酸含量来看，鲜味氨基酸Glu（谷氨酸）和Asp（天冬氨酸）含量都很高，分别为78.9mg/g和35.9mg/g，占到总氨基酸含量的34.8%，为苹果籽蛋白增添了良好的风味；除此以外，必需氨基酸中亮氨酸、撷氨酸和苯丙氨酸的含量也很丰富。苹果籽蛋白中的氨基酸虽然较大豆蛋白中的氨基酸稍低，但种类之间的构成比例非常相近，其中酪氨酸作为一种必需氨基酸，其含量与大豆蛋白中的含量接近。

根据AAS（氨基酸评分）和CS（化学评分制）评分制，苹果籽的第一限制氨基酸为色氨酸，第二限制氨基酸为苏氨酸。芳香族氨基酸的评分最高，其AAS和CS的评分分别为

48.17 和 28.9，与大豆蛋白比较接近。除此以外，蛋氨酸和肤氨酸的 AAS 和 CS 的评分也与大豆蛋白相接近。苹果籽中必需氨基酸组成相对比较均衡，各种必需氨基酸的比例类似于大豆蛋白各氨基酸的比例，而且含量大大超过 WHO 推荐的成人氨基酸需要量模式，说明苹果籽是一种氨基酸较为平衡的优质蛋白质。有资料研究证明在生大豆及其制品中含有胰蛋白酶阻碍因子、凝血素、肠胃产气因素等抗营养物质。这些抗营养物质有的能抑制人或动物体内胰蛋白酶的活性，使人或动物不能正常地消化吸收蛋白质，有的能造成人畜轻度中毒。这些抗营养物质需在 100℃ 高温下加热使丧失活性，才能消除不良影响。而苹果籽蛋白目前并未见到其含有抗营养物质的报道。

二、果渣的综合利用

（一） 葡萄果渣的综合利用

1. 葡萄皮渣中活性物质的提取

葡萄皮渣中所含的天然活性物质成分结构复杂，种类繁多，用途广泛，有效成分往往不明确，且有效成分含量较低，有的药效作用常是多靶点综合作用，因此对天然活性物质进行提取、分离和纯化显得十分重要。常见的天然活性物质制备方法有溶剂提取法（煎煮法、浸渍法、渗漉法、回流提取法）、水蒸气蒸馏法、升华法和分子蒸馏法等，其中溶剂提取法应用最广。随着科学技术的发展，现代提取技术逐渐在天然活性物质的提取中得以应用，如超临界流体萃取技术、加压逆流提取技术、超声波和微波辅助提取技术、酶法提取和仿生提取技术和固相微萃取技术等。以下简要介绍其中几种活性物质的提取：

（1）天然食用色素 葡萄中含的红色素是天然食用色素的一种，属于天然花色苷类色素，呈宝石红色，安全、无毒，主要存在于葡萄皮中。其在酸性条件下比较稳定，可应用于酸性食品和饮料中。在提取红色素时，溶剂的选择是一个很重要的因素。红色素在酸性条件下比较稳定，因此，在实验中一般选用盐酸-乙醇溶液作为提取溶液。也有人提出用 70.0℃ 的热水浸泡葡萄皮渣，待溶液成为葡萄红色时，将其冷却、固液分离，液体经树脂吸附、酒精洗脱、减压蒸馏、喷雾干燥即可获得色素粉。在提取过程中应避免使用铁制品，以免产生络合物沉淀，影响产品的提取。

（2）果胶 果胶可以采用酸提取加乙醇沉淀的方法来提取。为了防止原料中的果胶被果胶酶酶解，应先对葡萄皮渣进行灭酶处理，然后用柠檬酸溶液浸提，过滤真空浓缩滤液，最后用 50% 酒精进行沉淀析出，即可得到色泽好、纯度高的成品果胶。

（3）白藜芦醇 白藜芦醇是一种非黄酮类的含有芪类结构的多酚化合物。它在葡萄叶表层和葡萄皮中的含量较高。由于白藜芦醇对人体有很大益处，白藜芦醇的提取技术也在不断进步。普通的溶剂提取法对设备要求低，但耗时长，提取物成分复杂。同时，提取白藜芦醇的方法还有利用高效液相色谱、逆流色谱、硅胶柱层析或者大孔树脂吸附分离。大孔树脂吸附分离法具有吸附选择性独特、不受无机物影响等优点，因此较为适合大规模工业化生产。

2. 葡萄皮渣发酵制白兰地

酿酒葡萄废渣有两类：一类是榨汁后未经发酵的废渣，常见于白葡萄酒行业；另一类是经发酵过的红葡萄酒废渣。后一类因含有 10% 的酒液，直接加入蒸馏锅内进行蒸馏，蒸出的酒头内主要是沸点低的甲醇和醛类，而在酒尾中主要含有较多的杂醇油，所以，出酒后一般截去头尾留中间，酒头、酒尾单独存放，再将两者混合后再次蒸馏。得到的酒液可以贮存在橡木桶密闭陈酿，经适当调配即可成为优良的白兰地酒。未经发酵的葡萄废渣可采用加水发酵法制取酒精。

3. 葡萄皮渣发酵制醋功能性饮料

葡萄渣中含有较多的糖分，可用固体发酵法制取醋酸，得到香醋。葡萄皮渣中含有的大量抗氧化物，如类黄酮、黄酮醇、花青素和可溶性单宁等，因此用葡萄皮渣酿造香醋，不仅能够开胃健脾，解腥去湿，同时还具有非常高的医疗保健作用。

（二） 苹果渣的综合利用

我国盛产苹果，近二十年来，随着苹果种植技术的推广普及以及优良苹果品种的选育和引进，种植面积不断扩大，苹果总产量逐年提高，据联合国粮农组织（FAO）统计，2004年我国苹果产量和栽培面积分别为2050.3万吨与210.1万公顷。占全世界的苹果产量和栽培面积的35％左右和39％左右，均位居世界首位。苹果渣是苹果加工业中产生的数量庞大的废渣，长期以来，将其作为废渣抛弃，造成了环境的极大污染和资源的严重浪费。国外有报道研究表明苹果渣包括苹果籽被认为是一种丰富的多酚原料，苹果渣中的多酚被认为是高价值的物质。虽然苹果渣利用研究在国内外已开始起步，在蛋白饲料、果胶、白兰地、膳食纤维等方面取得进展，但在苹果渣活性成分方面缺乏系统探讨，而这对苹果渣的深度开发而言是急需的。

苹果加工下脚料果皮、果渣传统意义上讲是废物，但从循环经济以及可持续发展的角度讲，苹果渣的营养价值较高。据分析，风干的苹果渣粉含粗蛋白质4.4％、粗脂肪4.8％、可溶性糖分62.8％，此外还含有微量元素。苹果渣的赖氨酸含量是玉米粉的1.5倍，精氨酸含量是玉米粉的2.75倍。2kg苹果渣粉相当于1kg玉米粉的营养价值。从营养结构分析，利用苹果下脚料不仅可生产膳食纤维，还可制作苹果皮渣饮料和果醋，可提取果胶和苹果皮色素和苹果多酚等。因此，综合利用苹果皮、渣开发高附加值产品，是加快苹果产业化实现可持续发展的必然趋势。

据调查，这些果渣除15％～20％用作燃料，约10％作饲料外，70％被废弃。若能对果渣资源进行开发利用，提高果品的综合利用水平，不仅可以减少环境污染，而且又增加了果品的附加值。因此，对果渣资源的开发利用，具有一定的生态效益、经济效益和社会效益。

废弃的果渣不仅对环境造成污染，而且造成了资源的极大浪费，在一定程度上也阻碍了果业的可持续发展。随着人们环保意识的增强，加上饲料等资源的匮乏，世界各国对果渣开发利用也越来越重视。随着果蔬加工业的发展和加工能力的提高，果渣的综合利用问题和矛盾越来越突出。为此，政府部门设立专项研究基金，各高校和科研单位、果品加工企业积极探索，力求寻找一条经济合理的综合利用之路，如中国农业大学食品学院和山东省微生物所利用生物技术，研究了果渣发酵生产蛋白饲料的工艺，取得了成功的经验。其主要原理是通过微生物发酵果渣（如苹果渣、柑橘渣）生产蛋白饲料。如美国利用废弃的柑橘果渣榨取32％的食用油及制取44％的蛋白质；利用葡萄渣提取葡萄红色素；从橘子皮、苹果渣中提取和纯化果胶质或发酵成柠檬酸和商业酒精，已形成规模化生产，取得了良好的经济效益。日本已从苹果渣中提取了香精、低聚糖等产品。

综上所述，苹果渣具有广泛的开发价值。可是许多产品都伴随着大量二次残渣的出现，因此有关苹果渣利用的技术能否顺利应用于生产，除了决定于产品的市场前景外，关键在于如何实现苹果渣在被利用之后废渣的零排放，从根本上消除其引起的环境污染，这往往涉及多级产品开发的成套技术体系。

1. 苹果渣活性物质的提取

(1) 苹果渣提取果胶　果胶是一种多糖物质，大量存在于苹果、柑橘、柚子等植物的叶、皮、茎和果实中，是一种完全无毒、无害的天然食品添加剂，可作优良的食品胶凝剂、稳定剂、增稠剂、悬浮剂、乳化剂，广泛用于食品工业和医药工业。当某种食品和药品采用果胶作添加剂时，可给人以"完全天然材料"的印象。在冰淇淋、果酱和果冻、水果酸乳制品、果汁粉、软糖、果粒橙及带果肉型饮料以及一些药物的生产上均需果胶。目前果胶的年世界贸易量约为 2.7 万吨，占总食用胶贸易量 25 万吨的 11％左右，而且每年以 4％～5％的增长率增长。我国对果胶的年需求量在 2000t 左右，80％的果胶依靠国外进口。当前果胶生产主要由丹麦、美国、法国几家大公司垄断，质量好、品种多，价格在 1.25 万美元/t 左右。我国仅有四川绵阳、浙江街州两个果胶厂，以橘皮为原料生产果胶，品种单一，质量与国外的相比相差甚远。又因原料短缺，所以每年总产量一直为 200～300t，远远不能满足市场需求。因苹果皮中含有大量的果胶物质，故采用苹果酒生产时产生的果渣对果胶的生产有重要的意义。

(2) 苹果渣提取膳食纤维　随着经济的发展和生活水平的提高，人们的膳食结构发生了很大的变化，城市富贵病等急剧增多。膳食纤维作为一种功能性食品基料越来越受到广泛的关注。大量研究表明，膳食纤维有多种生理功能，它可以维持正常的血糖、血脂和蛋白质水平，并可以控制体重，预防结肠癌、糖尿病、冠心病等，被现代营养学家列为第七营养素。WHO 规定人体摄入膳食纤维的量为 24g/(人·d)，而大多数人都远远达不到这个标准。苹果渣中含有 14％～24％的粗纤维，利用苹果渣开发苹果膳食纤维具有广阔的市场前景。

(3) 苹果渣提取多酚　估计，目前世界植物多酚类物质的总产量大约 50 万吨，我国仅(3～4) 万吨，尚不足市场需求份额的 1/10。由于我国在植物多酚研发领域中处于相对弱势，在以低价大量出口的同时，却又在以高价大量进口，原因是我们的产品质量达不到制药、化妆品、食品等行业的需要。因此开发出高纯度、高质量的苹果多酚及其单体具有很大的经济利益。

苹果多酚是苹果中所含多元酚类物质的总称。按照酚类的酸碱性，苹果多酚可分为酸性酚类（主要是绿原酸和咖啡酸）和黄酮类化合物（如儿茶素、表儿茶素、原花青素等黄烷醇、黄酮醇、异黄酮等），其中酸性酚类占总酚的 1/3，而黄酮类化合物则占总酚的 2/3。

Yinrong Lu、Yeap Foo 从苹果果渣中提取苹果多酚的性质研究显示：其功能成分主要包括绿原酸（chlorogenic acid）、儿茶素（catechin）、表儿茶素（epicatechin）、咖啡酸（caffeic acid）、根皮素配糖体（phlorein-2′-glycoside）[如根皮素-2-木糖苷（phlorein-2′-xyloglucoside）]、槲皮苷配糖体 [如槲皮苷-3-阿拉伯糖（quercetin-3-arabinoside）、槲皮苷-3-木糖苷（quercetin-3-xyloside）、金丝桃苷（hyperin）、异槲皮苷（isoquercitrin）和槲皮素-3-鼠李糖苷（quercetin-3-rhamnoside）]。S. Burda 等人通过对金冠（Golden Delicious）、元帅（Empire）和罗德岛青苹果（GhodesIsland Greening）三个品种的苹果果肉及果皮的研究发现：果肉中的多酚成分主要为表儿茶素、原花青素 B_2（procyanidin B_2）、木糖根皮苷（phloretin xylogalactoside）、葡萄糖根皮苷（phloretin glucoside）和绿原酸（chlorogenic acid），果皮中则含有较多的槲皮苷配糖体。研究还发现果皮中的多酚含量远远高于果肉中的，这也解释了在苹果加工过程中去掉果皮会减轻褐变的现象。

多酚类是具有苯环并结合有多个羟基化学结构的总称，包括有黄酮类、单宁类、酚酸类以及花色苷类等。植物多酚一般是作为二次代谢产物广泛存在于植物的组织中，不同品种其构成的多酚种类有所不同。成熟苹果的主要多酚类为原花青素、儿茶素类及绿原酸等；而未成熟苹果中还含有较多的槲皮酮等化合物。研究证明：苹果多酚类物质具有很强的抗氧化和抑菌能力，苹果多酚的抗氧化、清除自由基能力是维生素 E 的 50 倍、维生素 C 的 20 倍，在心血管舒张、动脉硬化、软骨病、视力退化、过敏、龋齿及中风等病症上的应用具有很高的疗效，况且其水溶性也比茶多酚高得多，因而也越来越受到国内外学者的重视。国内已经有大量从残次苹果及果渣中提取苹果多酚的研究报告，相信苹果多酚的提取在未来几年将是苹果深加工的一个新亮点。

（4）苹果渣提取黄酮　黄酮化合物是广泛存在于水果和蔬菜中的一类次生代谢类物质，近来研究发现，它们具有很强的清除自由基能力，是苹果中的重要抗氧化物质来源。苹果果实中含有丰富的黄酮类物质，且主要集中在果皮部分，果肉和果心中的黄酮含量远远小于果皮。已有试验表明，黄酮能够有效地预防和治疗癌症、骨质疏松、妇女更年期综合征等多种疾病，黄酮在保健食品和医药领域有着广阔的应用前景。

2. 苹果渣作为饲料

苹果渣中果皮和果肉占 96.2％，果籽占 3.1％，果梗占 0.7％；粗蛋白含量比甘薯干高；Ca、P、微量元素和氨基酸含量与甘薯干较为接近；粗纤维与啤酒糟、酒精糟类接近。粗纤维中除了少量的果壳、果梗为木质素成分外，果肉、果皮多为半纤维素和纤维素；苹果渣还含有丰富的维生素和果酸，有利于微生物的直接吸收和利用。综上所述，苹果渣属于中能量低蛋白质粗饲料，渣皮中重金属、农药残留量在饲料卫生标准和食品卫生标准范围之内，因此苹果渣作为饲料是安全可靠的。生产单细胞蛋白是解决蛋白质来源的重要途径之一。苹果渣的无氮浸出物含量较高，通过添加合适的氮源，经微生物发酵可将其转化为单细胞蛋白饲料。

利用苹果渣生产生物饲料的工艺流程为：苹果渣预处理→培养基→接种→发酵→干燥→成品苹果渣经发酵后得到的产物，其主要营养成分较原料成分有明显提高，生产的单细胞蛋白的蛋白质高达 30％以上。

苹果渣作饲料时，可以鲜饲、青贮或做成苹果渣干粉。鲜饲时，鲜果渣含水率高，堆放几天就会酸败变质；青贮需要建造青贮窖且青贮含水量高、干物质少，远距离运输费用高，作为商品流通受到区域限制；鲜苹果渣制成苹果渣干粉，可以用其配制混合饲料或颗粒饲料，取代部分玉米和麸皮，而且其生产可与榨汁同时进行，产品的商品率高。因此，理想的途径是制作苹果渣干粉。苹果渣干粉生产工艺流程为：鲜苹果渣→品质检验→碱中和处理→机械粉碎→干燥→粉碎过筛→成品包装。

3. 苹果渣固态发酵生产柠檬酸

柠檬酸是一种广泛应用于食品、医药和化工等领域的重要有机酸。目前，国内柠檬酸的生产供不应求，而且均以玉米、瓜干、糖蜜为原料，产品成本较高。以苹果渣为原料，黑曲霉固态发酵生产柠檬酸，其工艺简单、设备投资少。同时，果渣经发酵后不仅能提取柠檬酸，还可以产生大量果胶酶，可用于果胶酶的提取。提取柠檬酸的生产工艺流程为：苹果渣→预处理→接种→发酵→成品。

其中，原料的含水量、接种量、发酵时间、发酵温度及原料装料对产酸有较大的影响。经研究，在含水量为 40％、接种量为 10％、30℃发酵 5d、添加 3％甲醇的条件下，每千克果渣生产 78g 的柠檬酸。

4. 苹果渣发酵提取酒精

在国外已有利用苹果渣进行固态酒精发酵生产酒精，但在国内还比较少。美国 Cornell 大学的食品科学专家 Y. D. Hang（1981）教授首次对苹果渣以固态发酵法生产酒精，得出 96h 为最适发酵周期，43g/kg 的酒精产率。并发现 *Aspergillus foetidus* 菌株可以产生高活性的 β-葡萄糖苷酶，对果渣中的纤维素有很强的分解能力，将其转化其化为葡萄糖后再经酵母固体发酵，即可得到酒精。国内的学者孙俊良等（2002）以苹果渣为原料，成功研制出了苹果白兰地。马艳萍等（2004）利用酵母对苹果渣发酵生产酒精的工艺进行了研究，结果表明，利用淀粉酶、果胶酶、纤维素酶共同作用后 25℃发酵 5d，可使鲜苹果渣的乙醇产率达到 65mL/kg。

生产工艺为：苹果渣预处理→接种→发酵→蒸馏→成品。生产过程中，苹果渣的含水量和搅拌速度对固态酒精发酵有显著影响。含水量较多，有利于营养物质的吸收，使细胞生长繁殖。搅拌对酵母的生长繁殖也是必不可少的，因为酵母菌的生产是需氧的，搅拌有利于通风和氧的传递，并使菌体与基质充分接触，促进酵母菌的生长繁殖，但过分搅拌对细胞的生长繁殖不利。搅拌速度应根据苹果渣含水量的多少决定。含水量越大，则搅拌速度越大；反之，则越小。总之，较高的苹果渣含水量和合理的速度有利于提高出酒率。经实验，每千克鲜果渣可生产 29～40g 酒精。

5. 利用苹果渣制取食品添加剂——苹果粉

经专家测定，利用苹果渣加工出来的苹果粉，其感官指标良好。苹果粉中含有丰富的果糖、蔗糖和果胶，所以具有较高的生物价值，可应用于面业和糖果点心业。在制作食品过程中，采用苹果粉不仅可以节省精制糖，而且还可以提高食品的生物效应。在面包生产中，添加苹果粉不但可以改善面包制品的内在质量、味道、膨松度以及改进面包的瓤色，而且可以降低原料消耗、增加产品质量。

苹果粉的加工工艺为：鲜苹果渣→干燥→机械化粉碎→离析作用→成品。苹果渣经干燥、粉碎和过筛后可直接用于面包食品中。由于苹果渣中食物纤维和果糖含量较高，用它作为添加剂生产的高纤维面包食品，在风味和质地等方面都优于常规纤维原料制成的面包食品。

6. 利用苹果渣生产果醋

鲜苹果渣经过酒精发酵和醋酸发酵淋制而成的果醋酸度为 3.5%，通常 2kg 的苹果渣可产 1kg 的食用果醋。其生产过程成本低、效益高、味道好。

7. 从苹果渣中提取天然香料

日本弘前大学农学生命科学部与日本果品加工公司共同研究开发从苹果渣等果渣中提取浓缩天然香料。该香料与合成香料不同，富有天然果香味而且新鲜，使人有愉悦感，可应用于果汁饮料、化妆品、芳香剂和健康食品之中。这种天然香料的提取方法是将苹果渣离心分离、过滤、除渣，利用酵母发酵除去糖分、过滤，再利用生物工程技术加以浓缩。1kg 苹果渣可得 48g 浓缩液。

8. 苹果渣益生菌的筛选及发酵生产微生态制剂

山西农业大学的孙文静对这方面做了主要的研究，从自然发酵苹果渣中分离纯化得到 10 株菌，确定为：黑曲霉（*Aspergillus niger*），白地霉（*Galactomyces geotrichum*），马克斯克鲁维酵母（*Kluyveromyces marxianus*），烟曲霉（*Aspergillus fumigatus*），乳酸乳球菌（*Lactococus lactis*），青霉（*Penicillium paneum*），假丝酵母（*Candida tartarivorans*），植物乳杆菌（*Lactobacillus plantarum*）和东方伊萨酵母（*Issatchenkia orientalis*）；其主要微生物组成为酵母菌和乳酸菌。

（三） 梨渣的综合利用

梨渣主要是梨果实的胞壁组织，还包括一定数量的果核及果柄，总量约为原果重量的40%～50%。随着梨汁、梨酒加工业的不断发展，生产出越来越多的梨渣，如何充分利用这些梨渣既是果汁、果酒生产厂家急需解决的问题，更是保证我国梨产业稳定发展的需要。

1. 利用梨渣制备梨果醋

近年来，随着梨的大量引种栽培，梨产品得到了广泛的开发利用，如梨果汁、梨果脯、梨果酱、梨复合饮料叫、梨酒等，大量梨渣也随之产生。梨渣中含有丰富的糖、有机酸、蛋白质、微量元素等多种营养物质，但在实际生产中梨渣常被废弃，造成资源浪费，降低了梨的综合利用率。

梨渣中含有糖、有机酸、蛋白质、微量元素等多种营养物质，适合菌种生长繁殖，有利于液态发酵中菌种的生长。利用梨渣为主要原料生产梨果醋，降低了果醋的生产成本，制作出来的果醋不仅口感醇厚、风味浓郁、新鲜爽口，还含有梨果实中的多种营养成分，可软化血管、降血压、养颜、调节体液酸碱平衡、促进体内糖代谢、分解肌肉中的乳酸和丙酮酸，清除疲劳；果醋中的酸性物质可使消化液分泌增多，从而起到健胃消食，增进食欲，生津止渴之功效。此外，还可以制备梨果醋饮料，梨果醋饮料调配方法是以梨果醋17%、梨汁10%、白砂糖10%调制出梨醋饮料，调制后的梨果醋饮料呈金黄色，具有梨的独特香气，口感良好，酸甜爽口。

2. 梨渣发酵生产蛋白饲料

梨渣含有动物生长所需要的粗蛋白等各种营养成分，只是含量较低，而且适口性也比较差，直接饲喂的效果很差，但如果经过微生物的发酵作用后，主要营养成分较发酵原料有明显提高，粗蛋白含量由3.4%提高到9.3%，提高了173.5%，粗纤维由15.2%降低到10.4%，降低31.6%，粗灰分含量由4.7%提高到8.7%，提高63.8%。使梨渣的粗蛋白含量提高到可以直接饲喂畜禽类动物的水平，并且还可以利用菌种的发酵作用来改善梨渣的适口性，提高动物采食量，降低生产成本和提高养殖业的经济效益。所以，以梨渣为主要原料发酵生产蛋白饲料是切实可行的。并且利用梨汁发酵生产蛋白饲料的方法适合大规模生产，工艺较简单、成本低、投资少、效益高，为我国生产优质蛋白饲料开辟了一条新途径。

梨渣也可以作为提供蛋白资源种类之一。这对于缓解我国蛋白资源的匮乏现状，促进畜牧业的发展，提高我国人均蛋白摄取量具有非常重要的意义。梨渣经过固态发酵，粗蛋白、粗灰分等主要成分含量显著提高，营养价值增加，达到了充分利用资源，减轻环境污染变废为宝的目的，从而也弥补了国内蛋白不足的现状，具有良好的社会效应和经济效应。

3. 提取膳食纤维

梨渣中膳食纤维总量约占梨渣重量的80%，主要为水不溶性膳食纤维。梨渣中含有丰富的膳食纤维，而膳食纤维能减少人们患高血压、肥胖、便秘、糖尿病、直肠癌及结肠癌等的危险性，但鲜见从梨渣中提取膳食纤维的研究报道。将梨果汁、果酒加工企业产生的梨渣作为提取膳食纤维的原料能解决企业处理梨渣的成本问题和梨渣堆积产生的环境问题。建立梨渣膳食纤维的利用方案，一方面可以为果酒、果汁加工企业解决果渣处理的压力，提高梨果加工的附加值，从而提高企业家对梨酒、梨汁加工企业的投资积极性，提升我国梨汁企业的国际市场竞争力，从而保障我国广大梨树种植户的利益，带动他们的积极性，进而保证我国梨产业朝着健康稳定的方向发展；另一方面则可以避免大量梨渣对生态环境造成的压力，保障社会和谐发展。所以该项目的实施既具有巨大的经济效益，同时也可以带来不菲的生态效益和社会效益。

有研究以梨渣为原料提取可溶性膳食纤维（SDF），与原料乳、全脂奶粉和白砂糖等复配后经发酵制成酸奶。开发一种酸奶加膳食纤维产品，可综合二者的保健功能，更有利于身体健康。梨渣可溶性膳食纤维酸奶的最佳配方为：梨渣可溶性膳食纤维添加量为6％，白砂糖添加量6％，保加利亚乳杆菌和嗜热链球菌的按1：1配比接种量为3％；发酵工艺参数为：发酵温度41℃，发酵时间为3h。在此配方和发酵条件下可制得口感好、色泽及组织状态较佳的梨渣可溶性膳食纤维酸奶，风味独特，营养全面，并弥补了酸乳制品中缺乏膳食纤维的不足。

（四） 蓝莓渣的综合利用

蓝莓果实具有特有的生物活性功能和一定的药用价值，这使得在国际市场上蓝莓成为了一种经济作物。与此同时蓝莓加工业也十分注重其综合利用，因为这些加工副产物仍含有较高的营养价值，若随意丢弃，不仅会带来环境污染，而且也浪费了资源，没有充分发挥蓝莓的营养价值。因此，将蓝莓加工副产物进行综合利用既能减少环境污染，又能产生很好的经济效益。

目前关于蓝莓酒渣、果渣等加工副产物的研究有限，主要集中在蓝莓渣中花色苷、黄酮及多酚类物质的成分分析和分离提取。目前对蓝莓果实中其他重要功能成分如绿原酸、鞣花酸等的研究报道更少，尚处于测定分析阶段。

在蓝莓酒加工过程中，很多生物活性成分如花色苷和绿原酸等残留在皮渣中。Lee、Durst和Wolstad研究发现蓝莓中的花青素和多酚类物质大部分存在于蓝莓果皮中，滤渣中两种物质分别占约42％和15％，且100g果渣中花色苷的含量高达184mg。在蓝莓酒的酿造过程对蓝莓的抗氧化和清除自由基活性影响很小，因此具有较强的抗氧化、清除自由基、改善人眼机能、预防眼疾、抑制及逆转人体衰老、抗癌、改善血液循环、预防心血管疾病、治疗关节炎、预防和治疗尿路感染等多种药理活性。

三、籽的综合利用

（一） 葡萄籽的综合利用

1. 葡萄籽油的提取

（1）葡萄籽油加工现状　在国外，葡萄酒产量较多的国家中，如法国、美国和意大利等，70％左右的葡萄籽已经被利用，并且在有的国家中代替了甜杏仁油、棕榈油等，如巴西的苏瓦兰果皮公司。美国的天然药物制剂已达上百种之多，最畅销的10个品种中葡萄籽油位居第7位（按销售额计）。

在我国，葡萄籽的利用率较低。目前只有河南省民权县建有规模较大的年产100t左右的葡萄籽油加工厂，其他地方如山东、陕西等地的生产厂家的规模都很小；在葡萄籽深加工方面，天津市尖峰天然产物研究开发有限公司，主要从葡萄籽中提取原花青素（OPC），每年生产10t左右，是国内生产量较大的厂家；国内其他地方如山东、陕西、江苏等地只有少量生产。国内对葡萄籽油提取物的研究和应用也刚刚开始，如台州多利海洋生物保健品有限公司提取的保健品"葡多安"，主要成分就是葡萄籽提取物，该保健品能极强地保护过敏的细胞，可有效地防治过敏性皮炎，把过敏程度和过敏发生率降为最低水平。

（2）葡萄籽油的提取方法　不同品种的葡萄含籽（核）多少不一，欧洲葡萄的酒糟，含籽量约占湿糟的 20％～30％，占干物质的 40％左右。葡萄籽含油 11％～15％。葡萄籽油的提取方法主要有压榨法、溶剂提取法、超临界流体萃取法等。

① 机械压榨法　压榨法制油是一种古老的机械提油法。它虽然经历了漫长的五千多年的发展过程，但仍沿用至今，其技术已被相当成熟地应用于工业生产，在制油工业中发挥了重要作用。压榨法工艺简单，较容易实现工业生产，无化学物质污染，容易分离；其缺点是由于葡萄籽核坚硬，出油率低，饼渣中残油量高，杂质含量高，且能耗大，易弄断机轴，并且在挤压过程中内部形成高温，容易使不饱和脂肪酸分解。

压榨法的工艺流程大致如下：葡萄籽经烘干、清理、破碎、软化、轧坯、烘干、浸出、蒸发等过程，制得毛油。葡萄经轧汁后去皮烘干得到葡萄籽（原料收购多在酒厂进行，原料含一定数量的杂质），经清理筛选除掉杂质后去破碎机破碎，然后去软化锅软化，软化水分控制在 18％～20％，加热至 80℃，停留时间 40min 左右，然后进轧坯机轧坯，坯片的厚度为 0.4mm，然后进平板烘干机调节水分，使进浸出器的葡萄籽坯水分控制在低于 12％。采用平转浸出器，浸出时间为约 1.5h，溶剂比为 1∶2，混合油去蒸发器、汽提塔脱溶，得到毛葡萄籽油，籽粕进蒸脱机脱除溶剂后进粕库。

② 溶剂提取法　物料中的油脂可以较好地溶解于某些有机溶剂中，如工业己烷和轻汽油、石油醚等，根据这一特性，我们可选定某一种溶剂对含油物料进行浸泡或喷淋，就可以把含油物料中的油脂提取出来这种提油方法就是溶剂提取法，也称为固液萃取。溶剂提取法是从植物原料中提取油脂最常用的一种方法。通常用的溶剂是疏水性很强的有机溶剂正己烷。它的特点是低沸点，纯度高。

溶剂提取法出油率较高，提取较彻底，溶剂可回收降低了成本，操作简易；但在溶剂回收过程中易引起不饱和脂肪酸分解，以及使制得的毛油皂化值偏高，且产品中会含有溶剂残留，溶剂极易燃，对操作安全要求较高。由于溶剂有毒或者有异味，因此要注意通风防火，以及防止泄漏。

浸取法提油的基本过程是把油料料胚或预榨饼浸没于溶剂中（即浸泡），使油脂的绝大多数溶解在溶剂内，形成混合油，然后将所得的混合油与固体残渣（即湿粕）进行分离，对分离所得的混合油再按沸点的差异进行蒸发和汽提，使其中的溶剂完全汽化变成溶剂蒸气而与油分离，从而提取了油，被汽化的溶剂蒸气经过冷却和冷凝成液体溶剂予以回收，然后再循环使用。浸泡分离后的湿粕，其内部仍含有一定数量的溶剂，经烘干、脱溶剂处理后得到浸出干粕，而脱溶剂处理挥发出来的气态溶剂同样予以回收，再循环使用。适合于油脂提取用的溶剂可归纳为以下五大类：

a. 脂肪族碳氢化合物目前应用最广泛的是在常温下呈液态的正己烷、工业己烷（含45％～90％的正己烷）与轻汽油等。应用最好的是甲基戊烷。此外，丙烷和丁烷（液化气）也是一种适合于常温低压提取用的选择性很好的溶剂。

b. 卤代碳氢化合物如二氯甲烷、二氯乙烷、三氯乙烯、四氯化碳等。其中的二氯甲烷，由于沸点低、对提出粕无毒性，而且能溶解黄曲霉毒素、棉酚、蜡脂等，具有提油去毒之功能，但成本偏高。

c. 醇类乙醇、异丙醇这一类极性较强的溶剂，在接近沸点温度条件下都能溶解油脂，而且也可以利用降低温度的方法，使混合油分离出溶剂与油脂。这种可以采用密度分离溶剂而不需要蒸馏法，将会节省能耗 25%～30%。但在醇类的提取物中，含有较多的磷脂、皂化物以及醇溶蛋白、黄酮类物质和糖类等胶状物，使分离造成困难。在生产中，往往利用醇类与水的共沸液（甲醇除外）作为溶剂，用于提取油脂可降低沸点、溶解出磷脂、色素和糖类、黄曲霉毒素等，使分离出的油脂质量提高。

d. 芳香族碳氢化合物以苯为主，是烃类中最强的一种溶剂，也能提出棉酚，但油色深而且有毒性，一般不宜使用。

e. 其他溶剂如丙酮、丁酮、石油醚、二氧化碳、糠醛与糠酮等。

（3）葡萄籽油应用前景　随着医疗保健、美容行业和化妆品生产的蓬勃发展，保健、美容和化妆品用油的需求量也越来越大，医疗保健所采用的药用成分和美容所采用的精油能使神经系统得到松弛，能刺激循环系统，缓解压抑、减轻疼痛，使人身心协调，从而达到平衡情绪的作用。由于精油和某些药用成分直接接触皮肤会因为浓度过高而容易造成皮肤过敏，因此经皮肤给药或保健按摩时须以基础油来稀释，并协助药用成分或精油迅速由皮肤吸收，从而达到治疗和保健的目的。而葡萄籽油的一个重要应用就是可以作为一种很好的保健和美容用基础油。在国外，葡萄籽提取物在抗氧化、抗衰老、抗疲劳、消除炎症等方面也已被广大消费者接受。葡萄籽油已经成为医疗保健、美容业和化妆品生产中使用最普遍的基础油。另外，葡萄籽油具有适宜的润肤作用，并且与洗净剂和表面活性剂有良好的配伍性，可广泛用于化妆品行业，用于头发护理及造型，用作护肤剂、清洁去污剂等。因此，葡萄籽油在日趋理性的化妆品和保健品消费市场有着广阔的前景。

2. 葡萄籽中活性成分的提取

葡萄籽中含有多种活性成分，下面简要介绍一下葡萄籽中原花青素和单宁的提取。

（1）原花青素　在葡萄籽中原花青素含量达 5.0%～8.0%，是葡萄籽中主要的多酚物质。国外曾提出用水、乙醇等溶剂提取原花色素的方法。目前，常采用的提取剂是丙酮和乙醇。

葡萄籽中粗纤维和碳水化合物含量较多。所以，其多数以结合态与蛋白质、纤维素结合在一起，不易被提取，需要加入有机溶剂、加酸、搅拌、加温等处理。流程为：籽粒破碎→脱脂→低温干燥→粉碎→搅拌浸提→中和→过滤→减压浓缩→ 浓缩液＋石油醚→静置→分离→真空干燥→成品。

（2）单宁　单宁又称为鞣酸，主要为一些多酚类物质，能引起涩味。单宁主要存在于葡萄皮和葡萄籽中。葡萄酿酒所剩的皮渣中大约含 10% 的单宁。现在提取单宁的过程多为：将皮渣用 50% 的乙醇为溶剂在常温常压下浸提 2 次，每次浸提 7d，取出浸泡液，将乙醇蒸出回收，剩余液体真空浓缩，沉淀干燥后就能得到为单宁。取出浸泡液之后的滤渣可做饲料，另外，单宁很容易被氧化，所以提取时要注意隔氧操作。

3. 葡萄籽在饲料中的应用

（1）葡萄籽在畜禽饲料中的应用　葡萄籽是一种营养价值极高、活性成分丰富的天然植物种子，在饲料原料危机潜伏的今天无疑是一个创新的选择，并且葡萄籽作为饲料的应用效果也在畜禽的饲养中得到了证实。采用熟化处理后的葡萄籽粉可替代部分玉米提高肥育猪的生长性能，降低料重比，还可以改善皮毛光泽度。研究表明，葡萄籽作为奶牛饲料原料对奶牛产奶性能、乳品质及日产效益均无不良影响，而且明显改善乳脂率和生产效益。

（2）葡萄籽在水产饲料中的应用　研究表明，在湘云金鲫饲料中添加葡萄籽提取物，显著提高了鱼生长性能，降低饵料系数和改善鱼体品质；在黄鳝饲料中添加葡萄籽提取物和青蒿提取物对黄鳝消化酶和血液生化指标均有益处。

4. 作种子

凡是从皮渣中分离出来的葡萄核，经水洗，晾干，就可作为幼苗繁殖之用了。近年来我国葡萄酒业蓬勃发展，而葡萄酒厂酿造后的下脚料做废弃处理，使其腐烂变质，造成环境污染，造成资源的极大浪费，降低了葡萄的利用率。这种情况的出现主要是由于人们对葡萄籽价值的认识比较缺乏而造成的。在我国葡萄籽综合利用的总体水平仍处在初级阶段，其主要成分未能得到充分、合理、有效的开发和利用。而发酵后葡萄籽油及其他成分的提取研究更是鲜有报道，此方面的研究具有重要的实际意义。

随着社会经济发展和人民生活水平的不断提高，高档食用营养油、保健、美容和化妆品用油的需求大幅增加，而我国油脂、油料资源紧缺的矛盾日益突出。因此，开展葡萄籽的深加工及综合利用不仅非常必要而且有着十分重要的意义，不仅能为我国人民提供新的优质油脂，而且还能够解决我国油脂、油料资源紧缺的矛盾。此外，酿酒产生的果渣中其他活性成分的提取也有重要意义。

（二） 苹果籽的综合利用

1. 苹果籽提油

近几十年来，油脂营养与健康方面的研究成果不断揭示着食用油脂对人类健康的重大影响，引导人们不断开发新油源，特别是对人体健康有特殊保健作用，如降血压、降血清胆固醇、预防动脉粥样硬化、心脏病的油源等。研究数据表明：苹果籽仁中含油 28.9%～34.0%，主要以不饱和脂肪酸油酸和亚油酸为主，其中油酸含 33.36%～36.35%，亚油酸 51.29%～55.50%，且维生素 E 含量高达 249.0mg/100g（超临界 CO_2 萃取）。由此可见，苹果籽油可作为一种优质的小品种油加以开发利用。传统的提取、分离、精炼工艺易使植物油脂中具有生理活性的物质损失，所以苹果籽油提取应积极采用超临界 CO_2 萃取等先进技术。

2. 苹果籽在饲料中的应用

苹果籽中粗蛋白质和粗脂肪含量分别为 51.23% 和 26.2%，其中必需氨基酸含量为 113.2mg/g，必需氨基酸和非必需氨基酸的比值达到 0.52，接近 FAO/WHO 提出的氨基酸模式。在这些氨基酸中又以谷氨酸和天冬氨酸含量居高，分别达到 78.99mg/g 和 35.9mg/g。苹果籽中还含有丰富的还原性物质如根皮苷、杏苷以及多酚多糖等，具有抑制脂质过氧化、清除自由基以及减缓细胞衰老、促进机体健康生长作用。实验表明，以苹果籽作为饲料喂养对团头鲂，可提高团头鲂黏液、血清溶菌酶及总超氧化物歧化酶活性，由此，为苹果籽在饲料中的应用提供理论依据。

（三） 黑加仑籽的综合利用

黑加仑在实际加工中将产生约占总量 30% 果渣，每加工 1000kg 黑加仑可从果渣中得到籽约 40kg，因此要充分黑加仑籽资源。黑加仑籽油就是从黑加仑浆果加工后果渣残籽提取种子油，其含有 ω-3 和 ω-6 两个系列多不饱和脂肪酸，尤其富含必需脂肪酸成分——γ-亚麻酸。目前天然 γ-亚麻酸来源尚不多，因此，从黑加仑籽中提炼高级营养油，一方面可解决残籽处理问题，另一方面又开发一种富含 γ-亚麻酸资源。黑加仑籽油因含多种生理活性成分，特别是 γ-亚麻酸，故而对人体具有多种保健功效，广泛应用于医药、保健食品和化妆品中。

（四） 猕猴桃籽的综合利用

生产猕猴桃酒时会产生大量的下脚料，其主要成分为猕猴桃籽。猕猴桃籽中含油量可达23.5%，油中主要含5种脂肪酸：棕榈酸6.63%、硬脂酸2.41%、油酸12.89%、亚油酸12.59%、亚麻酸63.99%、其他1.49%。其中不饱和脂肪酸占89.47%，特别是亚麻酸含量达63.99%，这是目前发现的除苏籽油外亚麻酸含量最高的天然植物油。它具有降低血脂、胆固醇和血压，预防心血管疾病，抑制血小板凝集，防止血栓形成与中风，预防老年痴呆病，增强记忆力，降低血糖，防癌等多种作用。此外，猕猴桃籽油对皮肤的渗透性好，在输送活性物质进入皮肤方面有不寻常的能力，可用作多种物质的载体，应用于制造高级洗面奶、面膜、护肤霜、防晒霜和洗发香波等。从猕猴桃籽中提取优质食用保健油，并进一步开发为各种功能性食品、药品和美容化妆品，从而解决了众多猕猴桃酒厂下脚料废物处理问题。

（五） 山葡萄籽的综合利用

山葡萄在我国种植面积大，产量高，我国东北是世界唯一山葡萄大面积栽培的地方，具有广泛的野生资源和开发前景。目前，山葡萄大多用来酿酒和制作果汁，山葡萄在榨汁及酿酒过程中会产生大量的副产物如葡萄籽、葡萄皮等，葡萄籽在葡萄皮渣中大约占65%。一直以来，大多数酒厂将酿酒后的葡萄籽丢弃或发酵后用做肥料，这种处理方法不仅造成了资源的浪费而且污染环境，对于酿酒后产生的葡萄籽还没有充分的利用。

山葡萄中的主要成分是山葡萄多酚，研究表明，山葡萄籽中多酚含量远高于山葡萄皮和果肉及其他种植葡萄品种。此外酿酒工业中原料多采用山葡萄，因此以酿酒过程中产生的山葡萄籽为原料，提取富含多酚类物质的山葡萄籽提取物不仅变废为宝，物尽其用，为山葡萄的综合利用开辟新途径，同时还可以带来巨大的经济效益和社会效益。

第二节　酒石酸盐的回收

酒石酸即2,3-二羟基丁二酸，是一种用途广泛的多羟基有机酸，为无色半透明晶体或白色细结晶、粉末，有酸味，在葡萄中含量约为0.43%～0.74%。游离的酒石酸溶解于水，由它生成的酒石酸氢钾和酒石酸钙是两种不溶解的盐类，往往沉淀于桶底或瓶底，结晶如石，故称酒石。酒石酸和酒石酸盐是葡萄酒厂的重要副产品。天然酒石酸盐的来源是葡萄酒糟，沉淀在发酵池底的酒脚，桶壁上的酒石及白兰地的蒸馏废液。葡萄中酒石酸的含量因品种不同而不同，欧洲葡萄平均含酸性酒石酸钾0.8%～1.2%。红葡萄酒糟含酸性酒石酸钾比白葡萄酒糟多。据Marsh报道，红酒糟含酒石酸盐相当于干燥物的11.1%～16.1%，而同年度的白葡萄酒糟只含4.2%～11.1%。而酒糟产生量，干红葡萄酒约为17.25%，干白葡萄酒约为19.55%，干白葡萄酒一般高于干红葡萄酒。

一、酒石的提取

（一） 从皮糟中抽取

酒石酸盐易于溶解在热水或酸性溶液中，一般采用热水浸出，冷却结晶；或热水浸出后加石灰处理，或用冷水加稀酸浸取。现介绍两种：

1. 间接抽出法

1份葡萄酒糟加3份热水，加热到60～100℃，过滤，残渣内加2份水，再加热一次，压榨过滤，滤液或静止或压榨除去粗杂质，将第一次与第二次抽出液混合，加石灰及氯化钙，生成酒石酸钙盐，结晶时加 0.01% SO_2，以防细菌繁殖。

2. 酸液抽出法

① 将葡萄酒糟放入浸出槽，加入含盐酸 1% 的溶液 2 或 3 份，视槽中酒石酸钾的含量而定，放置 5h，不搅拌。

② 淋出酸液，送往沉淀槽。残糟加清水，放置 16h，水量 2:1 以下。

③ 淋出残糟的浸出液，送往沉淀槽，与第一次溶液混合。

④ 残渣经过压榨，静止澄清，上清液和其他浸出液混合。

（二） 从酒脚中提取

酒脚是葡萄酒换桶时桶底的沉淀物，含有酒精、酵母及酒石酸盐。处理的方法为先用等量水稀释，用蒸馏法回收酒精，蒸馏后的酒脚用压滤机过滤，滤液冷却后的沉淀即为粗酒石。滤液也可用氢氧化钙与氯化钙处理，制成酒石酸钙。每 100kg 酒脚可得粗酒石 15～20kg。

（三） 从葡萄酒蒸馏白兰地后的废液中提取

葡萄酒蒸馏白兰地后的废液中含有酒石酸，应该回收利用，且提取方便。蒸馏废液量较大，应在露天建造沉淀池，进行回收处理。

（四） 从发酵池与贮酒桶中提取

附着于发酵池和贮酒桶表面的粗酒石，由于葡萄酒品种不同，粗酒石的色泽也不一，红葡萄酒为红色，白葡萄酒为黄色。用人工剥离相当费事，现在对水泥发酵池大多用蒸汽喷射法或用浓碱（氢氧化钠）液使其转变为酒石酸氢钠（商品名为酒石英），静置数日，回收结晶。

二、酒石酸钙制法

酒石酸钙在水中溶解度很小，结晶快。对于 100mL 20℃的水，只能溶解 0.053g；水温 85℃时，溶解 0.219g。溶液中其他成分，特别是 pH 值对溶解度影响很大。单独使用氢氧化钙或碳酸钙处理时，只有一半酒石酸盐沉淀，如同时加氯化钙，并用氢氧化钙中和，则沉淀很完全。

在纯粹的水溶液中，pH 值为 6.8～7.2，稍有过量的氯化钙存在，酒石酸钙的得率就很高。在葡萄酒糟的浸出液中，得率最高的是在 pH=6.2 时，pH 值大于 6.2 时，胶质物质完全凝结，使酒石酸钙沉淀污染，而且 pH 值大于 4.5 时，易被细菌分解。

在制备酒石酸钙时，应事先分析浸出液成分，测定酸性酒石酸钾含量，再加入计算量的氢氧化钙和氯化钙，以期得到最大的收率与纯度。

（一） 从粗酒石中提取酒石酸氢钾

从葡萄皮糟、酒脚、蒸馏白兰地的废液以及发酵池或桶壁上提取的酒石，一般均叫做粗酒石。粗酒石主要成分是酒石酸氢钾（占 60%～90%）、酒石酸钙（占 5%）及少量有机物质。酒石酸氢钾分子式为 $C_4H_5O_6K$，相对分子质量为 188。纯酒石酸氢钾是白色透明晶体，当含有酒石酸钙时，呈现乳白色。酒石酸氢钾溶液特点是温度与溶解度呈正比，温度越高，溶解越多，温度越低，溶解越少。提纯酒石酸氢钾的主要原理是酒石酸氢钾在高温下溶解，低温下结晶。操作方法和设备都很简单。平时收集粗酒石，入冬后提炼，既节省冷冻设备，又可充分利用冬闲时间，增加经济收入。其生产工艺流程如图 9-1 所示。

（二） 从粗酒石中提取酒石酸钾钠

酒石酸钾钠又名洛瑟尔氏盐，分子式为 $KNaC_4H_4O_6$ 或 $KNaC_4H_4O_6 \cdot 4H_2O$，相对分子质量

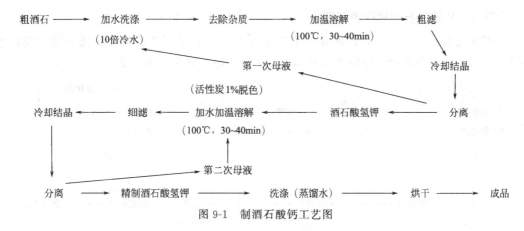

图 9-1　制酒石酸钙工艺图

为 210 或 282，为无色、无臭结晶体或白色结晶体。其提取方法，根据不同原料有两种方法：

第一种方法多用于红葡萄酒中质量次的及杂质多的酒石，其生产流程如图 9-2 所示。

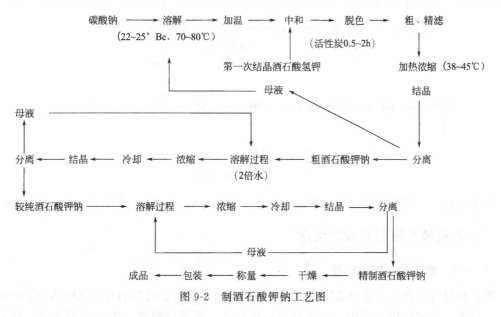

图 9-2　制酒石酸钾钠工艺图

第二种方法用于白葡萄酒的及较纯的酒石，生产流程如下：

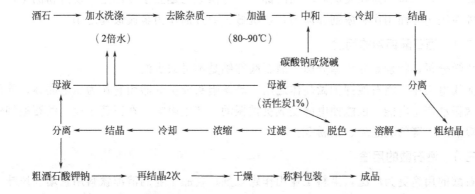

第一、二种方法的母液可连续用 5 次，第 5 次后必须抽出 1/5，另补加清水。抽出的母液集中到一定数量后浓缩成粗酒石酸钾钠，再结晶处理。

（三） 从粗酒石中提取酒石酸

酒石酸又名二羟基丁二酸，相对分子质量为150.10，是无色、无臭、透明结晶或白色的结晶粉末。具有强酸味，可溶于水及酒精，不溶于醚。其生产流程如图9-3所示。

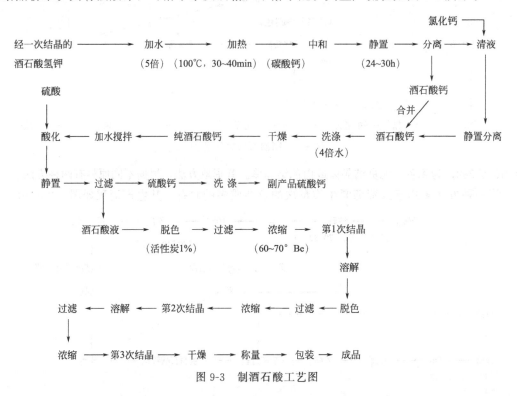

图9-3　制酒石酸工艺图

在浓缩时，一部分硫酸钙浮于液面，因此，浓缩后必须进行一次过滤，以去掉硫酸钙。

三、酒石酸及酒石酸盐的用途

（一） 酒石酸氢钾的用途

酒石酸氢钾在食品工业中应用最多。国外所谓的发酵粉就是以酒石酸氢钾作为基础加小苏打制成的。发酵粉用于面包、蛋糕及点心的生产，可代替酵母。由于携带方便，容易保存，因此在国外，特别是在美国和欧洲南部的一些国家已建立了专门生产发酵粉的工厂。酒石酸氢钾在医药方面用作利尿剂和泄剂，在机械工业方面作为金属镀锡之用。

（二） 酒石酸钾钠的用途

在化学分析，特别是分析糖方面，酒石酸钾钠是不可缺少的。

在无线电工业，酒石酸钾钠做晶体之用，晶体唱头或扩音器用它作为压电晶体，能使唱片的机械振动产生电能，也能使电能变成机械振动，产生声响。在医药工业，酒石酸钾钠可以作为缓泄剂、赛的利芝粉、焙粉等。

（三） 酒石酸的用途

酒石酸的用途更为广泛，染料工业用作媒染剂；食品工业的清凉饮料用它增加风味；果酒工业中果酒酸度不够用它来增加酸度；医药工业可用它来制造医治吸虫病的酒石酸锑钾；有机合成、制革、电镀、照相、纤维工业、玻璃工业等也都需要酒石酸。

第三节　葡萄酒糟和酵母酒脚的利用

一、葡萄酒糟的利用

（一）　压榨及再发酵

传统的红葡萄酒酿造是葡萄汁与皮、渣一同发酵，当发酵结束后，分离出的皮渣即为葡萄酒糟。葡萄酒糟有两种形式：①湿糟。发酵完成后，新酒自然流出，残留在发酵池的皮糟，称为湿糟。一般，流出的新酒的量与残留湿糟的量约略相等，在湿糟中尚可榨出50％的葡萄酒，称为榨出酒，与流出酒分开贮存。②干糟。压榨后的皮糟称为干糟。压榨后的葡萄酒糟粕，加水使其发酵，或者添加砂糖与水（有时加少量酒精），使其发酵，前面一种发酵之后含酒精只有3％～4％，极平淡，很难保存，后者接近真正的葡萄酒，由糟粕制成的葡萄酒，大部分用作蒸馏酒原料。我国一部分白兰地就是以此法制成的，也有添加甘油、单宁、酒石酸之后的，作为次等葡萄酒或者作为酿造酒醋的原料。

白葡萄酒酿造时，葡萄汁未与皮渣一同发酵，可将未发酵的皮渣加糖水（水的用量以浸透皮渣为宜，糖度为13％～14％），温度控制在25～30℃，发酵7～8d，待残糖为0.5％以下时，蒸馏制取白兰地。

对于带皮渣发酵的葡萄酒，在发酵结束新酒自然流出后，残留在发酵池中的酒糟量与流出新酒的量约略相等，在这些湿糟中，存有50％的葡萄酒，经过压榨后仍有相当于已流出酒量25％的葡萄酒，但若将它们全部榨出则很困难，而这样压榨出来的酒的质量也不好。因此，可以在酒糟中加入含糖量为170g/L的糖水，并用酒石酸来调节其酸度，使pH值保持在3～4之间。

在进行以上发酵时，砂糖必须全部溶解，并分两次加入。开始时，先加总糖量的60％，待发酵糖分降至6％～7％时，再将剩余的糖全部加入，并保持发酵温度在22～28℃之间且适当通风，同时也可以添加3％～4％的酵母，糖水用量应不超过原来葡萄酒的量，否则加入的糖水越多，酿成的葡萄酒品质越差。

由再次发酵所得到的酒糟仍含有一定量的酒精，可以将这些酒糟和葡萄酒贮存转池时剩下的酒脚收集起来，加入蒸馏锅内进行蒸馏，在出酒时保持锅内温度100～105℃，压力0.02～0.04MPa，出酒后要截去头尾留中间，因开始出的酒头内有大量沸点低的甲醇和醛类，而在蒸馏酒精为50°以下的酒尾内含有较多的杂醇油，所以酒头与酒尾应单独存放，两者合并后再重新蒸馏。蒸馏酒的酒精度一般在50°～70°之间，以60°～70°为最好，它可以直接加入葡萄酒中，以增加葡萄酒的酒度，也可以贮存在橡木桶中密闭陈酿，这类酒贮存年限越长，色泽越深，香味越浓，口味细致柔和，经适当调配即可成为优良的白兰地。

（二）　用作饲料

干燥粉碎后的葡萄酒糟经分析，其物质成分为水分3.2％～9.6％，灰分5.0％～6.6％，蛋白质12.0％～14.8％，纤维素17.7％～35.0％，此外还富含维生素、微量元素、氨基酸（尤其是赖氨酸、色氨酸），及类胡萝卜素，这是玉米中所缺乏的，并且葡萄酒糟中含有果胶质，在猪的营养代谢过程中起着有益的作用。研究表明，在猪的基础日粮中用葡萄酒糟取代10％～15％的混合料，培养期内日增重比对照组高5％～7％，每头猪可节约27.5～40.0kg

粮食。但利用酒糟直接喂养畜禽，会造成很大浪费。可利用酒糟制造配合饲料，即先将酒糟晒干（或烘干），然后粉碎，根据畜禽不同的饲养标准加入微量元素等添加物，即可制成不同的配合饲料。

（三） 用作肥料

生物有机复合肥料是高新科技生物工程产品，是生产无污染和无公害绿色食品的最佳选择肥料，它具有活化土壤、促进生长、抗病虫害和增产等特点，一般比化肥增产 10％ 以上。特别是在目前土地长期使用化肥、板结严重和有机质贫乏的情况下，施用生物有机肥，对于大大改善土壤结构和理化性状，调解微生物环境，提高地力，效果尤其明显。

葡萄酒糟生产肥料是以葡萄酿酒后副产物皮（籽）渣或经提取分离色素和葡萄籽油等有用物质后的皮（籽）渣为主要原料，加入其他配料生产生物有机复合肥，变废为宝。利用葡萄酿酒后废渣作原料，生产具有较高生物活性和多肥效的有机复合肥，其具有有机质含量高，N、P、K 养分全面均衡，可活化土壤 P、K，促进养分分解和吸收，肥效长，增强地力等特点。适宜配制各种作物专用肥，可解决因葡萄酒糟废弃造成的环境污染问题，经济效益和生态效益显著，并对生物链循环和生态平衡具有重要意义。

（四） 葡萄色素的提取

对于含色素较高的葡萄酒糟，可以用 70℃ 的热水加以浸提，然后将浸提液经冷却器进入沉淀槽，分离杂质再通过树脂柱，使色素被适当的树脂吸附下来，当树脂被饱和之后，用适当浓度的酒精溶液将色素洗脱下来，树脂得到再生，把溶有色素的酒精溶液进行减压蒸馏，最后的色素溶液经喷粉干燥器干制得色素粉；也可以把色素溶液进一步浓缩到每升含 200～500g 干物质的浓溶液，进而冷却至 2～5℃ 下贮存。虽然贮存不如色素粉方便，但使用很简单，也可以减少设备投资。所得的葡萄红色素有一定的耐光性，短时间能耐较高温度，它色泽鲜艳自然，无毒无害，是一种比较理想的天然色素，可广泛应用于酸性食品和饮料，但遇铁会使结构发生变化，产生沉淀，因而生产和应用葡萄红色素时，应避免与铁制品接触。

（五） 用作食用菌栽培原料

酒糟是一种良好的食用菌栽培原料。它的营养成分适合平菇、鸡腿菇、金针菇等菌兹生长，既可以降低食用菌生产的成本，又可解决环境污染问题。邵伟熊等对白酒厂的废弃物酒糟进行了再利用栽培金针菇的试验。结果表明，用酒糟完全可以代替棉籽壳、木屑等栽培金针菇，对酒厂来说则可降低生产成本，减少环境污染，且种菇后的基料含有大量菌体蛋白，在饲料生产方面有一定的开发前景。

（六） 制造吸附材料

据报道，日本明治大学石井干太教授利用酒糟成功地开发出性能良好的吸附材料。试验结果表明，该种吸附材料的性能与活性炭基本相同。与用椰子壳制成的吸附材料相比，酒糟吸附材料的价格仅为前者的十分之一，可用于工业废弃物处理。

（七） 生产粗酶制剂

酒糟是培养微生物的优质原料。以选择获得的高产蛋白菌株和里氏木霉为菌种，酒糟为主要原料，通过添加适当辅料为培养基，经固态发酵后基质中蛋白质含量达 41.8％（干物质基础）、纤维素酶活性达 12483U/g。

（八）　沼气发酵

我国有些酒厂利用细菌对酒糟进行沼气发酵，产生的沼气用作燃料，这样每年可为国家节约大量锅炉用煤。利用淀粉质原料的酒糟发酵沼气，1t 酒糟可以发酵生产 $23m^3$ 的沼气，$1m^3$ 沼气燃烧相当于 0.8kg 煤燃烧的热值。沼气发酵的上清液，尚可提取维生素 B_{12}，底层糟渣可作肥料，肥效较高。这样使酒糟的综合利用进一步做到物尽其用。

二、葡萄酒脚的利用

（一）　酵母酒脚的利用

葡萄酒换桶时，将残留于桶底的酵母沉淀与一定数量的糖水混合，使之发酵，制成酒脚葡萄酒，制品口味淡薄，缺乏酸味，可以酿醋或作蒸馏酒的原料。通过分离取汁的方法，可以将葡萄酒的"酒脚"分离成酒液（酒脚分离汁）和固体残渣（酒泥），从"酒脚"中能够提取出50%的酒液。

（二）　压榨葡萄酒酵母酒脚

将沉淀在发酵容器或贮酒槽的酵母沉淀，通过强力压榨，用榨出的液体加糖水发酵，酿成的酒，含有较多的杂醇油、含氮物和水分，品之甚劣。从"酒脚"中分离出的固体残渣——酒泥，经过发酵可以制成有机肥。酒泥中含有丰富的营养成分。酒泥营养成分含量总体上比鸡粪高，尤其钾的含量是鸡粪的 6 倍以上，从而也证明了葡萄是钾质植物。此外，由于酒泥中不含有对人类身体有害物质，因此酒泥是很好的绿色有机肥来源。酒泥中含有一定量的酒石酸和其他有机酸，这对于改良盐碱地具有特殊的意义。

参 考 文 献

[1]　Roger B. Boulton, Vernon L. Kunkee 著. 赵光鳌，尹卓容，张继民等译. 葡萄酒酿造学 [M]. 北京：中国轻工业出版社，2001.

[2]　杜金华，金玉红. 果酒生产技术 [M]. 北京：化学工业出版社，2010.

[3]　王富荣. 酿酒分析与检测 [M]. 北京：化学工业出版社，2005.

[4]　毕云霞. 葡萄酒的起源 [J]. 侨园，2013，(10).

[5]　王定昌. 葡萄酒的营养与健康 [J]. 粮油食品科技，2011，19 (1)：65-67.

[6]　赵永红，张瑛莉. 葡萄酒的营养与饮用 [J]. 石河子科技，2003，(1)：41-42.

[7]　李强. 葡萄酒的分类及饮用方法 [J]. 现代质量，1999，4：026.

[8]　张春同. 中国酿酒葡萄气候区划及品种区域化研究 [D]. 南京：南京信息工程大学，2012.

[9]　亓桂梅. 加州葡萄与葡萄酒 [J]. 中外葡萄与葡萄酒，2006，2 (3)：54-59.

[10]　GB/T 15037—94. 葡萄酒.

[11]　GB 4789.2—1994. 食品卫生微生物学检验 菌落总数测定.

[12]　GB 4789.3—1994. 食品卫生微生物学检验 大肠菌群测定.

[13]　大连轻工业学院. 酿造酒工艺学 [M]. 北京：轻工业出版社，1982.

[14]　方荣. 原子吸收光谱法在卫生检验中的应用 [M]. 北京：北京大学出版社，1991.

[15]　王华. 葡萄与葡萄酒实验技术操作规范 [M]. 西安：西安地图出版社，1999.

[16]　王树庆. 葡萄酒酒石形成机理及其防止 [J]. 酿酒，2004，2 (5)：22-25.

[17]　朱宝镛. 葡萄酒工业手册 [M]. 北京：中国轻工业出版社，1995.

[18]　何新. 美学分析 [M]. 北京：中国民族摄影艺术出版社，2002.

[19]　何静，舒英才. 美学与审美实践 [M]. 北京：解放军文艺出版社，2002.

[20]　李华，王华等. 葡萄酒化学 [M]. 北京：科学出版社，2005.

[21]　李华. 葡萄与葡萄酒研究进展 [M]. 西安：陕西人民出版社，2002.

[22]　李华. 葡萄酒酿造与质量控制 [M]. 天津：天津大学出版社，1990.

[23]　李艳. 新版配制酒配方 [M]. 北京：中国轻工业出版社，2002.

[24]　杜连祥，路福平. 微生物学实验技术 [M]. 北京：中国轻工业出版社，2005.

[25]　陈长武等. 爽口型（加气起泡）山葡萄酒的生产工艺研究. 食品工业科技 [J]. 2002，1 (6)：8-10.

[26]　国家经济贸易委员会 2002 年第 81 号公告. 《中国葡萄酒技术规范》，2002.

[27]　金凤燮. 酿酒工艺与设备选用手册 [M]. 北京：化学工业出版社，2003.

[28]　贺普超. 葡萄学 [M]. 北京：中国农业出版社，2001.

[29]　顾国贤. 酿造酒工艺学 [M]. 北京：中国轻工业出版社，2004.

[30]　高年发. 葡萄酒生产技术 [M]. 北京：化学工业出版社，2005.

[31]　鹿述云. 红葡萄酒酿造工艺 [J]. 山东林业科技，2003，2 (2)：2-5.

[32]　彭德华. 葡萄酒酿造技术概论 [M]. 北京：中国轻工业出版社，1995.

[33]　翟衡等. 酿酒葡萄栽培及加工技术 [M]. 北京：中国农业出版社，2001.

[34]　李华. 现代葡萄酒工艺学 [M]. 第 2 版. 西安：陕西人民出版社，2000.

[35]　李志江，刘彬，戴凌燕等. 冰酒的研究现状与发展趋势 [J]. 酿酒，2006，33 (04)：48-50.

[36]　刘福强，赵新节. 浅谈冰酒现状及发展前景 [J]. 中国酿造，2008，(24)：11-12.

[37]　郭氏葡萄酒技术中心汇编译. 国际葡萄酿酒法规 [M]. 天津：天津大学出版社，1996.

[38]　王婷，毛亮，时家乐等. 冰葡萄酒酿造工艺标准 [J]. 酿酒科技，2011 (7)：79-80.

[39]　兰金. 酿造优质葡萄 [M]. 北京：中国农业大学出版社，2008.

[40]　曾洁，李颖畅. 果酒生产技术 [M]. 北京：中国轻工业出版社，2011.

[41]　张秀玲. 果酒加工工艺学 [M]. 哈尔滨：东北农业大学，2004.

[42]　张秀玲. 果酒加工工艺学实验指导 [M]. 哈尔滨：东北农业大学，2004.

[43]　张秀玲. 果酒加工与文化 [M]. 哈尔滨：东北农业大学，2007.

[44]　Carl Lachat，马兆瑞等. 苹果酒酿造技术 [M]. 北京：中国轻工业出版社，2004.

[45]　屈秦兵. 苹果酒的研制 [D]. 青岛：青岛科技大学，2011.

[46]　何昌流. 苹果酒影响品质因素与发展前景 [J]. 酿酒，2008，35 (4)：92-93.

[47]　王晓静. 苹果酒的浑浊原因和澄清技术研究 [J]. 中国食物与营养，2011，17 (2)：35-37.

[48]　陈计峦，冯作山，胡小松. 香梨酒酿制过程的若干问题探讨 [J]. 食品科技，2003，(3)：78-79.

[49]　方修贵，李嗣彪，郑益清. 刺梨的营养价值及其开发利用 [J]. 食品工业科技，2004，25 (1)：137-138.

[50] 简崇东. 刺梨药理作用的研究进展 [J]. Guide of China Medicine，2011，9 (29)：38-40.

[51] 唐玲，陈月玲等. 刺梨产品研究现状和发展前景 [J]. 食品工业，2013，34 (1)：175-178.

[52] 张丹. 减少梨酒中 SO_2 用量的方法及酿造工艺的研究 [D]. 西安：陕西科技大学，2012，5.

[53] 金磊. 梨酒专用酵母的筛选及工程菌的构建 [D]. 西安：陕西科技大学，2012，5.

[54] 隋佳琳. 山楂酒抗氧化性及复合澄清剂的研究 [D]. 泰安：山东农业大学，2014，6.

[55] 张建才. 山楂酒生产工艺优化研究 [D]. 秦皇岛：河北科技师范学院，2013，6.

[56] 彭艳芳. 枣果营养成分分析与冬枣货架期保鲜研究 [D]. 保定：河北农业大学，2003，5.

[57] 王英臣，谭群. 黑加仑的研究及产品开发 [J]. 农牧产品开发，2001，(9)：14-15.

[58] 胡习祯，徐晓燕. 黑加仑的营养价值及产品开发 [J]. 轻工科技，2013，(1)：8-9.

[59] 王飞. 黑加仑果汁稳定性的研究 [D]. 哈尔滨：东北农业大学，2007.

[60] 许坤. 干型蓝莓酒的生产工艺研究 [D]. 合肥：安徽大学，2014.

[61] 史海芝，刘惠民. 国内外蓝莓研究现状 [J]. 江苏林业科技，2009，36 (4)：48-51.

[62] 郭意如，刘明，王欣颖. 蓝莓果酒生产工艺技术研究 [J]. 保鲜与加工，2014，14 (4)：34-39.

[63] 刘奔. 蓝莓酒酿造工艺研究 [D]. 合肥：安徽农业大学，2011.

[64] 薛桂新，刘小国. 野生蓝莓酒加工工艺条件的研究 [J]. 酿酒科技，2010，(9)：34-39.

[65] 杨淑艳. 山葡萄酒澄清工艺优化 [J]. 安徽农业科学，2013，41 (3)：1281-1282.

[66] 王建钧，李志平. 山葡萄酒的酿造 [J]. 酿酒科技，2001，(3)：57-58.

[67] 米雪. 酿酒葡萄的综合开发利用价值 [D]. 咸阳：西北农林科技大学，2009.

[68] 赵利敏. 葡萄皮渣中活性物质提取工艺研究 [D]. 兰州：甘肃农业大学，2012.

[69] 温建辉，刘冷. 葡萄籽成分的开发与综合利用 [J]. 晋中学院学报，2014，31 (3)：32-36.

[70] 王四维，蒋蕴珍，陈志华. 葡萄籽的综合开发与利用 [J]. 粮油食品科技，2008，16 (1)：39-41.

[71] 王侠. 葡萄籽中化学成分的提取分离及结构鉴定 [D]. 长春：长春中医药大学，2008.

[72] 杜彦山. 葡萄籽综合利用研究 [D]. 无锡：江南大学，2006.

[73] 王恭堂. 白兰地及其发展概论 [J]. 中外葡萄与葡萄酒，2000，(03)：54-57.

[74] 韩树民，李瑛. 利用葡萄酒糟生产生物有机肥及其工艺研究 [J]. 农业环境保护，2002，21 (3)：245-247.

[75] Estruch R. Wine and cardiovascular disease [J]. Food Research International，2000，33：219-226.

[76] Zotou A，Loukouz，Karava O. Method development for the determination of seven organic acids in wines by Reversed-Phase High Performance Liquid Chromatography [J]. Chromatographia，2004，60 (2)：39-44.

[77] Kosseva M R，Kennedy J F. Encapsulated Lactic Acid Bacteria for Control of Malolactic Fermentation in Wine [J]. Artificial Cells，Blood Substitutes，and Immobilization Biotechnology. 2004，1：1073-1199.

[78] Tsakiris A，Bekatorou A，Psarianos C，et al. Immobilization of Yeast on Dried Raisin Berries for Use in Dry White Wine-making [J]. Food Chemistry，2004，1：11-15.

[79] Volschenk H，Viljoen M，et al. Malo-ethanolic Fermentation in Grape Must by Recombinant Strain of S. cerevisiae [J]. Yeast，2001，18：963-970.

[80] Botondi R，Crisa A，Massantini R. Effects of low oxygen short-term exposure at 15℃ on postharvest physiology and quality of apricots harvested at two ripening stages [J]. Journal of Horticultural Science & Biotechnology，2000，75 (2)：202-208.

[81] Carreté，Ramona，Vidal，Bordons，Alberta，et al. Inhibitory Effect of Sulfur Dioxide and Other Stress Compounds in Wine on the ATPase Activity of Oenococcus oeni [J]. Bibliographie Page，2002，(2)：155-159.

[82] Hunt J. Alcolic fruit drinks grow up. Food Review，2000，27 (6)：21-22.

[83] Faillao，Marianil，Brancadorol，et al. Spatial distribution of solar radiation and its effects on vine phenology and grape ripening in a alpine environment [J]. American Journal of Enology and Viticulture，2004，55 (2)：128-138.

[84] Davenport M. The effects of vitamins and growth factors on growth and fermentation rates of three active dry wine yeast strains [D]. Davis，CA：University of California，1985.

[85] Milanowski T. Solar Energy in the Winemaking Industry [M]. Springer，2011.

[86] Nisiotou A A，Nychas G J E. Yeast populations residing on healthy or Botrytis-infected grapes from a vineyard in Attica，Greece [J]. Applied and environmental microbiology，2007，73 (08)：2726-2768.

[87] Renouf V，Claisse O，Lonvaud A. Understanding the microbial ecosystem on the grape berry surface through numeration and identification of yeast and bacteria [J]. Australian Journal of Grape and Wine Research，2005，11 (03)：316-327.

[88] Stummer B E，Francis I L，Markides A J，et al. The effect of powdery mildew infection of grape berries on juice and wine composition and on sensory properties of Chardonnay wines [J]. Australian Journal of grape and wine research，

2003, 9 (01): 28-39.

[89] Osborne J P, Edwards C G. Bacteria important during winemaking [J]. Advances in food and nutrition research, 2005, 50: 140.

[90] Ciani M, Comitini F, Mannazzu I, et al. Controlled mixed culture fermentation: a new perspective on the use of non-Saccharomyces yeasts in winemaking [J]. FEMS yeast research, 2010, 10 (02): 123-133.

[91] Du Toit W J, Pretorius I S. The occurrence, control and esoteric effect of acetic acid bacteria in winemaking [J]. Annals of Microbiology, 2002, 52 (02): 155-179.

[92] Dizy M, Bisson L F. Proteolytic activity of yeast strains during grape juice fermentation [J]. American journal of enology and viticulture, 2000, 51 (02): 155-167.

[93] Kurita O. Increase of acetate ester-hydrolysing esterase activity in-mixed cultures of Saccharomyces cerevisiae and Pichia anomala [J]. J Appl Microbiol, 2008, 104 (04): 1051-1058.

[94] Li S S, Cheng C, Li Z, et al. Yeast species associated with wine grapes in China [J]. Food Microbiol, 2010, 138 (1-2): 85-90.

[95] Palmeri R, Spagna G. β-Glucosidase in cellular and acellular form for wine making application [J]. Enzyme Microb Tech, 2007, 40 (3): 382-389.

[96] Loureiro V, Malfeito-Ferreira M. Spoilage yeasts in the wine industry [J]. International journal of food microbiology, 2003, 86 (01): 23-50.

[97] Pretorius I S, Bauer F F. Meeting the consumer challenge through genetically customized wine-yeast strains [J]. Trends in biotechnology, 2002, 20 (10): 426-432.

[98] Zhang Z, Chang Q, Zhu M, et al. Characterization of antioxidants present in hawthorn fruits [J]. J Nuer Biochem, 2001, 12 (3), 144-152.

[99] Rigelsky J M, Sweet B V. Hawthorn: Pharmacology and therapeutic uses [J]. American Journal of Health-System Pharmacy, 2002, 59 (5): 417.

[100] Jeong T S, Hwang E I, Lee E S, Kim Y K, Min B S, Bae K H, Bok S H, Kim S U. Chitin synthase II inhibitory avtivity of ursolic acid, isolated from Cratae-gus pinnatifida [J]. Planta Medica, 1999, 65 (3): 261-263.

[101] Sharma P K, Suneel S, Siddiqui S. Physiology of fruit ripening in jujube [J]. Haryana Journal of Horticultural Sciences, 2000, 29: 1-5.

[102] Su M S, Chien P J. Antioxidant activity, anthocyanins, and phenolics rabbiteye blueberry (Vaccinium ashei) fluid products as affected by fermentation [J]. Food Chemistry, 2007, 104: 182-187.

[103] Wang S Y, Chen H, Ehlenfeldt M K. Antioxidant capacities vary substantially among cultivars of rabbiteye blueberry (Vaccinium ashei Reade) [J]. International Journal of Food Science and Technology, 2011, 46: 2482-2490.